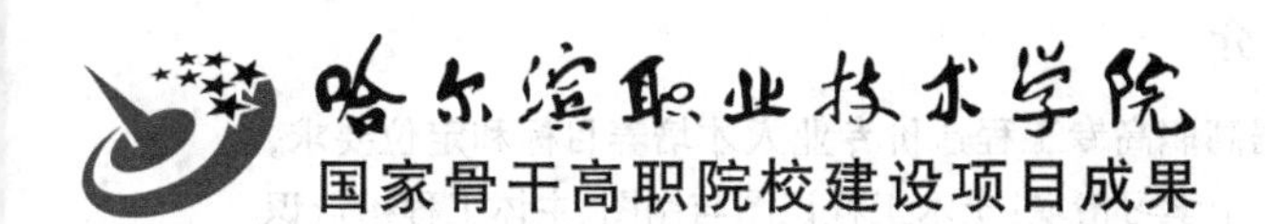

工程造价专业

土木工程构造与识图

TUMU GONGCHENG GOUZAO YU SHITU

杨晓东　李晓琳　主编
王天成　刘远孝　主审

中国铁道出版社有限公司
CHINA RAILWAY PUBLISHING HOUSE CO., LTD.

内 容 简 介

本教材为国家骨干高职院校建设项目成果。本教材依据高职高专工程造价专业人才培养目标和定位要求，结合土木工程构造与识图的工作过程而编写。本教材包括4个学习情境：土木工程识图与制图、主体工程构造识图、辅助工程构造识图与工程施工图的识读，共12个工作任务：工程识图前的准备工作、投影的识图与制图、建筑工程构造识图、基础工程构造识图、墙体工程构造识图、楼层与地层构造识图、屋顶工程构造识图、楼梯与电梯构造识图、门和窗构造识图、装饰工程与变形缝构造识图、建筑施工图的识读、结构施工图的识读。

本教材适合作为高职高专工程造价及相关专业学习用书，也可作为职业技能培训教材及土建施工管理技术人员的参考用书。

图书在版编目（CIP）数据

土木工程构造与识图/杨晓东，李晓琳主编．—北京：中国铁道出版社，2018.6（2021.9重印）

国家骨干高职院校建设项目成果．工程造价专业

ISBN 978－7－113－24577－1

Ⅰ.①土… Ⅱ.①杨… ②李… Ⅲ.①土木工程－建筑制图－识图－高等职业教育－教材 Ⅳ.①TU204.2

中国版本图书馆CIP数据核字（2018）第114480号

书　　名：土木工程构造与识图
作　　者：杨晓东　李晓琳

责任编辑：张文静　徐盼欣　　**编辑部电话：**（010）63560043
封面设计：刘　颖
责任校对：张玉华
责任印制：樊启鹏

出版发行：中国铁道出版社有限公司（100054，北京市西城区右安门西街8号）
网　　址：http：//www.tdpress.com/51eds/
印　　刷：北京建宏印刷有限公司
版　　次：2018年9月第1版　2021年9月第3次印刷
开　　本：880 mm×1 230 mm　1/16　**插页：**8　**印张：**22　**字数：**557千
书　　号：ISBN 978－7－113－24577－1
定　　价：68.00元

本书编委会

主　　编：杨晓东（哈尔滨职业技术学院副教授）

　　　　　李晓琳（哈尔滨职业技术学院教授）

副 主 编：张威琪（哈尔滨职业技术学院教授）

　　　　　于　萍（哈尔滨职业技术学院讲师）

参　　编：于微微（哈尔滨职业技术学院副教授）

　　　　　张志伟（哈尔滨职业技术学院副教授）

　　　　　荆　涛（黑龙江省建筑设计研究院研究员级高级建筑师）

主　　审：王天成（哈尔滨职业技术学院教授）

　　　　　刘远孝（哈尔滨方舟建筑设计院研究员级高级建筑师）

前　言

PREFACE

“土木工程构造与识图”是高职院校工程造价专业的核心课程。本课程根据高职院校的培养目标，按照高职院校教学改革和课程改革的要求，以企业调研为基础，确定工作任务，明确课程目标，制定课程设计的标准，以能力培养为主线，严格依据现行国家标准规范，以建成的实际工程为案例，与企业合作共同进行开发和设计。课程设计的理念与思路是：按照学生职业能力成长的过程进行培养，以真实的工程构造识图工作任务为主线进行教学。以行动任务为导向，以任务驱动为手段，注重理论联系实际，在教学中以工程构造的组成与原理为重点，使学生全面掌握工程施工图识读，培养学生现场分析、解决问题的能力，尽量实现实训环境与实际工作的全面结合，使学生在真实的工作过程中得到锻炼，为学生的生产实习及顶岗实习打下良好的基础，确保学生毕业时能直接顶岗工作。

本教材共设4个学习情境，12个工作任务，参考教学学时数为100～110。其中，学习情境一（土木工程识图与制图）包括工作任务1（工程识图前的准备工作）、工作任务2（投影的识图与制图）、工作任务3（建筑工程构造识图）；学习情境二（主体工程构造识图）包括工作任务4（基础工程构造识图）、工作任务5（墙体工程构造识图）、工作任务6（楼层与地层构造识图）、工作任务7（屋顶工程构造识图）；学习情境三（辅助工程构造识图）包括工作任务8（楼梯与电梯构造识图）、工作任务9（门和窗构造识图）、工作任务10（装饰工程与变形缝构造识图）；学习情境四（工程施工图的识读）包括工作任务11（建筑施工图的识读）、工作任务12（结构施工图的识读）。

本教材由杨晓东、李晓琳任主编，张威琪、于萍任副主编，于微微、张志伟、荆涛参与编写，王天成、刘远孝主审。具体编写分工如下：于萍编写工作任务1、工作任务4，杨晓东编写工作任务2、工作任务5、工作任务11、工作任务12和附录，李晓琳编写工作任务3、工作任务8，张威琪编写工作任务6，张威琪和荆涛编写工作任务7，于微微编写工作任务9，张志伟编写工作任务10。

由于业务水平和教学经验有限，书中难免存在疏漏与不妥之处，恳请广大读者批评指正。

编　者

2018年3月

目 录
CONTENTS

学习情境四 工程施工图的识读

学习情境一 土木工程识图与制图

学习指南

学习目标

学生在教师的讲解和引导下，明确任务的目标和实施中的要素，通过了解工程制图工具和使用方法，学习投影的识图与制图，掌握建筑工程构造的组成及制图标准，能够借助工具软件、设计文件及相关资料找到完成所需的工具、材料、方法，能够完成"工程识图前的准备工作""投影的识图与制图"和"建筑工程构造识图"三个工作任务，掌握土木工程识图与制图的基本技能，在学习过程中培养和锻炼职业素质，树立严谨认真、吃苦耐劳、诚实守信的工作作风。

工作任务

1. 工程识图前的准备工作；
2. 投影的识图与制图；
3. 建筑工程构造识图。

学习情境描述

根据土木工程构造与识图内容特点，选取"工程识图前的准备工作""投影的识图与制图""建筑工程构造识图"等三个工作任务作为载体，通过大量案例与图示，使学生掌握识图与制图技能。学习的内容与组织如下：学习工程制图的标准与规范，运用制图工具绘制点、线、面和基本形体的三面投影图，通过民用与公共建筑构造学习专业图纸的制图标准、设计规范、构造要点、施工工艺、制图步骤的方法，并具备制图、识读图纸的能力，通过阅读各专业的工程施工图纸完成建筑、结构和设备专业施工图的识读任务，为土木工程构造与识图打下坚实的基础。

工作任务1　工程识图前的准备工作

任　务　单

<table>
<tr><td>学习领域</td><td colspan="6">土木工程构造与识图</td></tr>
<tr><td>学习情境</td><td colspan="2">土木工程识图与制图</td><td colspan="2">工作任务</td><td colspan="2">工程识图前的准备工作</td></tr>
<tr><td>任务学时</td><td colspan="6">6</td></tr>
<tr><td colspan="7">布置任务</td></tr>
<tr><td>工作目标</td><td colspan="6">1. 掌握土木工程的相关知识;
2. 掌握土木工程的分类及性质;
3. 理解建筑标准化及构件标准化;
4. 掌握制图工具的使用方法;
5. 掌握绘图的基本方法与步骤;
6. 掌握常用的建筑专业名词;
7. 掌握房屋建筑施工图的有关规定;
8. 能够在完成任务过程中锻炼职业素质,做到“严谨认真、吃苦耐劳、诚实守信”。</td></tr>
<tr><td>任务描述</td><td colspan="6">在识读工程图纸前,重点掌握建筑工程构造组成及制图标准,通过建筑的发展,了解建筑的分类与分级,了解民用建筑、工业建筑的构造组成与作用,掌握房屋建筑制图统一标准。其工作如下:
1. 土木工程的分类及性质;
2. 制图工具及绘图方法;
3. 工程制图的标准与规范。</td></tr>
<tr><td rowspan="2">学时安排</td><td>资　讯</td><td>计　划</td><td>决　策</td><td>实　施</td><td>检　查</td><td>评　价</td></tr>
<tr><td>2</td><td>0.5</td><td>0.5</td><td>2</td><td>0.5</td><td>0.5</td></tr>
<tr><td>提供资料</td><td colspan="6">1. 房屋建筑制图统一标准:GB/T 50001—2010;
2. 工程制图相关规范;
3. 造价员、技术员岗位技术相关标准。</td></tr>
<tr><td>对学生的要求</td><td colspan="6">1. 具备几何的基本知识;
2. 具备对建筑物的基本了解;
3. 具备对建筑制图工具使用的一般了解;
4. 具备一定的自学能力、数据计算能力、沟通协调能力、语言表达能力和团队意识;
5. 每位同学必须积极参与小组讨论;
6. 严格遵守课堂纪律和工作纪律,不迟到,不早退,不旷课;
7. 树立职业意识,按照企业的岗位职责要求自己。</td></tr>
</table>

资 讯 单

<table>
<tr><td>学习领域</td><td colspan="3">土木工程构造与识图</td></tr>
<tr><td>学习情境</td><td>土木工程识图与制图</td><td>工作任务</td><td>工程识图前的准备工作</td></tr>
<tr><td>资讯学时</td><td colspan="3">2</td></tr>
<tr><td>资讯方式</td><td colspan="3">1. 通过信息单、教材、互联网及图书馆查询完成任务资讯；
2. 通过咨询任课教师完成任务资讯。</td></tr>
<tr><td rowspan="15">资讯问题</td><td colspan="3">1. 什么是土木工程？土木工程包括哪些？</td></tr>
<tr><td colspan="3">2. 土木工程的分类及性质有哪些？</td></tr>
<tr><td colspan="3">3. 土木工程制图的工作程序包括哪些步骤？</td></tr>
<tr><td colspan="3">4. 绘图需要的制图工具有哪些？</td></tr>
<tr><td colspan="3">5. 绘图的基本方法与步骤有哪些？</td></tr>
<tr><td colspan="3">6. 如何掌握书写仿宋字体的要领？</td></tr>
<tr><td colspan="3">7. 怎样使用圆规画图？分规起什么作用？</td></tr>
<tr><td colspan="3">8. 已知平面上的非圆曲线上的一系列点，怎样用曲线板将它们连成光滑的曲线？</td></tr>
<tr><td colspan="3">9. 图幅是怎样规定的？A2 图幅尺寸为多少？</td></tr>
<tr><td colspan="3">10. 制图常用的比例有哪些？解释比例“1:2”的含义？</td></tr>
<tr><td colspan="3">11. 图样上的尺寸单位是什么？解释尺寸“$R15$”“$\phi15$”的含义？</td></tr>
<tr><td colspan="3">12. 如何理解尺寸四要素的含义？</td></tr>
<tr><td colspan="3">13. 图线分为哪几种？线型和线宽是怎样规定的？分别用在何处？</td></tr>
<tr><td colspan="3">14. 手工制图应达到哪几个基本要求？</td></tr>
<tr><td colspan="3">学生需要单独资讯的问题……</td></tr>
<tr><td>资讯引导</td><td colspan="3">以上资讯问题在下列资料中查找：
1. 信息单；
2. 房屋建筑制图统一标准：GB 50001—2010；
3. 张威琪．建筑识图与民用建筑构造．中国水利水电出版社，2014；
4. 尚久明．建筑识图与房屋构造．2 版．电子工业出版社，2010；
5. 赵婧．房屋建筑构造．中国建材工业出版社，2013。</td></tr>
</table>

信 息 单

1.1 土木工程的分类与性质

1.1.1 土木工程的分类

土木工程是建造各类工程设施的科学技术的统称。它既指所应用的材料、设备和所进行的勘测、设计、施工、保养维修等技术活动，也指工程建设的对象，即建造在地上或地下、陆上或水中，直接或间接为人类生活、生产、军事、科研服务的各种工程设施，如房屋、道路、铁路、运输管道、隧道、桥梁、运河、堤坝、港口、电站、飞机场、海洋平台、给水和排水以及防护工程等。随着工程科学日益广阔，不少原来属于土木工程范围的内容已经独立成科。目前，从狭义定义上来说，土木工程指民用工程，即建筑工程（或称结构工程）、桥梁与隧道工程、岩土工程、公路与城市道路、铁路工程等这个小范围。

1.1.2 土木工程的性质

1. 土木工程的综合性

建造一项工程设施一般要经过勘察、设计和施工三个阶段，需要运用工程地质勘察、水文地质勘察、工程测量、土力学、工程力学、工程设计、建筑材料、建筑设备、工程机械、建筑经济等学科和施工技术、施工组织等领域的知识以及电子计算机和力学测试等技术，因而土木工程是一个范围广阔的综合性学科。

随着科学技术的进步和工程实践的发展，土木工程学科已发展成为内涵广泛、门类众多、结构复杂的综合体系。例如，就土木工程所建造的工程设施所具有的使用功能而言，有的供生息居住所用，有的作为生产活动的场所，有的用于陆海空交通运输，有的用于水利事业，有的作为信息传输的工具，有的作为能源传输的手段，等等。这就要求土木工程综合运用各种物质条件，以满足多种多样的需求。土木工程已发展出许多分支，如房屋工程、铁路工程、道路工程、飞机场工程、桥梁工程、隧道及地下工程、特种工程结构、给水和排水工程、城市供热供燃气工程、港口工程、水利工程等。其中有些分支（例如水利工程）由于自身工程对象的不断增多以及专门科学技术的发展，已从土木工程中分化出来成为独立的学科体系，但是它们在很大程度上仍具有土木工程的共性。

2. 土木工程的社会性

土木工程是伴随着人类社会的发展而发展起来的。它所建造的工程设施反映出各个历史时期社会经济、文化、科学、技术发展的面貌，因而土木工程也成为社会历史发展的见证之一。远古时代，人们就开始修筑简陋的房舍、道路、桥梁和沟渠，以满足简单的生活和生产需要。后来，人们为了适应战争、生产和生活以及宗教传播的需要，兴建了城池、运河、宫殿、寺庙以及其他各种建筑物。许多著名的工程设施显示出人类在当时的创造力。例如，中国的长城、赵州桥、都江堰、应县木塔，如图 1.1 所示。埃及的金字塔、希腊的帕特农神庙、罗马的科洛西姆竞技场（罗马大斗兽场），如图 1.2 所示，以及其他许多著名的教堂、宫殿等。

产业革命以后，特别是到了 20 世纪，一方面社会向土木工程提出了新的需求；另一方面社会各个领域为土木工程的前进创造了良好的条件，例如，建筑材料（钢材、水泥）工业化生产的实现，机械和能源技术以及设计理论的进展，都为土木工程提供了材料和技术上的保证，因而这个时期的土木工程得到突飞猛进的发展。在世界各地出现了规模宏大的工业厂房、摩天大厦、核电站、高速公路和铁路、大跨桥梁、大直径运输管道、长隧道、大运河、大堤坝、大飞机场、大海港以及海洋工程等。现代土木工程不断地为人类社会创造崭新的物质环境，成为人类社会现代文明的重要组成部分。

图 1.1 长城、赵州桥、都江堰、应县木塔

图 1.2 金字塔、帕特农神庙和科洛西姆竞技场

3. 土木工程的实践性

土木工程具有很强的实践性。在早期,土木工程是通过工程实践总结成功的经验并吸取失败的教训发展起来的。从 17 世纪开始,以伽利略和牛顿为先导的近代力学理论同土木工程实践结合起来,逐渐形成材料力学、结构力学、流体力学、岩体力学,成为土木工程的基础理论的学科,土木工程逐渐从经验发展成为科学。在土木工程的发展过程中,工程实践经验常先行于理论,工程事故常显示出未能预见的新因素,触发新理论的研究和发展。当今,不少工程问题的处理在很大程度上仍然依靠实践经验。

土木工程技术的发展之所以主要凭借工程实践而不是凭借科学试验和理论研究,有两个原因:一是有些客观情况过于复杂,难以如实地进行室内实验或现场测试和理论分析。例如,地基基础、隧道及地下工程的受力和变形的状态及其随时间的变化,至今还需要参考工程经验进行分析判断。二是只有进行新的工程实践,才能揭示新的问题。例如,建造了高层建筑、高耸塔桅和大跨桥梁等,工程的抗风和抗震问题突出了,才能发展出这方面的新理论和新技术。

人们力求最经济地建造一项工程设施,用以满足使用者的预期需要,其中包括审美要求,而一项工程的经济性又是和各项技术活动密切相关的。工程的经济性首先表现在工程选址、总体规划上,其次表现在设计和施工技术上。工程建设的总投资、工程建成后的经济效益和使用期间的维修费用等，都是衡量工程经济性的重要方面。这些技术问题联系密切，需要综合考虑。

符合功能要求的土木工程设施作为一种空间艺术，首先是通过总体布局、本身的形体、各部分的尺寸比例、线条、色彩、明暗阴影与周围环境，包括它同自然景物的协调和谐表现出来的；其次是通过附加于工程设施的局部装饰反映出来的。工程设施的造型和装饰还能够表现出地方风格、民族风格以及时代风格。一个成功的、优美的工程设施，能够为周围的景物、城镇的容貌增美，给人以美的享受，如图1.3所示；反之，会使环境受到破坏。

图1.3 上海陆家嘴高层群和杭州湾大桥

在土木工程的长期实践中，人们不仅对房屋建筑艺术给予很大关注，取得了卓越的成就，而且对其他工程设施，也通过选用不同的建筑材料，例如采用石料、钢材和钢筋混凝土，配合自然环境建造了许多在艺术上优美、功能上又十分良好的工程。中国古代的万里长城，现代世界上的许多电视塔和斜张桥，都是这方面的例子。建造工程设施的物质基础是土地、建筑材料、建筑设备和施工机具。借助于这些物质条件，经济而便捷地建成既能满足人们使用要求和审美要求，又能安全承受各种荷载的工程设施，是土木工程学科的出发点和归宿。

1.2 制图工具及绘图方法

目前，在工程制图及绘制其他图样中，一般采用计算机绘图，但在工程实践中，有时要用到制图工具现场手工绘图，学生在学习过程中也要学习如何使用制图工具进行手工绘图，如图1.4所示。常用的手工制图工具有：图板和胶带、丁字尺、三角板、比例尺、铅笔和擦图片，以及圆规和分规、曲线板和建筑模板、墨线笔、绘图机等。

1. 图板

图板是用来铺放、固定图纸的。图板板面要求平整光滑，四周镶有硬木边框，工作边要求保持平直，左右边是丁字尺的导边。在图板上固定图纸时，要用胶带纸贴在图纸的四角上，图纸下方要留有放丁字尺的位置，如图1.5所示。

图1.4 制图实操现场

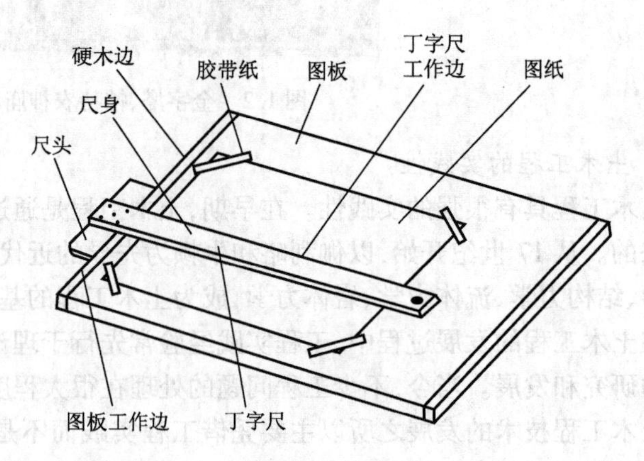

图1.5 图板

图板的大小选择一般应与绘图纸张的尺寸相适应。表1.1所示是常用的图板规格。

表1.1 常用的图板规格

图板规格代号	0	1	2	3
图板尺寸(宽/mm×长/mm)	920×1 220	610×920	460×610	305×460

2. 丁字尺

丁字尺是用于画水平线的,它由尺头和尺身两部分组成,尺头与尺身垂直并连接牢固,尺身沿长度方向带有刻度的侧边为工作边。使用时,左手握尺头,使尺头紧靠图板左边缘。尺头沿图板的左边缘上下滑动到需要画线的位置,自左向右画水平线,如图1.6所示。应注意尺头不能靠图板的其他边缘滑动画线。丁字尺不用时应挂起来,以免尺身翘起变形。

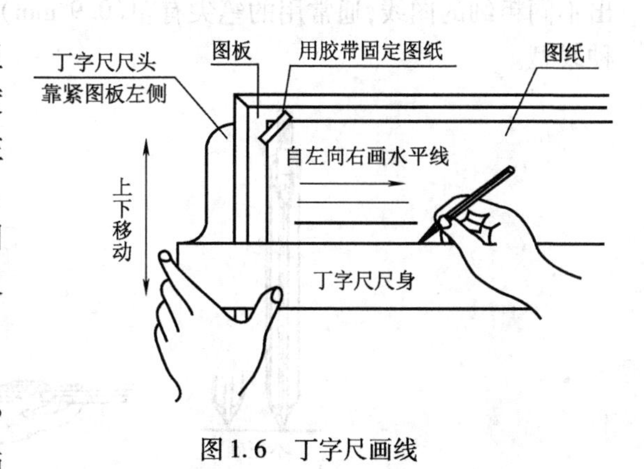

图1.6 丁字尺画线

3. 三角板

三角板用于绘制各种方向的直线。三角板由两块(45°和60°)组成一副,如图1.7所示,主要与丁字尺配合使用画垂直线与30°、45°、60°倾斜线。画垂直线时,用两块三角板可以画与水平线成15°、75°的倾斜线,还可以画任意已知直线的平行线和垂直线。应使丁字尺尺头紧靠图板工作边,三角板一边紧靠住丁字尺,如图1.8所示。

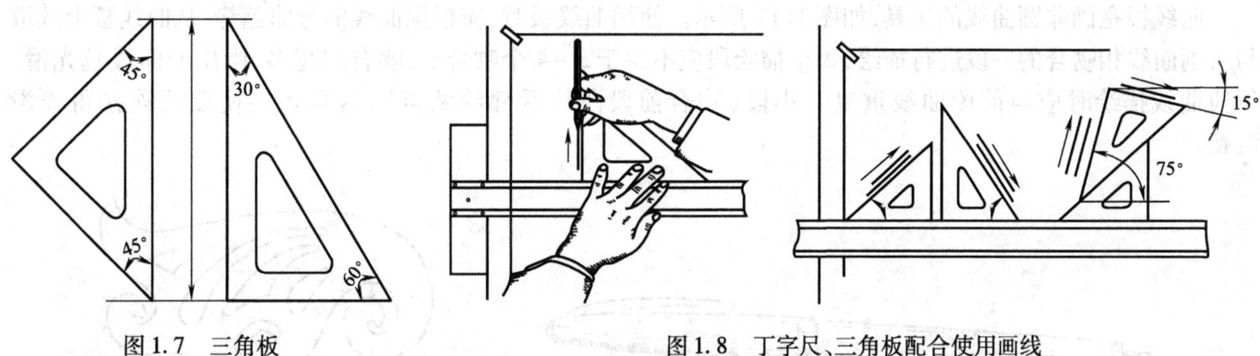

图1.7 三角板　　图1.8 丁字尺、三角板配合使用画线

4. 圆规和分规

圆规是用来画圆及圆弧的工具。一般圆规附有铅芯插腿、钢针插腿、直线笔插腿和延伸杆等。在画图时,应使针尖固定在圆心上,尽量不使圆心扩大,使圆心插腿与针尖大致等长。在一般情况下画圆或圆弧,应使圆规按顺时针转动,并稍向画线方向倾斜,在画较大圆或圆弧时,应使圆规的两条腿都垂直于纸面,如图1.9所示。

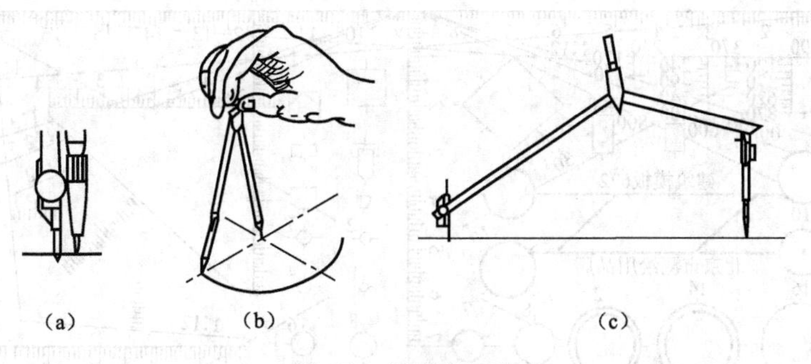

图1.9 圆规的用法

分规是用来量取尺寸和等分线段的工具,其形状与圆规相似,但两腿都装有钢针。为了能准确地量取尺寸,分规的两针尖应保持尖锐,使用时两针尖应调整到平齐,即当分规两腿合拢后,两针尖必聚于一点。

等分线段时,经过试分逐渐地使分规两针尖调到所需距离,然后在图纸上使两针尖沿要等分的线段依次摆动前进,如图1.10所示。

5. 绘图笔

绘图笔头部装有带通针的针管,如图1.11所示,能吸存碳素墨水,使用较方便。针管分不同型号,可绘出不同粗细的图线，通常用的笔尖有粗（0.9 mm）、中（0.6 mm）、细（0.3 mm）三种规格，用来画粗、中、细三种线型。

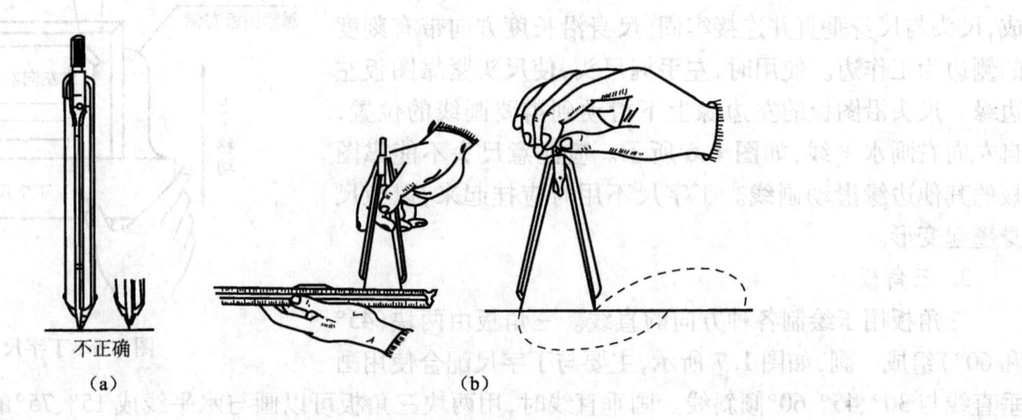

图 1.10 分规及其使用方法

6. 曲线板

曲线板是画非圆曲线的工具，如图 1.12 所示。使用曲线板时，应根据曲线的弯曲趋势，从曲线板上选取与所画曲线相吻合的一段进行描绘，每个描绘段应不少于 3 ~4 个吻合点，吻合点越多，画出的曲线越光滑。每段曲线描绘时应与前段曲线重复一小段（吻合前段曲线后部约两点），这样才能使曲线连接得光滑流畅。

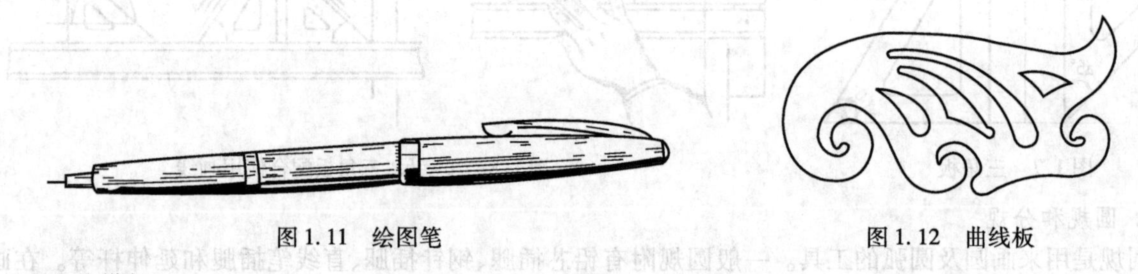

图 1.11 绘图笔　　图 1.12 曲线板

7. 建筑模板

建筑模板用于画各种建筑标准图例和常用符号，模板上刻有用以画出各种不同图例或符号的孔，如图 1.13 所示，其大小符合比例，如柱、墙、门的开启线等，用建筑模板制图能提高绘图的速度和质量。

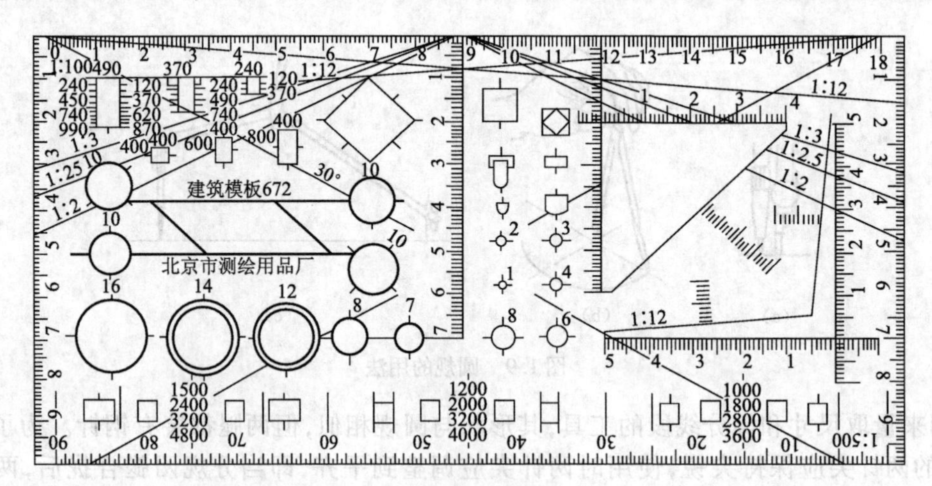

图 1.13 建筑模板

8. 擦图片

擦图片用于修改图线，其由薄金属片制成，上面刻有各种形状的槽孔，如图 1.14 所示，使用时可选择擦合适的槽孔盖住铅笔画错的图线，再用橡皮擦拭，避免擦坏其他部分的图线。

9. 比例尺

比例尺是用来按一定比例量取长度的专用量尺，如图 1.15 所示。常用的比例尺有两种：一种外形呈三棱柱体，上有六种不同的刻度，称为三棱尺；另一种外形像直尺，上有三种不同的刻度，称为比例直尺。画图时可按所需比例，用尺上标注的刻度直接量取而不需换算。例如，按 1∶200 比例，画出长度为 3900 单位的图线，可在比例尺上找到 1∶200 的刻度一边，直接量取相应刻度即可。

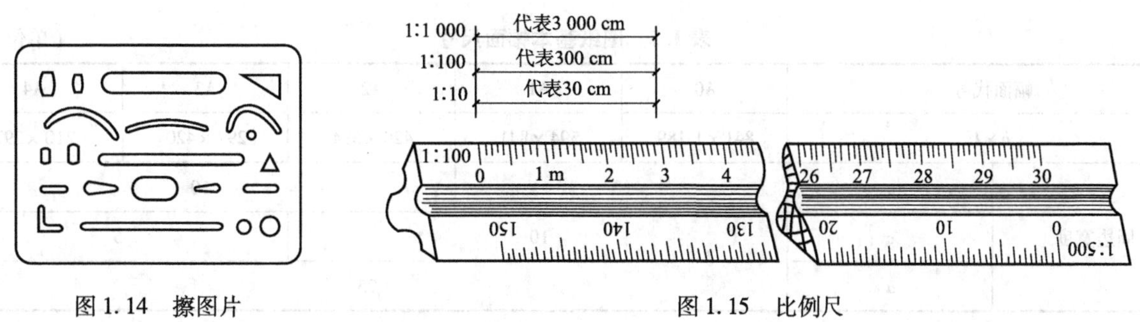

图 1.14　擦图片　　　　图 1.15　比例尺

10. 铅笔

铅笔用来画底稿和描深图线。铅笔用 B 和 H 代表铅芯的软硬程度，H 表示硬性铅笔，色浅淡，H 前面的数字越大，表示铅芯越硬（淡）；B 表示软性铅笔，色浓黑，B 前面的数字越大，表示铅芯越软（黑）；HB 是中性铅笔，表示铅芯软硬适当。一般情况下，用 2H 或 3H 的铅笔画底稿，用 HB、B 或 2B 的铅笔描深图线，用 HB 的铅笔写字。

铅笔应从硬度符号的另一端开始使用，以便辨识其铅芯的软硬度。铅笔的削法如图 1.16 所示，描深粗线用的铅笔宜磨成扁方形（凿形），如图 1.16（a）所示；画底稿线、注写文字用的铅笔磨成锥形，如图 1.16（b）所示。

除了上述绘图工具外，绘图时还要备有削铅笔的小刀、磨铅笔的砂纸［图 1.16（c）］，固定图纸用的胶带纸、擦图线的橡皮。

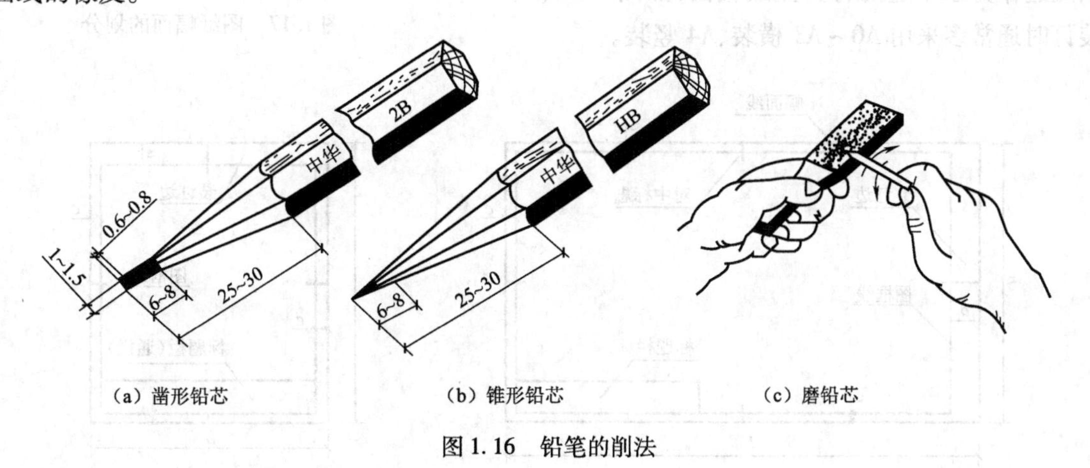

（a）凿形铅芯　　（b）锥形铅芯　　（c）磨铅芯

图 1.16　铅笔的削法

1.3　工程制图的标准与规范

工程图纸是施工建造房屋的重要依据，是建筑各方交流的技术语言。为了统一房屋建筑制图规则，保证制图质量，提高制图效率，做到图面简单清晰，符合设计、施工和存档的要求，适应工程建设的需要，必须制定建筑制图的相关国家标准。其中，《房屋建筑制图统一标准》（GB/T 50001—2010）是房屋建筑制图的基本规定，适用于总图、建筑、结构、给水排水、暖通空调及电气照明等专业制图。房屋建筑制图除应符合《房屋建筑制图统一标准》外，还应符合国家现行有关强制性标准的规定以及各有关专业的制图标准，所有工程技术人员在设计、施工、管理中必须严格执行。下面介绍标准中的部分内容。

1.3.1 图纸幅面和格式

1. 图纸幅面

图纸幅面是指图纸的大小规格。在国家标准中规定了五种基本图纸幅面，绘制图样时，应优先选用表 1.2 所规定的图纸基本幅面尺寸。

表 1.2 图纸基本幅面尺寸（单位：mm）

幅面代号		A0	A1	A2	A3	A4
$b \times l$		841×1 189	594×841	420×594	297×420	210×297
周边宽度	e	20			10	
	c	10			5	
	a	25				

各幅面的尺寸关系是：沿上一号幅面的长边对裁，即为次一号幅面的大小，如图 1.17 所示。

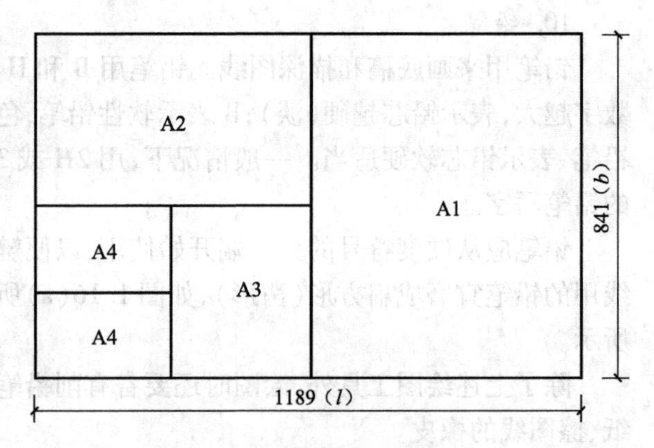

图 1.17 图纸幅面的划分

2. 图框格式

图纸上绘图区域的线框称为图框。图框用粗实线绘制，其格式分为留装订边和不留装订边两种。建筑制图一般采用留装订边的格式。加长幅面的图框尺寸，按所选的基本幅面大一号的图框尺寸确定。

图纸以短边作为竖直边的称为横式幅面，如图 1.18(a) 所示；以短边作为水平边的称为立式幅面，如图 1.18(b) 所示，装订时通常多采用 A0～A3 横装、A4 竖装。

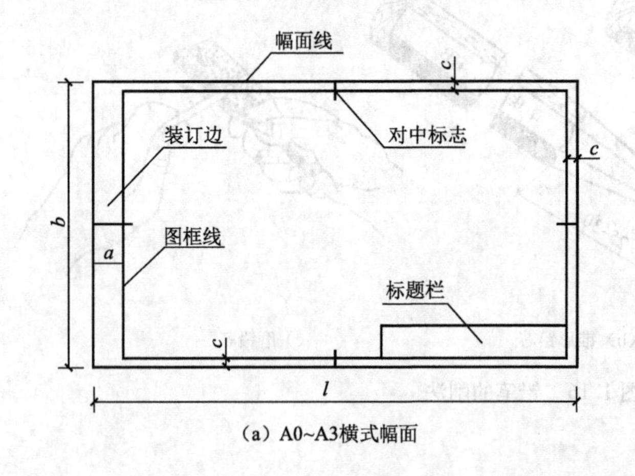

(a) A0~A3横式幅面

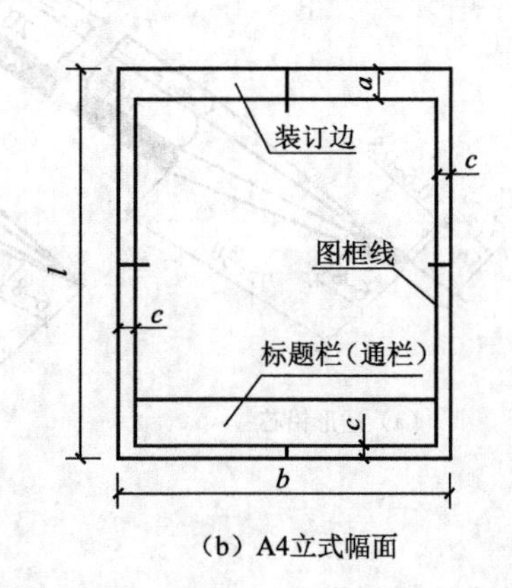

(b) A4立式幅面

图 1.18 图纸格式和对中符号

必要时，图纸幅面允许加长，但加长量必须符合《房屋建筑制图统一标准》(GB/T 50001—2010) 中的规定，不许加宽。

3. 标题栏

图框右下角必须画出标题栏，标题栏用来填写图名、制图人名、设计单位、图纸编号、比例等内容。标题栏中的文字方向为看图方向。标题栏的内容、格式和尺寸在《房屋建筑制图统一标准》(GB/T 50001—2010) 已作了规定，学生的制图作业中，建议采用图 1.19 所示的标题栏格式。

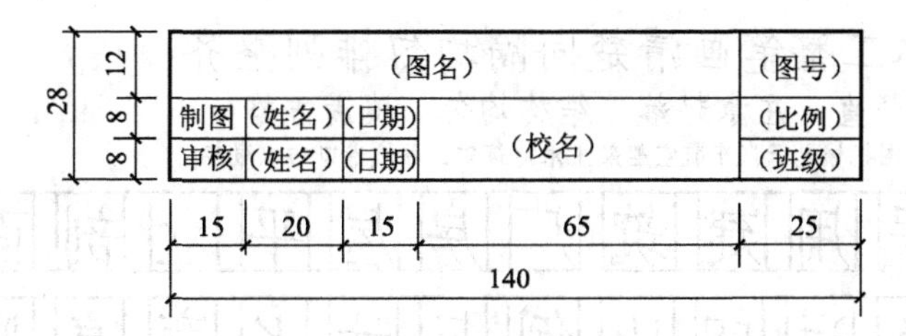

图 1.19 制图作业标题栏格式

1.3.2 比例

图样的比例是图形与实物相应的线性尺寸之比(线性尺寸是指能用直线表达的尺寸)。

比例 = 图线画出的长度/实物相应部分的长度

图样的比例分为原值比例、放大比例、缩小比例三种。用符号“:”表示。绘图常用比例见表 1.3,表中 n 为正整数。

表 1.3 绘图常用比例

种 类	比 例				
原值比例	1:1				
放大比例	5:1	2:1	$5\times10^n:1$	$2\times10^n:1$	$1\times10^n:1$
缩小比例	1:5	1:2	$1:5\times10^n$	$1:2\times10^n$	$1:1\times10^n$

1.3.3 字体

建筑工程图上除了表达物体形状的图形外,还需注写数字和文字说明、定位轴线的编号等其他内容。在图样中书写的字体(包括汉字、字母、数字和符号)必须做到:字体工整、笔画清楚、间隔均匀、排列整齐。字体的号数即字体的高度(用 h 表示,单位为 mm),其系列为 1.8、2.5、3.5、5、7、10、14、20 共 8 种字号。如需要书写更大的字,其字体高度应按 $\sqrt{2}$ 比率递增。

1. 汉字

汉字应写成长仿宋体,也称工程字,并采用国家正式公布的简化字。汉字的高 h 不应小于 3.5 mm,其宽一般为 $h/\sqrt{2}$,见表 1.4。书写长仿宋字的要领是:横平竖直、起落分明、结构匀称、填满方格、清秀舒展,见表 1.5。

表 1.4 长仿宋体字高、宽关系 (单位:mm)

字高	20	14	10	7	5	3.5
字宽	14	10	7	5	3.5	2.5

表 1.5 长仿宋字基本笔画示例

名称	横	竖	撇	捺	挑	点	钩
形状							
笔法							

长仿宋体字楷书加重、非加重笔法的示例如下:

10号字 字体工整笔画清楚间隔均匀排列整齐

7号字 横平竖直 注意起落 结构均匀 填满方格

5号字 技术制图机械电子汽车航空船舶土木建筑矿山井坑港口纺织服装

工	业	民	用	建	筑	厂	房	屋	平	立	剖	面	详	图
结	构	施	说	明	比	例	尺	寸	长	宽	高	厚	砖	瓦
木	石	土	砂	浆	水	泥	钢	筋	混	凝	截	校	核	梯
门	窗	基	础	地	层	楼	板	梁	柱	墙	厕	浴	标	号
轴	材	料	设	备	标	号	节	点	东	南	西	北	校	核
制	审	定	日	期	一	二	三	四	五	六	七	八	九	十

2. 数字和字母

图样上的数字有阿拉伯数字和罗马数字，字母有拉丁字母与希腊字母。

字母和数字分为A型和B型两种。A型字体的笔画宽度(d)为字高的1/14，B型字体的笔画宽度(d)为字高的1/10，在同一张图样上，只允许选用一种型式的字体。

字母和数字可写成斜体或直体。斜体字字头向右倾斜，与水平基准线成75°。与汉字并排书写时，宜写成直字体且其字高应比汉字小一号(为了视觉上感觉匀称)。书写的数字和字母不应小于2.5号字，字母和数字的示例如图1.20所示。

ABCDEFGHIJKLMNO
PQRSTUVWXYZ
abcdefghijklmnopq
rstuvwxyz

(a) 直体大、小写拉丁字母

ABCDEFGHIJKLMNO
PQRSTUVWXYZ
abcdefghijklmnopq
rstuvwxyz

(b) 斜体大、小写拉丁字母

0123456789
0123456789

(c) 直、斜体阿拉伯数字

Ⅰ Ⅱ Ⅲ Ⅳ Ⅴ Ⅵ Ⅶ Ⅷ Ⅸ Ⅹ
Ⅰ Ⅱ Ⅲ Ⅳ Ⅴ Ⅵ Ⅶ Ⅷ Ⅸ Ⅹ

(d) 直、斜体罗马数字

图1.20 拉丁字母和数字示例

1.3.4 图线

国家标准规定：图线有实线、虚线、点画线、折断线和波浪线等，其图线的名称、线型、线宽和用途如表1.6所示。

1. 图线的型式及应用

为使图样层次清楚、主次分明，国家标准《技术制图 图线》(GB/T 17450—1998)中规定了15种基本线型。《房屋建筑制图统一标准》(GB/T 50001—2010)规定了建筑工程图样中常用的图线名称、型式、宽度及其应用，见表1.6。

表 1.6 图线的规格及用途

名称		线型	线宽	用途
实线	粗	————	d	1. 主要轮廓线 2. 平、剖面图中被剖切的主要建筑构、配件的轮廓线 3. 建筑立面图的外轮廓线 4. 建筑构造详图中被剖切的主要部分的轮廓线 5. 建筑构配件详图中构配件的外轮廓线 6. 新建各种给排水管道线
	中	————	$0.5d$	1. 平、剖面图中被剖切的次要建筑构、配件的轮廓线 2. 建筑平、立、剖面图中一般建筑构配件的轮廓线 3. 建筑构造详图及建筑配件详图中一般轮廓线 4. 尺寸起止线
	细	————	$0.25d$	1. 总平面图中新建人行道、排水沟、草地、花坛等可见轮廓线，原建筑物、铁路、道路、桥涵、围墙的可见轮廓线 2. 图例线、索引符号、尺寸线、尺寸界线、引出线、标高符号
虚线	粗	- - - - - -	d	1. 新建建筑物的不可见轮廓线 2. 结构图上不可见钢筋线
	中	- - - - - -	$0.5d$	1. 一般不可见轮廓线 2. 建筑构、配件不可见轮廓线 3. 总平面图中计划扩建的建筑物、铁路、道路、桥涵、围墙等的不可见轮廓线 4. 平面图中吊车轮廓线
	细	- - - - - -	$0.25d$	1. 总平面图上原有的建筑物、铁路、道路、桥涵、围墙等的不可见轮廓线 2. 图例线
点画线	粗	—— - ——	d	1. 吊车轨道线 2. 结构图的支撑线
	中	—— - ——	$0.5d$	土方填挖区的零点线
	细	—— - ——	$0.25d$	中心线、对称线、定位轴线
双点画线	粗	—— - - ——	d	预应力钢筋线
	细	—— - - ——	$0.25d$	假想轮廓线、成型前原始轮廓线
折断线		——⋀——	$0.25d$	断开界线
波浪线		～～～	$0.25d$	断开界线

所有线型的图线的宽度 b 宜从下列线宽系列中选取：0.35、0.5、0.7、1.0、1.4、2.0。所有线型的图线分粗线、中粗线和细线三种，其宽度比为4:2:1。

2. 图线的画法

①同一图样中，同类图线的宽度应基本一致。虚线、点画线及双点画线的线段长度和间隔应各自大致相等。

②相互平行的图线，其间隙不宜小于其中粗线的宽度，且不宜小于0.7 mm。

③绘制图形的对称中心线、轴线时，其点画线应超出图形轮廓线外3~5 mm，且点画线的首末两端是长画，而不是短画；用点画线绘制圆的对称中心线时，圆心应为线段的交点。

④在较小的图形上绘制点画线、双点画线有困难时，可用细实线代替。

⑤虚线、点画线、双点画线自身相交或与其他任何图线相交时，都应是线、线相交，而不应在空隙处或短画处相交，但虚线如果是实线的延长线时，则在连接虚线端处留有空隙。

1.3.5 尺寸标注

物体的形状只能用图形来表达，而其大小则由标注的尺寸来确定。标注尺寸时，应严格遵守国家标准尺寸注法的规定，做到准确无误。

1. 尺寸的组成

图纸上的尺寸由尺寸界线、尺寸线、尺寸起止符号和尺寸数字组成，如图1.21(a)所示。

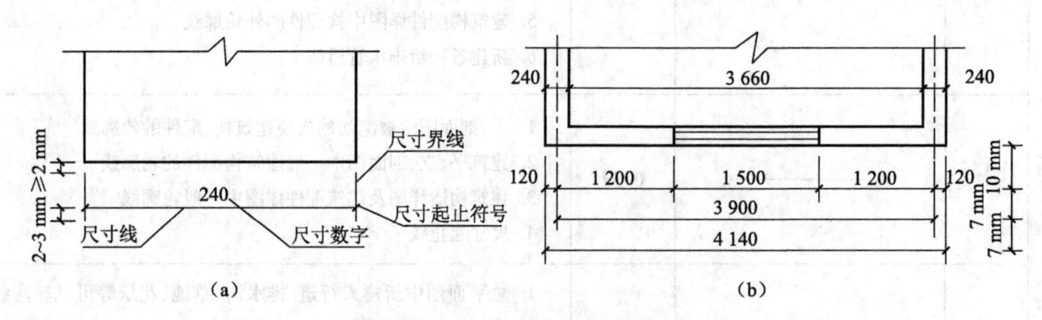

图1.21 尺寸的组成与标注示例

(1)尺寸界线

尺寸界线用来表示尺寸的度量范围，用细实线绘制。其一端离开图样的轮廓线不小于2 mm，另一端宜超出尺寸线2 ~3 mm。必要时可用图形的轮廓线、轴线或对称中心线代替，如图1.21(b)所示。

(2)尺寸线

尺寸线表示所注尺寸的度量方向和长度，用细实线绘制。尺寸线应与被注轮廓线平行，且不宜超出尺寸界线之外，尺寸线不能用其他图线代替或与其他图线重合。

如图1.21(b)所示，互相平行的尺寸线应从轮廓线向外排列，大尺寸要标注在小尺寸的外面。尺寸线与尺寸轮廓线的距离一般不小于10 mm，平行排列的尺寸线之间的距离应一致，约为7 mm。

(3)尺寸起止符号

尺寸起止符号(尺寸线终端)是尺寸的起止点，有与水平成45°的短画(中粗斜短线)和箭头两种。线性尺寸的起止符号一般用与水平成45°的短画，其倾斜方向与尺寸界线组成顺时针45°，长度宜为2 ~3 mm；半径、直径和角度、弧长的尺寸起止符号一般用箭头表示。尺寸起止符号的画法如图1.22所示。

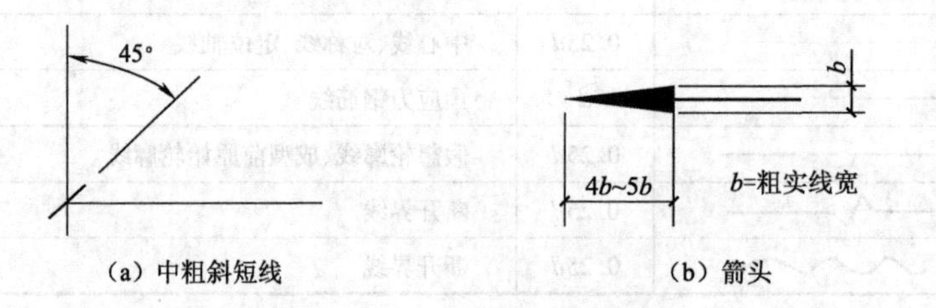

图1.22 尺寸起止符号的画法

(4)尺寸数字

尺寸数字表示尺寸的实际大小，一般写在尺寸线的上方、左方或尺寸线的中断处。尺寸数字必须是物体的实际大小，与绘图所用的比例或绘图的精确度无关。建筑工程图上标注的尺寸，除标高和总平面图以“m”为单位外，其他一律以“mm”为单位，图上的尺寸数字不再注写单位。

2. 半径、直径和角度尺寸的标注

标注半径、直径和角度尺寸时，尺寸起止符号一般用箭头表示，且应在半径、直径的尺寸数字前分别加注符号 R、ϕ，圆球的半径与直径数字前还应再加注符号 S；角度的尺寸界线应沿径向引出，尺寸线画成圆弧，圆心是角的顶点，尺寸数字应一律水平书写。

①半径的尺寸线应一端从圆心开始，另一端画箭头指向圆弧，半径数字前应加注半径符号“R”，如图1.23所示。

②较小圆弧的半径,如 $R=16$、10、5 时,可按图 1.24 所示形式标注。

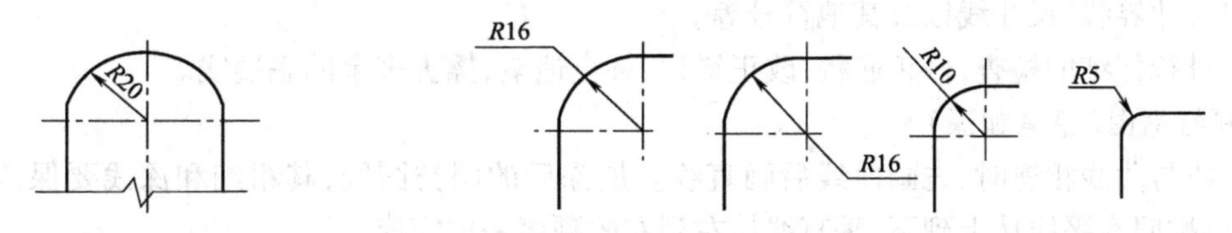

图 1.23 半径标注方法　　　　图 1.24 小圆弧半径的标注方法

③较大圆弧的半径可按图 1.25 所示形式标注。

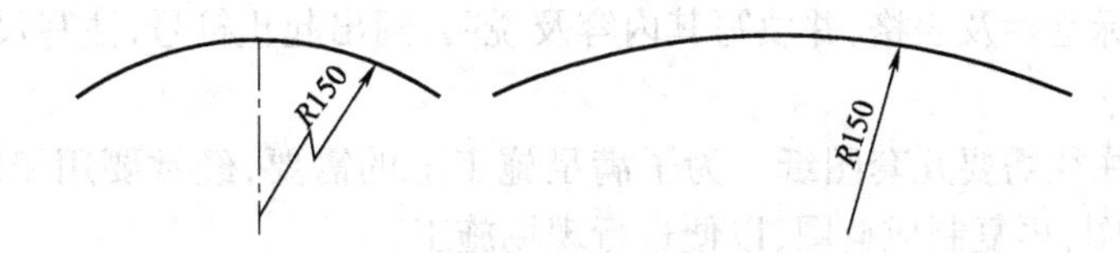

图 1.25 大圆弧半径的标注方法

3. 坡度的标注

坡度表示一平面相对于水平面的倾斜程度,可采用百分数、比例的形式标注。标注坡度时,应加注坡度符号,该符号为单面箭头,箭头应指向下坡方向;2% 表示每 100 单位下降两个单位,1∶2表示每下降一个单位,水平距离为两个单位,如图 1.26(a)所示。坡度也可以用直角三角形形式表示,如图 1.26(b)所示。

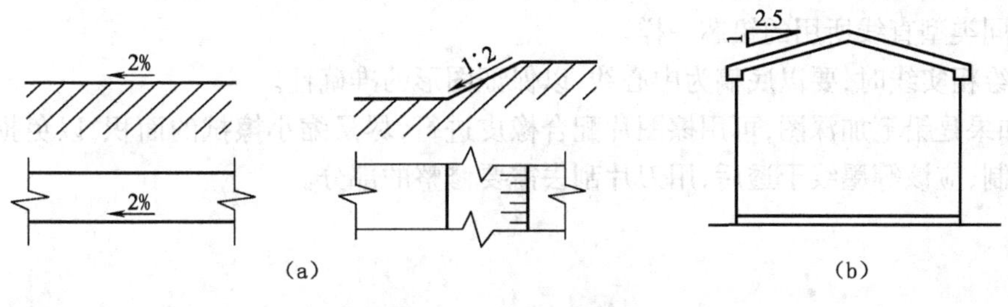

图 1.26 坡度标注方法

1.4 制图的基本方法与步骤

1.4.1 手工制图的一般方法与步骤

为了保证绘图质量,提高绘图的速度,应正确使用绘图仪器和工具,熟练掌握几何作图方法,严格遵守国家建筑制图有关标准,同时还应按照下面的方法和步骤进行绘制。

1. 准备工作

①收集阅读有关的文件资料,对所绘制图样内容与要求进行了解,在学习过程中,对作业的内容、目的和要求要了解清楚,在绘图之前做到心中有数。

②准备好必要的绘图仪器、工具和用品,把图板、丁字尺、三角板、比例尺等擦洗干净,把绘图工具和用品放在桌子的右边,但不能影响丁字尺上下移动。

③选好图纸,将图纸用胶带纸固定在图板上,位置要适当,此时必须使图纸上边对准丁字尺的上边缘,然后下移使丁字尺的上边缘对准图纸的下边。一般将图纸粘贴在图板的左下方,图纸左边至图板边缘 3 ~ 5 cm,图纸下边至图板边缘的距离略大于丁字尺的宽度。

2. 绘制底稿

①按制图标准的要求,首先把图框线以及标题栏的位置画好。

②根据所画图样的数量、大小及复杂程度选择好比例,然后安排各个图形的位置,定好图形的中心线,图面布置要适中、均匀,以便获得良好的图面效果。

③首先画图形的主要轮廓,其次由大到小,由外到内,由整体到局部,直至画出图形的所有轮廓。

④画出尺寸界线、尺寸线以及其他符号等。

⑤最后进行仔细的检查,修正底稿,改正错误,补全遗漏,擦去多余的底稿线。

3. 绘制铅笔图(铅笔加深)

①当直线与曲线相连时,先画曲线后画直线。加深后的同类图线,其粗细和深浅要保持一致。加深同类图形时,要按照水平线从上到下、垂直线从左到右的顺序一次完成。

②加深图线时,必须是先曲线,其次直线,最后为斜线,各类线型的加深顺序是:中心线、粗实线、虚线和细实线。

③最后加深图框线、标题栏及表格,并填写其内容及说明,画出起止符号,注写尺寸数字及说明文字。

4. 绘制墨线图(描图)

一栋建筑物的施工,往往需要几套图纸。为了满足施工上的需要,经常要用墨线把图样描绘在扫描纸(又称硫酸纸)上,作为底图,再复制成蓝图,以便进行现场施工。

描图的步骤与铅笔加深的顺序基本相同。同一粗细的线要尽量一次画出,以便提高绘图的效率。描墨线图时,每画完一条线,一定要等墨水干透后再画。因此,要注意画图步骤,否则容易弄脏图画。

1.4.2 手工制图的有关注意事项

①绘制底稿的铅笔用 H ~ 3H 型号,所有的线条要轻而细,不可反复描绘,能看清即可。

②加深粗实线的铅笔用 HB 或 B。加深细实线的铅笔用 HB。写字的铅笔用 H 或 HB。加深圆弧时所用的铅芯应与加深同类型直线所用的铅芯一样。

③加深或描绘粗实线时,要以底稿为中心线,以保证图形的准确性。

④修图时,如果是铅笔加深图,可用擦图片配合橡皮进行,尽量缩小擦拭的面积,以免损坏图纸;如果是用绘图墨线笔绘制,应该等墨线干透后,用刀片刮去需要修整的部分。

计　划　单

<table>
<tr><td>学习领域</td><td colspan="5">土木工程构造与识图</td></tr>
<tr><td>学习情境</td><td colspan="3">土木工程识图与制图</td><td>学　时</td><td>24</td></tr>
<tr><td>工作任务</td><td colspan="3">工程识图前的准备工作</td><td>学　时</td><td>6</td></tr>
<tr><td>计划方式</td><td colspan="5">小组讨论、团结协作共同制订计划</td></tr>
<tr><td>序　号</td><td colspan="4">实 施 步 骤</td><td>使用资源</td></tr>
<tr><td>1</td><td colspan="4"></td><td></td></tr>
<tr><td>2</td><td colspan="4"></td><td></td></tr>
<tr><td>3</td><td colspan="4"></td><td></td></tr>
<tr><td>4</td><td colspan="4"></td><td></td></tr>
<tr><td>5</td><td colspan="4"></td><td></td></tr>
<tr><td>6</td><td colspan="4"></td><td></td></tr>
<tr><td>7</td><td colspan="4"></td><td></td></tr>
<tr><td>8</td><td colspan="4"></td><td></td></tr>
<tr><td>9</td><td colspan="4"></td><td></td></tr>
<tr><td>10</td><td colspan="4"></td><td></td></tr>
<tr><td>制订计划说明</td><td colspan="5">（写出制订计划中人员为完成任务的主要建议或可以借鉴的建议、需要解释的某一方面）</td></tr>
<tr><td rowspan="3">计划评价</td><td>班　级</td><td></td><td>第　组</td><td>组长签字</td><td></td></tr>
<tr><td>教师签字</td><td colspan="2"></td><td>日　期</td><td></td></tr>
<tr><td colspan="5">评语：</td></tr>
</table>

决 策 单

<table>
<tr><td>学习领域</td><td colspan="5">土木工程构造与识图</td></tr>
<tr><td>学习情境</td><td colspan="2">土木工程识图与制图</td><td>学　　时</td><td colspan="2">24</td></tr>
<tr><td>工作任务</td><td colspan="2">工程识图前的准备工作</td><td>学　　时</td><td colspan="2">6</td></tr>
<tr><td colspan="6">方 案 讨 论</td></tr>
<tr><td rowspan="11">方案对比</td><td>组号</td><td>方案合理性</td><td>实施可操作性</td><td>实施难度</td><td>综合评价</td></tr>
<tr><td>1</td><td></td><td></td><td></td><td></td></tr>
<tr><td>2</td><td></td><td></td><td></td><td></td></tr>
<tr><td>3</td><td></td><td></td><td></td><td></td></tr>
<tr><td>4</td><td></td><td></td><td></td><td></td></tr>
<tr><td>5</td><td></td><td></td><td></td><td></td></tr>
<tr><td>6</td><td></td><td></td><td></td><td></td></tr>
<tr><td>7</td><td></td><td></td><td></td><td></td></tr>
<tr><td>8</td><td></td><td></td><td></td><td></td></tr>
<tr><td>9</td><td></td><td></td><td></td><td></td></tr>
<tr><td>10</td><td></td><td></td><td></td><td></td></tr>
<tr><td>方案评价</td><td colspan="5">评语：</td></tr>
</table>

班　　级		组长签字		教师签字		年 月 日

检 查 单

<table>
<tr><td>学习领域</td><td colspan="5">土木工程构造与识图</td></tr>
<tr><td>学习情境</td><td colspan="2">土木工程识图与制图</td><td>学 时</td><td colspan="2">24</td></tr>
<tr><td>工作任务</td><td colspan="2">工程识图前的准备工作</td><td>学 时</td><td colspan="2">6</td></tr>
<tr><td>序号</td><td>检查项目</td><td>检查标准</td><td>学生自查</td><td colspan="2">教师检查</td></tr>
<tr><td>1</td><td></td><td></td><td></td><td colspan="2"></td></tr>
<tr><td>2</td><td></td><td></td><td></td><td colspan="2"></td></tr>
<tr><td>3</td><td></td><td></td><td></td><td colspan="2"></td></tr>
<tr><td>4</td><td></td><td></td><td></td><td colspan="2"></td></tr>
<tr><td>5</td><td></td><td></td><td></td><td colspan="2"></td></tr>
<tr><td>6</td><td></td><td></td><td></td><td colspan="2"></td></tr>
<tr><td>7</td><td></td><td></td><td></td><td colspan="2"></td></tr>
<tr><td>8</td><td></td><td></td><td></td><td colspan="2"></td></tr>
<tr><td>9</td><td></td><td></td><td></td><td colspan="2"></td></tr>
<tr><td>10</td><td></td><td></td><td></td><td colspan="2"></td></tr>
<tr><td>11</td><td></td><td></td><td></td><td colspan="2"></td></tr>
<tr><td>12</td><td></td><td></td><td></td><td colspan="2"></td></tr>
<tr><td>13</td><td></td><td></td><td></td><td colspan="2"></td></tr>
<tr><td>14</td><td></td><td></td><td></td><td colspan="2"></td></tr>
<tr><td>15</td><td></td><td></td><td></td><td colspan="2"></td></tr>
<tr><td rowspan="3">检查评价</td><td>班 级</td><td></td><td>第 组</td><td>组长签字</td><td></td></tr>
<tr><td>教师签字</td><td></td><td>日 期</td><td colspan="2"></td></tr>
<tr><td colspan="5">评语：</td></tr>
</table>

评 价 单

<table>
<tr><td>学习领域</td><td colspan="5">土木工程构造与识图</td></tr>
<tr><td>学习情境</td><td colspan="2">土木工程识图与制图</td><td>学 时</td><td colspan="2">24</td></tr>
<tr><td>工作任务</td><td colspan="2">工程识图前的准备工作</td><td>学 时</td><td colspan="2">6</td></tr>
<tr><td>评价类别</td><td>项 目</td><td>子项目</td><td>个人评价</td><td>组内自评</td><td>教师评价</td></tr>
<tr><td rowspan="8">专业能力</td><td rowspan="2">资讯
（10%）</td><td>搜集信息（5%）</td><td></td><td></td><td></td></tr>
<tr><td>引导问题回答（5%）</td><td></td><td></td><td></td></tr>
<tr><td>计划
（5%）</td><td></td><td></td><td></td><td></td></tr>
<tr><td>实施
（20%）</td><td></td><td></td><td></td><td></td></tr>
<tr><td>检查
（10%）</td><td></td><td></td><td></td><td></td></tr>
<tr><td>过程
（5%）</td><td></td><td></td><td></td><td></td></tr>
<tr><td>结果
（10%）</td><td></td><td></td><td></td><td></td></tr>
<tr style="display:none"></tr>
<tr><td rowspan="2">社会能力</td><td>团结协作
（10%）</td><td></td><td></td><td></td><td></td></tr>
<tr><td>敬业精神
（10%）</td><td></td><td></td><td></td><td></td></tr>
<tr><td rowspan="2">方法能力</td><td>计划能力
（10%）</td><td></td><td></td><td></td><td></td></tr>
<tr><td>决策能力
（10%）</td><td></td><td></td><td></td><td></td></tr>
<tr><td rowspan="3">评价评语</td><td>班 级</td><td>姓 名</td><td></td><td>学 号</td><td>总 评</td></tr>
<tr><td>教师签字</td><td>第 组</td><td>组长签字</td><td></td><td>日 期</td></tr>
<tr><td colspan="5"></td></tr>
</table>

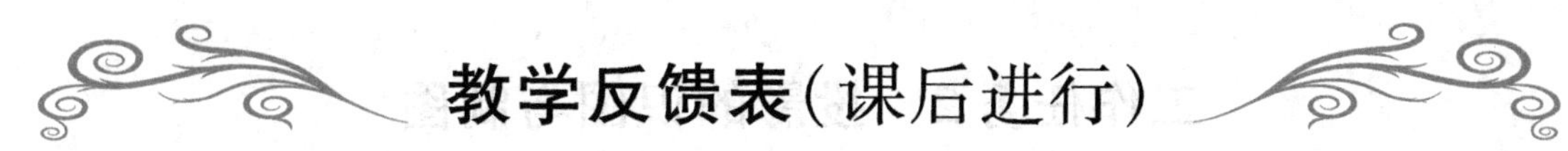

教学反馈表(课后进行)

学习领域	土木工程构造与识图		
学习情境	土木工程识图与制图	工作任务	工程识图前的准备工作
学　　时	0.5		

序　　号	调查内容	是	否	理由陈述
1	你是否喜欢这种上课方式?			
2	与传统教学方式比较你认为哪种方式学到的知识更适用?			
3	针对每个工作任务你是否学会了如何进行资讯?			
4	你对于计划和决策感到困难吗?			
5	你认为本工作任务对你将来的工作有帮助吗?			
6	通过本工作任务的学习,你学会工程识图前的准备工作了吗?在今后的实习或顶岗实习过程中遇到工程识图常见问题你可以解决吗?			
7	通过几天来的工作和学习,你对自己的表现是否满意?			
8	你对小组成员之间的合作是否满意?			
9	你认为本学习情境还应学习哪些方面的内容?(请在下面空白处填写)			

你的意见对改进教学非常重要,请写出你的建议和意见:

被调查人信息

专　　业	年　　级	班　　级	姓　　名	日　　期

工作任务2　投影的识图与制图

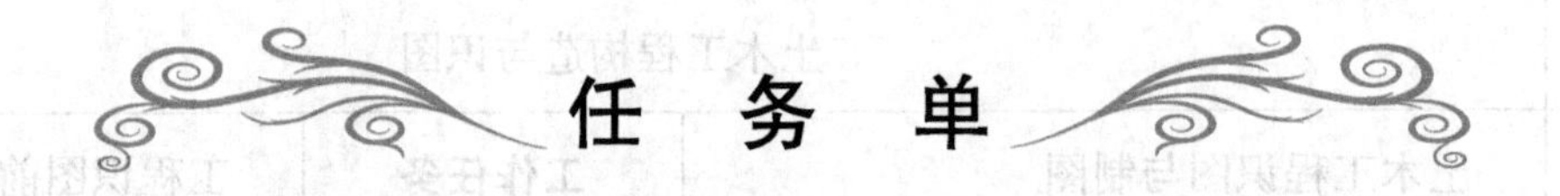

<table>
<tr><td>学习领域</td><td colspan="6">土木工程构造与识图</td></tr>
<tr><td>学习情境</td><td colspan="2">土木工程识图与制图</td><td colspan="2">工作任务</td><td colspan="2">投影的识图与制图</td></tr>
<tr><td>任务学时</td><td colspan="6">10</td></tr>
<tr><td colspan="7">布置任务</td></tr>
<tr><td>工作目标</td><td colspan="6">1. 掌握工程制图原理,使学生对建筑物形体具有空间想象力;
2. 学会确定点、线、面在三面投影体系中投影特性;
3. 绘制空间点的投影体系中的三面投影图;
4. 学会直线、平面在三面投影体系中的投影图;
5. 理解三面投影体系中“长对正,高平齐,宽相等”的含义;
6. 掌握绘制三面投影图的方法与要求;
7. 掌握剖面图与断面图的区别;
8. 能够在完成任务过程中锻炼职业素质,做到“严谨认真、吃苦耐劳、诚实守信”。</td></tr>
<tr><td>任务描述</td><td colspan="6">在识读工程图纸前,需要掌握土木工程制图的原理,了解投影学与工程制图的关系,掌握点、线、面的投影与特性,掌握剖面图与断面图的区别。其工作如下:
1. 投影的形成与分类;
2. 三面投影及其对应关系;
3. 点、直线与平面的投影;
4. 基本几何形体的投影;
5. 剖面图和断面图。</td></tr>
<tr><td rowspan="2">学时安排</td><td>资　讯</td><td>计　划</td><td>决　策</td><td>实　施</td><td>检　查</td><td>评　价</td></tr>
<tr><td>4</td><td>0.5</td><td>0.5</td><td>4</td><td>0.5</td><td>0.5</td></tr>
<tr><td>提供资料</td><td colspan="6">1. 房屋建筑制图统一标准:GB/T 50001—2010;
2. 工程制图相关规范;
3. 造价员、技术员岗位技术相关标准。</td></tr>
<tr><td>对学生的要求</td><td colspan="6">1. 具备几何的基本知识;
2. 具备对建筑物的基本了解;
3. 具备对建筑制图工具使用的一般了解;
4. 具备一定的自学能力、数据计算能力、沟通协调能力、语言表达能力和团队意识;
5. 每位同学必须积极参与小组讨论;
6. 严格遵守课堂纪律和工作纪律,不迟到,不早退,不旷课;
7. 树立职业意识,按照企业的岗位职责要求自己。</td></tr>
</table>

资　讯　单

学习领域	土木工程构造与识图			
学习情境	土木工程识图与制图		工作任务	投影的识图与制图
资讯学时	4			
资讯方式	1. 通过信息单、教材、互联网及图书馆查询完成任务资讯； 2. 通过咨询任课教师完成任务资讯。			
资讯问题	1. 何谓投影？投影如何分类？			
	2. 什么是中心投影？什么是平行投影？什么是正投影？			
	3. 三面正投影图是如何形成的？它们之间的投影关系是什么？			
	4. 试述点的三面投影规律。			
	5. 如何判断两点的相对位置？如何判断两个重影点的可见性？			
	6. 解释三面投影图中“长对正、高平齐、宽相等”的含义。			
	7. 点的投影有哪些规律？			
	8. 直线的投影有哪些规律？			
	9. 平面的投影有哪些规律？			
	10. 形体的投影有哪些规律？			
	11. 圆锥、圆柱、球的三视图绘制步骤有哪些？			
	12. 简述组合体及其组合方式。			
	13. 剖面图与断面图的区别有哪些？			
	14. 剖切符号的绘制方法有哪些？			
	学生需要单独资讯的问题……			
资讯要求	1. 根据专业目标和任务描述正确理解完成任务需要的咨询内容； 2. 按照上述资讯内容进行咨询； 3. 写出资讯报告。			
资讯评价	班　　级		学生姓名	
	教师签字		日　　期	

信 息 单

2.1 投影的形成与分类

2.1.1 投影的形成

在日常生活中,物体在阳光或烛光的照射下,会在墙面或地面形成影子,影子在一定程度上反映了物体的形状和大小,但是物体在光线的照射下所得到的影子是一片黑影,只能反映出物体的底部轮廓,而上部的轮廓则被黑影所代替,不能表达物体的真面目,如图 2.1 所示。从这种现象中受到启发,假设光线能穿透形体而将形体上的各点和线在承接影子的平面上得到它们的影子,这些点、线的影子就构成了能反映形体的图形,这个图形就称为形体的投影图,如图 2.2 所示,这种得到形体投影的方法称为投影法。这里的日光或烛光称为投影中心,光线称为投影线,地面或墙面称为投影面。

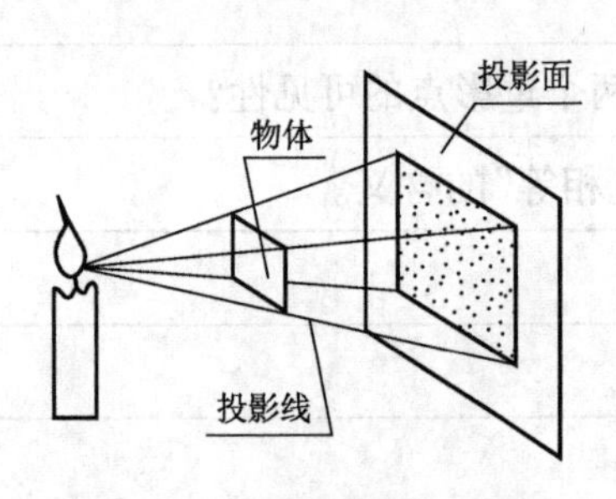

图 2.1 烛光照射的影子

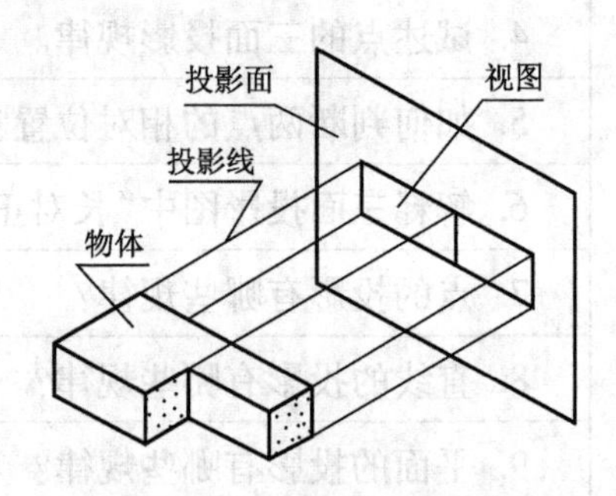

图 2.2 形体的投影图

因此,要产生投影必须具备三个基本条件:物体、投影线、投影面。

2.1.2 投影的分类

根据投影中心距离投影面远近的不同,投影分为中心投影和平行投影两大类。

1. 中心投影

投影中心 S 在有限的距离内,由一点发射的投影线所产生的投影,称为中心投影,如图 2.3 所示。中心投影的特点:投影线相交于一点,投影图的大小与投影中心 S 距离投影面的远近有关。投影中心 S 与投影面 H 距离不变时,物体离投影中心 S 越近,投影图越大;反之越小。用中心投影法绘制形体的投影图称为透视图。

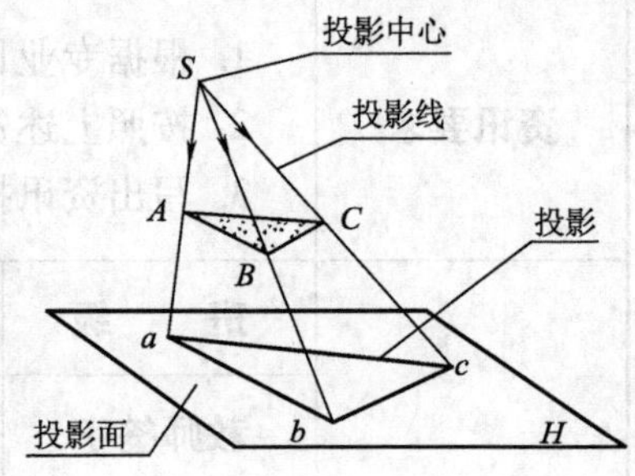

图 2.3 中心投影

2. 平行投影

把投影中心 S 移到离投影面无限远,则投影线可视为互相平行,由此产生的投影称为平行投影,如图 2.4 和图 2.5 所示。

根据投影线与投影面是否垂直或平行,投影又分为正投影和斜投影两种。

(1)正投影

投影线垂直于投影面所作出形体的平行投影称为正投影,又称直角投影,如图 2.4 所示。

(2)斜投影

投影线倾斜于投影面所作出形体的平行投影称为斜投影,如图 2.5 所示。

平行投影的特点:投影线互相平行,所得投影的大小与物体离投影中心的远近无关。这种投影图的图示方法简单,能真实地反映物体的大小和形状,即度量性好。

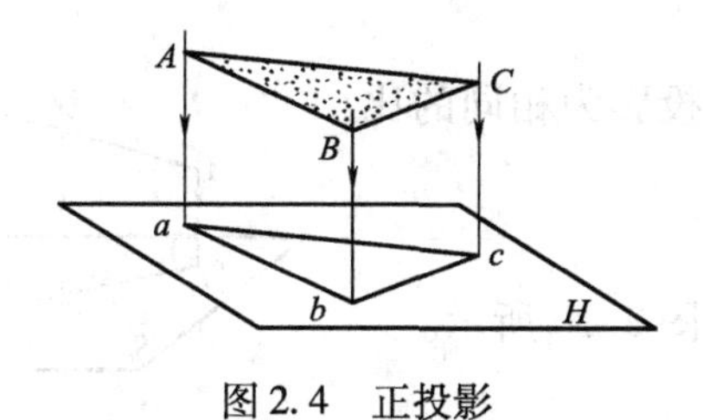

图 2.4　正投影

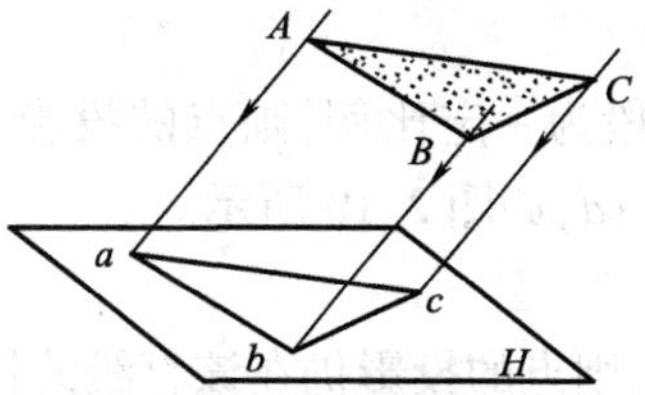

图 2.5　斜投影

2.1.3　正投影的基本特征

1. 平行性

若空间两直线平行($AB /\!/ CD$),则其在同一投影面上的投影仍相互平行($ab /\!/ cd$),如图 2.6 所示。

2. 度量性

若空间线段或平面图形都平行于投影面,则在该投影面上反映线段和实长或平面形状的实形,即 $AB = ab$;$\square ABCD \cong \square abcd$,如图 2.7 所示。

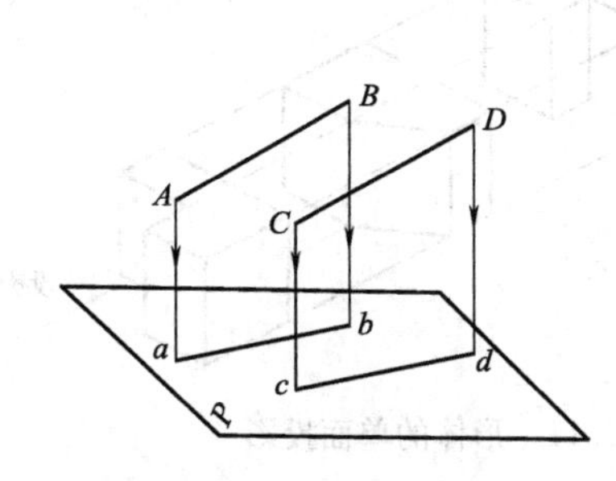

图 2.6　正投影的平行性

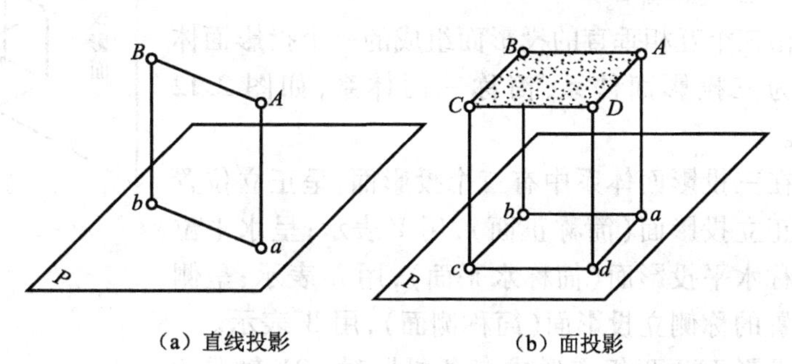

(a) 直线投影　(b) 面投影

图 2.7　正投影的度量性

3. 积聚性

空间直线或平面图形垂直投影面时,直线的投影积聚成点,平面的投影积聚成一条直线,如图 2.8 所示。

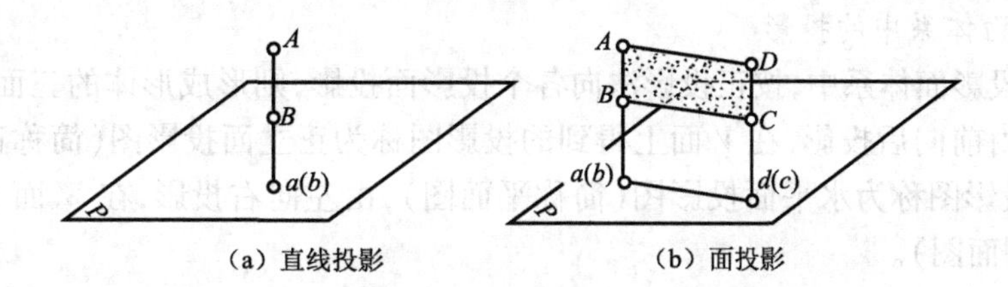

(a) 直线投影　(b) 面投影

图 2.8　正投影的积聚性

4. 类似性

若空间线段或空间的平面图形都不平行于各投影面,即与各投影面成夹角,其投影仍然是线段和平面图形,但不反映线段的实长或平面图形的实形,其形状与空间图形类似,即 $AB > ab$;$\square ABCD \backsim \square abcd$,如图 2.9 所示。

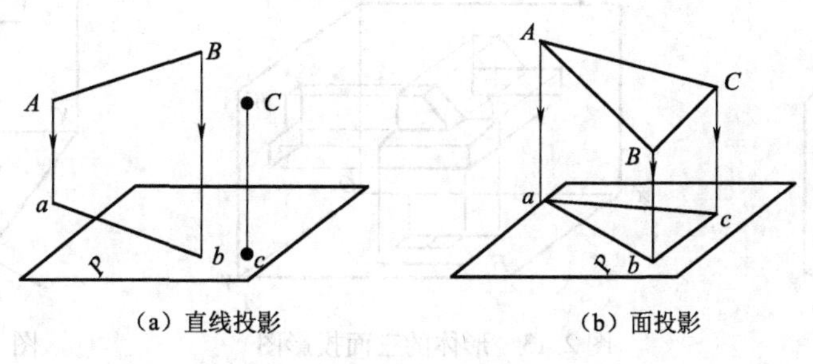

(a) 直线投影　(b) 面投影

图 2.9　正投影的类似性

5. 定比性

若空间点分线段为一定比例,则点的投影分线段的投影为相同的比例,即 $AB:CD=ab:cd$,如图 2.10 所示。

6. 从属性

若点在直线上,则点的投影仍在该直线的投影上,如图 2.10 所示。

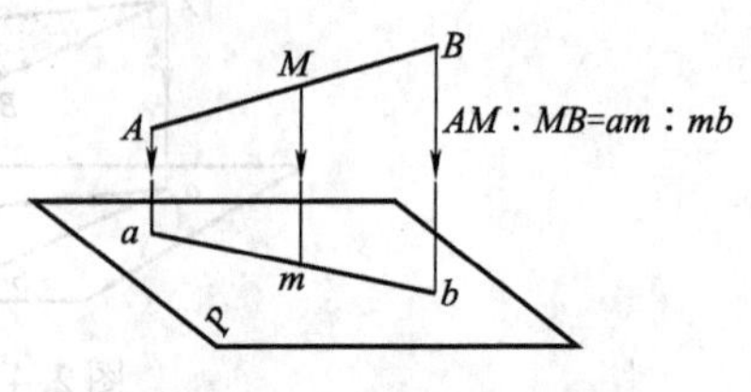

图 2.10　正投影的定比性与从属性

2.2　三面投影及其对应关系

通常建筑物是一个"空间体",它有多个面,只靠一个投影面的投影不能全面地表达出形体的形状和位置,如图 2.11 所示,因此需要从几个方向对形体进行投影,才能确定形体唯一的空间形状和大小,通常多采用三面投影。

2.2.1　三面投影图的形成

1. 三投影面体系

由三个互相垂直的投影面组成的一个投影面体系称为三投影面体系,简称三面体系,如图 2.12 所示。

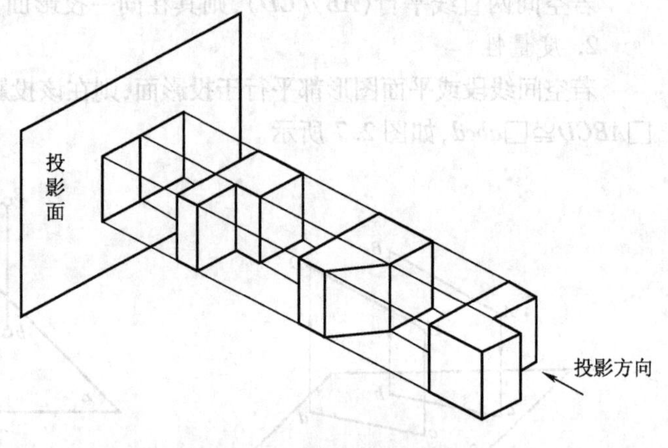

图 2.11　形体的单面投影

在三投影面体系中有三个投影面,呈正立位置的称正立投影面(简称正面),用 V 表示;呈水平位置的称水平投影面(简称水平面),用 H 表示;呈侧立位置的称侧立投影面(简称侧面),用 W 表示。

投影面两两相交形成三条投影轴:OX 轴是 V 面与 H 面的交线,代表长度方向(简称 X 轴);OY 轴是 H 面与 W 面的交线,代表宽度方向(简称 Y 轴);OZ 轴是 V 面与 W 面的交线,代表高度方向(简称 Z 轴)。

三投影轴的交点称为原点用 O 表示。

2. 形体在三投影面体系中的投影

将形体放置在三投影面体系中,按正投影法向各个投影面投影,则形成形体的三面投影图,也称为三视图,如图 2.13 所示。由前向后投影,在 V 面上得到的投影图称为正立面投影图(简称正面图);由上向下投影,在 H 面上得到的投影图称为水平面投影图(简称平面图);由左向右投影,在 W 面上得到的投影图称为侧立面投影图(简称侧面图)。

3. 三投影面的展开

为了把处在空间位置的三个投影图画在一张纸上,需要将三个投影面展开。展开时保持正立面 V 不动,将水平面 H 绕 OX 轴向下旋转 90°,将侧立面 W 绕 OZ 轴向右旋转 90°,如图 2.14 所示,这样就把三个投影图展在了一个平面(图纸)上。

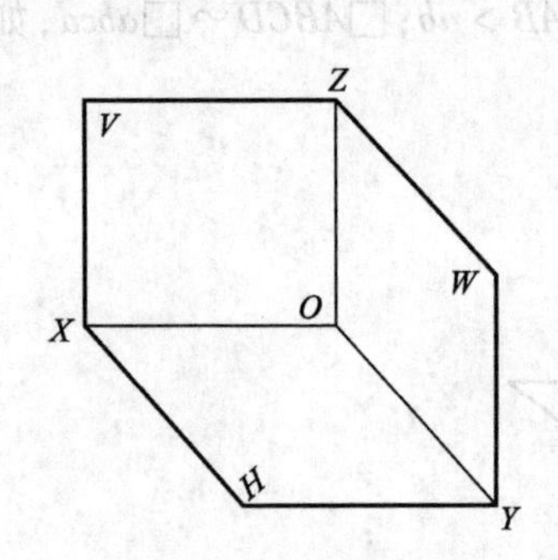

图 2.12　三投影面体系

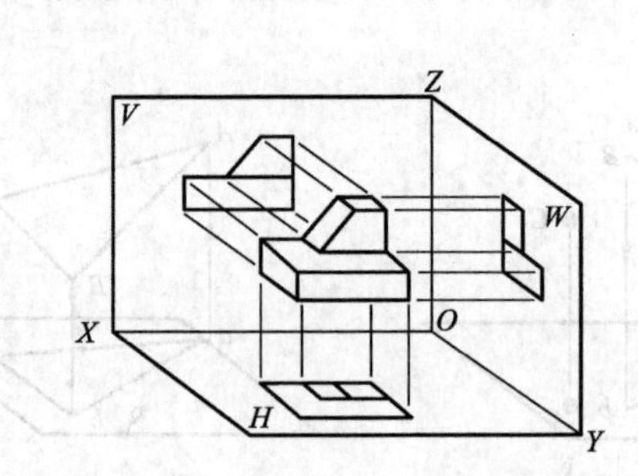

图 2.13　形体的三面投影图

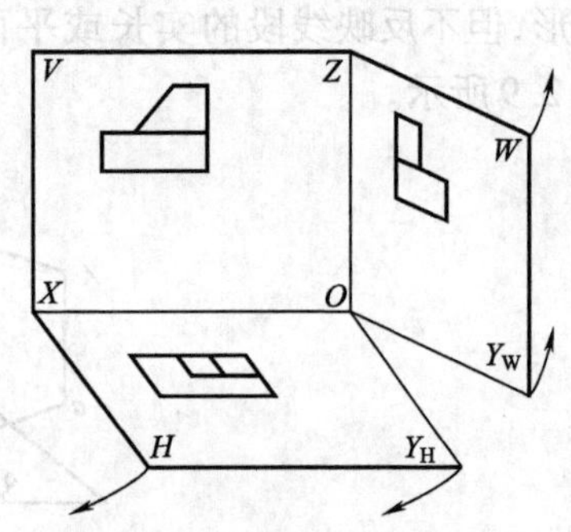

图 2.14　三投影面的展开

2.2.2　三面投影图的投影规律

1. 三面投影图的基本规律(三等关系)

在三个投影图中,每个投影图都能反映形体的长、宽、高三个尺寸的其中两个,都有一个尺寸反映不出来。由此可得出:同一物体的三个投影图之间具有三等关系,即正立投影与水平投影等长——长对正;正立投影与侧立投影等高——高平齐;水平投影与侧立投影等宽——宽相等,如图 2.15 所示。

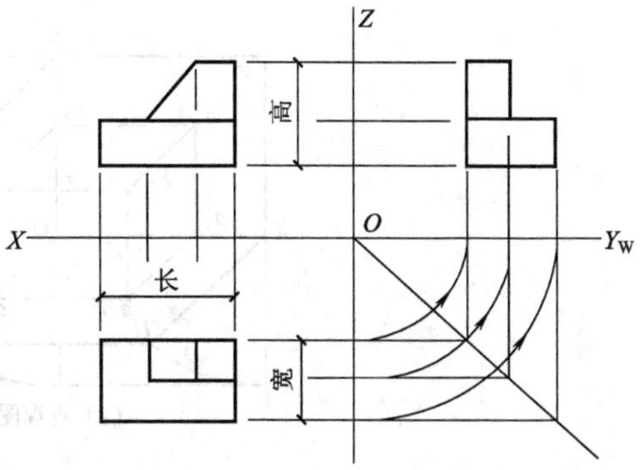

以上三条规律,普遍适用于任何形体的三视图,不仅适用于形体的整体,而且适用于形体的局部,也同样适应于形体上任一点、线、面。

图 2.15　三面投影图的基本投影规律

2. 视图与形体的方位关系

空间形体有上下、左右、前后六个方位,这六个方位在三视图中可以按图 2.16 所示的方向确定。由图 2.16 可知,正面图反映形体的上下和左右;平面图反映形体的左右和前后;侧面图反映物体的上下和前后。

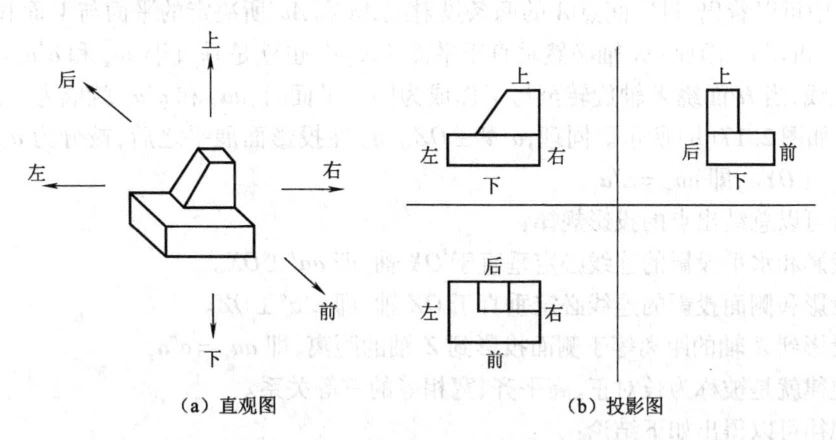

(a) 直观图　(b) 投影图

图 2.16　视图与形体的方位关系

一般形体的长、宽、高可定义为:

①长:是指形体在水平投影(H 面)和正立投影(V 面)中的左右之间的距离,即在 X 轴上。

②宽:是指形体在水平投影(H 面)和侧立投影(W 面)中的前后之间的距离,即在 Y 轴上。

③高:是指形体在正立投影(V 面)和侧立投影(W 面)中的左右之间的距离,即在 Z 轴上。

形体的“上下、左右”方位明显易懂,而“前后”方位则不够直观,分析水平投影和侧面投影可以看出,“远离正面投影的一侧是形体的前面”。

准确掌握三面投影图中空间形体的“三等关系”和“方位关系”,对绘制和识读投影图、建筑、结构施工图是非常重要的。

2.3　点、直线与平面的投影

任何建筑形体都由多个面组成,各面相交于多条棱线,各棱线相交于多个顶点,因而点是构成线、面、体的最基本的几何元素,也是学习线、面、体投影图的基础。

2.3.1　点的投影

1. 点三面投影的形成

如图 2.17(a)所示,在三投影面体系中,过空间点 A 分别向三个投影面作垂线(正投影),垂足 a'、a、a''即

为点 A 的三面投影,点的投影依然是点。a'称为点 A 的正面投影;a 称为点 A 的水平面投影;a''称为点 A 的侧面投影。

移去空间点 A'',将三个投影面展平在一个平面上,便得到点 A 的三面投影图,如图 2.17(b)所示。

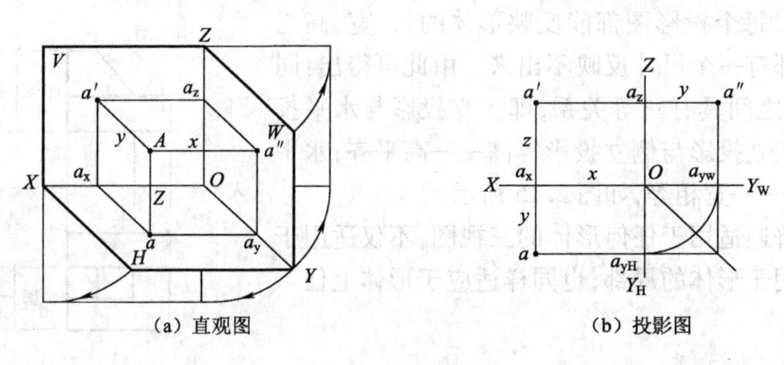

(a)直观图　(b)投影图

图 2.17　点的投影

用投影图来表示空间点,其实质是在同一平面上用点在三个不同投影面上的投影来表示点的空间位置。

2. 点的投影规律(特性)

从图 2.17(a)中可以看出,过空间点 A 的两条投射线 Aa 和 Aa'所决定的平面与 V 面和 H 面同时垂直相交,交线分别是 aa_x 和 $a'a_x$,因此 OX 轴必然垂直于平面 Aaa_xa',也就是垂直于 aa_x 和 $a'a_x$。而 aa_x 和 $a'a_x$ 是互相垂直的两条直线,当 H 面绕 X 轴旋转至与 V 面成为同一平面时,aa_x 和 $a'a_x$ 就成为一条垂直于 OX 轴的直线,即 $aa' \perp OX$,如图 2.17(b)所示。同理,$a'a'' \perp OZ$。a_y 在投影面展平之后,被分为 a_{yH}和 a_{yw}两个点,所以 $aa_{yH} \perp OY_H$,$a''a_{yw} \perp OY_W$,即 $aa_x = a''a_z$。

从上面的分析可以总结出点的投影规律:

①点的正面投影和水平投影的连线必定垂直于 OX 轴,即 $aa' \perp OX$。

②点的正面投影和侧面投影的连线必定垂直于 OZ 轴,即 $a'a'' \perp OZ$。

③点的水平投影到 X 轴的距离等于侧面投影到 Z 轴的距离,即 $aa_x = a''a_z$。

这三条投影规律就是被称为长对正、高平齐、宽相等的三等关系。

由点的投影规律可以得出如下结论:

①点的三面投影到各个投影轴的距离,分别代表空间点到相应的投影面的距离。

②只要知道点的任意两面投影,便可求出点的第三面投影。

【例 2.1】　已知点 B 的正面投影 b'及侧面投影 b''(见图 2.18),试求其水平投影 b。

分析:根据点的三面投影的性质,可以利用点 B 的正面投影和侧面投影求出点 B 的水平投影 b。

作图:由于 b 与 b'垂直于 OX 轴,所以 b 一定在过 b'而垂直于 OX 轴的直线上。又由于 b 到 OX 轴的距离必等于 b''到 OZ 轴的距离,使 bbx 等于 $b''bz$,便定出了 b 的位置,如图 2.18(b)所示。

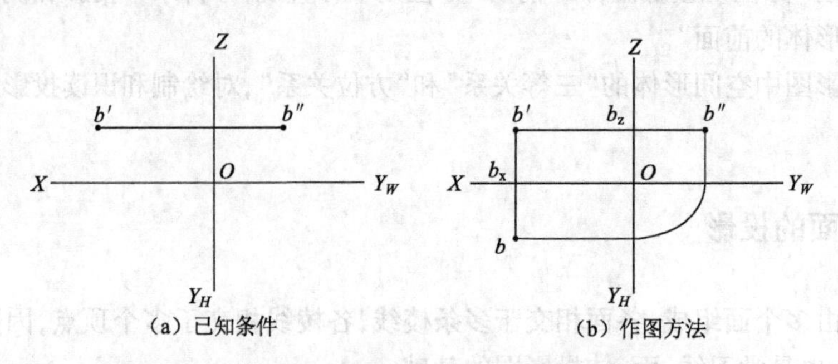

(a)已知条件　(b)作图方法

图 2.18　已知点的两面投影求点的第三面投影

3. 点的空间坐标

在 H、V、W 三个投影体系中,将 H、V、W 投影面作为坐标面,将三条投影轴作为三条坐标轴 OX、OY、OZ,三轴的交点为坐标原点。空间点到三个投影面的距离就等于它的坐标,即点的投影反映了点的坐标值,如

图 2. 17 所示,其投影与坐标值之间存在着如下的对应关系:

①A 点到 W 的距离 Aa''为 A 点的横坐标,用 X 坐标表示,即 $X = Aa''$。

②A 点到 V 的距离 Aa'为 A 点的纵坐标,用 Y 坐标表示,即 $Y = Aa'$。

③A 点到 H 的距离 Aa 为 A 点的垂直高度上的坐标,即 $Z = Aa$。

空间点的位置可用 $A(X、Y、Z)$形式表示。点的水平投影 a 的坐标为$(X、Y、O)$;正面投影的 a'的坐标为(X,O,Z);侧面投影 a''的坐标为(O,Y,Z)。

点的一个投影反映了点的两个坐标。已知点的两个投影,则点的 $X、Y、Z$ 三个坐标就可确定,即空间点是唯一确定的。因此,若已知一个点的任意两个投影,即可求出其第三投影。

【例 2. 2】 已知点 A 的坐标为(15,10,15),点 B 的坐标为(5,15,0),求作 A、B 两点的三面投影图。

分析:根据已知条件,A 点的坐标 $X_A = 15, Y_A = 10, Z_A = 15$,$B$ 点的坐标 $X_B = 5, Y_B = 15, Z_B = 0$。由于点的三个投影与点具有坐标关系:$a(x,y)$、$a'(x,z)$、$a''(y,z)$,因此可作出点的投影。

作图:

①作出投影轴,即坐标轴。在 OX 轴上截取 x 坐标 15,过截取点 ax 引 OX 轴的垂线,则 $a(15,10)$ 和 $a'(15,15)$ 必在这条垂线上,如图 2. 19(a)所示。

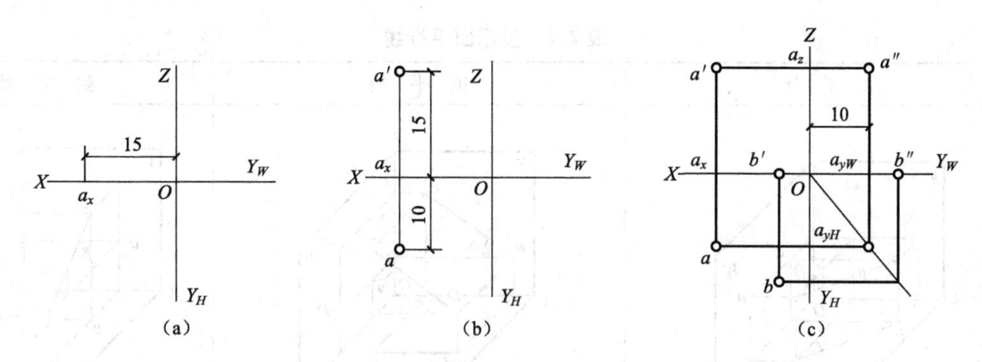

图 2. 19 根据坐标点作三面投影

②在作出的垂线上,截取 $y_A = 10$ 得 a,截取 $z_A = 15$ 得 a',如图 2. 19(b)所示。

③过 a'引 OZ 轴的垂线 $a'az''$,从 OZ 向右截取 $Y_A = 10$ 得 a'',如图 2. 19(c)所示。

④同法作 B 点的投影,因 $z_B = 0$,故 B 点在 H 面上,b'在 OX 轴上,b''在 OY_W 轴上。

从图 2. 19 可知:当空间位于投影面上时,它的一个坐标等于零,它的三个投影中必有两个投影位于投影轴上;当空间点位于投影轴上时,它的两个坐标等于零,它的投影中有一个投影位于原点;当空间点在原点上时,它的坐标均为零,它的投影均位于原点。投影面、投影轴或坐标原点上的点称为特殊位置点。

2. 3. 2 直线的投影

直线的投影是空间的直线上任意两点分别向水平投影面作投影。空间直线的投影仍为直线,如图 2. 20(a)所示;特殊情况下的投影为一点,如图 2. 20(b)所示。

1. 各种位置直线的三面投影

在三投影面体系中,根据直线对投影面的相对位置,可分为三种情况:投影面平行线(见图 2. 21 中的 AB)、投影面垂直线(见图 2. 21 中的 CD、CF、CJ 等)和一般位置直线(见图 2. 21 中的 BC、HJ 等)。前两种情况又称特殊位置直线。平行于某一投影面的直线称为投影面平行线。垂直于某一投影面的直线称为投影面垂直线。倾斜于三个投影面的直线称为一般位置的直线。

2. 投影面平行线

与一个投影面平行,而与另两个投影面倾斜的直线为投影面平行线。投影面平行线分为:

①水平线:平行于水平投影面(H)的直线,与 V、W 面倾斜。

②正平线:平行于正立投影面(V)的直线,与 H、W 面倾斜。

③侧平线:平行于侧立投影面(W)的直线,与 V、H 面倾斜。

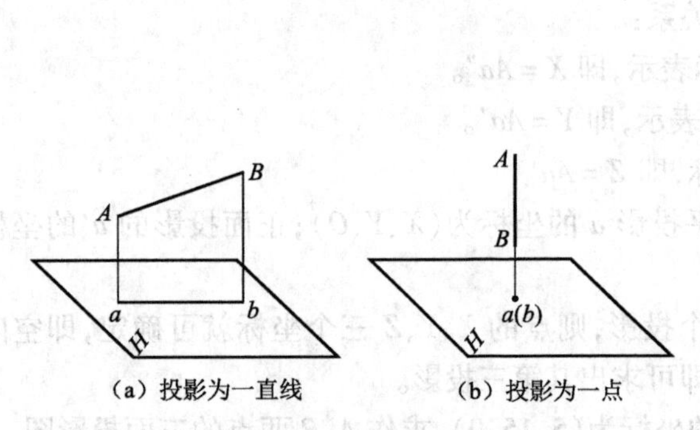

（a）投影为一直线　　（b）投影为一点

图 2.20　直线的投影

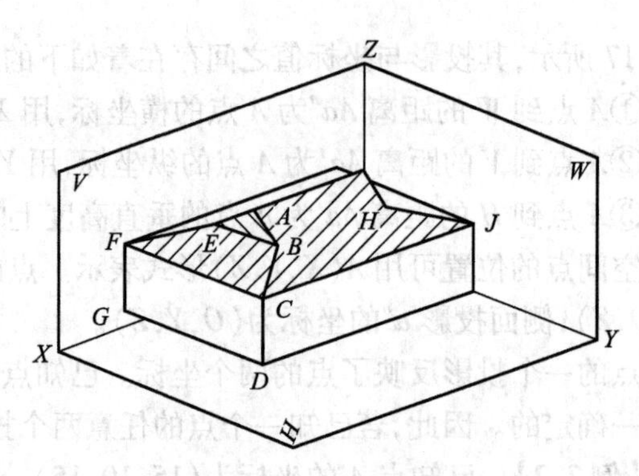

图 2.21　直线的空间位置

投影面平行线的投影特性如下：

①在所平行的投影面上的投影反映实长及对另两投影面的真实倾角。

②另两面上的投影均小于实长，且分别平行于决定它所平行的投影面的两轴。

表 2.1 所示为投影面平行线的直观图、投影图和投影特性。

表 2.1　投影面平行线

名称	水平线	正平线	侧平线
直观图	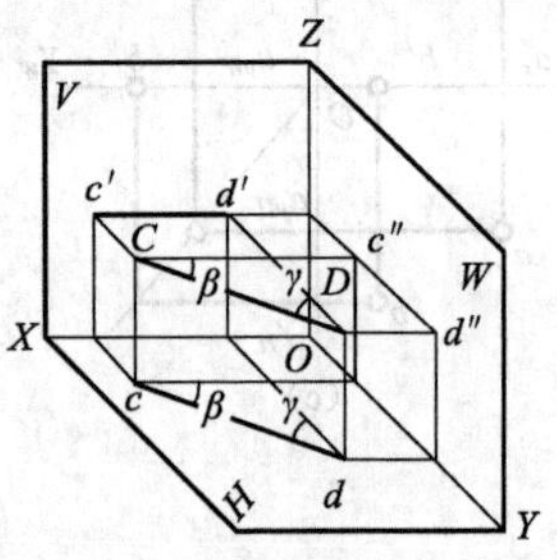	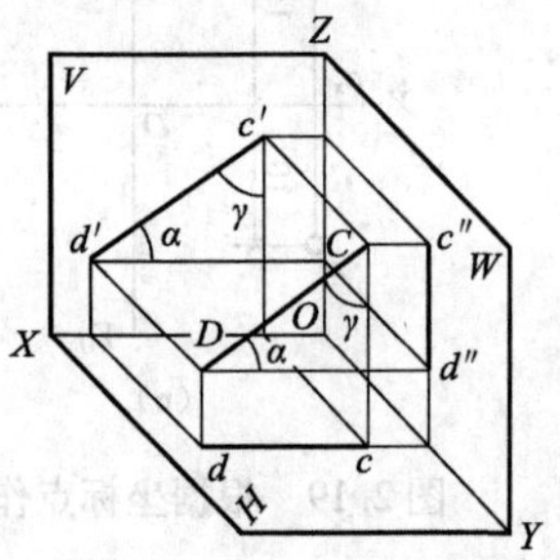	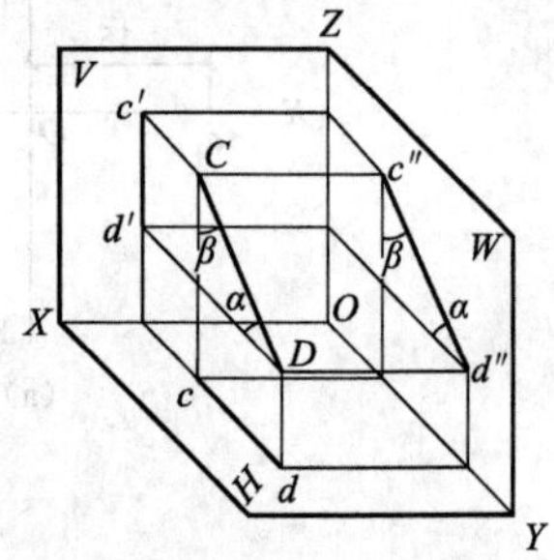
投影图	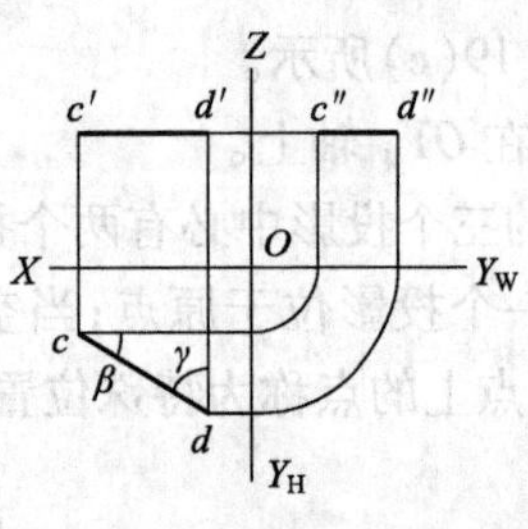	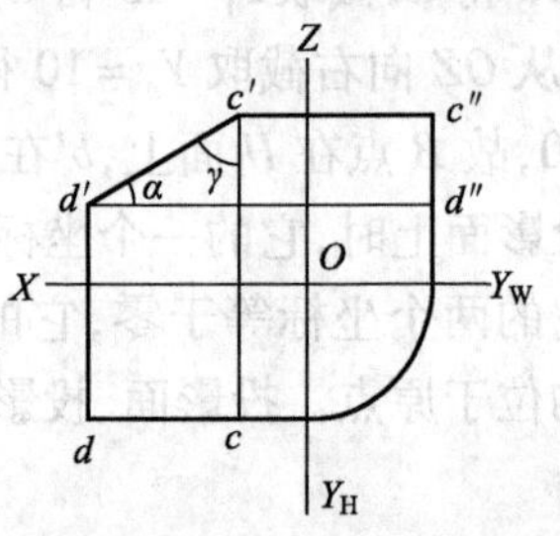	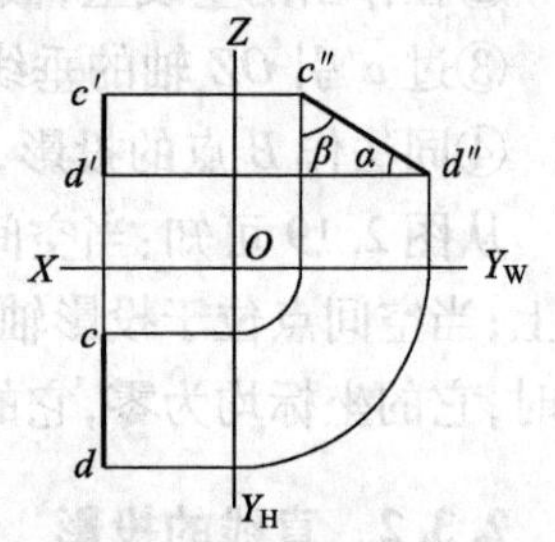
投影特性	（1）在 H 面上的投影反映实长、β 角和 γ 角，即： $cd = CD$； cd 与 OX 轴夹角等于 β； cd 与 OY_H 轴夹角等于 γ （2）在 V 面和 W 面上的投影分别平行投影轴，但不反映实长，即： $c'd' /\!/ OX$ 轴； $c''d'' /\!/ OY_W$ 轴； $c'd' < CD, c''d'' < CD$	（1）在 V 面上的投影反映实长、α 角和 γ 角，即： $c'd' = CD$； $c'd'$ 与 OX 轴夹角等于 α； $c'd'$ 与 OZ 轴夹角等于 γ （2）在 H 面和 W 面上的投影分别平行投影轴，但不反映实长，即： $cd /\!/ OX$ 轴； $c''d'' /\!/ OZ$ 轴； $cd < CD, c''d'' < CD$	（1）在 W 面上的投影反映实长、α 角和 β 角，即： $c''d'' = CD$； $c''d''$ 与 OY_W 轴夹角等于 α； $c''d''$ 与 OZ 轴夹角等于 β （2）在 H 面和 V 面上的投影分别平行投影轴，但不反映实长，即： $cd /\!/ OY_H$ 轴； $c'd' /\!/ OZ$ 轴； $cd < CD, c'd' < CD$

3. 投影面垂直线

与一个投影面垂直（必与另两个投影面平行）的直线为投影面垂直线。投影面垂直线可分为正垂线、铅垂线、侧垂线。

①正垂线：垂直于正立投影面（V 面）的直线，与 H、W 面平行。

②铅垂线：垂直于水平投影面（H 面）的直线，与 V、W 面平行。

③侧垂线：垂直于侧立投影面（W 面）的直线，与 V、H 面平行。

投影面垂直线的投影特性如下：

①在所垂直的投影面上的投影积聚为一点。

②另两面上的投影均反映实长，且分别垂直于决定它所垂直的投影面的两轴。

在投影图上，只要有一个直线的投影积聚为一点，那么，它一定为投影面的垂直线，并垂直于积聚投影所在的投影面。

表 2.2 所示为投影面垂直线的直观图、投影图和投影特性。

表 2.2 投影面垂直线

名称	铅垂线	正垂线	侧垂线
直观图			
投影图			
投影特性	(1)在 H 面上的投影 e、f 重影为一点，即该投影具有积聚性 (2)在 V 面和 W 面上的投影反映实长，即： $e'f'=e''f''=EF$， 且 $e'f'\perp OX$ 轴； $e''f''\perp OY_W$ 轴	(1)在 V 面上的投影 e'、f' 重影为一点，即该投影具有积聚性 (2)在 H 面和 W 面上的投影反映实长，即： $ef=e''f''=EF$， 且 $ef\perp OX$ 轴； $e''f''\perp OZ$ 轴	(1)在 W 面上的投影 e''、f'' 重影为一点，即该投影具有积聚性 (2)在 H 面和 V 面上的投影反映实长，即： $ef=e'f'=EF$， 且 $ef\perp OY_H$ 轴； $e'f'\perp OZ$ 轴

4. 一般位置直线

与三个投影面都倾斜的直线为一般位置直线，如图 2.22 所示。

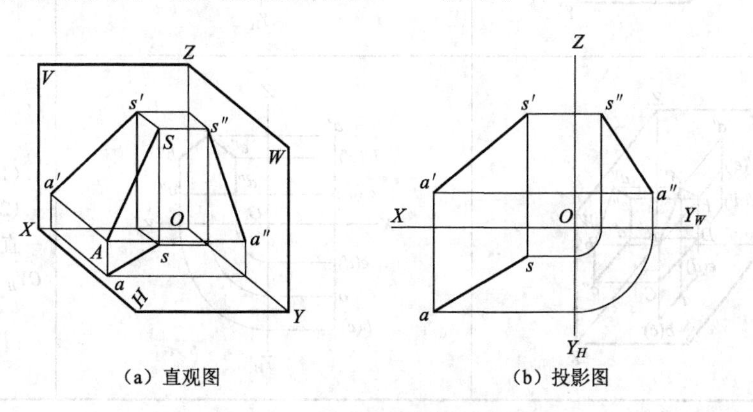

(a) 直观图　　(b) 投影图

图 2.22 一般位置直线的投影

一般位置直线的投影特性如下：

①各面上的投影均小于实长，与投影轴倾斜。

②各面上的投影均不反映对各投影面的真实倾角。

2.3.3 平面的投影

根据在三投影面体系中空间平面与投影面所处的位置，空间平面可分为三种：投影面平行面、投影面垂直面和一般位置平面。前两种又称特殊位置平面。

1. 投影面平行面

与一个投影面平行，而与另两个投影面垂直的平面为投影面平行面。投影面平行面可分为：

①水平面：平行于水平投影面的平面，与 *V*、*W* 面垂直。

②正平面：平行于正立投影面的平面，与 *H*、*W* 面垂直。

③侧平面：平行于侧立投影面的平面，与 *V*、*H* 面垂直。

投影面平行面的投影特性如下：

①在所平行的投影面上的投影反映实形。

②另两投影均积聚为一直线，且分别平行于它所平行的投影面上的两轴。

投影面平行面的直观图、投影图和投影特性见表 2.3。

表 2.3 投影面平行面

名称	直观图	投影图	投影特性
水平面	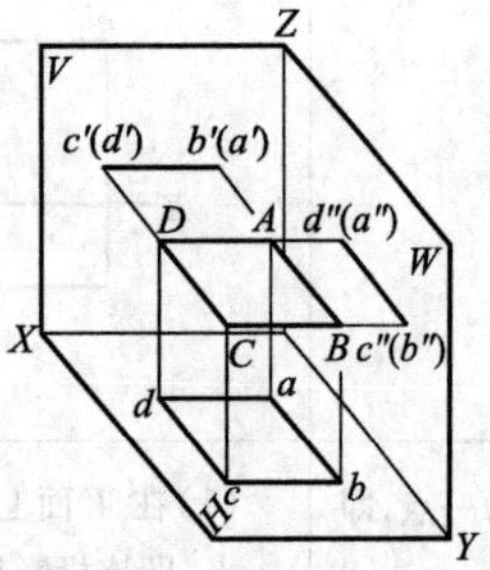	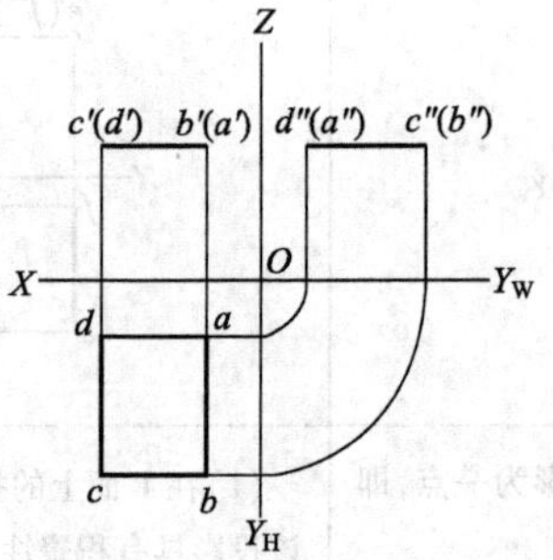	(1)在 *H* 面上的投影反映实形 (2)在 *V*、*W* 面上的投影积聚为一直线，且分别平行于 *OX* 轴和 OY_W 轴
正平面	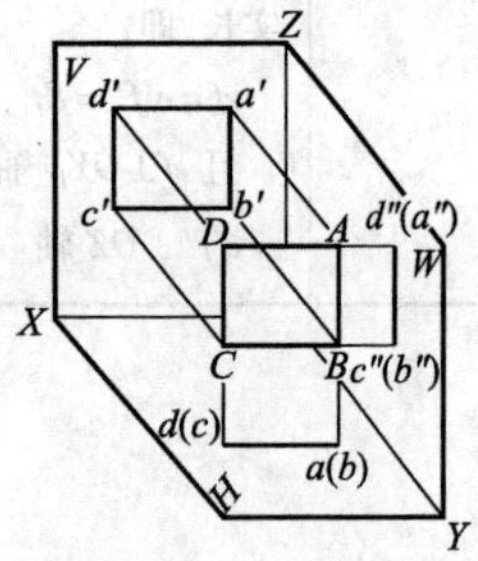	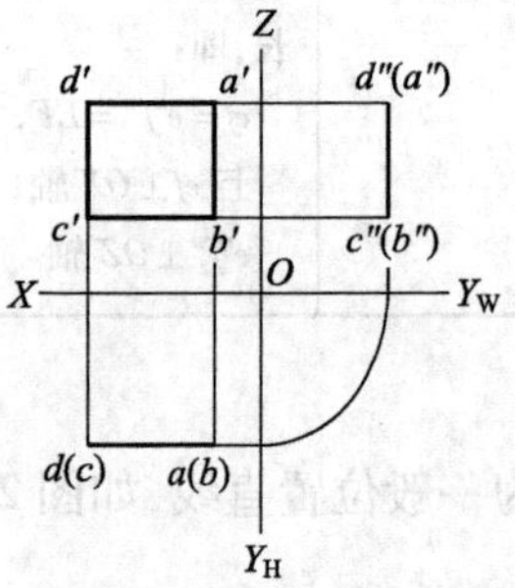	(1)在 *V* 面上的投影反映实形 (2)在 *H*、*W* 面上的投影积聚为一直线，且分别平行于 *OX* 轴和 *OZ* 轴
侧平面	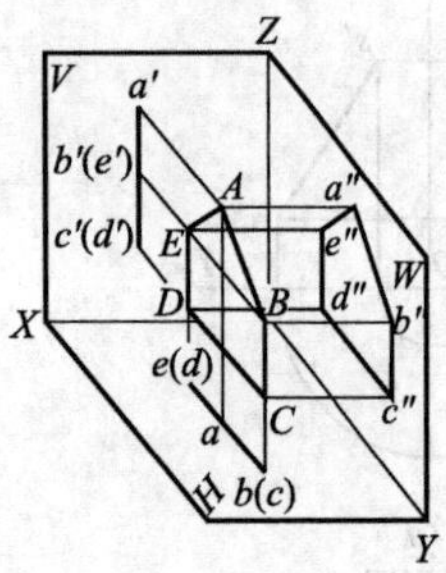	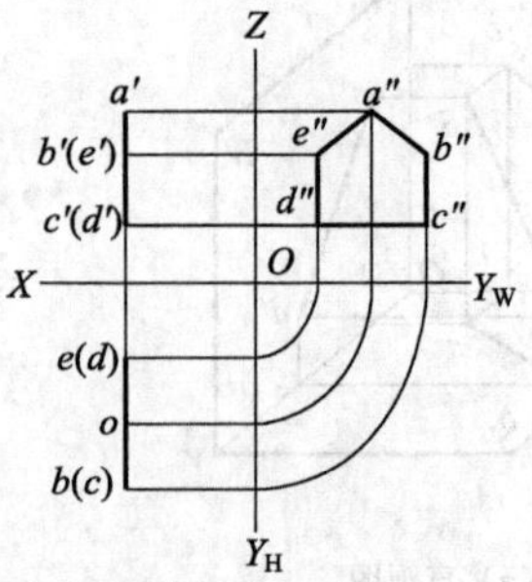	(1)在 *W* 面上的投影反映实形 (2)在 *V*、*H* 面上的投影积聚为一直线，且分别平行于 *OZ* 轴和 OY_H 轴

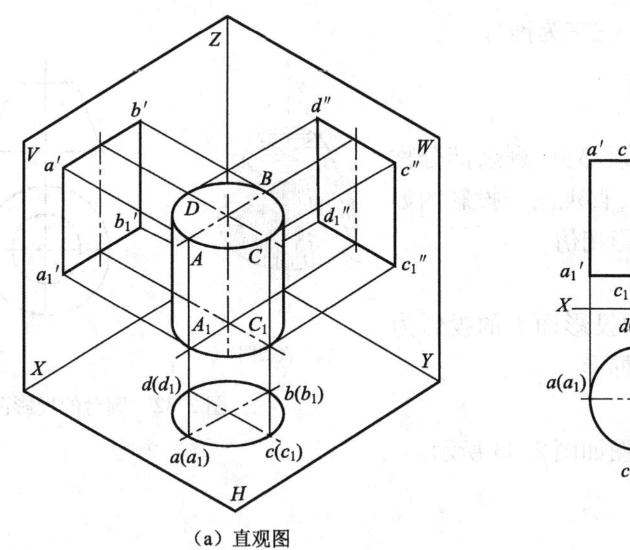

(a) 直观图

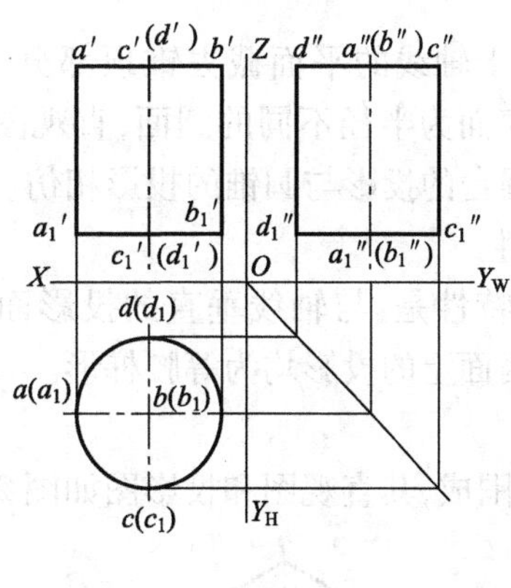

(b) 投影图

图 2.30 圆柱体的投影图

②另两视图均为矩形。

由圆柱的投影图可以看出,圆柱投影也符合柱体的投影特征——“矩矩为柱”。

2. 圆锥体

圆锥体由圆锥面和底面所围成。

(1)形成

圆锥可看作由一个直角三角形平面绕着它的一条直角边回转一周而成。

(2)投影分析

若圆锥体的轴线垂直于 H 面,则其投影如图 2.31 所示。

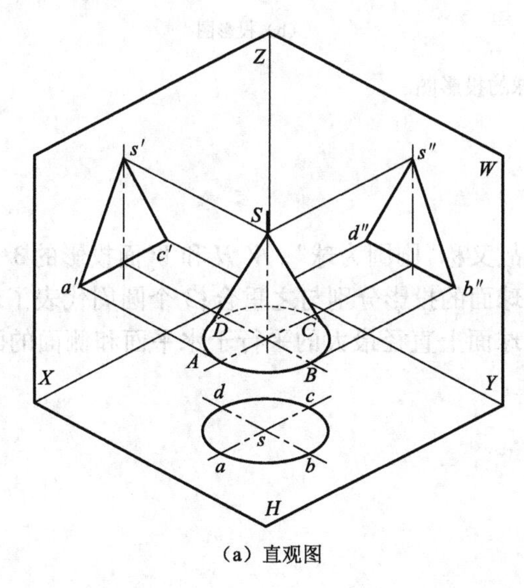

(a) 直观图

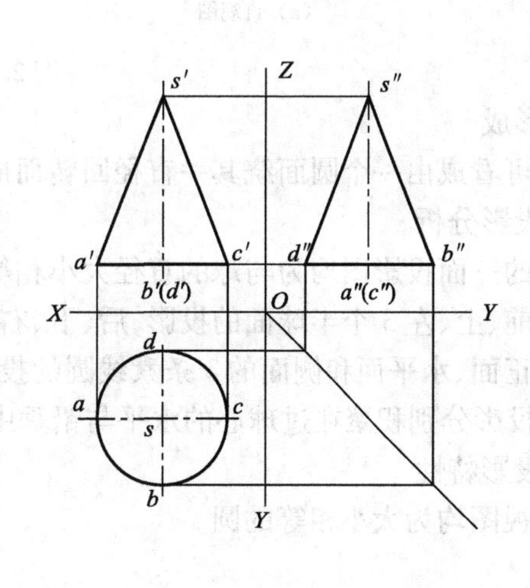

(b) 投影图

图 2.31 圆锥体的投影图

①水平投影为一圆,反映底面的实形及圆锥面的水平投影。

②正面、侧面投影均为一等腰三角形,底下一条水平线为底面的积聚投影,另两条边分别为圆锥最左、最右及最前、最后两条素线(轮廓素线)的投影,也是圆锥面对 V 面与 W 面投影时可见部分与不可见部分的分界线。

(3)投影特性

①反映底面实形的视图为圆。

②另两视图均为等腰三角形，即为“三三为锥”。

3. 圆台体

(1)形成

圆锥被垂直于轴线的平面截去锥顶部分，剩余部分称为圆台，其上下底面为半径不同的圆面，直观图与投影图如图 2.32 所示。圆台的投影与圆锥的投影相仿。

(2)投影特性

圆台的投影特性是：与轴线垂直的投影面上的投影为两个同心圆，另两面上的投影均为等腰梯形。

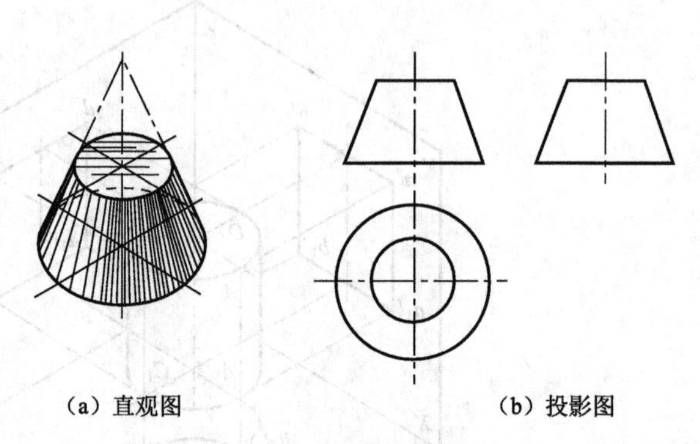

(a) 直观图　　(b) 投影图

图 2.32　圆台的投影图

4. 圆球

圆球由球面围成，其直观图和投影图如图 2.33 所示。

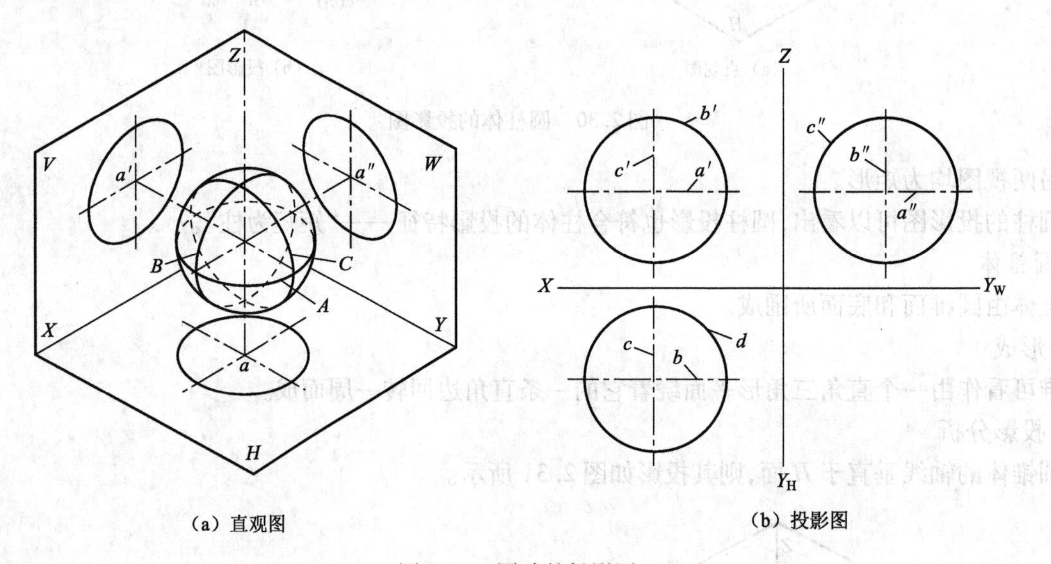

(a) 直观图　　(b) 投影图

图 2.33　圆球的投影图

(1)形成

圆球可看成由一个圆面绕其一直径回转而成。

(2)投影分析

球体的三面投影图均为与球的直径大小相等的圆，故又称“圆圆为球”。*V*、*H* 和 *W* 面投影的 3 个圆分别是球体的前、上、左 3 个半球面的投影，后、下、右 3 个半球面的投影分别与之重合；3 个圆周代表了球体上分别平行于正面、水平面和侧面的 3 条素线圆的投影。圆球面上直径最大的平行于水平面和侧面的圆 *A* 与圆 *C* 其正面投影分别积聚在过球心的水平与铅垂中心线上。

(3)投影特性

三个视图均为大小相等的圆。

2.5　剖面图和断面图

2.5.1　剖面图

在形体的投影图中，制图规范规定：可见的轮廓线用实线表示，不可见的轮廓线用虚线表示。因此，对内部结构比较复杂的形体来说，势必在投影图中出现较多的虚线，使得实线与虚线混淆不清，不利于读图和尺寸标注，故在绘图时采用“剖切”的表达方法，让内部结构形状呈现，使不可见的部分变成可见。

1. 剖面图的形成与标注

(1)剖面图的形成

假想用一个剖切平面(*P*)在形体的建筑、结构及构造的变化处铅垂剖切，移走观察者与剖切平面之间的部分,将剩余部分投影到与剖切平面平行的投影面上,所得的投影图称为剖面图。

(2)剖切平面与投影面的位置关系

在剖面图中,剖切平面与投影面的位置一定是相互垂直,才能成为正投影。其二者之间的位置有两种情况:

①剖切平面(P)⊥水平投影面(H)——剖切平面(P)∥V面,在V面上投影可得正立剖面图,即纵剖面图;剖切平面(P)∥W面,在W面上投影可得侧立剖面图,即横剖面图。

②剖切平面(P)∥水平投影面(H)——剖切平面(P)⊥V面;剖切平面(P)⊥W面,在H面上可得水平投影图。

图2.34所示为一钢筋混凝土杯形基础的投影图。由于该基础要在杯口中安装柱子,因而它的正立面图和侧立面图中都有虚线,使图不清晰。

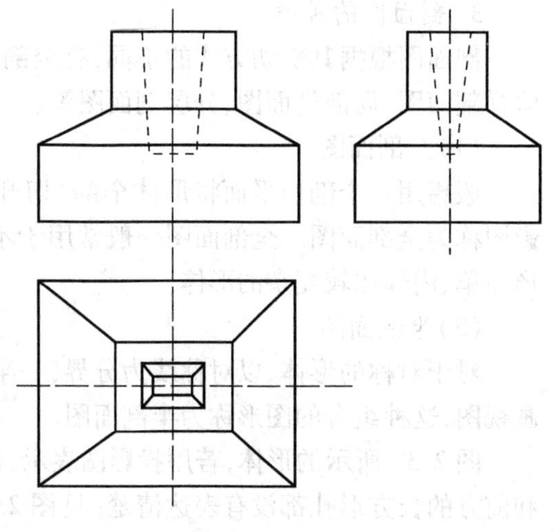

图2.34 杯形基础的投影图

假想用一个通过基础前后对称面的正平面P将基础切开,移走剖切平面P和观察者之间的部分,如图2.35(a)所示,将留下的后半个基础向V面作投影,所得投影即为基础剖面图,如图2.35(b)所示。显然,原来不可见的虚线,在剖面图上已变成实线,为可见轮廓线。

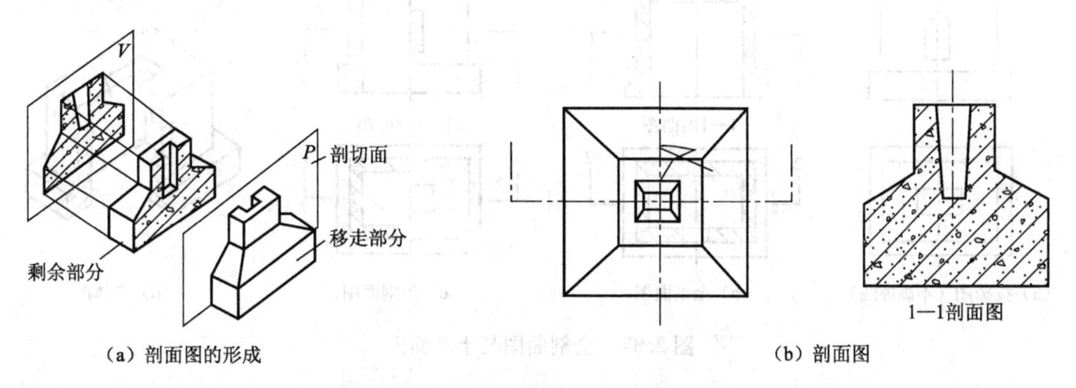

(a) 剖面图的形成 (b) 剖面图

图2.35 杯形基础剖面图的形成

2. 剖面图的标注

为了便于读图,要将剖面图中的剖切位置和投影方向在图样中加以说明,这就是剖面图的标注。根据《房屋建筑制图统一标准》对剖面图的规定,剖面图的标注由剖切符号和编号组成。

(1)剖切符号

剖切符号由剖切位置线和投射方向线组成。

①剖切位置线:就是剖切平面的聚积投影。剖切位置线用长度为6~10 mm的粗实线绘制。

②投射方向线:投射方向线(又叫剖视方向线)表示了形体剖切后剩余部分的投影方向,是画在剖切位置线的外端且与剖切位置线垂直的粗实线,长度为4~6 mm。

绘图时,剖切符号不应与图面上的其他图线相接触。

(2)编号

编号宜采用阿拉伯数字从小到大,由左至右、由上至下的顺序进行编号,并应注写在剖视方向线的端部,然后在相应剖面图的下方写上剖切符号的编号,作为剖面图的图名,如1—1剖面图、2—2剖面图等,并在图名下方画上与之等长的粗实线。

(3)剖切转折

需要转折的剖切位置线,在转折处如与其他图线发生混淆,应在转角的外侧加注与该符号相同的编号,如图2.36中的3—3所示。

剖面图与被剖切图样不在同一张图纸内时,可在剖切位置线的另一侧注明其所在图纸的编号,如

图 2. 36 中的“建施-5”所示,也可以在图纸上集中说明。

3. 剖面图的种类

剖面图根据其剖切方式的不同,有全剖面图、半剖面图、阶梯剖面图、局部剖面图、分层剖面图等。

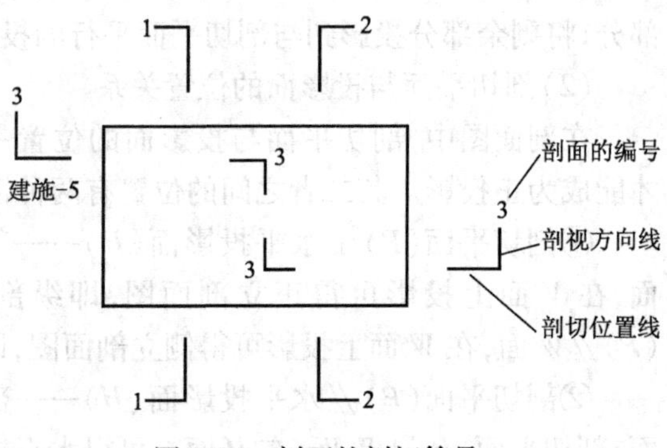

图 2. 36 剖面的剖切符号

(1)全剖面图

假想用一个剖切平面将形体全部“切开”后所得到的投影图称为全剖面图。全剖面图一般常用于不对称形体,或外形简单、内部比较复杂的形体。

(2)半剖面图

对于对称的形体,以对称线为分界,一半画剖面,另一半画视图,这种组合的图形称为半剖面图。

图 2. 37 所示的形体,若用投影图表示,其内部结构不清楚[见图 2. 37(a)];若用全剖面图表示,则上部和前方的长方形孔都没有表达清楚[见图 2. 37(b)];将投影图和全剖面图各取一半合成半剖面图,则形体的内部结构和外部形状都能完整、清晰地表达出来[见图 2. 37(c)]。

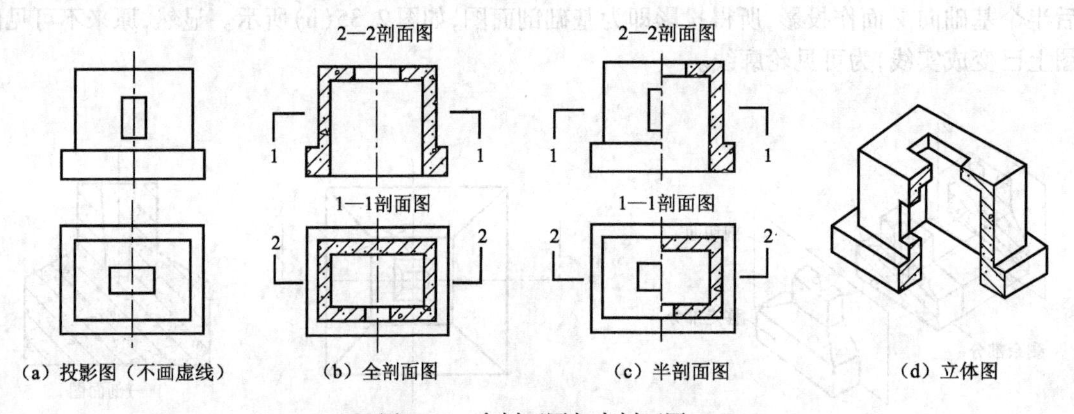

图 2. 37 全剖面图与半剖面图

半剖面图适用于表达内外结构形状对称的形体。在绘制半剖面图时应注意以下几点:

①半剖面图中视图与剖面应以对称线为分界,对称线应画成点画线,不应画成粗实线。

②半剖面图适用于内、外形状都需要表达的对称物体。

③在半剖面图上,半剖图应画在垂直对称轴线的右边或水平对称轴线的下侧。

④半剖面的标注与全剖面的标注相同。

(3)阶梯剖面图

当建筑形体内部结构复杂,用一个剖切平面不能表达清楚时,可采用两个或两个以上相互平行的剖切平面剖开物体,所得到的剖面图称为阶梯剖面图或转折剖面图。

如图 2. 38 所示,该形体上有两个前后位置不同、形状不同的孔洞,两孔的轴线不在同一正平面内,因而很难用一个剖切平面(即全剖面图)同时通过两个孔洞轴线。由此而采用两个互相平行的 P_1 和 P_2 平面作为剖切平面,P_1、P_2 分别过圆柱形孔和方形孔的轴线,并将物体完全剖开,其剩余部分的正面投影就是阶梯剖面图。

阶梯剖面图的标注与前两种剖面图稍有不同。阶梯剖面图的标注要求在剖切平面的起止和转折处均应进行标注,画出剖切符号,并标注相同数字(或字母)。当剖切位置明显,又不致引起误解时,转折处允许省略标注数字(或字母)。

采用阶梯剖面图时应注意两点:

①为反映形体上各内部结构的实形,阶梯剖面图中的几个平行剖切平面必须平行于某一基本投影面。

②由于剖切平面是假想的,所以在阶梯剖面图上,剖切平面的转折处不能画出分界线,如图 2. 38 中的 1—1 剖面,其带“×”的图线的画法就是错误的。

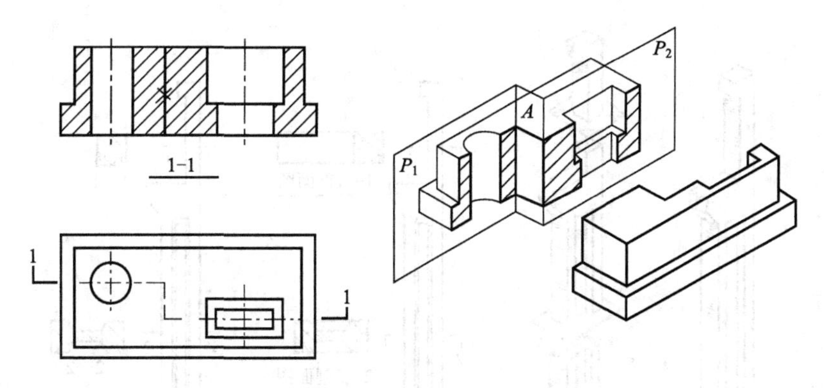

图 2. 38 形体的阶梯剖面图

(4)局部剖面图

用剖切平面局部地剖开形体,所得到的剖面图,称为局部剖面图。

图 2. 39 所示为一钢筋混凝土杯形基础,为了表示其内部钢筋的配置情况,平面图采用了局部剖面,局部剖切的部分画出了杯形基础的内部结构和断面材料图例,其余部分仍画外形视图。

局部剖面图是形体整个投影图中的一部分,是外形视图和局部剖切面的分界线,用波浪线表示。

局部剖面图一般不再进行标注,它适合于用来表达形体的局部内部结构。

在建筑工程和装饰工程中,为了表示楼面、屋面、墙面及地面等的构造和所用材料,常用分层剖切的方法画出各构造层次的剖面图,称为分层局部剖面图,如图 2. 40 所示,用分层局部剖面图表示地面的构造与各层所用材料及做法。

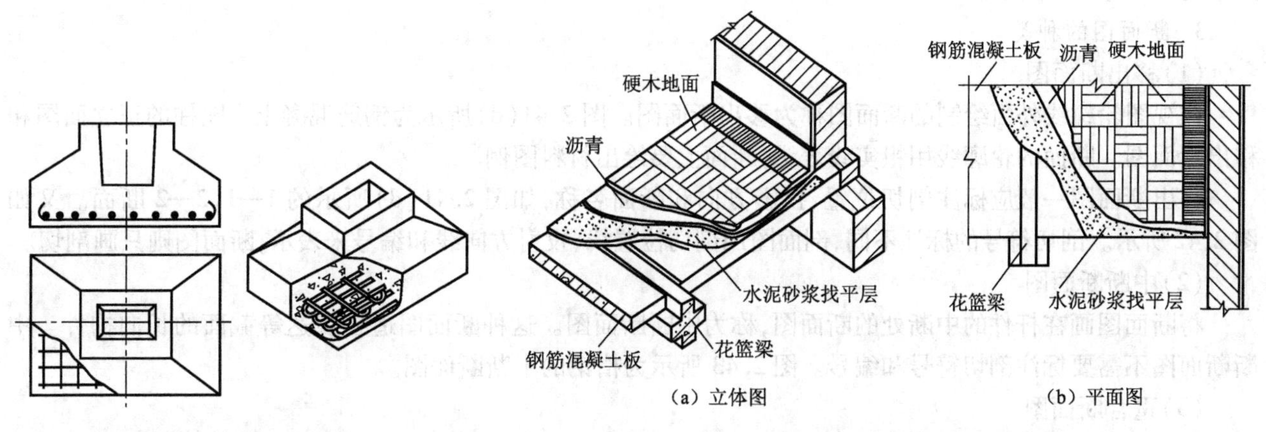

图 2. 39 局部剖面图

图 2. 40 楼层、地面局部剖面图(分层构造)

2. 5. 2 断面图

1. 断面图的形成

假想用剖切平面将形体切开,仅画出剖切平面与形体相交部分的图形,并在该图形内画上相应的材料图例,所得到的图形称为断面图,也称截面图,如图 2. 41(d)所示。

断面图是用来表达形体上某局部的断面形状,它与剖面图的区别在于:

①断面图只画出剖切平面切到部分的图形,如图 2. 41(d)所示;而剖面图除应画出断面图形外,还应画出剩余部分的投影,如图 2. 41(c)所示,即剖面图得到的是形体整个轮廓“体”的投影;而断面图只是个切口“面”的投影。

②剖面图可采用多个平行剖切平面,绘制成阶梯剖面图;而断面图则不能,它只反映单一剖切平面的断面特征。

③剖面图是用来表达形体内部结构和构造;而断面图则用来表达形体中断面的形状和结构,即剖面图包含断面图;而断面图指示剖面位置线和编号,用编号的注写位置来代表投射方向,向哪一侧投射,编号注写就在哪一侧。

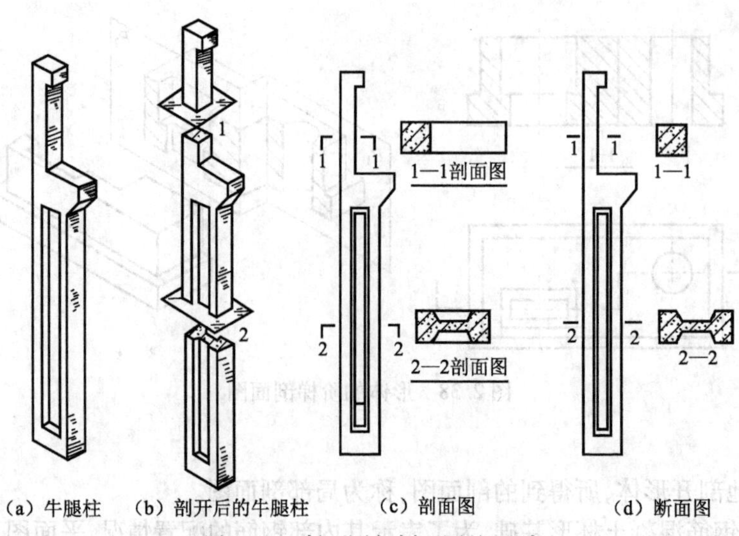

图 2.41 断面图与剖面图的区别

2. 断面图的标注

(1)剖切符号

断面图只用剖切位置线表示。其长度为 6 ~ 10 mm 的粗实线。

(2)剖切符号的编号

用阿拉伯数字按顺序编排,注写在剖切位置线的一侧,数字所在的一侧就是投射方向,如图 2.41(d)视图中的 1—1、2—2 所示。

3. 断面图的种类

(1)移出断面图

在视图轮廓线外面绘制的断面图称为移出断面图。图 2.41(d)所示为钢筋混凝土牛腿柱的正立面图和移出断面图。断面的轮廓线用粗实线表示,断面上要绘出材料图例。

移出断面图一般应标注剖切位置、投影方向和断面名称,如图 2.41(d)所示的 1—1、2—2 断面。又如图 2.42 所示。剖切符号的标注不同,剖面图用剖切位置线、投射方向线和编号来表示;断面图则只画剖切。

(2)中断断面图

将断面图画在杆件的中断处的断面图,称为中断断面图。这种断面图适合表达等截面的长向构件。中断断面图不需要标注剖切符号和编号。图 2.43 所示为槽钢的中断断面图。

(3)重合断面图

将断面图直接画在视图中,断面图与视图重合,称为重合断面图。图 2.44 所示为一角钢的重合断面。它是假想用一个垂直于角钢轴线的剖切平面切开角钢,而后把断面向右旋转 90°,使它与正立面图重合后画出来的。

由于剖切平面剖切到哪里,重合断面就画在哪里,因而重合断面不需标注剖切符号和编号。为了避免重合断面与视图轮廓线相混淆,如果断面图的轮廓线是封闭的线框,重合断面的轮廓线用细实线绘制,并画出相应的材料图例;当重合断面的轮廓线与视图的轮廓线重合时,视图的轮廓线仍完整画出,不应断开,如图 2.44 所示。

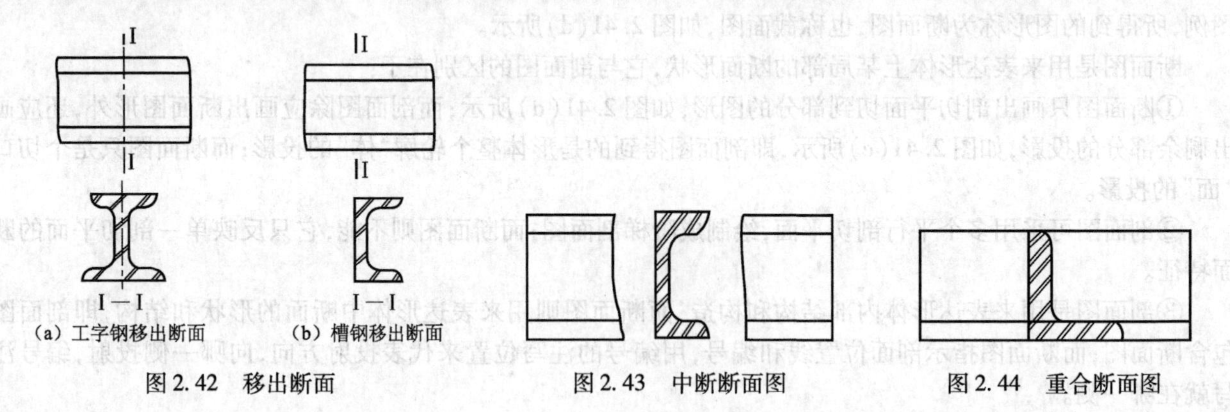

图 2.42 移出断面　　图 2.43 中断断面图　　图 2.44 重合断面图

计 划 单

<table>
<tr><td>学习领域</td><td colspan="5">土木工程构造与识图</td></tr>
<tr><td>学习情境</td><td colspan="3">土木工程识图与制图</td><td>学　　时</td><td>24</td></tr>
<tr><td>工作任务</td><td colspan="3">投影的识图与制图</td><td>学　　时</td><td>10</td></tr>
<tr><td>计划方式</td><td colspan="5">小组讨论、团结协作共同制订计划</td></tr>
<tr><td>序　　号</td><td colspan="4">实 施 步 骤</td><td>使用资源</td></tr>
<tr><td>1</td><td colspan="4"></td><td></td></tr>
<tr><td>2</td><td colspan="4"></td><td></td></tr>
<tr><td>3</td><td colspan="4"></td><td></td></tr>
<tr><td>4</td><td colspan="4"></td><td></td></tr>
<tr><td>5</td><td colspan="4"></td><td></td></tr>
<tr><td>6</td><td colspan="4"></td><td></td></tr>
<tr><td>7</td><td colspan="4"></td><td></td></tr>
<tr><td>8</td><td colspan="4"></td><td></td></tr>
<tr><td>9</td><td colspan="4"></td><td></td></tr>
<tr><td>10</td><td colspan="4"></td><td></td></tr>
<tr><td>制订计划说明</td><td colspan="5">（写出制订计划中人员为完成任务的主要建议或可以借鉴的建议、需要解释的某一方面）</td></tr>
<tr><td rowspan="3">计划评价</td><td>班　　级</td><td></td><td>第　　组</td><td>组长签字</td><td></td></tr>
<tr><td>教师签字</td><td colspan="2"></td><td>日　　期</td><td></td></tr>
<tr><td colspan="5">评语：</td></tr>
</table>

决 策 单

<table>
<tr><td>学习领域</td><td colspan="5">土木工程构造与识图</td></tr>
<tr><td>学习情境</td><td colspan="3">土木工程识图与制图</td><td>学 时</td><td>24</td></tr>
<tr><td>工作任务</td><td colspan="3">投影的识图与制图</td><td>学 时</td><td>10</td></tr>
<tr><td colspan="6">方 案 讨 论</td></tr>
<tr><td rowspan="11">方案对比</td><td>组号</td><td>方案合理性</td><td>实施可操作性</td><td>实施难度</td><td>综合评价</td></tr>
<tr><td>1</td><td></td><td></td><td></td><td></td></tr>
<tr><td>2</td><td></td><td></td><td></td><td></td></tr>
<tr><td>3</td><td></td><td></td><td></td><td></td></tr>
<tr><td>4</td><td></td><td></td><td></td><td></td></tr>
<tr><td>5</td><td></td><td></td><td></td><td></td></tr>
<tr><td>6</td><td></td><td></td><td></td><td></td></tr>
<tr><td>7</td><td></td><td></td><td></td><td></td></tr>
<tr><td>8</td><td></td><td></td><td></td><td></td></tr>
<tr><td>9</td><td></td><td></td><td></td><td></td></tr>
<tr><td>10</td><td></td><td></td><td></td><td></td></tr>
<tr><td>方案评价</td><td colspan="5">评语：</td></tr>
</table>

<table>
<tr><td>班 级</td><td></td><td>组长签字</td><td></td><td>教师签字</td><td></td><td>年 月 日</td></tr>
</table>

实 施 单

学习领域	土木工程构造与识图		
学习情境	土木工程识图与制图	学　　时	24
工作任务	投影的识图与制图	学　　时	10
实施方式	小组成员合作，动手实践		
序　　号	实 施 步 骤	使 用 资 源	
1			
2			
3			
4			
5			
6			
7			
8			
实施说明：			

班　　级		第　　组	组长签字	
教师签字			日　　期	
评　　语				

作 业 单

学习领域	土木工程构造与识图			
学习情境	土木工程识图与制图		学　时	24
工作任务	投影的识图与制图		学　时	10
作业方式	资料查询，现场操作			
1	什么是中心投影？什么是平行投影？什么是正投影？			
2	解释三面投影图中“长对正、高平齐、宽相等”的含义。			
3	平面形体与曲面形体的投影有哪些规律？			
4	剖面图与断面图的区别有哪些？			
班　级		第　组	组长签字	
教师签字			日　期	
教师评分				

检　查　单

<table>
<tr><td>学习领域</td><td colspan="6">土木工程构造与识图</td></tr>
<tr><td>学习情境</td><td colspan="3">土木工程识图与制图</td><td>学　　时</td><td colspan="2">24</td></tr>
<tr><td>工作任务</td><td colspan="3">投影的识图与制图</td><td>学　　时</td><td colspan="2">10</td></tr>
<tr><td>序号</td><td colspan="2">检查项目</td><td>检查标准</td><td>学生自查</td><td colspan="2">教师检查</td></tr>
<tr><td>1</td><td colspan="2"></td><td></td><td></td><td colspan="2"></td></tr>
<tr><td>2</td><td colspan="2"></td><td></td><td></td><td colspan="2"></td></tr>
<tr><td>3</td><td colspan="2"></td><td></td><td></td><td colspan="2"></td></tr>
<tr><td>4</td><td colspan="2"></td><td></td><td></td><td colspan="2"></td></tr>
<tr><td>5</td><td colspan="2"></td><td></td><td></td><td colspan="2"></td></tr>
<tr><td>6</td><td colspan="2"></td><td></td><td></td><td colspan="2"></td></tr>
<tr><td>7</td><td colspan="2"></td><td></td><td></td><td colspan="2"></td></tr>
<tr><td>8</td><td colspan="2"></td><td></td><td></td><td colspan="2"></td></tr>
<tr><td>9</td><td colspan="2"></td><td></td><td></td><td colspan="2"></td></tr>
<tr><td>10</td><td colspan="2"></td><td></td><td></td><td colspan="2"></td></tr>
<tr><td>11</td><td colspan="2"></td><td></td><td></td><td colspan="2"></td></tr>
<tr><td>12</td><td colspan="2"></td><td></td><td></td><td colspan="2"></td></tr>
<tr><td>13</td><td colspan="2"></td><td></td><td></td><td colspan="2"></td></tr>
<tr><td>14</td><td colspan="2"></td><td></td><td></td><td colspan="2"></td></tr>
<tr><td>15</td><td colspan="2"></td><td></td><td></td><td colspan="2"></td></tr>
<tr><td rowspan="3">检查评价</td><td>班　　级</td><td colspan="2"></td><td>第　　组</td><td>组长签字</td><td></td></tr>
<tr><td>教师签字</td><td colspan="2"></td><td>日　　期</td><td colspan="2"></td></tr>
<tr><td colspan="6">评语：</td></tr>
</table>

评 价 单

<table>
<tr><td>学习领域</td><td colspan="8">土木工程构造与识图</td></tr>
<tr><td>学习情境</td><td colspan="4">土木工程识图与制图</td><td colspan="2">学 时</td><td colspan="2">24</td></tr>
<tr><td>工作任务</td><td colspan="4">投影的识图与制图</td><td colspan="2">学 时</td><td colspan="2">10</td></tr>
<tr><td>评价类别</td><td>项 目</td><td colspan="2">子项目</td><td>个人评价</td><td colspan="2">组内自评</td><td colspan="2">教师评价</td></tr>
<tr><td rowspan="7">专业能力</td><td rowspan="2">资讯
（10%）</td><td colspan="2">搜集信息（5%）</td><td></td><td colspan="2"></td><td colspan="2"></td></tr>
<tr><td colspan="2">引导问题回答（5%）</td><td></td><td colspan="2"></td><td colspan="2"></td></tr>
<tr><td>计划
（5%）</td><td colspan="2"></td><td></td><td colspan="2"></td><td colspan="2"></td></tr>
<tr><td>实施
（20%）</td><td colspan="2"></td><td></td><td colspan="2"></td><td colspan="2"></td></tr>
<tr><td>检查
（10%）</td><td colspan="2"></td><td></td><td colspan="2"></td><td colspan="2"></td></tr>
<tr><td>过程
（5%）</td><td colspan="2"></td><td></td><td colspan="2"></td><td colspan="2"></td></tr>
<tr><td>结果
（10%）</td><td colspan="2"></td><td></td><td colspan="2"></td><td colspan="2"></td></tr>
<tr><td rowspan="2">社会能力</td><td>团结协作
（10%）</td><td colspan="2"></td><td></td><td colspan="2"></td><td colspan="2"></td></tr>
<tr><td>敬业精神
（10%）</td><td colspan="2"></td><td></td><td colspan="2"></td><td colspan="2"></td></tr>
<tr><td rowspan="2">方法能力</td><td>计划能力
（10%）</td><td colspan="2"></td><td></td><td colspan="2"></td><td colspan="2"></td></tr>
<tr><td>决策能力
（10%）</td><td colspan="2"></td><td></td><td colspan="2"></td><td colspan="2"></td></tr>
<tr><td rowspan="3">评价评语</td><td>班 级</td><td></td><td>姓 名</td><td></td><td>学 号</td><td></td><td>总 评</td><td></td></tr>
<tr><td>教师签字</td><td></td><td>第 组</td><td>组长签字</td><td colspan="2"></td><td>日 期</td><td></td></tr>
<tr><td colspan="8"></td></tr>
</table>

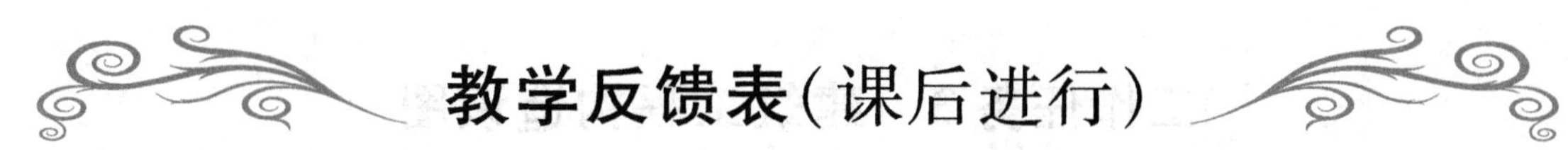

教学反馈表(课后进行)

<table>
<tr><td>学习领域</td><td colspan="5">土木工程构造与识图</td></tr>
<tr><td>学习情境</td><td colspan="2">土木工程识图与制图</td><td colspan="2">工作任务</td><td>投影的识图与制图</td></tr>
<tr><td>学　　时</td><td colspan="5">0.5</td></tr>
<tr><td>序　　号</td><td>调 查 内 容</td><td colspan="2">是</td><td>否</td><td>理由陈述</td></tr>
<tr><td>1</td><td>你是否喜欢这种上课方式?</td><td colspan="2"></td><td></td><td></td></tr>
<tr><td>2</td><td>与传统教学方式比较你认为哪种方式学到的知识更适用?</td><td colspan="2"></td><td></td><td></td></tr>
<tr><td>3</td><td>针对每个工作任务你是否学会了如何进行资讯?</td><td colspan="2"></td><td></td><td></td></tr>
<tr><td>4</td><td>你对于计划和决策感到困难吗?</td><td colspan="2"></td><td></td><td></td></tr>
<tr><td>5</td><td>你认为本工作任务对你将来的工作有帮助吗?</td><td colspan="2"></td><td></td><td></td></tr>
<tr><td>6</td><td>通过本工作任务的学习,你学会土木工程制图原理了吗?在今后的实习或顶岗实习过程中遇到土木工程制图常见问题你可以解决吗?</td><td colspan="2"></td><td></td><td></td></tr>
<tr><td>7</td><td>通过几天来的工作和学习,你对自己的表现是否满意?</td><td colspan="2"></td><td></td><td></td></tr>
<tr><td>8</td><td>你对小组成员之间的合作是否满意?</td><td colspan="2"></td><td></td><td></td></tr>
<tr><td>9</td><td>你认为本学习情境还应学习哪些方面的内容?(请在下面空白处填写)</td><td colspan="2"></td><td></td><td></td></tr>
<tr><td colspan="6">你的意见对改进教学非常重要,请写出你的建议和意见:</td></tr>
<tr><td colspan="6">被调查人信息</td></tr>
<tr><td>专　　业</td><td>年　　级</td><td colspan="2">班　　级</td><td>姓　　名</td><td>日　　期</td></tr>
<tr><td></td><td></td><td colspan="2"></td><td></td><td></td></tr>
</table>

工作任务3 建筑工程构造识图

任 务 单

<table>
<tr><td>学习领域</td><td colspan="6">土木工程构造与识图</td></tr>
<tr><td>学习情境</td><td colspan="2">土木工程识图与制图</td><td colspan="2">工作任务</td><td colspan="2">建筑工程构造识图</td></tr>
<tr><td>任务学时</td><td colspan="6">8</td></tr>
<tr><td colspan="7">布置任务</td></tr>
<tr><td>工作目标</td><td colspan="6">1. 掌握建筑的构成要素有哪些，影响建筑构造的因素有哪些；
2. 掌握建筑按不同规定的分类与分级；
3. 理解建筑标准化及构件标准化；
4. 掌握民用建筑构造组成及作用；
5. 掌握单层工业厂房的构造组成及作用；
6. 掌握常用的建筑专业名词；
7. 掌握房屋建筑施工图的有关规定；
8. 能够在完成任务过程中锻炼职业素质，做到“严谨认真、吃苦耐劳、诚实守信”。</td></tr>
<tr><td>任务描述</td><td colspan="6">在识读工程图纸前，重点掌握建筑工程构造组成及制图标准，通过建筑的发展，了解建筑的分类与分级，了解民用建筑、工业建筑的构造组成与作用，掌握房屋建筑制图统一标准。其工作如下：
1. 建筑的发展及构成；
2. 建筑的分类与分级；
3. 民用建筑构造组成及作用；
4. 工业建筑构造组成及作用；
5. 房屋建筑施工图的有关规定。</td></tr>
<tr><td rowspan="2">学时安排</td><td>资 讯</td><td>计 划</td><td>决 策</td><td>实 施</td><td>检 查</td><td>评 价</td></tr>
<tr><td>3</td><td>0.5</td><td>0.5</td><td>3</td><td>0.5</td><td>0.5</td></tr>
<tr><td>提供资料</td><td colspan="6">1. 房屋建筑制图统一标准：GB/T 50001—2010；
2. 工程制图相关规范；
3. 造价员、技术员岗位技术相关标准。</td></tr>
<tr><td>对学生的要求</td><td colspan="6">1. 具备几何的基本知识；
2. 具备对建筑物的基本了解；
3. 具备对建筑制图工具使用的一般了解；
4. 具备一定的自学能力、数据计算能力、沟通协调能力、语言表达能力和团队意识；
5. 每位同学必须积极参与小组讨论；
6. 严格遵守课堂纪律和工作纪律，不迟到，不早退，不旷课；
7. 树立职业意识，按照企业的岗位职责要求自己。</td></tr>
</table>

<table>
<tr><td>学习领域</td><td colspan="4">土木工程构造与识图</td></tr>
<tr><td>学习情境</td><td colspan="2">土木工程识图与制图</td><td>工作任务</td><td>建筑工程构造识图</td></tr>
<tr><td>资讯学时</td><td colspan="4">3</td></tr>
<tr><td>资讯方式</td><td colspan="4">1. 通过信息单、教材、互联网及图书馆查询完成任务资讯；
2. 通过咨询任课教师完成任务资讯。</td></tr>
<tr><td rowspan="15">资讯问题</td><td colspan="4">1. 建筑的构成要素有哪些？</td></tr>
<tr><td colspan="4">2. 影响建筑构造的因素有哪些？</td></tr>
<tr><td colspan="4">3. 按建筑物的高度或层数进行分类是怎样规定的？</td></tr>
<tr><td colspan="4">4. 按建筑承重结构形式进行分类是怎样规定的？</td></tr>
<tr><td colspan="4">5. 何谓民用建筑？何谓工业建筑？</td></tr>
<tr><td colspan="4">6. 民用建筑构造由哪些构件组成？</td></tr>
<tr><td colspan="4">7. 工业厂房建筑的特点是什么？如何分类？</td></tr>
<tr><td colspan="4">8. 按建筑使用性能分，锅炉房建筑属于哪个？</td></tr>
<tr><td colspan="4">9. 居住建筑在多少层时属于高层建筑？</td></tr>
<tr><td colspan="4">10. 什么是耐火极限？</td></tr>
<tr><td colspan="4">11. 为什么要设置定位轴线？有哪些字母不能进行编号？</td></tr>
<tr><td colspan="4">12. 什么是绝对标高、相对标高及高差？</td></tr>
<tr><td colspan="4">13. 索引符号是怎样规定的？</td></tr>
<tr><td colspan="4">14. 如何理解建筑标准化及构件标准化？</td></tr>
<tr><td colspan="4">学生需要单独资讯的问题……</td></tr>
<tr><td>资讯要求</td><td colspan="4">1. 根据专业目标和任务描述正确理解完成任务需要的咨询内容；
2. 按照上述资讯内容进行咨询；
3. 写出资讯报告。</td></tr>
<tr><td rowspan="3">资讯评价</td><td>班　　级</td><td></td><td>学生姓名</td><td></td></tr>
<tr><td>教师签字</td><td></td><td>日　　期</td><td></td></tr>
<tr><td colspan="4"></td></tr>
</table>

3.1 建筑的发展及构成

3.1.1 建筑的发展

建筑是随着人类社会的发展而进步的。建筑与人们的生产、生活密切相关。原始人为了躲避野兽的侵袭和遮风避雨，用一些简单的工具和天然材料——树枝、石块等搭建起简陋的构筑物，从此开始了建筑活动，并开始了定居。原始社会许多地区已有了建筑和原始村落的雏形。如陕西的半坡村氏族聚落遗址（见图3.1），位于浐河东岸高地上，已发现密集排列的住房数十座，多呈圆形或方形平面，这说明，远在新石器时代，我们的祖先对房屋的建造技术已积累了丰富的经验，形成了一定的规模。在奴隶社会及以后的时期，由于各国历史条件、思想意识形态、建筑技术水平、自然条件等各方面的差异，建筑的发展各不相同。约公元前4000年，古埃及的建筑代表了当时建筑的先进水平，古代西亚的建筑在材料的应用和建造技术方面也取得了很大的成就，在建筑中使用了土坯砖和烧结砖，沥青作为粘结材料也被普遍应用，发明了券、拱和穹窿结构，随后又创造了可用来装饰墙面的面砖和彩色琉璃砖。

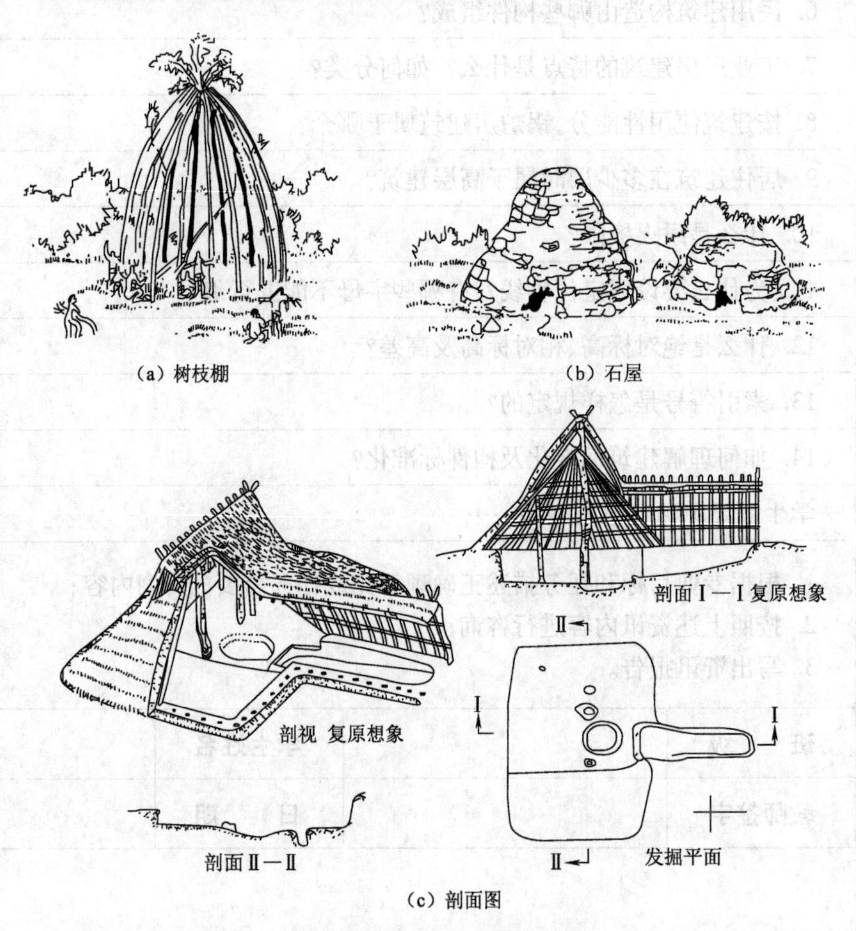

图3.1 陕西的半坡村氏族聚落遗址

公元前11世纪—公元前1世纪的古希腊建筑和公元前8世纪—公元前4世纪的古罗马建筑开创了欧洲古典建筑的新纪元，在此期间建造了为数众多、规模宏大的神庙、城堡、城市广场等公共建筑，著名的建筑有雅典卫城、雅典帕提农神庙（建于公元前430年）、罗马科洛西姆竞技场（建于公元70—82年）、罗马万神庙等。当时建筑所采用的柱式、山花、穹顶等具有标志性的符号和构造直至今天仍有采用。

封建社会建筑技术有了进一步的发展,在建筑材料的应用、施工技术水平和结构创新方面均有新的突破。相继出现拱肋结构、拱的上端和建筑的细部处理成尖形,同时采用彩色玻璃,最具代表性的建筑为巴黎圣母院(建于公元1163—1320年)。

在公元14世纪,建筑在艺术和技术方面又有新的突破,产生了文艺复兴、巴洛克和古典主义建筑流派,这期间的建筑在精神寄托、建筑风格、功能解析以及建材应用、施工技术等方面均有了明显的现代建筑的雏形,并为今后现代建筑发展奠定了美学和流派方面的基础。这期间著名的建筑有:意大利佛罗伦萨美狄奇府邸(建于公元1444年)、德国科隆大教堂、意大利威尼斯圣马可广场、罗马圣彼得教堂(建于公元1506—1626年)。到了17—19世纪欧美各地先后兴起过希腊复兴和罗马复兴的浪潮,建筑采用古典建筑形式,其代表作是美国的国会大厦。

到了20世纪20年代,新建筑运动进入了高潮,其中"现代建筑"思潮的影响流传较广,代表人物有德国的格罗皮乌斯和密斯·凡·德·罗,法国的勒·柯布西耶和美国的莱特等。其具有时代精神的代表作包括德国的格罗皮乌斯1925年设计的包豪斯校舍,建于芝加哥的西尔斯大厦(建筑地面以上110层,总高443 m,建于1970—1974年),澳大利亚著名的悉尼歌剧院也是这一时代的世界优秀建筑作品。

我国是世界四大文明古国之一,建筑的历史渊源流长,中国在古代建筑工程技术方面取得了举世瞩目的辉煌成绩。我国古代用木材、石料、砖瓦等建筑材料构建了大量的建筑,有些一直保存至今,成为全人类宝贵的文化遗产,并逐步形成了自身独特的体系,集中体现在寺庙、宫殿、佛塔、陵墓、园林建筑中。如始建于战国时期的万里长城,建于隋代的河北赵县赵州桥,建于辽代的山西应县木塔,建于宋代的山西太原晋祠圣母殿,建于明代的北京故宫、天坛等著名的古建筑,秦代建设的大规模水利工程四川灌县都江堰,隋代在河北赵县建造的安济桥等,这些古建筑在材料使用、结构形式、空间组织、艺术造型和经济性等诸多方面均具有极高的成就,充分地显示了我国古代劳动人民在建筑工程方面的造诣和水平。

1949年新中国成立之后,随着经济的发展,我国建设事业也取得可喜的成绩。1959年在北京仅用十个月就建成了人民大会堂、民族文化宫等十大工程。作为向人民共和国建国十周年的献礼,在当时使世人所惊叹,为国人所自豪。1978年改革开放以后,我国的建筑业蓬勃发展,现代建筑在材料应用、施工手段、结构形式和结构理论等方面均有了长足的进步,预应力混凝土、建筑钢材、建筑塑料、节能材料等在建筑上应用得越来越广泛。框架、网架、悬索、薄壳、筒体、膜等结构形式层出不穷,给建筑的生产提供了极大的发展空间。建筑结构的跨度从砖石结构和木结构的几米、十几米,发展到钢结构的几百米、上千米。如1982年建成的广州白天鹅宾馆,以高低层结合的优美体型和优美的岭南风格的中庭体现浓郁的民族韵味。1990年建成的北京"国家奥林匹克中心"的游泳馆建筑面积37 350 m^2,长99 m,宽200 m,有6000个座位,观众厅呈八角形,其两端采用70 m和60 m的塔体,以斜拉索吊起大面积双坡凹曲形金属屋面的屋顶,该建筑体现了时代感。1998年建造的上海金茂大厦地上88层、地下3层,总建筑面积29万平方米,总高度达420.50 m。北京国家大剧院采用的空间金属网穹顶长轴为220 m,短轴为150 m,高为49 m,采用玻璃和钛金板封闭,在其内部布置了有2416个坐席的歌剧厅、2012个坐席的音乐厅、1040个坐席的小剧场,气势宏伟。2008年我国成功申办奥运会,在北京建造了举世瞩目的水立方和鸟巢体育场馆,其设计人性化,采用科技环保的建筑材料,设施先进、设备一流,堪称世界第一,永载世界史册,如图3.2所示。

图3.2 国家大剧院、水立方和鸟巢体育场馆

总之,建筑是为了满足人们的各种需要,创造出的物质的、有组织的空间环境。从广义上说,建筑既表示建筑工程或土木工程的营建活动,又表示这种活动的成果。一般情况下,建筑仅指营建活动的成果,指建筑物和构筑物的总称。建筑物是指供人们在其内进行生产、生活及从事社会活动的房屋或场所,如住宅、学校、办公楼等。构筑物是指具有一定几何形状的实体,如水塔、烟囱、蓄水池、堤坝等。

3.1.2 影响建筑构造的因素

建筑物建成后处在自然界中,受到自然环境和人为环境各种因素的影响。为了提高建筑物使用质量,延长建筑物的使用寿命,在建筑构造设计时,必须充分考虑各种因素对它的影响,根据对其影响的程度,采取相应的构造方案和措施。影响建筑构造的因素很多,大致可分以下几个方面。

1. 外界环境因素的影响

(1)自然气候的影响

我国幅员辽阔,东、西、南、北各地区地理环境差异很大。建筑物处在不同的建筑环境,建筑构造设计必须与各地的气候特点相适应,建造出的建筑物具有明显的地方性。自然界的风、霜、雨、雪、温度、太阳的热辐射等都是影响建筑物和建筑构件使用质量的因素。在进行建筑设计时,要掌握建筑物所在地区的自然条件,采取必须的构造措施,如防潮、防水、防冻、防热、保温、设变形缝等,即炎热地区须做好防晒通风设计,寒冷地区须做好节能保温设计。

(2)人为的各种因素影响

人们在建筑物中从事生产、生活及社会活动也会对建筑物产生影响。如化学腐蚀、机械振动、火灾、战争、爆炸、噪声及各种辐射等都会对建筑物构成威胁。因此,在建筑构造设计中,必须有针对性地采用防范措施,如防腐、防振、隔声、防火、防辐射、防水等,以保证建筑物的正常使用。

(3)外力作用的影响

作用于建筑物(或构件)上的外力统称荷载。它可分为恒荷(结构自重)和活荷(雨、雪、积灰、家具设备、人等可变荷载)两大类。荷载的大小和作用方式是结构设计的主要依据,它决定了构件的用料、尺寸和形状,而构件的材料、尺寸和形状又与构造做法密切相关。

2. 物质技术条件的影响

建筑材料、结构设备、施工技术条件、资金等物质技术条件是构成建筑的重要条件之一,建筑物的构造做法在不同的地域受它们的影响和制约。随着我国建筑业的不断发展,新材料、新结构、新设备、新施工技术手段不断出现,给建筑构造设计带来很大影响,因而,建筑构造设计要解决的问题越来越复杂。

3. 经济条件影响

建筑构造设计是建筑设计中的重要部分。在设计过程中,设计师要根据建筑物不同等级和质量标准,在材料选择和构造方式上既要降低生产建造过程中材料、能源和劳动力消耗费用,利于降低建筑物的建造成本,又要降低建筑物在使用过程中的围护和管理费用。

3.1.3 建筑的构成要素

构成建筑的基本要素是建筑功能、建筑技术、建筑艺术形象,通称为建筑的三要素。

1. 建筑功能

人们建造房屋要有具体的目的和使用要求,这就是建筑功能。人们建房子就是为了满足生产、生活和社会活动的要求。例如,建住宅是为了满足家庭生活、居住、休息的需要;建教学楼是为了满足教学需要;建影剧院是为了满足人们文化娱乐的需要;建厂房是为了满足生产的需要;等等。随着社会经济的发展,各类的房屋功能并不是一成不变的。建筑功能往往会对建筑的结构形式、平面空间构成、内部和外部空间的尺度、建筑艺术形象产生直接的影响。因此,建筑的内部空间和外部形象千变万化,建筑功能在其中起到了决定的作用。

2. 建筑技术

建筑技术包括建筑材料、结构、构造、建筑设备及建筑施工等内容。建筑物的建成可以通过物质条件和技术条件来实现,建筑材料和建筑设备是保证建筑物实现要求的物质条件;建筑结构、建筑构造是通过物质条件来实现的技术条件;建筑施工是实现建筑生产的过程和方法。社会的进步与建筑水平的提高相辅相成。在当今建筑中出现了新材料、新技术、新结构、新设备、新工艺、新水平,物质、技术条件是构成建筑的重要因素。

3. 建筑艺术形象

建筑艺术形象包括两方面:一是以其平面内部空间的组合;二是建筑的体型和立面处理。建筑既是产品又是艺术品,它能反映出一个国家、一个城市的人文风貌、地域特点、时代特征、民族文化色彩,与周围建筑、环境有机融合,建筑的艺术形象需要符合建筑美学的一般规律。

3.2 建筑的分类与分级

各种建筑物都有不同的使用要求和特点,因此有必要对建筑物进行分类和分级。常见的分类方式主要有以下几种。

3.2.1 按建筑的使用功能进行分类

1. 民用建筑

民用建筑是指供人们居住及从事社会活动的房屋或场所。民用建筑又分为居住建筑和公共建筑两大类。

(1)居住建筑

居住建筑是指供人们生活起居用、休息的建筑物,也是建造数量最多、与人们关系最为密切的建筑。居住建筑包括住宅、公寓、宿舍等。

(2)公共建筑

公共建筑是指供人们从事社会活动、保证社会正常运转的建筑物。公共建筑的类型多,体量大,功能和个性突出,主要有以下一些类型。

①行政办公建筑:如政府机关办公楼、厂矿、企业办公楼、写字楼等。

②文教科研建筑:如教学楼、图书馆、实验楼等。

③医疗福利建筑:如医院、疗养院、养老院等。

④托幼建筑:如托儿所、幼儿园等。

⑤商业建筑:如商店、超市、餐馆、食品店等。

⑥体育建筑:如体育馆、体育场、游泳池、健身房等。

⑦交通建筑:如车站、航站、客运站、码头、地铁站等。

⑧邮电通信建筑:如电台、电视台、电信中心、信息中心等。

⑨旅馆建筑:如宾馆、招待所、旅馆等。

⑩展览建筑:如展览馆、文化馆、博物馆、美术馆等。

⑪集会及文艺观演建筑:如电影院、音乐厅、剧院、会堂等。

⑫风景园林建筑:如公园、亭台茶室、动物园、植物园等。

⑬纪念建筑:如纪念碑、纪念堂、陵园等。

在一栋公共建筑物中,有些大型建筑内部功能比较复杂,可能同时具备上述两个或两个以上的功能,一般将这类建筑称为综合性建筑。

2. 工业建筑

工业建筑是指供人们进行工业生产活动的建筑。工业建筑一般包括生产用工业建筑及辅助生产、动力、运输、仓储用工业建筑,如机械加工车间、机修车间、锅炉房、车库、仓库等。

3. 农牧业建筑

农牧业建筑是指为农牧业生产提供的房屋或场所。一般包括农机具库、养殖场、蘑菇房、粮食与饲料加工站等。

3.2.2 按建筑的承重结构材料进行分类

1. 砖混结构

砖混结构建筑的墙体采用砖、砌块等砌筑，以钢筋混凝土柱、钢筋混凝土楼板、钢筋混凝土楼梯、钢筋混凝土屋面板作为主要承重构件，属于墙承重结构体系，适用于多层居住建筑。

2. 钢筋混凝土结构

钢筋混凝土结构建筑的主要承重构件是用钢筋混凝土材料制成，属于骨架承重结构体系。适用于大型公共建筑、大跨度建筑、高层建筑。

3. 钢结构

钢结构建筑的主要承重结构构件全部采用钢材制成。它具有自重轻、强度高的特点，且便于制作与安装，适用于大型公共建筑和工业建筑、大跨度和超高层建筑。

4. 钢和钢筋混凝土结构

钢和钢筋混凝土结构建筑的主要承重构件是采用钢筋混凝土柱、梁和钢屋架组成的骨架结构，如厂房等。

3.2.3 按建筑承重结构形式进行分类

1. 墙承重体系

墙承重体系建筑是指由承重墙体承受建筑物的全部荷载，并把这些荷载传递给基础的承重体系建筑。该体系具有传力明确、承重构件以受压为主的特点，适用于建筑物内部空间较小、建筑高度较小的建筑。

2. 骨架承重体系

骨架承重体系建筑是指由钢筋混凝土或型钢组成的梁、柱体系承受建筑物的全部荷载，墙体只起围护和分隔作用的承重体系建筑。该体系具有自重轻、空间灵活的特点，适用于跨度大、荷载大、高度大的建筑。

3. 内骨架承重体系

内骨架承重体系建筑是指建筑物的内部由钢筋混凝土梁、柱体系承重，而四周外墙为承重墙体系的建筑。该体系综合了墙承重体系和骨架承重体系特点，并根据建筑的空间需求灵活采用，适用于局部设有较大空间的建筑及综合性的建筑中。

4. 空间结构承重体系

空间结构承重体系建筑是指由钢筋混凝土或型钢组成空间结构，承受建筑物的全部荷载的结构体系，该体系充分发挥了建筑材料的力学优势，具有耗钢量小、自重轻、建筑体型优美、变化丰富的特点，如网架、悬索、壳体等，适用于大空间建筑。

3.2.4 按建筑物的高度或层数进行分类

1. 住宅建筑按照层数分类

①1～3 层为低层住宅。

②4～6 层为多层住宅。

③7～9 层为中高层住宅。

④≥10 层为高层住宅。

按照《住宅建筑规范》(GB 50368—2005)的规定，七层及七层以上或住宅入口层楼面距室外设计地面的高度超过 16 m 以上的住宅必须设置电梯。由于设置电梯将会增加交通面积的比例、建筑的造价、能耗和设备使用维护费用，因此应合理控制中高层住宅的修建。

2. 其他民用建筑按建筑高度分类

建筑高度是指自室外设计地面至建筑主体檐口顶部的垂直高度。局部突出屋面的楼梯间、电梯机房、水箱间及烟囱等，不应被计入建筑高度。

①普通建筑：建筑高度不超过 24 m 的民用建筑和建筑高度超过 24 m 的单层民用建筑。

续表

工程等级	工程主要特征	工程范围举例
一级	1. 高级大型公共建筑 2. 有地区性历史意义或技术要求复杂的中、小型公共建筑 3. 16层以上29层以下或超过50 m高的公共建筑	高级宾馆、旅游宾馆、高级招待所、别墅、省级展览馆、博物馆、图书馆、科学实验研究楼(包括高等院校)、高级会堂、高级俱乐部。不小于300床位医院、疗养院、医疗技术楼、大型门诊楼、大中型体育馆、室内游泳馆、室内滑冰馆、大城市火车站、航运站、候机楼、摄影棚、邮电通信楼、综合商业大楼、高级餐厅四级人防、五级平战结合人防
二级	1. 中高级、大中型公共建筑 2. 技术要求较高的中小型建筑 3. 16层以上29层以下住宅	大专院校教学楼、档案楼、礼堂、电影院,部、省级机关办公楼,300床位以下医院、疗养院、地市级图书馆、文化馆、少年宫、俱乐部、排演厅、报告厅、风雨操场、大中城市汽车客运站、中等城市火车站、邮电局、多层综合商场、风味餐厅、高级住宅等
三级	1. 中级、中型公共建筑 2. 7层以上(包括7层)15层以下有电梯住宅或框架结构的建筑	重点中学、中等专科学校、教学、试验楼、电教楼、社会旅馆、饭馆、招待所、浴室、邮电所、门诊部、百货大楼、托儿所、幼儿园、综合服务楼、一二层商场、多层食堂、小型车站等
四级	1. 一般中小型公共建筑 2. 7层以下无电梯的住宅,宿舍及砖混结构建筑	一般办公楼、中小学教学楼、单层食堂、单层汽车库、消防车库、防消站、蔬菜门市部、粮站、杂货店、阅览室、理发室、水冲式公共厕所等
五级	一、二层单功能,一般小跨度结构建筑	

3.3 民用建筑的构造组成及作用

3.3.1 民用建筑构造的组成

民用建筑一般由基础、墙或柱、楼地层、楼梯、屋面和门窗等六大部分组成。图3.3所示为民用建筑构造的组成示意图。

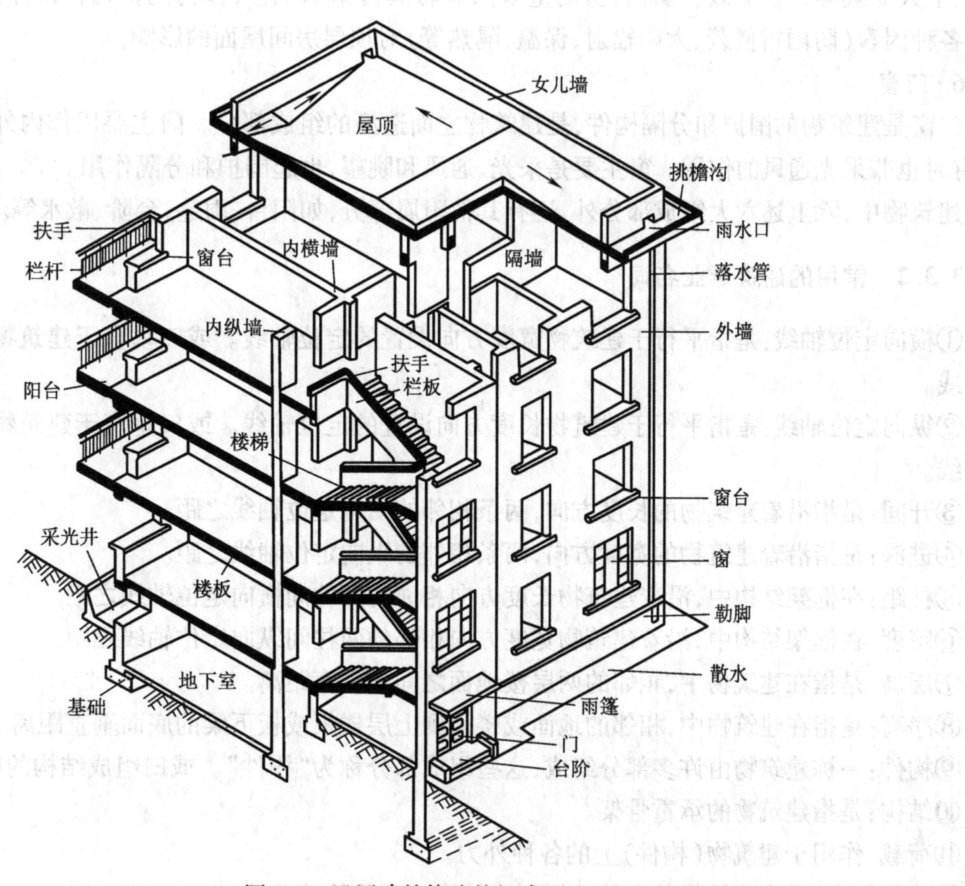

图3.3 民用建筑构造的组成

1. 基础

基础是建筑物的组成部分,是埋在地下的受力构件,承受其建筑物上的所有荷载,并把这些荷载与基础自身的荷载一起传给地基。因此,基础承重并传力,必须坚固,具有足够的强度与耐久性,并能抵御地下各种因素的侵蚀破坏。

2. 墙或柱

墙和柱是建筑物中竖向的构件。墙是建筑物的承重、围护、分隔建筑空间的构件,作为承重构件,墙要承受屋面和楼板层传来的荷载,并将这些荷载及自重传给基础;作为围护构件,外墙要抵御自然界各种不利因素的侵袭;内墙起分隔建筑物室内空间的作用。因此,要求墙体具有足够的强度与稳定性,具有保温、防水、隔声、防火等性能。

柱是框架或排架结构中的竖向受力构件,承重并传力,它必须具有足够的强度。

3. 楼层和地层

楼层和地层是楼板层和地坪层的统称。楼层是建筑物水平方向的承重构件,在垂直方向上将整个建筑物分成上下空间层,并承受着家具设备、人及隔墙等荷载,并将这部分荷载及自重传给墙或柱,同时楼层还对墙体起着水平支撑作用,增强墙或柱的稳定性,楼层必须具有足够的强度和刚度,具有隔声、防水、保温、隔热等功能。地层是底层房间与土壤相接的部分,它要承受作用在其上的所有荷载,还要具有防潮、防水、保温、耐磨等功能。

4. 楼梯

楼梯是多层建筑中的垂直交通设施,供人们上下楼层和防火、疏散之用。因此,要求楼梯具有足够的通行宽度,坚固耐久、防火、防滑。按建筑规范规定,高层建筑还需设电梯。

5. 屋面

屋面是建筑物最上部的围护和承重构件。屋面作为承重构件,要承受自然界的活荷载(风、雪荷、积灰荷载、上人荷载等)、恒荷载(构件自身的重量),并将其传给墙或柱;作为围护构件的屋面,还应具有抵御自然界各种因素(防雨雪侵袭、太阳辐射、保温、隔热等)对顶层房间屋面的影响。

6. 门窗

门窗是建筑物的围护和分隔构件,是建筑物立面造型的组成部分。门主要用作内外交通联系及分隔房间,有时也兼采光通风的作用。窗主要是采光、通风和眺望,也起围护和分隔作用。

建筑物中,除上述六大组成部分外,还有其他附属部分,如阳台、雨篷、台阶、散水等。

3.3.2 常用的建筑专业名词

①横向定位轴线:是指平行于建筑物宽度方向设置的定位轴线。或曰垂直于建筑物长度方向设置的定位轴线。

②纵向定位轴线:是指平行于建筑物长度方向设置的定位轴线。或曰垂直于建筑物宽度方向设置的定位轴线。

③开间:是指沿着建筑物的长度方向,两条相邻的横向定位轴线之距。

④进深:是指沿着建筑物的宽度方向,两条相邻的纵向定位轴线之距。

⑤柱距:在框架结构中,沿着建筑物长度方向相邻的两柱间横向定位轴线之距。

⑥跨度:在框架结构中,沿着建筑物宽度方向相邻的两柱间纵向定位轴线之距。

⑦层高:是指在建筑物中,相邻的两层楼地面之间的垂直距离。

⑧净高:是指在建筑物中,相邻的地面或楼面到上层楼板或板下梁的底面垂直距离。

⑨构件:一栋建筑物由许多部分组成,这些组成部分称为“构件”。或曰组成结构的单元。

⑩结构:是指建筑物的承重骨架。

⑪荷载:作用于建筑物(构件)上的各种外力。

⑫建筑总高:是指建筑物的室外地坪到建筑檐口顶部的总尺寸。

3.3.3　建筑标准化和模数协调

1. 建筑标准化

随着我国经济建设的飞速发展，建筑业的工程质量和建筑技术水平不断提高，实现了建筑工业的四化，即设计标准化、构件生产工厂化、施工机械化、管理科学化。

建筑标准化包括两个方面：一方面是建筑设计要标准化，包括由国家颁发的建筑法规、建筑设计规范、建筑标准、定额等，另一方面是在建筑施工中推行建筑标准化设计。标准构件与标准配件的图集一般由国家或地方设计部门进行编制，供设计人员选用，同时也为构件加工生产单位提供依据。实行建筑标准化，可以有效地减少建筑构配件的规格，提高施工效率，降低工程造价，利于保证工程质量。

常用的标准、规范有：

①《民用建筑设计通则》(GB 50352—2005)；

②《房屋建筑制图统一标准》(BG/T 50001—2010)；

③《住宅设计规范》(GB 50096—2011)；

④《建筑设计防火规范》(GB 50016—2014)。

2. 建筑模数协调

在建筑工程中，为了建筑设计、构件加工生产及建筑施工等方面的尺寸间协调，实现建筑标准化，必须制定建筑构件和配件的标准化规格系列，使建筑设计各部分尺寸、建筑构配件、建筑制品的尺寸统一协调，使之具有通用性和互换性，为此，国家颁发了《建筑模数协调标准》(GB/T 50002—2013)。

(1)建筑模数

建筑模数是选定的标准尺度单位，作为建筑空间、构配件、建筑制品以及有关设备等尺寸相互间协调的基础和增值单位。

(2)模数数列

模数数列是由基本模数、扩大模数和分模数为基础扩展成的一系列尺寸，见表3.3。

表3.3　建筑模数数列　(单位：mm)

基本模数	扩大模数						分模数		
1M	3M	6M	12M	15M	30M	60M	$\frac{1}{10}$M	$\frac{1}{5}$M	$\frac{1}{2}$M
100	300	600	1 200	1 500	3 000	6 000	10	20	50
200	600	600					20	20	
300	900						30		
400	1 200	1 200	1 200				40	40	
500	1 500			1 500			50		50
600	1 800	1 800					60	60	
700	2 100						70		
800	2 400	2 400	2 400				80	80	
900	2 700						90		
1 000	3 000	3 000		3 000	3 000		100	100	100
1 100	3 300						110		
1 200	3 600	3 600	3 600				120	120	
1 300	3 900						130		
1 400	4 200	4 200					140	140	
1 500	4 500			4 500			150		150

续表

基本模数	扩大模数						分模数		
1M	3M	6M	12M	15M	30M	60M	$\frac{1}{10}$M	$\frac{1}{5}$M	$\frac{1}{2}$M
1 600	4 800	4 800	4 800				160	160	
1 700	5 100						170		
1 800	5 400	5 400					180	180	
1 900	5 700						190		
2 000	6 000	6 000	6 000	6 000	6 000	6 000	200	200	200
2 100	6 300							220	
2 200	6 600	6 600						240	
2 300	6 900								250
2 400	7 200	7 200	7 200					260	
2 500	7 500			7 500				280	
2 600		7 800						300	300
2 700		8 400	8400					320	
2 800		9 000		9 000	9 000			340	
2 900		9 600	9 600						350
3 000				10 500				360	
3 100			10 800					380	
3 200			12 000	12 000	12 000	12 000		400	400
3 300					15 000				450
3 400					18 000	18 000			500
3 500					21 000				550
3 600					24 000	24 000			600
					27 000				650
					30 000	30 000			700
					33 000				750
					36 000	36 000			800
									850
									900
									950
									1 000

①基本模数：是模数协调中选用的基本尺寸单位，其数值规定为 100 mm，符号为 M，即 1M = 100 mm。

②导出模数：分为扩大模数和分模数。

扩大模数是基本模数的整数倍，如 3M(300 mm)、6M(600 mm)、12M(1 200 mm)、15M(1 500 mm)、30M(3 000 mm)、60M(6 000 mm)等。

分模数是基本模数的分数倍。如 1/2M(50 mm)、1/5M(20 mm)、1/10M(10 mm)等。

(3)模数数列的应用范围

①水平基本模数 1M(100 mm) ~ 20M(2 000 mm)数列，主要用于门窗洞口和构配件截面尺寸。

②竖向基本模数 1M(100 mm) ~ 36M(3 600 mm)数列，主要用于建筑物层高、门窗洞口和构配件截面尺寸。

③水平扩大模数基数为 3M、6M、12M、15M、30M、60M，其相应尺寸分别为 300 mm、600 mm、1 200 mm、

1 500 mm、3 000 mm、6 000 mm，主要用于建筑物的开间、柱距、进深、跨度、构配件尺寸和门窗洞口等。

④竖向扩大模数基数为3M和6M，其相应的尺寸为300 mm、600 mm，主要用于建筑物的高度、层高和门窗洞口等。

⑤分模数基数为1/10M、1/5M、1/2M，其相应的尺寸为10 mm、20 mm、50 mm，主要用于缝隙、构造节点、构配件截面尺寸等。

3. 三种尺寸

为了保证建筑制品、构配件等有关尺寸间的统一与协调，特规定了标志尺寸、构造尺寸、实际尺寸及其相互间的关系，如图3.4所示。

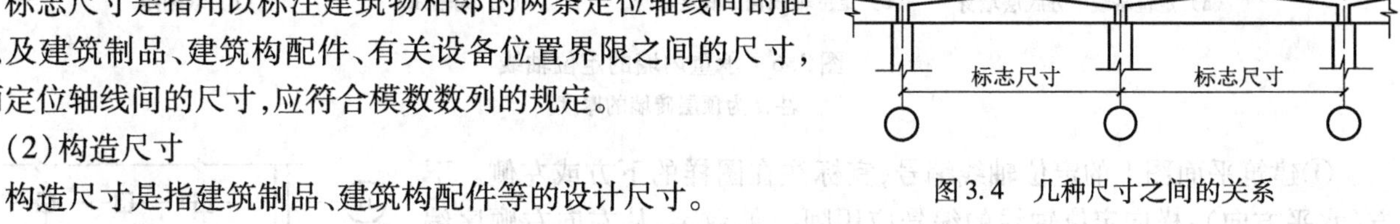

图3.4 几种尺寸之间的关系

(1)标志尺寸

标志尺寸是指用以标注建筑物相邻的两条定位轴线间的距离以及建筑制品、建筑构配件、有关设备位置界限之间的尺寸，即两定位轴线间的尺寸，应符合模数数列的规定。

(2)构造尺寸

构造尺寸是指建筑制品、建筑构配件等的设计尺寸。

(3)实际尺寸

实际尺寸是指建筑制品、建筑构配件等生产加工后的实有尺寸。实际尺寸与构造尺寸之间的差数应符合允许的误差数值。一般情况下，标志尺寸等于构造尺寸加上缝隙尺寸。缝隙尺寸应符合模数数列规定。

3.3.4 定位轴线

定位轴线是确定建筑物承重结构及建筑构配件的位置的基准线，用点画线绘制。定位轴线分为横向定位轴线和纵向定位轴线。为了提高建筑工业化水平，就必须实现建筑“四化”，即建筑设计标准化、构件生产工厂化、施工机械化、管理科学化。应当合理选择定位轴线。我国颁布了相应的技术标准，对砖混结构建筑物和大板结构建筑物在水平和竖向两个方向的定位轴线划分原则做了具体的规定，下面以砖混结构建筑物的定位轴线为例介绍。

1. 墙体的平面定位轴线

(1)承重外墙的定位轴线

①当底层墙体与顶层墙体厚度相同时，平面定位轴线与外墙内缘距离为120 mm，如图3.5(a)所示。

②当底层墙体与顶层墙体厚度不同时，平面定位轴线与顶层外墙内缘距离为120 mm，如图3.5(b)所示。

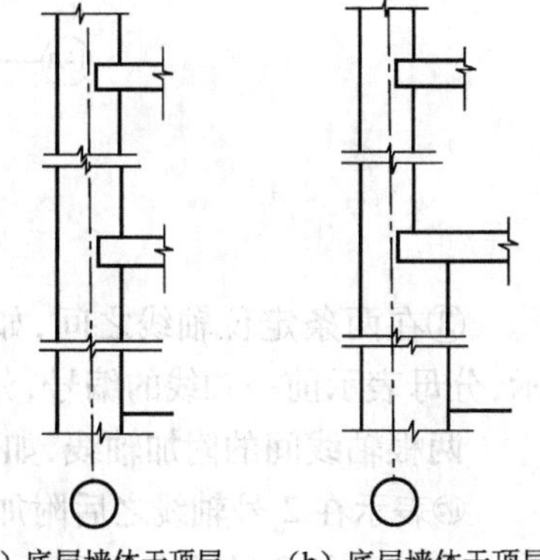

(a) 底层墙体于顶层墙体厚度相同　(b) 底层墙体于顶层墙体厚度不同

图3.5 承重外墙的定位轴线

(2)承重内墙的定位轴线

承重内墙的平面定位轴线应与顶层内墙中线重合。

承重内墙根据其上部承载小于内墙下部承载的实际情况，应减轻建筑物自重。承重内墙是变截面的，即下部墙体厚，上部墙体薄。如果墙体是对称内缩，则平面定位轴线中分底层墙身，如图3.6(a)所示。如果墙体是非对称内缩，则平面定位轴线偏中分底层墙身，如图3.6(b)所示。

当内墙厚度≥370 mm时，为了便于圈梁或内竖向孔道的通过，往往采用双轴线形式，如图3.6(d)所示。有时根据建筑空间要求，把平面定位轴线设在距离内墙某一外缘120 mm处，如图3.6(c)所示。

2. 定位轴线的布置方法

凡是承重墙、柱、梁、屋架等主要承重构件，都要画出定位轴线并进行编号，以确定其施工位置。定位轴线用单点长画线表示，端部画细实线圆，直径8～10 mm。定位轴线圆的圆心应在定位轴线的延长线上或延长线的折线上。圆内注明编号。而非承重墙的位置，应用附加定位轴线表示。

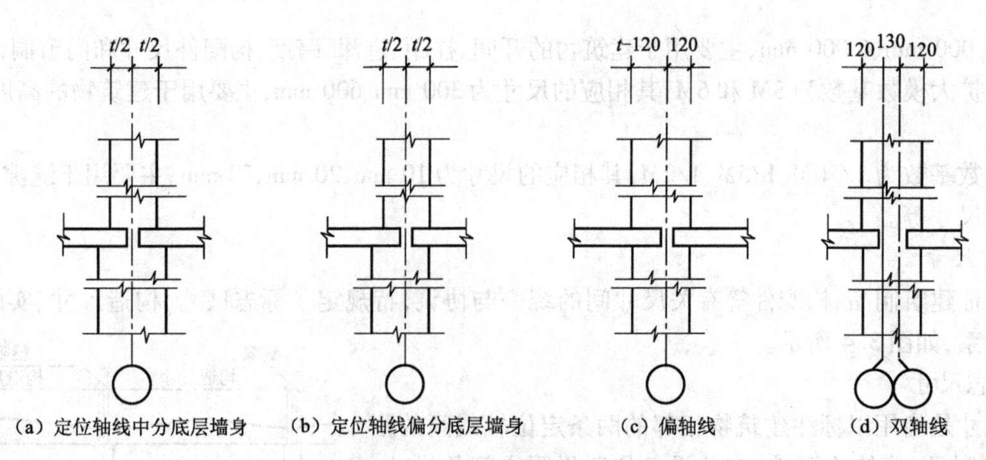

（a）定位轴线中分底层墙身　（b）定位轴线偏分底层墙身　（c）偏轴线　（d）双轴线

图 3.6　承重内墙的定位轴线

注：t 为顶层砖墙的厚度。

①建筑平面图上的定位轴线编号，宜标注在图样的下方或左侧。下方（水平方向）：横向定位轴线的编号应用阿拉伯数字，从左向右顺序编写；左侧（垂直方向）：竖向编号应用大写拉丁字母，由下向上顺序编写，如图 3.7 所示。其中 *I*、*O*、*Z* 三个大写拉丁字母不得用为轴线编号，避免与数字 1、0、2 混淆。

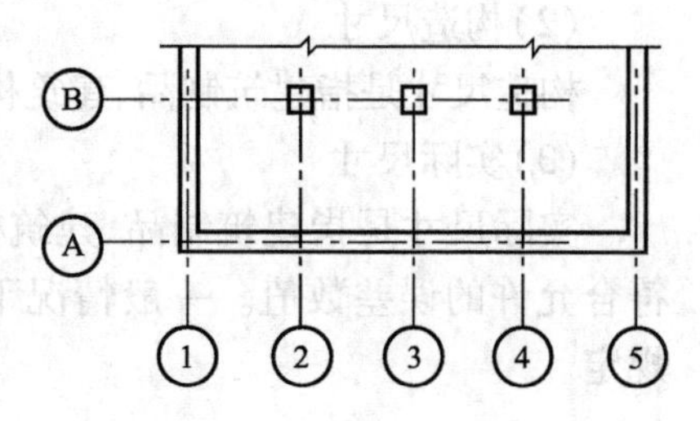

图 3.7　定位轴线的编号及顺序

②在建筑形体较为复杂的平面图中定位轴线也可采用分区编号，如图 3.8 所示，编号的注写形式应为“分区号—该分区编号”，分区号采用阿拉伯数字或大写拉丁字母表示。

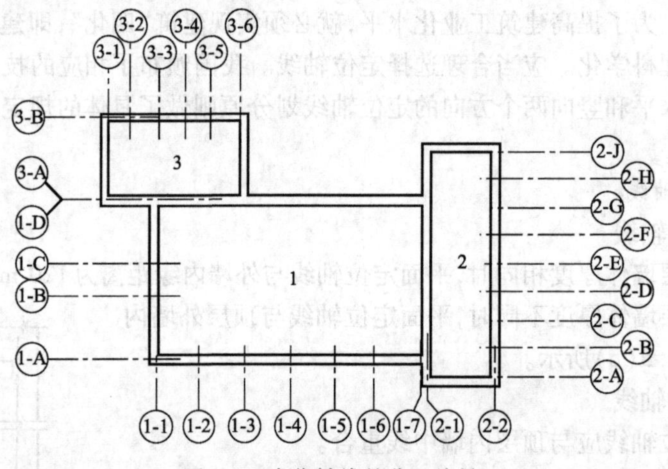

图 3.8　定位轴线的分区编号

③在两条定位轴线之间，如需附加定位轴线时，按规范的规定编写，即附加轴线的编号应用分数来表示，分母表示前一轴线的编号，分子表示附加轴线的编号，编号宜用阿拉伯数字顺序编写。

两根轴线间的附加轴线，如：

(1/2)表示在 2 号轴线之后附加的第一根轴线；

(3/C)表示在 C 号轴线之后附加的第 3 根轴线。

1 号轴线或 A 号轴线之前附加轴线的分母应以(01)或(0A)表示，如：

(1/01)表示在 1 号轴线之前附加的第一根轴线；

(3/0A)表示 A 号轴线之前附加的第三根轴线。

一个详图使用几根轴线时，应同时注明各有关轴线的编号，如图 3.9 所示。通用详图中的定位轴线，应只画圆，不注写轴线编号。

④圆形与弧形平面图中的定位轴线，其径向轴线应以角度进行定位，其编号宜用阿拉伯数字表示，从左

下角或－90(若径向轴线很密,角度间隔很小)开始,按逆时针顺序编写;其环向轴线宜用大写拉丁字母表示,从外向内顺序编写,如图 3. 10 和图 3. 11 所示。

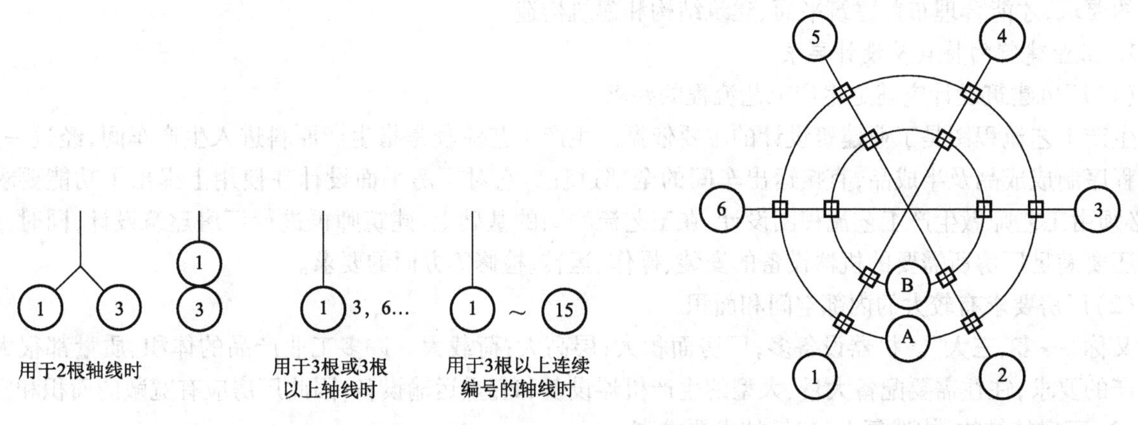

图 3. 9 详图的定位轴线编号　　图 3. 10 圆形平面定位轴线的编号

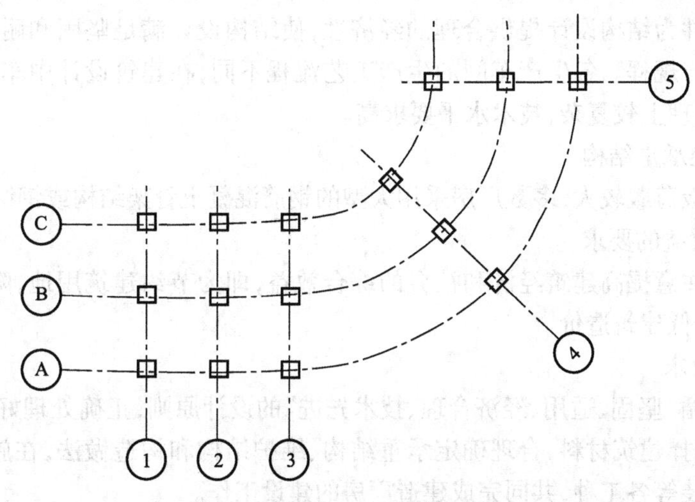

图 3. 11 弧形平面定位轴线的编号

⑤折线形平面图中定位轴线的编号可按图 3. 12 所示的形式编写。

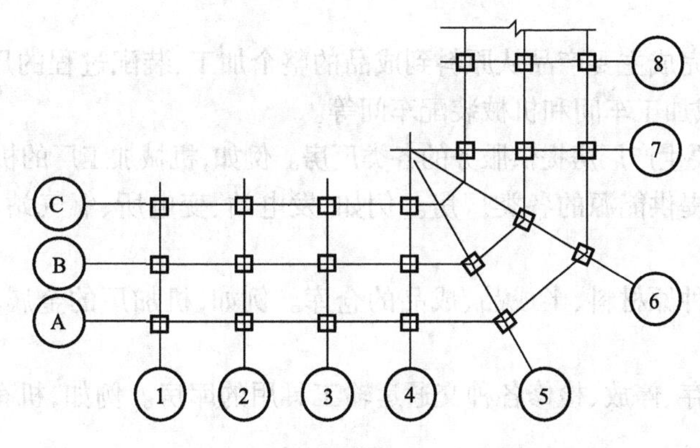

图 3. 12 折线形平面定位轴线的编号

3. 4 工业建筑构造组成及作用

3. 4. 1 工业建筑的特点与分类

为工业生产需要建造的各种不同用途的建筑物和构筑物统称为工业建筑。用于生产的建筑物称为工业厂房。其中,工业厂房内按生产工艺过程进行各类工业产品加工和制造的生产单位称为生产车间。工业建筑和民用建筑具有许多共性,但又存在根本的区别。工业建筑是为工业生产服务的,必须符合生产工艺流程的要求,才能合理布置建筑平面、建筑结构和建筑构造。

1. 工业建筑的特点及设计要求

(1)厂房建筑设计应满足生产工艺流程的要求

生产工艺流程图是工业建筑设计的主要依据。生产工艺流程是指生产原料进入生产车间,经过一系列加工程序制成成品及半成品,直接运出车间的全部过程。它对厂房平面设计在使用上提出了功能要求,因此,必须由工艺师做生产工艺流程图设计,在工艺流程图的基础上,建筑师再进行厂房建筑设计,同时,建筑设计还要满足厂房所需要的机器设备的安装、操作、运转、检修等方面的要求。

(2)厂房要求有较大的内部空间和面积

又称"一多、三大"。机器设备多;厂房面积大;层高大;荷载大。许多工业产品的体积、质量都很大,由于生产的要求,往往需要配备大量、大型的生产机器设备和起重运输设备,因此厂房应有宽敞的面积和空间。

(3)厂房的结构、构造复杂,建筑技术要求高

由于厂房面积大、体积大,一般采用多跨组合,各跨车间生产工艺联系密切,又有不同的建筑功能要求,因而建筑设计要创造条件为结构设计提供合理的经济性,使结构设计满足坚固和耐久的要求,严格遵守国家颁布的有关技术规范与规程。各生产车间的生产工艺流程不同,在建筑设计中车间的空间、采光通风和防水排水等结构、构造处理上较复杂,技术水平要求高。

(4)采用大型的骨架承重结构

由于厂房屋盖和楼板荷载较大,多数厂房采用大型的钢筋混凝土骨架结构或钢结构。

(5)满足建筑经济效益的要求

工业建筑设计中要注意提高建筑经济和社会的综合效益,即为节约建筑用地,降低生产过程中经常性维修和管理费用,从而降低建筑造价。

(6)工业建筑设计要求

工业建筑设计应遵循"坚固、适用、经济合理、技术先进"的设计原则,正确处理好厂房的平面、立面与剖面之间的关系,恰当地选择建筑材料,合理确定承重结构、维护结构和构造做法,在施工中要积极协调好工艺、土建、设备、施工、安装等各工种,共同完成建造厂房的建设工作。

2. 工业建筑的类型

厂房由于生产工艺的多样化,工业生产类型繁多,通常可按以下几种方式进行分类。

(1)按厂房的用途分

①主要生产厂房:用于完成主要产品从原料到成品的整个加工、装配过程的厂房。例如,机械制造厂的铸造车间、热处理车间、机械加工车间和机械装配车间等。

②辅助生产厂房:为主要生产厂房提供服务的各类厂房。例如,机械加工厂的机械修理车间、工具车间等。

③动力用厂房:为工厂提供能源的各类厂房。例如,发电站、变电所、氧气站和压缩空气站、锅炉房、煤气站、乙炔站等。

④储藏用建筑:储藏各种原材料、半成品、成品的仓库。例如,机加厂的金属材料库、油料库、半成品库及成品库等。

⑤运输用库房:用于储存、停放、检修各种交通运输工具用的库房。例如,机车库、汽车库、电瓶车库、消防车库等。

(2)按厂房生产状况分

①冷加工车间:在正常温度、湿度条件下进行生产的车间。例如,机械装配、机械加工、工具、机修等车间。

②热加工车间:在高温、材料融化状态下进行生产的车间。例如,铸造、冶炼、轧钢、锻造等。

③恒温恒湿车间:在稳定的温度、湿度条件下进行生产的车间。例如,纺织车间、酿造车间、精密仪器车间等。

④洁净车间:为保证产品质量,在无尘、无菌、无污染的高度清洁状况下进行生产的车间。例如,集成电路车间、精密仪器加工车间、医药工业中的粉针剂车间等。

⑤有腐蚀介质的车间:生产过程中会产生大量腐蚀性物质、放射性物质、酸车间、噪声、电磁波等的车间。

(3)按厂房层数分

①单层厂房:层数仅为一层的工业厂房,如图 3.13 所示。单层厂房适用于机械制造工业、冶金工业等重工业生产车间,且生产工艺流程为水平方向。

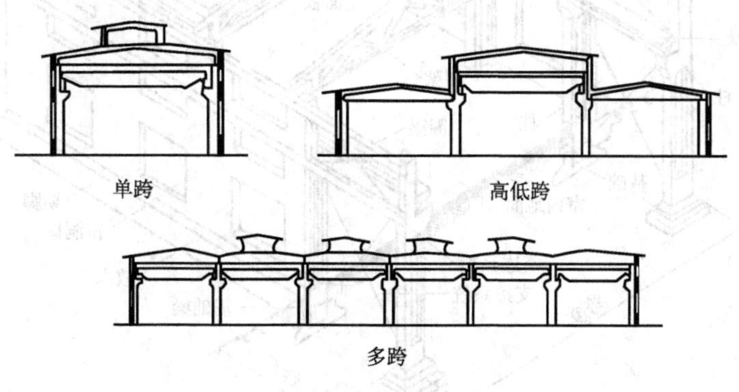

图 3.13　单层厂房

②多层厂房:指层数在二层以上的厂房,如图 3.14 所示,一般为 2 ~ 5 层,适用于食品、精密仪表、电子、服装加工等轻工业厂房。

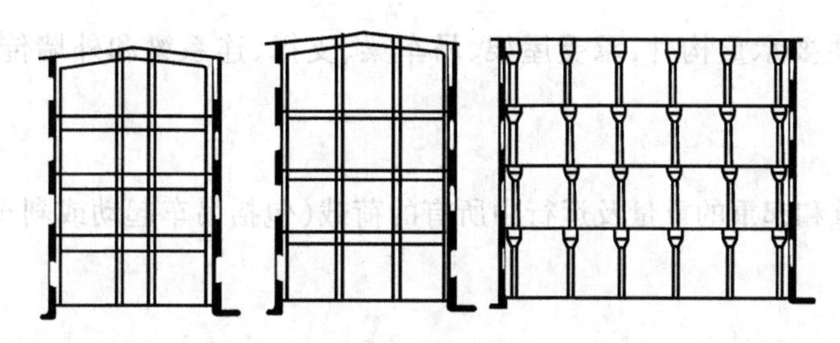

图 3.14　多层厂房

③混合层数厂房:同一栋厂房内既有单层又有多层的厂房,如图 3.15 所示,适用于化学工业、电力等厂房。

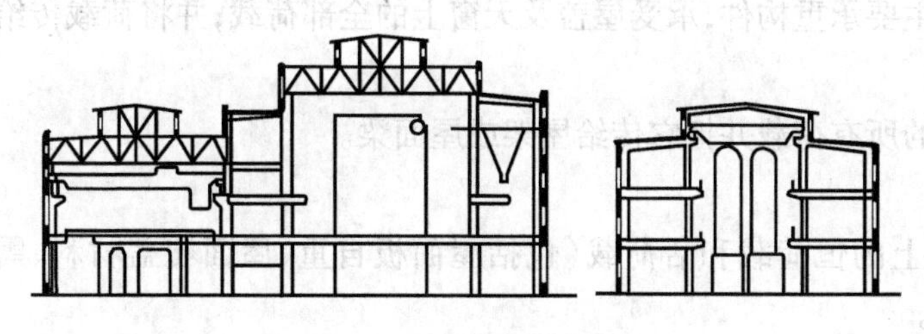

图 3.15　混合层数厂房

3.4.2　单层厂房结构构件组成及类型

1. 单层厂房结构构件的组成

目前我国单层厂房通常采用的是装配式钢筋混凝土排架结构,其结构构件组成如图 3.16 所示。

(1)基础

基础承受柱和基础梁传来的全部荷载,并将荷载传给地基。

(2)基础梁

基础梁承受上部墙体重量,并把它传给基础。

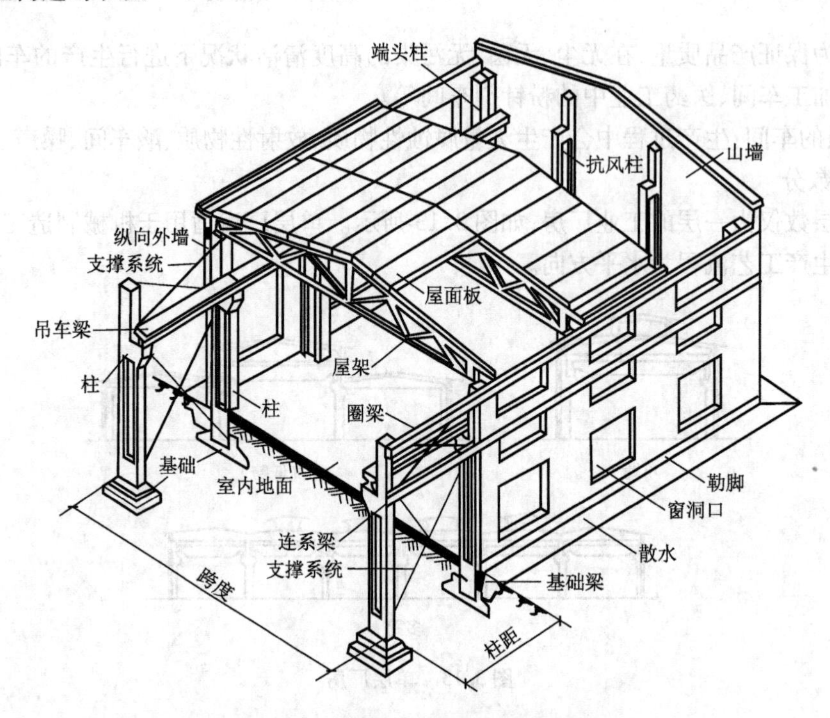

图 3.16 单层厂房的结构构件组成

(3)柱子

柱子是厂房结构的主要承重构件，承受屋架、吊车梁、支撑、连系梁和外墙传来的荷载，并把它传给基础。

(4)吊车梁

吊车梁承受吊车自重和起重的重量及运行中所有的荷载(包括吊车起动或刹车产生的横向、纵向冲击力)，并将其传给排架柱。

(5)连系梁

连系梁是厂房纵向柱列的水平连系构件，用以增加厂房的纵向刚度，当设在墙内时，承受上部墙体的荷载，并将荷载传给纵向柱列。

(6)屋架(屋面大梁)

屋架是屋盖结构的主要承重构件，承受屋盖及天窗上的全部荷载，并将荷载传给柱子。

(7)天窗架

天窗架承受天窗上的所有荷载并把它传给屋架或屋面梁。

(8)屋面板

屋面板直接承受板上的恒荷载和活荷载(包括屋面板自重、屋面覆盖材料、雪、积灰及施工检修等荷载)，并将荷载传给屋架。

(9)支撑系统构件

支撑系统构件包括柱间支承和屋架间支承，其作用是加强厂房的空间整体刚度和稳定性，它主要传递水平荷载和吊车产生的水平刹车力。

(10)抗风柱

抗风柱设于山墙中柱上，与山墙一起承受风荷载，并把荷载中的一部分传到厂房纵向柱列上去，另一部分直接传给基础。

(11)门与窗

门与窗用于满足厂房采光、通风要求，是厂房建筑立面造型的组成部分，且围护、分隔建筑空间，供人们进行交通联系及防火疏散需要。

(12)外墙

排架结构的厂房大部分荷载由排架结构承担,因此,外墙是自承重构件,主要起防风、防雨、保温、隔热围护的作用。

(13)地面

应根据生产车间的性质,选择适宜的地面材料与构造做法,满足其生产使用及运输要求等。

2. 单层厂房的结构类型

在厂房建筑中,支承各种荷载作用的构件所组成的骨架称为结构。单层厂房结构承受的主要荷载如图3.17所示。

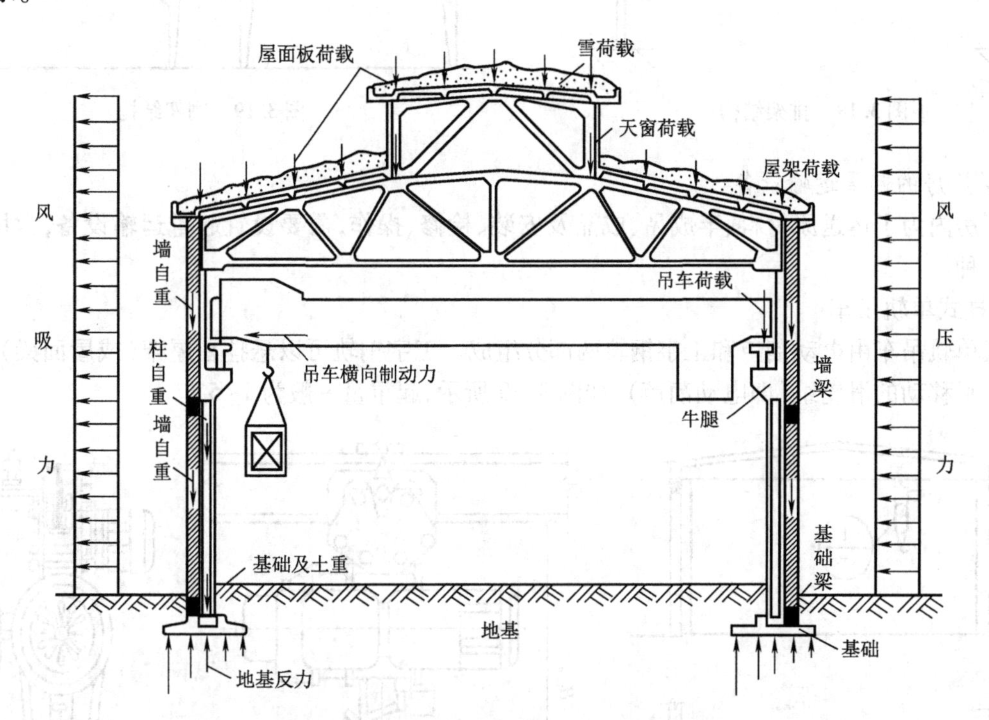

图3.17 单层厂房结构承受的主要荷载示意图

单层厂房结构按其承重结构类型划分,有墙承重结构和骨架承重结构。

(1)墙承重结构

墙承重结构由基础、墙或带壁柱砖墙钢筋混凝土屋架(屋面大梁)组成。构造简单,经济、施工方便,适用于跨度小于15 m无吊车或吊车起重量小于50 kN的小型厂房。

(2)骨架承重结构

单层厂房中的骨架承重结构属于厂房结构类型中的平面结构体系,是由横向骨架和纵向联系构件及支承组成的承重结构。

横向骨架由屋架(或屋面大梁)、柱子、基础组成。它承受天窗、屋顶、墙及吊车、构件等自重;纵向联系构件有连系梁、基础梁、吊车梁、屋面板、圈梁。为保证厂房横向骨架的稳定性,并承受山墙、天窗端壁和风力及吊车刹车所引起的纵向水平荷载,须在柱间、屋架间设置支撑。

骨架承重按其所用材料不同,分为钢筋混凝土结构、钢 - 钢筋混凝土结构和钢结构三种。目前均采用装配式钢筋混凝土结构,主要有排架结构和门式刚架结构两种。

①装配式钢筋混凝土排架结构:由柱子、基础、屋架(屋面梁)构成的一种横向骨架体系。把屋架看成一个刚度大的横梁,屋架(屋面梁)与柱子的连接为铰接,柱子与基础的连接为刚接,成为一整体,适用于大中型工业厂房,如图3.18所示。

②装配式钢筋混凝土门式刚架结构:将屋架(屋面大梁)与柱子合并为一个构件,柱子与屋架(屋面梁)连接处为整体刚性节点,柱子与基础的连接为铰接节点,如图3.19所示,适用于中小型厂房。常用的有两铰拱、三铰拱门式刚架。

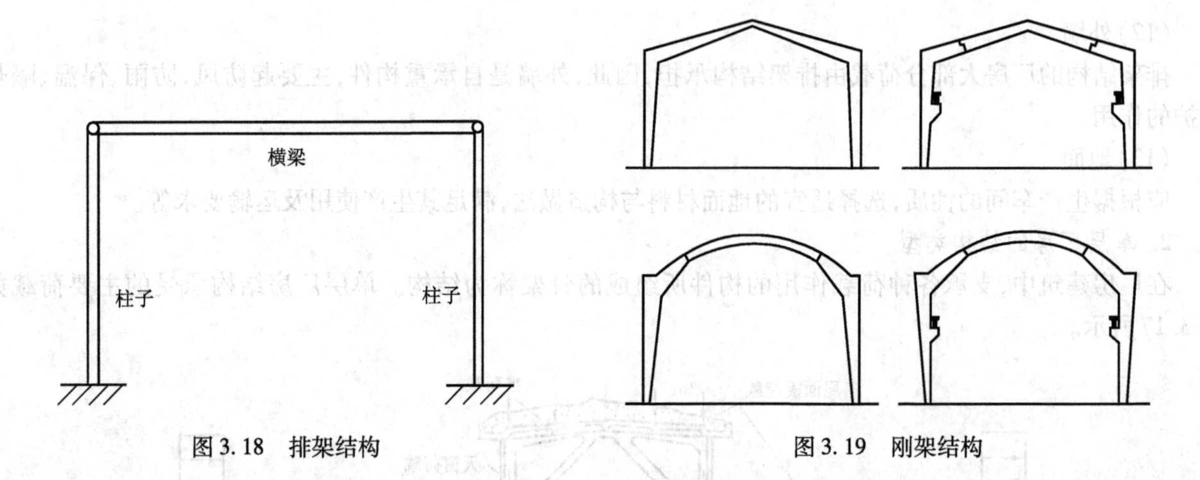

图 3.18 排架结构　　图 3.19 刚架结构

3. 单层厂房的起重运输设备

单层厂房内为了运送原材料、半成品、成品及安装、检修、操作,需要设置起重运输设备,常用的运输设备有以下三种。

(1)悬挂式单轨吊车

悬挂式单轨吊车由电动葫芦和工字钢轨两部分组成。工字钢轨可以悬挂在屋架(或屋面梁)下弦,轨上设有可以水平移动的滑轮组(即电动葫芦),如图 3.20 所示,起重量一般为 1~5 t。

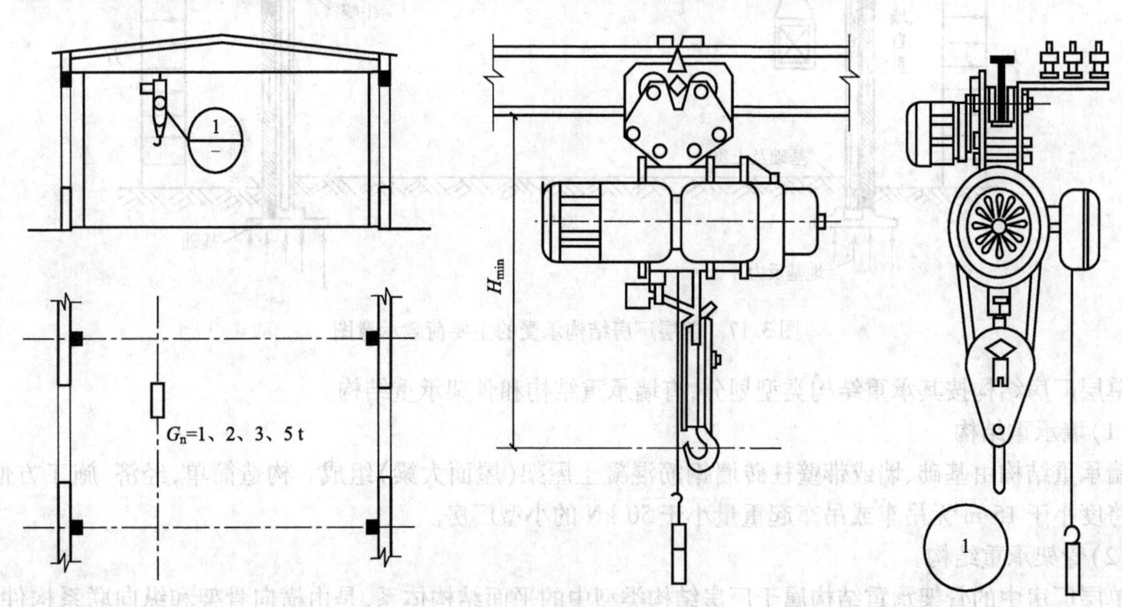

图 3.20 悬挂式单轨吊车

(2)梁式吊车

梁式吊车有悬挂式和支承式两种。梁式吊车由电动葫芦和梁架组成,梁架悬挂在屋架下或支承在吊车梁上,工字钢轨固定在梁架上,电动葫芦悬挂在工字钢轨上,梁架沿厂房纵向移动,电动葫芦沿厂房横向移动,起重量一般不超过 5 t,如图 3.21(a)、(b)所示。支承式梁式吊车是在两列柱牛腿上设吊车梁,吊车装在轨道上部,如图 3.21(c)、(d)所示。

(3)桥式吊车

桥式吊车由桥架和起重小车组成,桥架支承在吊车梁的钢轨上,沿吊车梁纵向移动运行,起重行车装在桥架上的轨道上部,沿桥架长度方向运行。桥式吊车在桥架一端设司机室,起重量为 5 ~ 400 t,适用于大、中型厂房,如图 3.22 所示。

桥式吊车根据开动时间与全部生产时间的比值,分为轻级、中级、重级工作制,用 JC 来表示。轻级工作制——15%(以 JC15% 表示);中级工作制——25%(以 JC25% 表示);重级工作制——40%(以 JC40% 表示)。

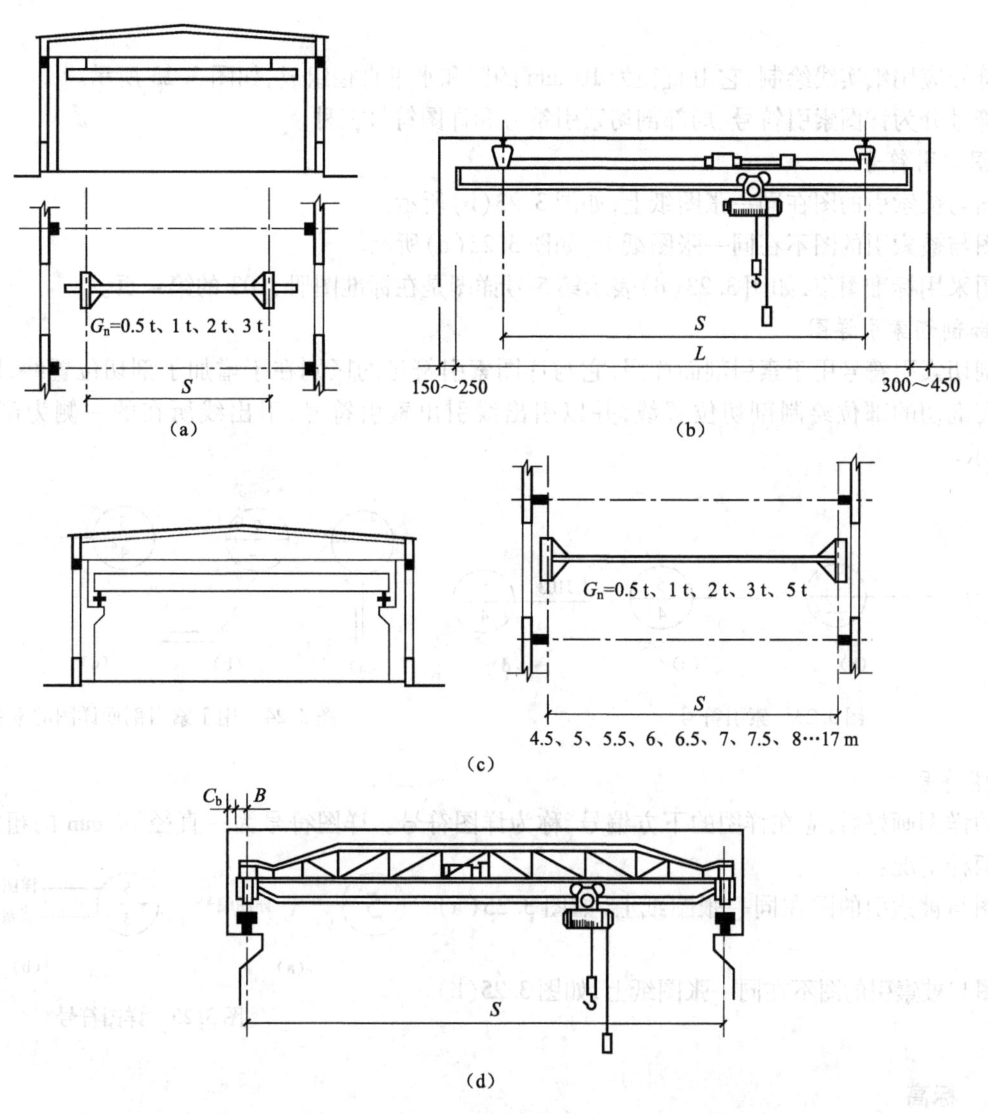

图 3.21 梁式吊车

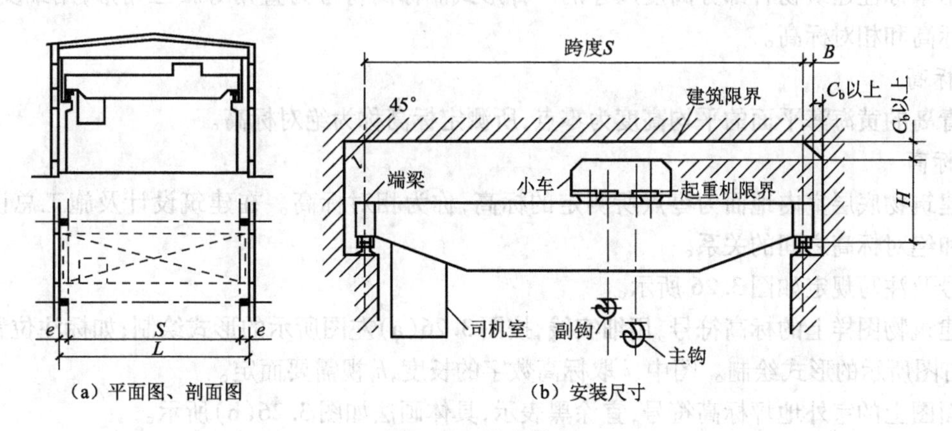

图 3.22 桥式吊车

3.5 房屋建筑施工图的有关规定

3.5.1 索引符号与详图符号

当图样中的某一局部或构件未能表达清楚设计意图需另见详图时，可用索引符号来查找相关图纸详图的内容。

索引符号应用细实线绘制,它由直径为 10 mm 的圆和水平直径组成,如图 3. 23 所示。

索引符号分为详图索引符号、局部剖切索引符号和详图符号三种。

1. 详图索引符号

①详图与被索引的图在同一张图纸上,如图 3. 23(b)所示。

②详图与被索引的图不在同一张图纸上,如图 3. 23(c)所示。

③详图采用标准图集,如图 3. 23(d)表示第 5 号详图是在标准图册 J103 的第 4 页。

2. 局部剖切索引详图

局部剖切索引符号用于索引剖面详图,它与详图索引符号的区别在于增加了剖切位置线,图中用粗短线表示。在剖切的部位绘制剖切位置线,并以引出线引出索引符号,引出线所在的一侧为剖视方向,如图 3. 24 所示。

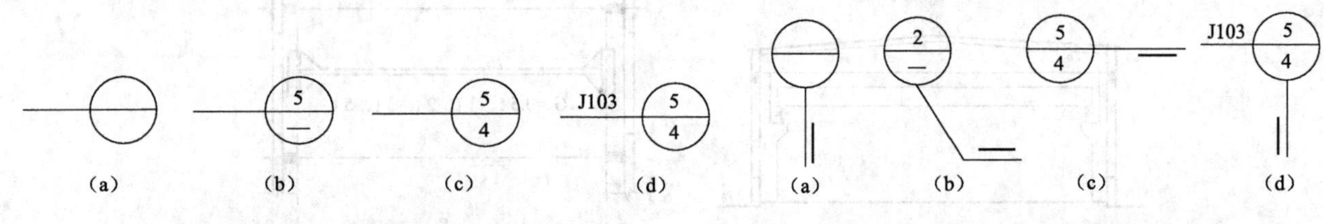

图 3. 23　索引符号

图 3. 24　用于索引剖面详图的索引符号

3. 详图符号

索引的详图画好后,应在详图的下方编号,称为详图符号。详图符号为一直径 14 mm 的粗实线圆。详图符号有两种情况:

①详图与被索引的图在同一张图纸上,如图 3. 25(a)所示。

②详图与被索引的图不在同一张图纸上,如图 3. 25(b)所示。

5 详图编号　(a)

5 详图编号 / 3 被索引图样图纸编号　(b)

图 3. 25　详图符号

3. 5. 2　标高

标高是用来标注建筑物各部分高度尺寸的一种形式。标高符号为直角等腰三角形,用细实线绘制。标高分为绝对标高和相对标高。

1. 绝对标高

以我国青岛的黄海海平面的平均高度为零点,所测定标高称为绝对标高。

2. 相对标高

以新建建筑物底层室内地面为零点所测定的标高,称为相对标高。在建筑设计及施工总说明中,应说明相对标高和绝对标高之间的关系。

标高符号及注写规定如图 3. 26 所示。

①个体建筑物图样上的标高符号,用细实线,按图 3. 26(a)左图所示的形式绘制;如标注位置不够,可按图 3. 26(a)右图所示的形式绘制。图中,l 取标高数字的长度,h 视需要而定。

②总平面图上的室外地坪标高符号,宜涂黑表示,具体画法如图 3. 26(b)所示。

③标高数字应以米为单位,注写到小数点后第三位;在总平面图中,可注写到小数点后第二位。零点标高应注写成 ±0. 000;正数标高不注写“+”,负数标高应注“-”,如 3. 000、-0. 600。标高符号的尖端应指至被注高度的位置。尖端一般应向下,也可向上,如图 3. 26(c)所示。标高数字应注写在标高符号的左侧或右侧。

④在图样的同一位置需表示几个不同标高时,标高数字可按图 3. 26(d)的形式注写。

房屋的标高还有建筑标高和结构标高之分。结构标高是指建筑物未经装修、粉刷前的标高;建筑标高是指建筑构件经装修、粉刷后最终完成面的标高,如图 3. 27 所示。

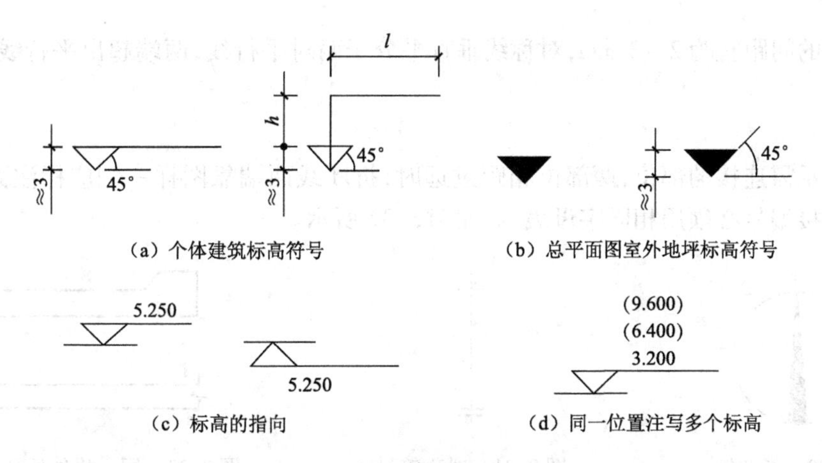

图 3.26　标高符号及注写规定

3.5.3　引出线

在建筑工程图中,某些部位需要用文字说明或详图加以说明的可用引出线在该部位引出。引出线用细实线绘制,宜采用水平方向的直线,或与水平方向成 30°、45°、60°、90°的直线,或经上述角度再折为水平线。文字说明注写在水平线的上方,或注写在水平线的端部,如图 3.28 所示。

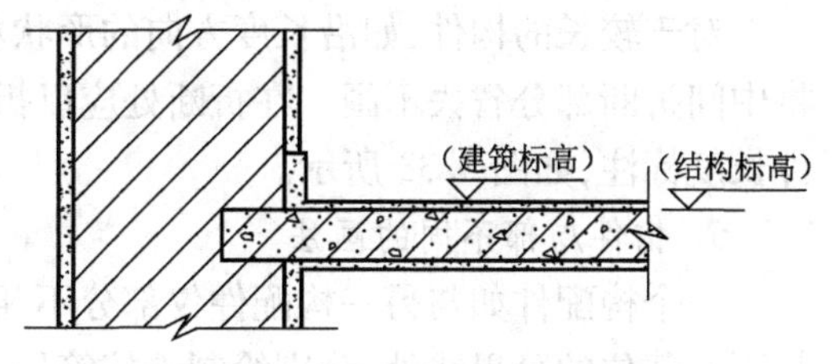

图 3.27　建筑标高和结构标高

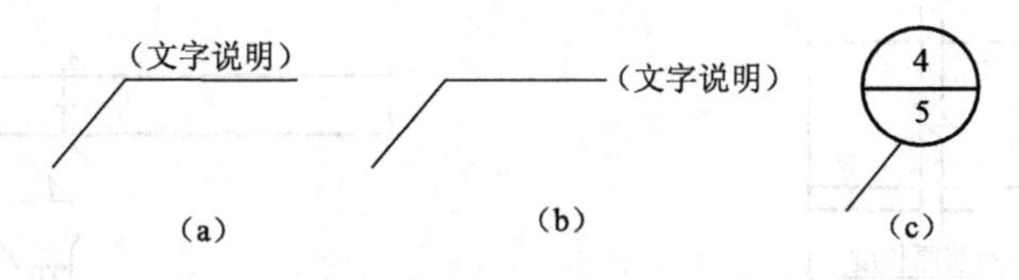

图 3.28　引出线

多层构造或多层管道共用引出线,应通过被引出的各层。文字说明注写在水平线的上方,或注写在水平线的端部,说明的顺序应由上至下,并应与被说明的层次相互一致;如层次为横向顺序,则由上至下的说明顺序应与由左至右的层次顺序相互一致,如图 3.29 所示。

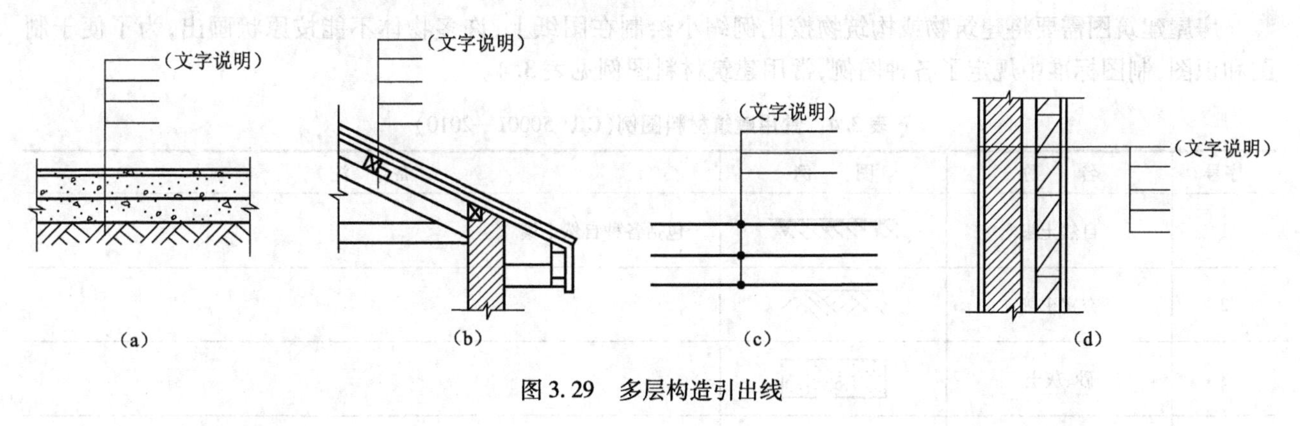

图 3.29　多层构造引出线

3.5.4　其他符号

1. 指北针

指北针的形状如图 3.30 所示,圆的直径为 24 mm,用细实线绘制;指针尾部的宽度为 1/8*D*,即 3 mm,指针头部应注"北"或"N"字。

2. 对称符号

对称符号由对称线和两端的两对平行线组成。对称线用细点画线绘制;平行线用细实线绘制,其长度为 6 ~ 10 mm，每对的间距宜为 2 ~ 3 mm，对称线垂直平分于两对平行线，两端超出平行线宜为 2 ~ 3 mm，如图 3.31 所示。

3. 连接符号

应以折断线表示需连接的部位，两部位相距过远时，折断线两端靠图样一侧应标注大写拉丁字母表示连接编号。两个连接编号必须用相同字母表示，如图 3.32 所示。

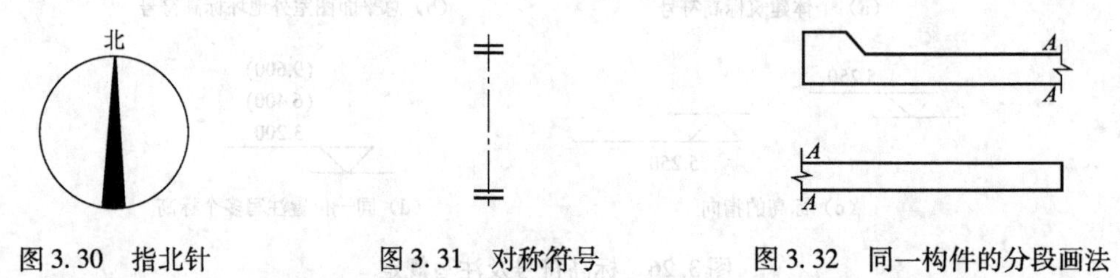

图 3.30 指北针　　图 3.31 对称符号　　图 3.32 同一构件的分段画法

4. 折断省略画法

对于较长的构件，如沿长度方向的形状相同或按一定规律变化，可采用折断画法，即只画构件的两端，将中间折断部分省去不画。在折断处应以折断线表示，折断线两端应超出图形线 2 ~ 3 mm，其尺寸应按原构件长度标注，如图 3.33 所示。

5. 构件局部不同的画法

一个构配件如与另一构配件仅部分不相同，该构配件可只画不同部分，但应在两个构配件的相同部位与不同部位的分界线处，分别绘制连接符号，两个连接符号应对准在同一位置上，如图 3.34 所示。

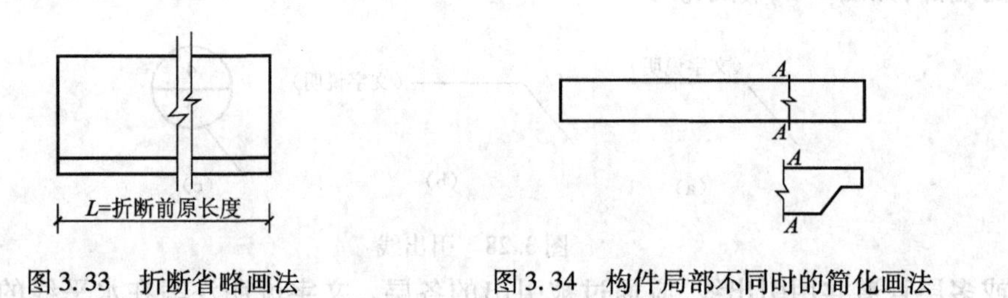

图 3.33 折断省略画法　　图 3.34 构件局部不同时的简化画法

3.5.5 常用建筑材料图例

房屋建筑图需要将建筑物或构筑物按比例缩小绘制在图纸上，许多物体不能按原状画出，为了便于制图和识图，制图标准中规定了各种图例，常用建筑材料图例见表 3.4。

表 3.4 常用建筑材料图例（GB/ 50001—2010）

序号	名　称	图　例	备　注
1	自然土壤		包括各种自然土壤
2	夯实土壤		
3	砂、灰土		
4	砂砾石、碎砖三合土		
5	石材		
6	毛石		
7	普通砖		包括实心砖、多孔砖、砌块等砌体。断面较窄不易绘出图例线时，可涂红，并在图纸备注中加注说明，画出该材料图例

续表

序号	名 称	图 例	备 注
8	耐火砖	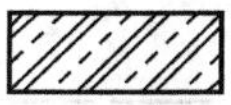	包括耐酸砖等砌体
9	空心砖	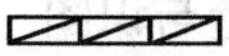	指非承重砖砌体
10	饰面砖	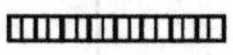	包括铺地砖、马赛克、陶瓷锦砖、人造大理石等
11	焦渣、矿渣	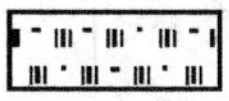	包括与水泥、石灰等混合而成的材料
12	混凝土		1. 本图例指能承重的混凝土 2. 包括各种强度等级、骨料、添加剂的混凝土 3. 在剖面图上画出钢筋时,不画图例线 4. 断面图形小,不易画出图例线时,可涂黑
13	钢筋混凝土	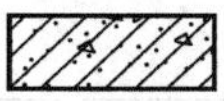	
14	多孔材料		包括水泥珍珠岩、沥青珍珠岩、泡沫混凝土、非承重加气混凝土、软木、蛭石制品等
15	纤维材料		包括矿棉、岩棉、玻璃棉、麻丝、木丝板、纤维板等
16	泡沫塑料材料	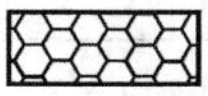	包括聚苯乙烯、聚乙烯、聚氨脂等多孔聚合物类材料
17	木材		(1)上图为横断面,左上图为垫木、木砖或木龙骨 (2)下图为纵断面
18	胶合板		应注明为×层胶合板
19	石膏板	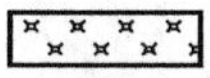	包括圆孔、方孔石膏板、防水石膏板硅钙板、防火板等
20	金属	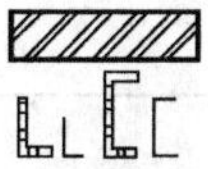	1. 包括各种金属 2. 图形小时,可涂黑
21	网状材料		1. 包括金属、塑料网状材料 2. 应注明具体材料名称
22	液体		应注明具体液体名称
23	玻璃		包括平板玻璃、磨砂玻璃、夹丝玻璃、钢化玻璃、中空玻璃、夹层玻璃、镀膜玻璃等
24	橡胶		
25	塑料		包括各种软、硬塑料及有机玻璃等
26	防水材料		构造层次多或比例大时,采用上面图例
27	粉刷		本图例采用较稀的点

注:序号 1、2、5、7、8、13、14、16、17、18 图例中的斜线、短斜线、交叉斜线等均为 45°。

计 划 单

<table>
<tr><td>学习领域</td><td colspan="3">土木工程构造与识图</td></tr>
<tr><td>学习情境</td><td>土木工程识图与制图</td><td>学 时</td><td>24</td></tr>
<tr><td>工作任务</td><td>建筑工程构造识图</td><td>学 时</td><td>8</td></tr>
<tr><td>计划方式</td><td colspan="3">小组讨论、团结协作共同制订计划</td></tr>
<tr><td>序 号</td><td colspan="2">实 施 步 骤</td><td>使用资源</td></tr>
<tr><td>1</td><td colspan="2"></td><td></td></tr>
<tr><td>2</td><td colspan="2"></td><td></td></tr>
<tr><td>3</td><td colspan="2"></td><td></td></tr>
<tr><td>4</td><td colspan="2"></td><td></td></tr>
<tr><td>5</td><td colspan="2"></td><td></td></tr>
<tr><td>6</td><td colspan="2"></td><td></td></tr>
<tr><td>7</td><td colspan="2"></td><td></td></tr>
<tr><td>8</td><td colspan="2"></td><td></td></tr>
<tr><td>9</td><td colspan="2"></td><td></td></tr>
<tr><td>10</td><td colspan="2"></td><td></td></tr>
<tr><td>制订计划说明</td><td colspan="3">（写出制订计划中人员为完成任务的主要建议或可以借鉴的建议、需要解释的某一方面）</td></tr>
<tr><td rowspan="3">计划评价</td><td>班 级</td><td>第 组</td><td>组长签字</td></tr>
<tr><td>教师签字</td><td colspan="2">日 期</td></tr>
<tr><td colspan="3">评语：</td></tr>
</table>

决　策　单

学习领域	土木工程构造与识图				
学习情境	土木工程识图与制图			学　　时	24
工作任务	建筑工程构造识图			学　　时	8
方 案 讨 论					
方案对比	组号	方案合理性	实施可操作性	实施难度	综合评价
	1				
	2				
	3				
	4				
	5				
	6				
	7				
	8				
	9				
	10				
方案评价	评语：				

班　　级		组长签字		教师签字		年　月　日

实 施 单

学习领域	土木工程构造与识图		
学习情境	土木工程识图与制图	学 时	24
工作任务	建筑工程构造识图	学 时	8
实施方式	小组成员合作，动手实践		
序 号	实 施 步 骤	使 用 资 源	
1			
2			
3			
4			
5			
6			
7			
8			

实施说明：

班 级		第 组	组长签字	
教师签字			日 期	
评 语				

作 业 单

<table>
<tr><td>学习领域</td><td colspan="4">土木工程构造与识图</td></tr>
<tr><td>学习情境</td><td colspan="2">土木工程识图与制图</td><td>学　时</td><td>24</td></tr>
<tr><td>工作任务</td><td colspan="2">建筑工程构造识图</td><td>学　时</td><td>8</td></tr>
<tr><td>作业方式</td><td colspan="4">资料查询，现场操作</td></tr>
<tr><td>1</td><td colspan="4">建筑物的高度或层数分类是怎样规定的？何谓民用建筑？何谓工业建筑？</td></tr>
<tr><td colspan="5"></td></tr>
<tr><td>2</td><td colspan="4">民用建筑构造由哪些构件组成？试述各构件的作用。</td></tr>
<tr><td colspan="5"></td></tr>
<tr><td>3</td><td colspan="4">什么是定位轴线？有哪些字母不能用于进行编号？</td></tr>
<tr><td colspan="5"></td></tr>
<tr><td>4</td><td colspan="4">如何理解建筑标准化及构件标准化？</td></tr>
<tr><td colspan="5"></td></tr>
<tr><td>班　　级</td><td></td><td>第　　组</td><td>组长签字</td><td></td></tr>
<tr><td>教师签字</td><td colspan="2"></td><td>日　　期</td><td></td></tr>
<tr><td>教师评分</td><td colspan="4"></td></tr>
</table>

检 查 单

学习领域	土木工程构造与识图			
学习情境	土木工程识图与制图		学 时	24
工作任务	建筑工程构造识图		学 时	8
序号	检查项目	检查标准	学生自查	教师检查
1				
2				
3				
4				
5				
6				
7				
8				
9				
10				
11				
12				
13				
14				
15				
检查评价	班 级		第 组	组长签字
	教师签字		日 期	
	评语：			

评价单

<table>
<tr><td>学习领域</td><td colspan="5">土木工程构造与识图</td></tr>
<tr><td>学习情境</td><td colspan="3">土木工程识图与制图</td><td>学　　时</td><td>24</td></tr>
<tr><td>工作任务</td><td colspan="3">建筑工程构造识图</td><td>学　　时</td><td>8</td></tr>
<tr><td>评价类别</td><td>项　　目</td><td>子项目</td><td>个人评价</td><td>组内自评</td><td>教师评价</td></tr>
<tr><td rowspan="7">专业能力</td><td rowspan="2">资讯
(10%)</td><td>搜集信息(5%)</td><td></td><td></td><td></td></tr>
<tr><td>引导问题回答(5%)</td><td></td><td></td><td></td></tr>
<tr><td>计划
(5%)</td><td></td><td></td><td></td><td></td></tr>
<tr><td>实施
(20%)</td><td></td><td></td><td></td><td></td></tr>
<tr><td>检查
(10%)</td><td></td><td></td><td></td><td></td></tr>
<tr><td>过程
(5%)</td><td></td><td></td><td></td><td></td></tr>
<tr><td>结果
(10%)</td><td></td><td></td><td></td><td></td></tr>
<tr><td rowspan="2">社会能力</td><td>团结协作
(10%)</td><td></td><td></td><td></td><td></td></tr>
<tr><td>敬业精神
(10%)</td><td></td><td></td><td></td><td></td></tr>
<tr><td rowspan="2">方法能力</td><td>计划能力
(10%)</td><td></td><td></td><td></td><td></td></tr>
<tr><td>决策能力
(10%)</td><td></td><td></td><td></td><td></td></tr>
<tr><td rowspan="3">评价评语</td><td>班　　级</td><td></td><td>姓　　名</td><td></td><td>学　　号</td><td></td><td>总　　评</td><td></td></tr>
<tr><td>教师签字</td><td></td><td>第　　组</td><td>组长签字</td><td></td><td></td><td>日　　期</td><td></td></tr>
<tr><td colspan="8"></td></tr>
</table>

教学反馈表(课后进行)

<table>
<tr><td>学习领域</td><td colspan="5">土木工程构造与识图</td></tr>
<tr><td>学习情境</td><td colspan="2">土木工程识图与制图</td><td>工作任务</td><td colspan="2">建筑工程构造识图</td></tr>
<tr><td>学　　时</td><td colspan="5">0.5</td></tr>
<tr><td>序　　号</td><td colspan="2">调查内容</td><td>是</td><td>否</td><td>理由陈述</td></tr>
<tr><td>1</td><td colspan="2">你是否喜欢这种上课方式?</td><td></td><td></td><td></td></tr>
<tr><td>2</td><td colspan="2">与传统教学方式比较你认为哪种方式学到的知识更适用?</td><td></td><td></td><td></td></tr>
<tr><td>3</td><td colspan="2">针对每个工作任务你是否学会了如何进行资讯?</td><td></td><td></td><td></td></tr>
<tr><td>4</td><td colspan="2">你对于计划和决策感到困难吗?</td><td></td><td></td><td></td></tr>
<tr><td>5</td><td colspan="2">你认为本工作任务对你将来的工作有帮助吗?</td><td></td><td></td><td></td></tr>
<tr><td>6</td><td colspan="2">通过本工作任务的学习,你学会建筑工程构造组成及制图标准了吗?在今后的实习或顶岗实习过程中遇到建筑工程构造识图常见问题你可以解决吗?</td><td></td><td></td><td></td></tr>
<tr><td>7</td><td colspan="2">通过几天来的工作和学习,你对自己的表现是否满意?</td><td></td><td></td><td></td></tr>
<tr><td>8</td><td colspan="2">你对小组成员之间的合作是否满意?</td><td></td><td></td><td></td></tr>
<tr><td>9</td><td colspan="2">你认为本学习情境还应学习哪些方面的内容?(请在下面空白处填写)</td><td></td><td></td><td></td></tr>
<tr><td colspan="6">你的意见对改进教学非常重要,请写出你的建议和意见:</td></tr>
<tr><td colspan="6">被调查人信息</td></tr>
<tr><td>专　　业</td><td>年　　级</td><td>班　　级</td><td colspan="2">姓　　名</td><td>日　　期</td></tr>
<tr><td></td><td></td><td></td><td colspan="2"></td><td></td></tr>
</table>

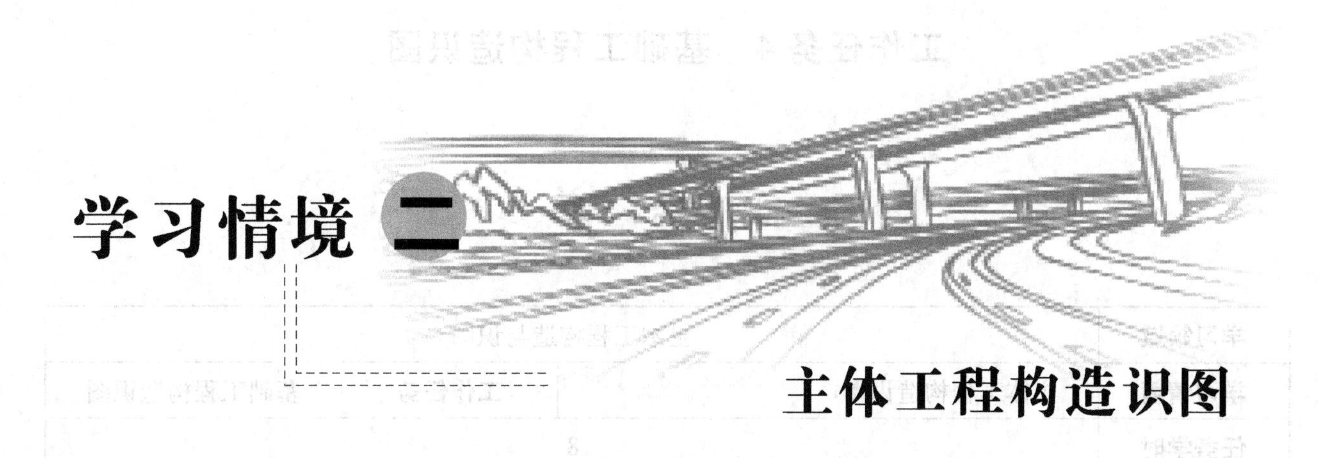

学习情境二

主体工程构造识图

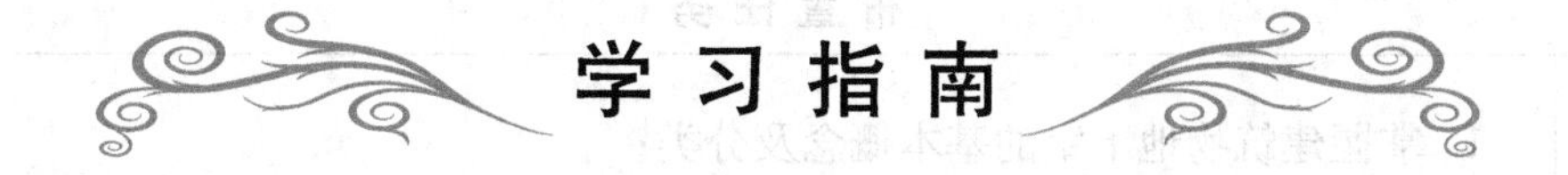

学习指南

学习目标

学生在教师的讲解和引导下,明确工作任务的目标和实施中的关键要素,掌握基础、墙体、楼地层和屋顶工程构造的基础知识,通过阅读工程图纸,掌握其识读内容与步骤,能够借助资料、工具、材料、方法完成“基础工程构造识图”“墙体工程构造识图”“楼层与地层构造识图”和“屋顶工程构造识图”四个工作任务,在学习过程中锻炼职业素质,树立严谨认真、吃苦耐劳、诚实守信的工作作风。

工作任务

1. 基础工程构造识图;
2. 墙体工程构造识图;
3. 楼层与地层构造识图;
4. 屋顶工程构造识图。

学习情境描述

根据工程施工图纸的识图特点,选取“基础工程构造识图”“墙体工程构造识图”“楼层与地层构造识图”和“屋顶工程构造识图”等四个工作任务作为载体,通过大量案例与图示,使学生掌握识图与制图技能。学习内容与组织如下:学习基础、地下室、墙体、楼地层、阳台、雨篷和屋顶等工程构造的基础知识,学习各构造节点的设计要求、构造要点、施工工艺、制图方法,并具备识读图纸的能力,然后通过阅读各专业的工程施工图纸,来完成主体工程构造的识图任务。

工作任务4 基础工程构造识图

任 务 单

<table>
<tr><td>学习领域</td><td colspan="6">土木工程构造与识图</td></tr>
<tr><td>学习情境</td><td colspan="2">主体工程构造识图</td><td colspan="2">工作任务</td><td colspan="2">基础工程构造识图</td></tr>
<tr><td>任务学时</td><td colspan="6">8</td></tr>
<tr><td colspan="7">布 置 任 务</td></tr>
<tr><td>工作目标</td><td colspan="6">1. 掌握建筑物地下室的基本概念及分类；
2. 掌握建筑物地下室的组成；
3. 学习《地下工程防水技术规范》的内容；
4. 学习地下室防潮与防水的构造；
5. 识读并绘制地下室刚性、柔性防水的构造图；
6. 掌握常用的建筑专业名词；
7. 掌握房屋建筑施工图的有关规定；
8. 能够在完成任务过程中锻炼职业素质，做到“严谨认真、吃苦耐劳、诚实守信”。</td></tr>
<tr><td>任务描述</td><td colspan="6">在识读工程图纸前，掌握基础工程构造组成、设计要求、构造要点和施工工艺。其工作如下：
1. 地基与基础；
2. 基础的类型和构造；
3. 地下室的组成与分类；
4. 地下室的构造。</td></tr>
<tr><td rowspan="2">学时安排</td><td>资 讯</td><td>计 划</td><td>决 策</td><td>实 施</td><td>检 查</td><td>评 价</td></tr>
<tr><td>3</td><td>0.5</td><td>0.5</td><td>3</td><td>0.5</td><td>0.5</td></tr>
<tr><td>提供资料</td><td colspan="6">1. 房屋建筑制图统一标准：GB/T 50001—2010；
2. 工程制图相关规范；
3. 造价员、技术员岗位技术相关标准。</td></tr>
<tr><td>对学生的要求</td><td colspan="6">1. 具备几何的基本知识；
2. 具备对建筑物的基本了解；
3. 具备对建筑制图工具使用的一般了解；
4. 具备一定的自学能力、数据计算能力、沟通协调能力、语言表达能力和团队意识；
5. 每位同学必须积极参与小组讨论；
6. 严格遵守课堂纪律和工作纪律，不迟到，不早退，不旷课；
7. 树立职业意识，按照企业的岗位职责要求自己。</td></tr>
</table>

资讯单

<table>
<tr><td>学习领域</td><td colspan="4">土木工程构造与识图</td></tr>
<tr><td>学习情境</td><td colspan="2">主体工程构造识图</td><td>工作任务</td><td>基础工程构造识图</td></tr>
<tr><td>资讯学时</td><td colspan="4">8</td></tr>
<tr><td>资讯方式</td><td colspan="4">1. 通过信息单、教材、互联网及图书馆查询完成任务资讯；
2. 通过咨询任课教师完成任务资讯。</td></tr>
<tr><td rowspan="15">资讯问题</td><td colspan="4">1. 什么是地基？分为哪几种类型？</td></tr>
<tr><td colspan="4">2. 什么是基础？分为哪几种类型？</td></tr>
<tr><td colspan="4">3. 简述基础与地基的关系。</td></tr>
<tr><td colspan="4">4. 什么是基础埋深？影响基础埋深的因素有哪些？</td></tr>
<tr><td colspan="4">5. 什么是端承桩和摩擦桩？</td></tr>
<tr><td colspan="4">6. 什么是柔性基础？什么是刚性基础？</td></tr>
<tr><td colspan="4">7. 什么是筏形基础？</td></tr>
<tr><td colspan="4">8. 什么是全地下室？什么是半地下室？它们是怎样区分的？</td></tr>
<tr><td colspan="4">9. 建筑物的地下室由哪些部分组成？地下室如何分类？</td></tr>
<tr><td colspan="4">10. 在什么条件下，地下室需做防潮构造？防水的构造如何？</td></tr>
<tr><td colspan="4">11. 地下室的防水构造有几种常用作法？</td></tr>
<tr><td colspan="4">12. 什么是地下室的外包防水和内包防水？</td></tr>
<tr><td colspan="4">13. 钢筋混凝土地下室防水的构造要求如何？</td></tr>
<tr><td colspan="4">14. 试画出地下室外包柔性防水构造。</td></tr>
<tr><td colspan="4">学生需要单独资讯的问题……</td></tr>
<tr><td>资讯要求</td><td colspan="4">1. 根据专业目标和任务描述正确理解完成任务需要的咨询内容；
2. 按照上述资讯内容进行咨询；
3. 写出资讯报告。</td></tr>
<tr><td rowspan="3">资讯评价</td><td>班　级</td><td></td><td>学生姓名</td><td></td></tr>
<tr><td>教师签字</td><td></td><td>日　期</td><td></td></tr>
<tr><td colspan="4"></td></tr>
</table>

4.1 地基与基础

4.1.1 有关概念

1. 基础

基础是建筑物的组成部分,是埋在地下的受力构件,承受它上部建筑物传递下来的所有荷载,并将该荷载连同自重传给地基。

2. 地基

地基是基础下面承受压力的土层。地基承受建筑物荷载而产生的应力和应变随着土层深度的增加而减小,在达到一定的深度以后就可以忽略不计。

3. 持力层

地基中直接承受建筑物荷载的土层称为持力层。

4. 下卧层

持力层以下的土层称为下卧层。

5. 地基与基础的关系

地基承受基础传来的压力,这个压力由上部结构到基础顶面的竖向力和基础自重以及基础上部土层组成,而全部荷载是通过基础的底面传给地基的,因而基础与地基是一对作用力与反作用力的关系。

地基与基础的构成如图 4.1 所示。

图 4.1 基础与地基的构成

4.1.2 地基的分类

地基按土层性质不同,分为天然地基和人工地基两大类。

1. 天然地基

天然地基指天然土层本身具有足够承载能力,不需事先经人加工改善或加固的土层,即可直接在其上面建造房屋。岩石、砂石、黏土、碎石等均可作天然地基。

2. 人工地基

人工地基指天然土层具有的承载力较弱,或虽然土层较好但上部荷载较大,须事先对其进行人工加固或改善的地基,以提高它的承载力。

4.1.3 对地基与基础的要求

1. 强度要求

地基的承载力应足以承受基础传来的压力。地基承受荷载的能力称为地基承载力,即地基单位面积所承受荷载的大小用 $f(\mathrm{kN/m^2})$ 表示,也可用单位 kPa。

基础应具有足够的强度和刚度,能够起到传递荷载的作用,才能保证建筑物的安全和正常使用。

2. 变形要求

地基的沉降量应保证在允许的沉降范围内,即有较小的压缩性。

基础是埋在地下的隐蔽工程,由于它在土中,对其检查、维修和加固都很困难,所以基础材料应具有耐久性,与上部建筑物的使用年限相适应。

3. 稳定性要求

要求地基具有防止滑坡、倾斜的能力。基础能够承受建筑物上部传来的荷载,并均匀地将该荷载传递给地基,这是建筑物安全使用的前提。

4. 经济方面的要求

基础工程的造价占建筑物总造价的10%~40%,地基应尽量采用天然地基,以达到经济效益。

要在坚固耐久、技术合理的前提下确定基础方案,基础材料应尽量就地取材,减少运输,以降低整个工程的造价。

4.1.4 常见的人工地基做法

1. 换土法

当地基土为淤泥、冲填土、杂填土及其他高压缩性土时,应采用换土法。换土所用材料选用中砂、粗砂、碎石或级配石等空隙大、压缩性低、无侵蚀性的材料,换土范围由计算确定。

2. 压实法

对于有一定含水量的地基土可以通过夯实、碾压和振动法将土层压实,提高其强度,降低其透水性和压缩性。

3. 化学加固法

化学加固法是指将化学溶液或胶粘剂灌入土中,使土胶结以提高地基强度、减少其沉降量或防渗的地基处理方法,具体有高压喷射注浆法、深层搅拌法、水泥土搅拌法等。

4. 深层密实法

采用一定技术方法,在振动或挤密过程中,回填砂、碎石、灰土、素土等形成相应的砂桩、碎石桩、灰土桩、土桩等与地基土形成复合地基。

4.1.5 基础的埋置深度及影响因素

1. 基础埋置深度

基础埋置深度是指建筑物从室外设计地坪到基础底面的垂直距离,简称埋深。室外地坪分自然地坪和设计地坪。自然地坪是指施工地段的现存地坪。设计地坪是指按设计要求工程竣工后室外场地经垫起或开挖后的地坪。

基础埋深的埋置深度,直接影响建筑物的工程造价、施工工期、施工技术措施。为了降低工程造价,且使构造简单,施工方便,在满足基础强度和变形要求的前提下,基础应尽量选用浅埋;只有在表层土质承载能力很弱、总荷载较大或其他特殊情况下,才选用深基础,故基础的埋深至少不能小于0.5 m。因为在0.5 m范围内,地基土是地表土,有植物的根、茎和易腐烂的物质,若将建筑物的基础坐落在此层,要保证建筑物的正常使用就有危险,如图4.2(a)所示。

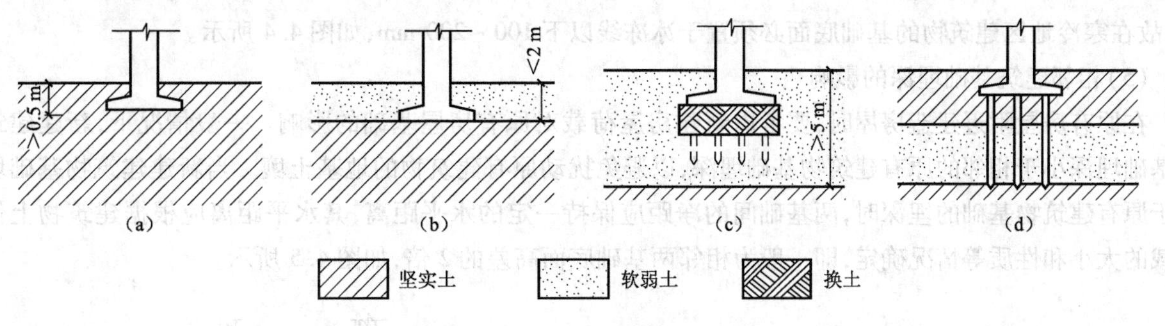

图4.2 地基土对基础埋深的影响

根据基础埋置深度的不同,基础分为浅基础和深基础。一般情况下,基础埋置深度≤5 m时称为浅基础,基础埋置深度>5 m时称为深基础。

2. 影响基础埋深的因素

(1)建筑物的使用性质和基础构造的影响

当建筑物设有地下室、设备基础和地下设施时,基础埋深要受地下室地面标高的影响,常须将建筑物基础的局部或整体埋深，构造要求基础顶面距室外设计地面不小于 100 mm。

(2)作用于建筑物上部荷载的大小及性质

作用于建筑物上的荷载(恒荷+活荷)最终要传给地基。其中恒荷较大，恒荷引起的建筑物的沉降量最大，故基础埋深也应较大。

(3)工程地质和水文地质条件的影响

一般情况下，基础应设置在坚实的持力层上，当地基表面软弱土层较厚时，且坚实土层离地面近(距地面<2 m)，土方开挖量不大，可挖去软弱土层，将基础埋在坚实土层上，如图 4.2(b)所示；若坚实土层很深(距地面>5 m)，可做地基加固处理，如图 4.2(c)所示；当地基土由坚实土层和软弱土层交替组成，建筑总荷载又较大时，可采用桩基础，如图 4.2(d)所示。无论采用深基础或人工地基哪种方案，都要综合考虑建筑物结构的安全，施工材料的用料和难易程度等，须做技术经济比较后确定。

水文地质条件：地基土的含水量大小对地基承载力影响很大，若地下水中含有侵蚀性物质，就会对基础产生腐蚀作用，所以基础应尽量埋置在地下水位以上，以利于施工，如图 4.3(a)所示。当基础必须埋置在地下水位以下时，应将基础底面置于最低地下水位之下，不应小于 200 mm 处，如图 4.3(b)所示。

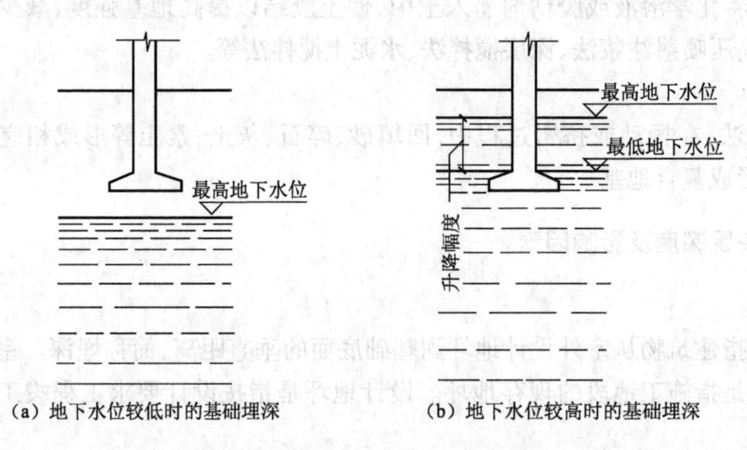

(a) 地下水位较低时的基础埋深　　(b) 地下水位较高时的基础埋深

图 4.3　地下水位对基础埋深的影响

(4)地基土的冻胀和融陷的影响

地面以下冻结土与非冻结土的分界线称为冰冻线，冰冻线的深度为冻结深度，主要由当地的气候决定。由于各地区气温不同，冻结深度也不同，如北京为 1.0 m，哈尔滨为 1.9 m，沈阳为 1.2 m。如果基础置于冰冻线以上，当土壤冻结时，冻胀力可将基础拱起，融化后基础又将下沉，这样的过程会使建筑产生裂缝和破坏，故在寒冷地区建筑物的基础底面必须置于冰冻线以下 100～200 mm，如图 4.4 所示。

(5)相邻建筑基础埋深的影响

在原有房屋附近建造房屋时，要考虑新建房屋荷载对原有房屋基础的影响。一般情况下，新建建筑物的基础埋深小于相邻的原有建筑物基础埋深，以避免扰动原有建筑物的地基土壤。当新建建筑物基础埋深大于原有建筑物基础的埋深时，两基础间的净距应保持一定的水平距离，其水平距离应根据建筑物上传来荷载的大小和性质等情况确定，即一般为相邻两基础底面高差的 2 倍，如图 4.5 所示。

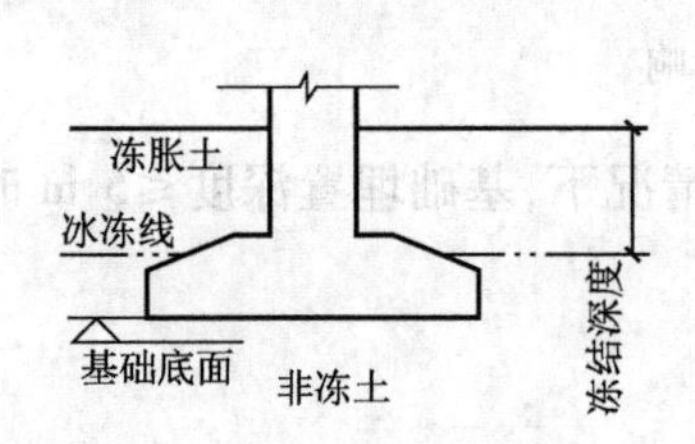

图 4.4　冻结深度对基础埋深的影响

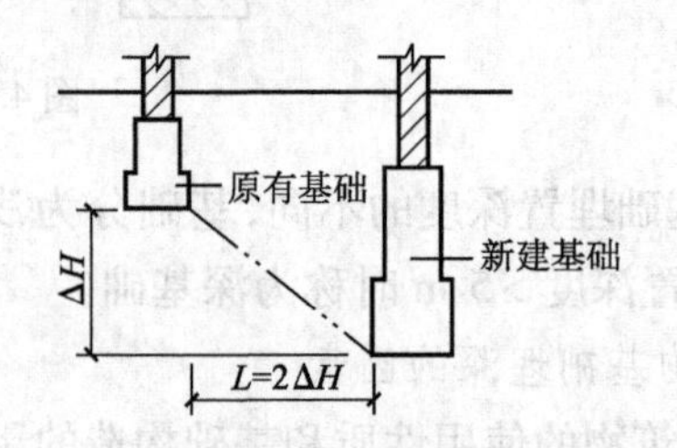

图 4.5　相邻新旧建筑物、构筑物基础埋深的影响

4.2　基础的类型和构造

4.2.1　基础的类型

1. 按基础构造的形式分

(1)条形基础

当建筑物为墙承重时,墙下基础是连续设置,由垫层、大放脚、基础墙组成。条形基础用于砖混结构墙下基础,如图4.6所示。

(2)独立基础

当建筑物上部采用框架结构或单层排架结构承重时,其基础常采用方形或矩形的单独基础,这种基础称为独立基础。独立基础是柱下基础基本形式,常用的断面形式有阶梯形、锥形、杯形等,如图4.7所示。

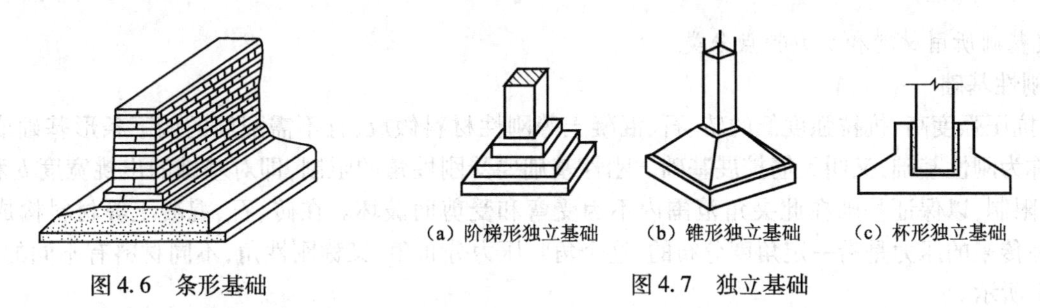
(a) 阶梯形独立基础　(b) 锥形独立基础　(c) 杯形独立基础

图4.6　条形基础　　图4.7　独立基础

(3)满堂基础

满堂基础包括筏形基础和箱形基础。

①筏形基础。当上部荷载较大,地基承载力较低时,可选用墙基础连成一片,使建筑物的荷载承受于一块板上,并将基础传来的荷载传给地基,这种基础形似筏子,称筏形基础。

筏形基础按结构形式可分为板式结构与梁板式结构两类。板式结构筏形基础由等厚的钢筋混凝土平板构成,在构造上如同倒置的无梁楼盖,为了满足抗冲切要求,常在柱下设柱托,柱托可设在板上或板下,当有地下室时柱托应设在板底,如图4.8(a)所示。梁板式筏形基础由钢筋混凝土筏板和肋梁组成,在构造上如同倒置的肋形楼盖,即增加了双向梁,构造较复杂,如图4.8(b)所示。

②箱形基础。当建筑物荷载很大,基础需深埋时,为增加建筑物的整体刚度,不致因地基的局部变形影响上部结构,常采用钢筋混凝土整浇的底板、顶板、若干纵横墙组成的空心箱体作为建筑物的基础,称为箱形基础,它适用于建筑物荷载较大的高层建筑和带地下室的建筑中,如图4.9所示。

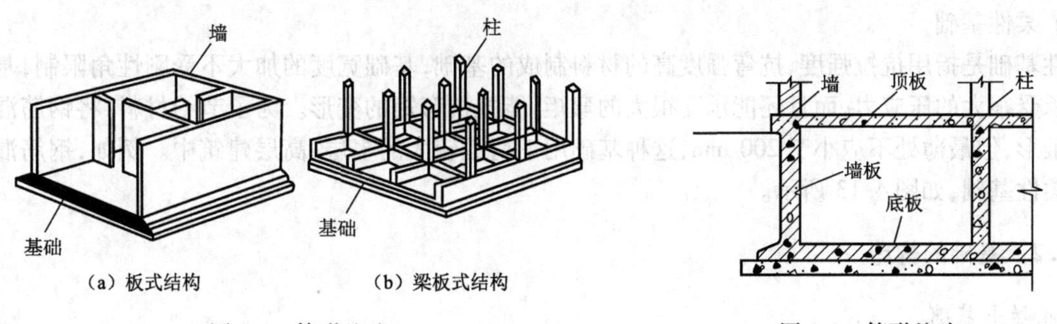

(a) 板式结构　(b) 梁板式结构

图4.8　筏形基础　　图4.9　箱形基础

(4)桩基础

当建筑物上部荷载较大,地基的软弱土层厚度在5 m以上,地基的承载力不能满足要求,对软弱土层做人工地基处理困难或不经济时,宜采用桩基础。桩基础由承台和桩身两部分组成。目前最常采用的是钢筋混凝土桩。根据施工方法不同,钢筋混凝土桩可分为预制桩、灌注桩和爆破桩。根据受力性能不同,钢筋混凝土桩可分为端承桩和摩擦桩等,如图4.10所示。

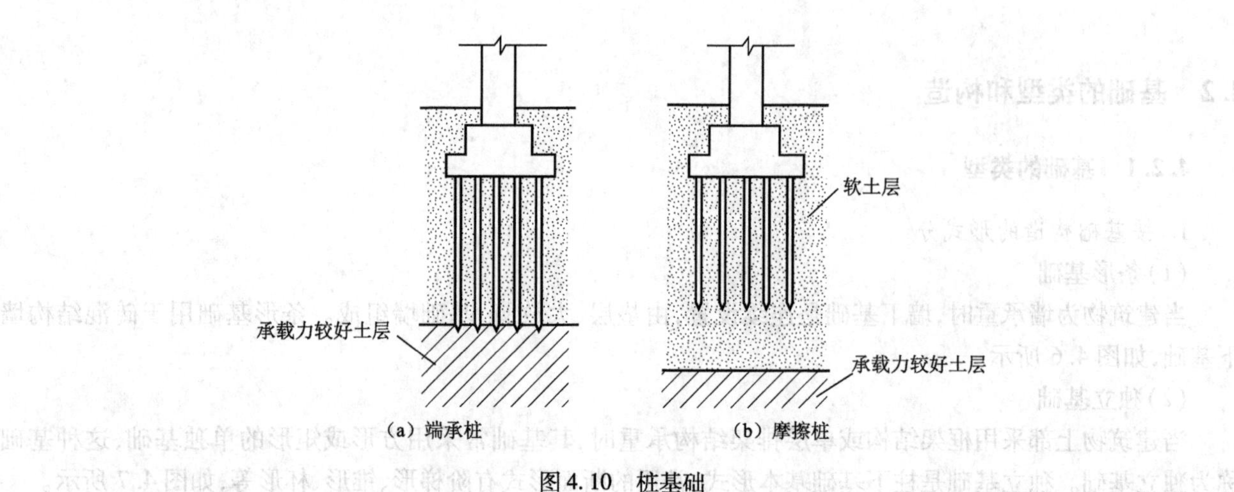

图 4.10 桩基础

2. 按基础所用材料和受力特点分类

(1)刚性基础

采用抗压强度高、抗拉强度低的砖、石、混凝土等刚性材料做成,且不需配筋的墙下条形基础或柱下独立基础,称为刚性基础,又叫无筋扩展基础。刚性基础要受刚性角的限制,即对基础的出挑宽度 b 和高度 h 之比进行限制,以保证基础在此夹角范围内不因受弯和受剪而破坏。在砖、石、混凝土等材料构成的基础中,墙或柱传来的压力是沿一定角度分布的,这个角叫压力分布角,又称刚性角,不同材料有不同的刚性角,如图 4.11 所示。

混凝土刚性基础如图 4.12 所示。

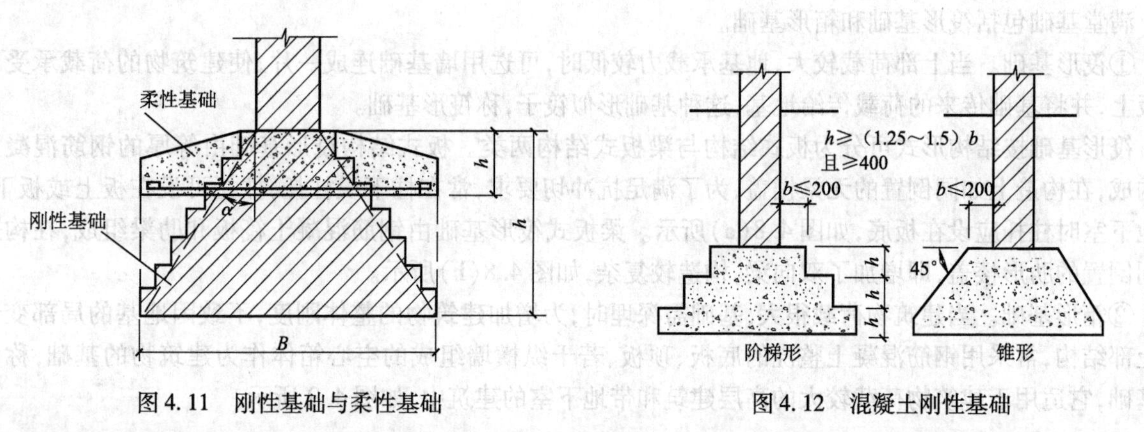

图 4.11 刚性基础与柔性基础　　图 4.12 混凝土刚性基础

(2) 柔性基础

柔性基础是指用抗拉强度、抗弯强度高的材料制成的基础,基础宽度的加大不受刚性角限制,基础底部不但能承受很大的压应力,而且还能承受很大的弯矩,能抵抗弯矩的变形。为了节约材料,将钢筋混凝土基础做成锥形,但最薄处不应小于 200 mm,这种基础用于荷载较大的多层、高层建筑中。例如,钢筋混凝土基础就是柔性基础,如图 4.13 所示。

4.2.2 基础的构造

1. 混凝土基础

混凝土基础多采用强度等级为 C7.5 或 C10 的混凝土浇筑而成,一般有锥形和台阶形两种形式,如图 4.14 所示。

混凝土基础的刚性角 α 为 45°,阶梯形断面台阶宽高比应小于 1∶1或 1∶1.5,锥形断面斜面与水平面夹角应大于 β45°。

混凝土基础底面应设置垫层,垫层的作用是找平和保护钢筋,常用 C7.5、C10 的混凝土,厚度为 100 mm。

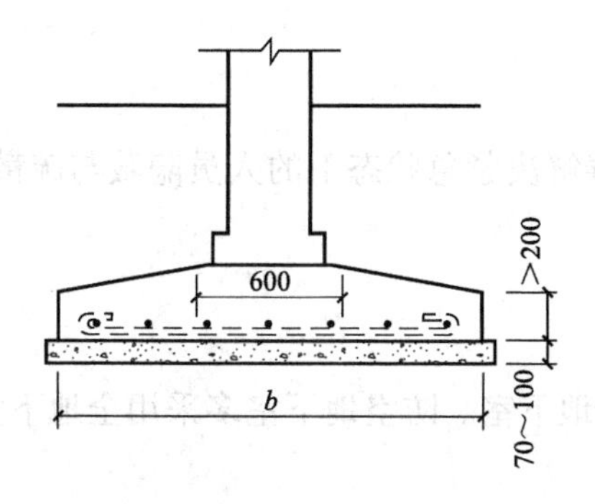

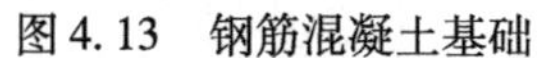

图 4.13 钢筋混凝土基础

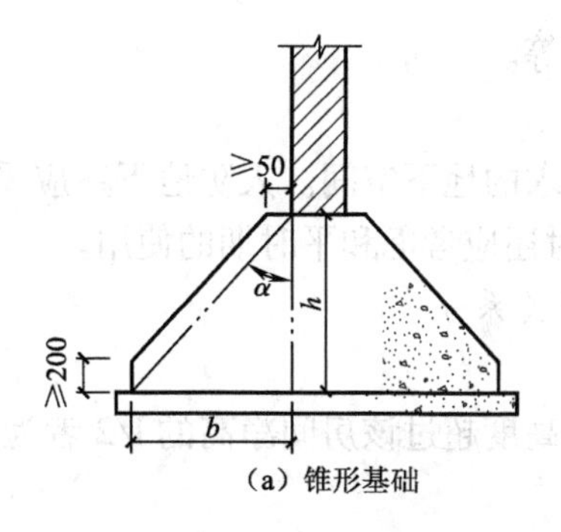

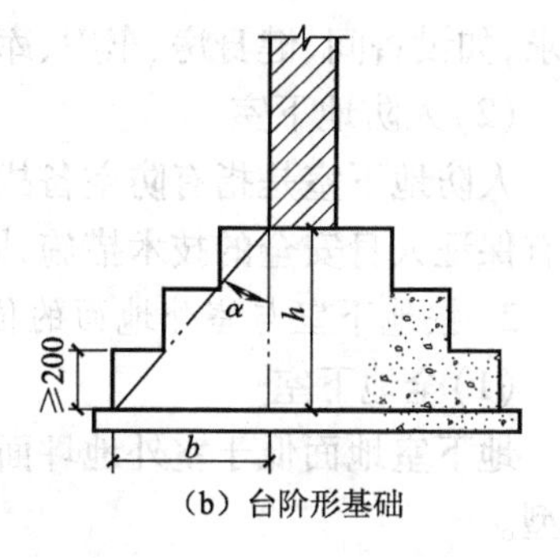

图 4.14 混凝土基础形式

2. 钢筋混凝土基础

钢筋混凝土基础的底板下均匀浇筑一层素混凝土作为垫层，目的是保证基础钢筋和地基之间有足够的距离，以免钢筋锈蚀。通常垫层采用 C10 的混凝土，厚度为 100 mm，垫层每边比底板宽 100 mm。钢筋混凝土基础由底板及基础墙（柱）组成，现浇底板是基础的主要受力结构构件，底板厚度和配筋均由结构计算确定，受力筋不得小于 ϕ8 mm，间距不大于 200 mm，分布筋不得小于 Φ 6@ 200 ~ 250 mm，基础高要大于等于 200 mm，底板厚 70 ~ 100 mm，混凝土的强度等级不宜低于 C15，基础底板的外形一般有锥形和阶梯形两种。

钢筋混凝土锥形基础底板边缘的厚度一般不小于 200 mm，也不宜大于 500 mm，如图 4.15 所示。

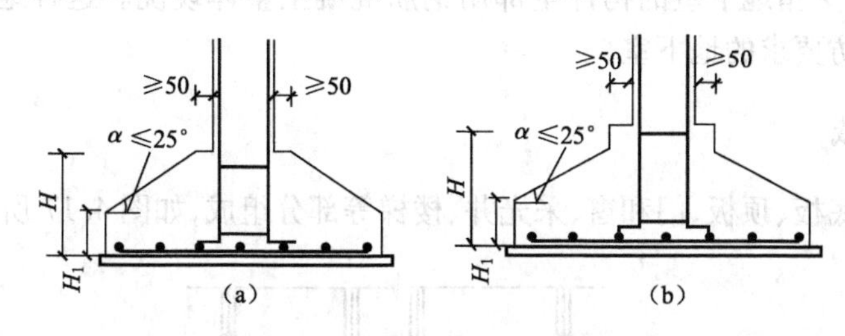

图 4.15 钢筋混凝土锥形基础

钢筋混凝土阶梯形基础每阶高度一般为 200 ~ 500 mm。当基础高度在 500 ~ 900 mm 时采用两阶，超过 900 mm 时用三阶，如图 4.16 所示。

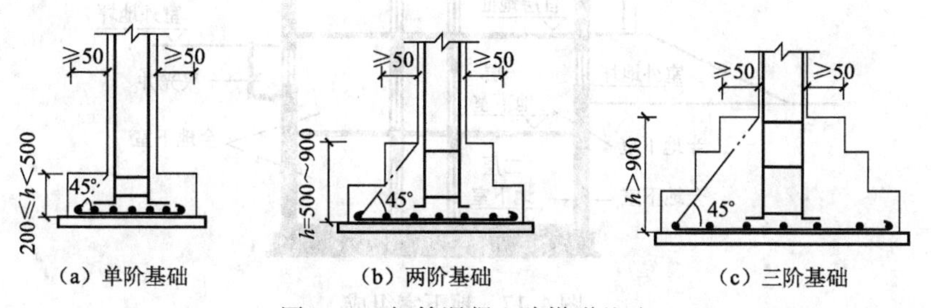

图 4.16 钢筋混凝土阶梯形基础

4.3 地下室构造

地下室是设在建筑物首层地面以下的使用空间。建造地下室不仅能够在有限的占地面积内增加使用空间，而且在高层建筑中，由于基础埋置较深，常利用这个深度建造地下室，提高建设用地的利用率，解决城市用地紧张的矛盾。

4.3.1 地下室的分类

1. 按使用功能分

(1)普通地下室

普通地下室是指普通的地下空间。普通地下室一般按地下楼层进行设计，可用以满足多种建筑功能的要求,如设备间、健身房、车库、库房等。

(2)人防地下室

人防地下室是指有防空备战要求的地下空间。人防地下室应妥善解决紧急状态下的人员隐蔽与疏散,应有保证人身安全的技术措施,同时还应考虑和平时期的使用。

2. 按地下室与室外地面的位置关系分

(1)全地下室

地下室地面低于室外地坪面的高度超过该房间净高的1/2者为全地下室。防空地下室多采用全地下室类型。

(2)半地下室

地下室地面低于室外地坪面的高度超过该房间净高的1/3且不超过1/2者为半地下室。半地下室一部分在地面以上,易于解决采光通风等问题,普通地下室多采用这种类型。

3. 按地下室所用的结构材料分

(1)砖墙结构地下室

砖墙结构地下室指地下室的墙体用砖来砌筑。这种地下室适用于上部荷载不大及地下水位较低的情况。

(2)钢筋混凝土结构地下室

钢筋混凝土结构地下室指地下室的构件全部用钢筋混凝土整体现浇。这种地下室适用于地下水位较高、上部荷载很大及有人防要求的地下室。

4.3.2 地下室的组成

地下室一般由墙体、底板、顶板、门和窗、采光井、楼梯等部分组成,如图4.17所示。

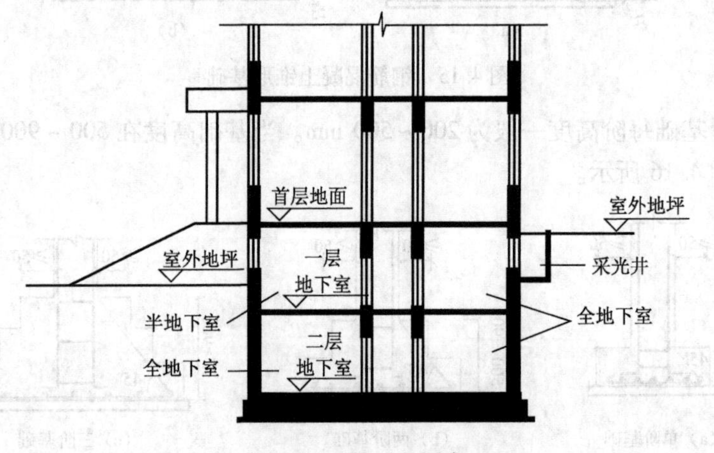

图4.17 地下室组成

1. 墙体

地下室的墙体不仅要承受上部的垂直荷载,还要承受土、地下水及土壤冻胀时产生的侧压力,所以地下室的墙体厚度应经计算确定。墙体材料应具有良好的防水、防潮性能,可采用现浇钢筋混凝土墙、混凝土墙、砖墙。

2. 底板

地下室的底板要承受作用于它上面的垂直荷载,且当地下水位高于地下室底板时,还要承受地下水的浮力,从而要求地下室底板应具有足够的强度、刚度和抗渗能力,故地下室底板常采用现浇钢筋混凝土板。

3. 顶板

地下室的顶板采用现浇或预制钢筋混凝土板。人防地下室的顶板,应具有足够的强度和抗冲击力,一般应为现浇板,或在预制板上浇筑一钢筋混凝土整体层,形成叠合板。人防地下室顶板的厚度、跨度、强度应按不同级别人防地下室的要求确定,且还在其上覆盖一定厚度的夯实土。

4. 门和窗

地下室的门窗与地上部分相同。防空地下室的门窗应满足密闭和防冲击的要求,一般采用钢门或钢筋混凝土门。

5. 采光井

当地下室的窗在地面以下时,为了增加开窗面积,达到采光和通风的目的,应在窗外设置采光井,一般每个窗设一个。

采光井由侧墙、底板、遮雨设施或防护篦子组成,侧墙一般为砖墙,井底板则由混凝土浇筑而成,如图4.18所示。

采光井的深度视地下室窗台的高度而定,一般采光井底板顶面应较窗台低,不小于300 mm,采光井在进深方向(宽)为1000 mm左右,在开间方向(长)应比窗宽大1000 mm左右,采光井侧墙顶面应比室外地面高,不小于500 mm,以防止地面水流入。

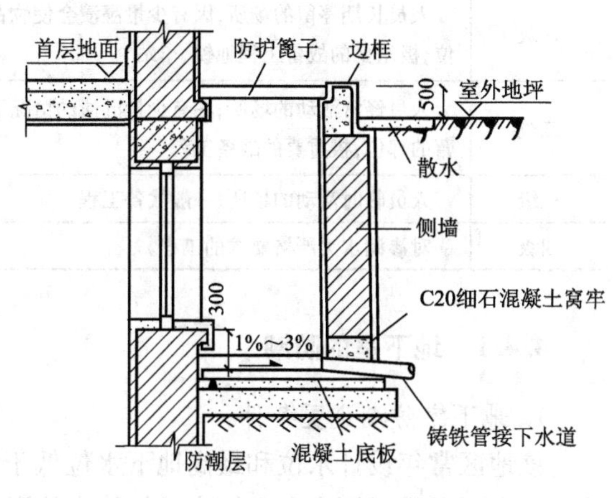

图4.18 地下室采光井的构造

6. 楼梯

地下室的楼梯可与建筑物首层地面部分结合设置。地下室部分至少应有两部楼梯通向地面,人防地下室也至少应有两个出入口通向地面,其中一个出入口必须是独立的安全出口,且安全出口与地面以上建筑物出入口的水平距离应符合防火规范的规定,一般不得小于地面建筑物高度的一半,以防止地面建筑物破坏坍落后将出口堵塞。

4.4 地下室的构造

地下室的外墙、地层在建筑物的使用中,会受到地下土层潮气甚至地下水的侵袭,致使建筑物室内潮湿,地面、墙面霉变、墙皮脱落,影响人体健康和建筑物的结构耐久性。因此做好建筑物的地下室防潮、防水构造设计尤为重要。目前我国颁发的《地下工程防水技术规范》(GB 50108—2008)把地下工程防水分为四级,见表4.1。

表4.1 地下工程防水标准

防水等级	标　准
一级	不允许渗水,结构表面无湿渍
二级	不允许漏水,结构表面可有少量湿渍 工业与民用建筑:总湿渍面积不应大于总防水面积(包括顶板、墙面、地面)的1/1 000;任意100 m^2 防水面积上的湿渍不超过2处,单个湿渍面积的最大面积不大于0.1 m^2; 其他地下工程:总湿渍面积不应大于总防水面积的2/1 000;任意100 m^2 防水面积上的湿渍不超过三处,单个湿渍面积的最大面积不大于0.2 m^2;其中,隧道工程还要求平均渗水量不大于0.05L/(m^2·d),任意100 m^2 防水面积的渗水量不大于0.15 L/(m^2·d)
三级	有少量漏水点,不得有线流和漏泥沙; 任意100 m^2 防水面积上的漏水或湿渍点不超过七处,单个漏水点的最大漏水量不大于2.5 L/d,单个湿渍的最大面积不大于0.3 m^2
四级	有漏水点,不得有线流和漏泥沙; 整个工程平均漏水量不大于2 L/(m^2·d);任意100 m^2 防水面积上的平均漏水量不大于4 L/(m^2·d)

目前我国地下工程防水常用做法有防水混凝土防水、水泥砂浆防水、卷材防水、涂料防水、塑料防水板防水、金属防水层等。选用何种防水材料,应根据地下室使用功能、结构形式、环境条件等因素合理确定。

一般处于侵蚀介质中的工程应采用耐侵蚀的防水混凝土、防水砂浆、卷材或涂料，结构刚度较差或受振动作用的工程应采用卷材、涂料等柔性防水材料。各地下工程的防水等级，应根据工程的重要性和使用中对防水的要求按表4.2选定。

表4.2 不同防水等级的适用范围

防水等级	适用范围
一级	人员长期停留的场所；因有少量湿渍会使物品变质、失效的贮物场所及严重影响设备正常运转和危及工程安全运营的部位；极重要的战备工程地铁、车站
二级	人员经常活动的场所；在有少量湿渍的情况下不会使物品变质、失效的贮物场所及基本不影响设备正常运转和工程安全运营的部位；极重要的战备工程
三级	人员临时活动的场所；一般战备工程
四级	对渗漏水无严格要求的工程

4.4.1 地下室的防潮

1. 地下室防潮设置条件

该地区常年设计水位和最高地下水位低于地下室地坪（底板顶面）时，地下室不受地下水的直接影响，墙体和底板只受无压水和土壤中毛细管水的影响，故地下室只需做防潮处理。

2. 地下室的防潮构造

首先地下室墙体要用1∶2.5水泥砂浆砌筑，而后在地下室墙体外表面抹20 mm厚1∶2.5防水砂浆，刷冷底子油一道或热沥青两道，并在地下室地坪与首层地坪间垂直的墙体上分别设两道墙体水平防潮层，地下室墙体的外侧四周要用黏土或灰土分层回填并夯实，地下室的底板也需做防潮处理。

墙为混凝土或钢筋混凝土结构时，本身就有防潮作用，不必再做防潮层；如地下室为砖砌体结构时，应做防潮层，通常做法是在墙身外侧抹防水砂浆并与墙基水平防潮层相连接，如图4.19所示。

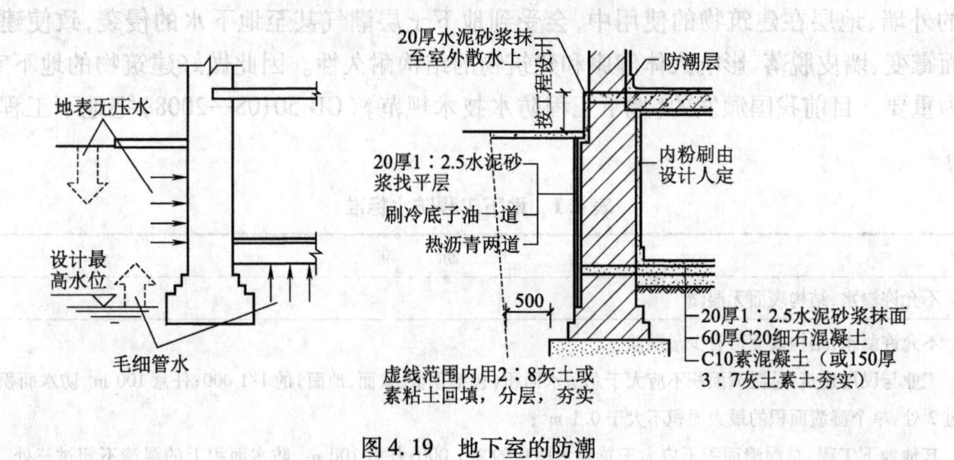

图4.19 地下室的防潮

3. 墙身防潮层

①原因：地下潮气对建筑物墙身的影响及土壤中毛细水的作用，沿墙上升使墙体受潮易生霉，容易影响人体健康，故设墙身防潮层。墙身防潮层分为水平防潮层、垂直防潮层两种。

②位置：水平防潮层位于 -0.06 m处，或在地下室底板的结构层中；垂直防潮层的位置在两道水平防潮层间的垂直墙面上。

③构造：

水平防潮层：高聚物改性沥青卷材，防水砂浆防潮层，细石混凝土防潮带。

垂直防潮层：在两道水平防潮层间的垂直墙面上在外墙外侧抹2 cm厚的1∶3水泥砂浆，刷冷底子油一道或热沥青两道。

4.4.2　地下室的防水

1. 地下室防水的设置条件

该地区常年设计最高地下水位高于地下室地坪(底板顶面)时,地下室的外墙、底板都被水侵袭,地下室墙体受到地下水侧压力影响,底板则受到地下水浮力的影响,故地下室须做防水处理,如图4.20(a)所示。

2. 地下室的防水构造

(1)卷材防水

卷材防水适用于受侵蚀性介质作用或受振动作用的地下室。卷材防水层用于建筑物地下室时应铺设在结构主体底板垫层至墙体顶端的基面上,在外围形成封闭的防水层,卷材防水常用的材料为高聚物改性沥青防水卷材或合成高分子防水卷材,可铺设一层或二层。铺贴卷材前,应在基面上涂刷基层处理剂,当基面较潮湿时,应涂刷湿固化型胶粘剂或潮湿界面隔离剂,基层处理剂应与卷材及胶粘剂的材性相容,铺贴高聚物改性沥青卷材应采用热熔法施工,铺贴合成高分子卷材采用冷粘法施工。

地下室外墙为红砖时,用柔性外包卷材防水。在外墙外侧用1:3水泥砂浆抹20 mm厚,粘高聚物改性沥青卷材铺至底板下,搭接10 cm,且收口室外散水处,在其外侧回填500 mm宽的隔水层,柔性内包卷材防水用于修缮工程,如图4.20(b)所示,外包卷材防水用于新建工程,如图4.20(c)所示。

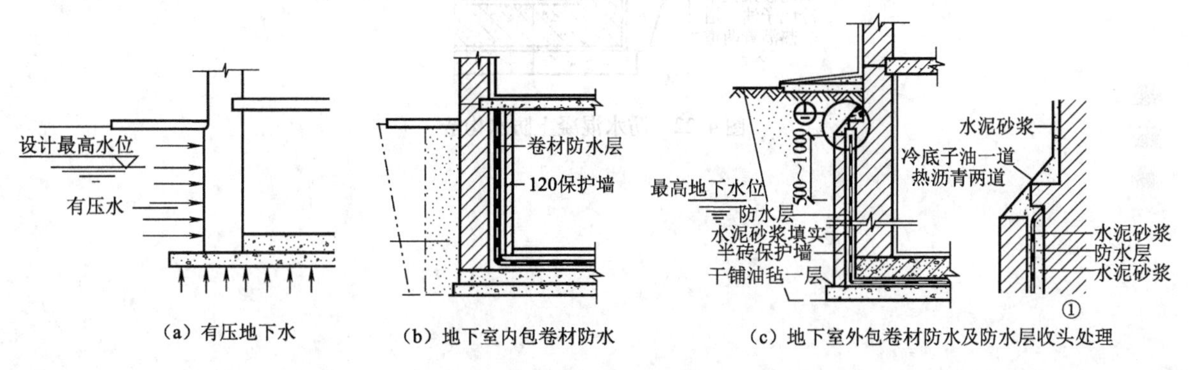

图4.20　卷材防水

地下室外墙为钢筋混凝土时,在其内加硅质密实剂,地下室底板为钢筋混凝土时,在其内加硅质密实剂,如图4.21所示。

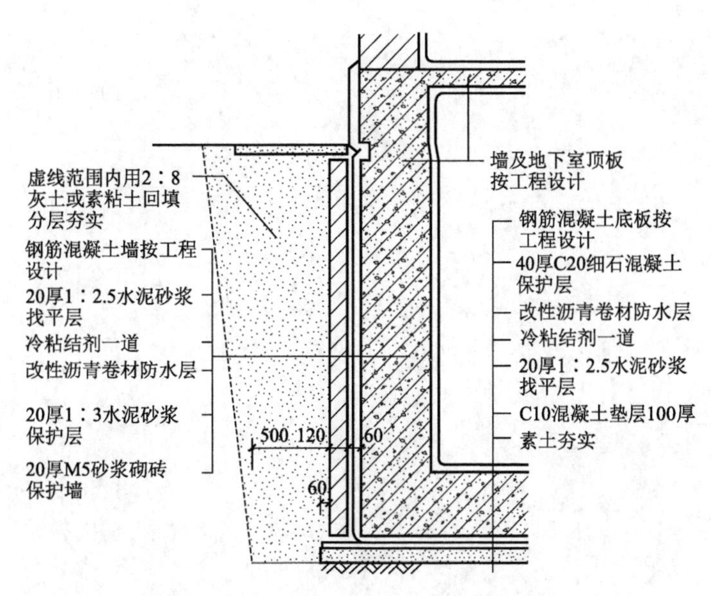

图4.21　地下室为钢筋混凝土墙外包防水

(2)刚性防水(防水混凝土防水)

当地下室的墙采用混凝土或钢筋混凝土结构时,可连同底板一同采用防水混凝土,使承重、围护、防水功能三者合一。防水混凝土墙和底板不能过薄,一般应≥250 mm,迎水面钢筋保护层厚度不应<50 mm,防水混凝土结构底板的混凝土垫层,强度等级不应<C15,厚度不应<100 mm,在软弱土层中不应<150 mm。当防水等级要求较高时,还应与其他防水层配合使用,如图4.22所示。

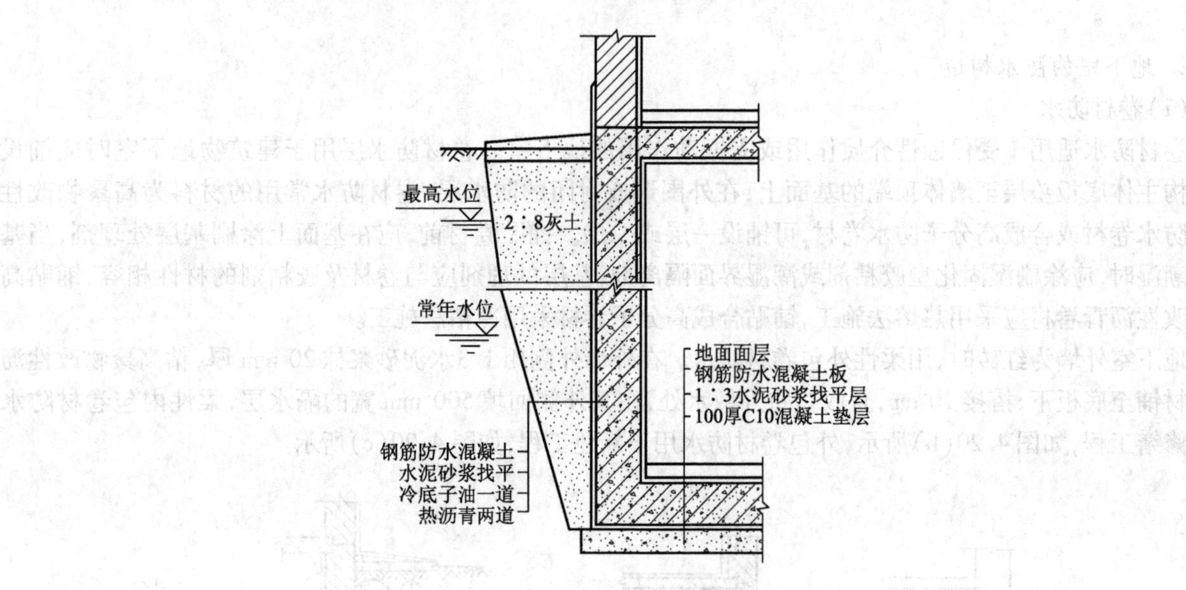

图4.22 防水混凝土防水构造

计 划 单

<table>
<tr><td>学习领域</td><td colspan="5">土木工程构造与识图</td></tr>
<tr><td>学习情境</td><td colspan="3">主体工程构造识图</td><td>学 时</td><td>32</td></tr>
<tr><td>工作任务</td><td colspan="3">基础工程构造识图</td><td>学 时</td><td>8</td></tr>
<tr><td>计划方式</td><td colspan="5">小组讨论、团结协作共同制订计划</td></tr>
<tr><td>序 号</td><td colspan="4">实 施 步 骤</td><td>使用资源</td></tr>
<tr><td>1</td><td colspan="4"></td><td></td></tr>
<tr><td>2</td><td colspan="4"></td><td></td></tr>
<tr><td>3</td><td colspan="4"></td><td></td></tr>
<tr><td>4</td><td colspan="4"></td><td></td></tr>
<tr><td>5</td><td colspan="4"></td><td></td></tr>
<tr><td>6</td><td colspan="4"></td><td></td></tr>
<tr><td>7</td><td colspan="4"></td><td></td></tr>
<tr><td>8</td><td colspan="4"></td><td></td></tr>
<tr><td>9</td><td colspan="4"></td><td></td></tr>
<tr><td>10</td><td colspan="4"></td><td></td></tr>
<tr><td>制订计划说明</td><td colspan="5">（写出制订计划中人员为完成任务的主要建议或可以借鉴的建议、需要解释的某一方面）</td></tr>
<tr><td rowspan="3">计划评价</td><td>班 级</td><td></td><td>第 组</td><td>组长签字</td><td></td></tr>
<tr><td>教师签字</td><td colspan="2"></td><td>日 期</td><td></td></tr>
<tr><td colspan="5">评语：</td></tr>
</table>

决 策 单

<table>
<tr><td>学习领域</td><td colspan="5">土木工程构造与识图</td></tr>
<tr><td>学习情境</td><td colspan="3">主体工程构造识图</td><td>学 时</td><td>32</td></tr>
<tr><td>工作任务</td><td colspan="3">基础工程构造识图</td><td>学 时</td><td>8</td></tr>
<tr><td colspan="6">方 案 讨 论</td></tr>
<tr><td rowspan="11">方案对比</td><td>组 号</td><td>方案合理性</td><td>实施可操作性</td><td>实施难度</td><td>综合评价</td></tr>
<tr><td>1</td><td></td><td></td><td></td><td></td></tr>
<tr><td>2</td><td></td><td></td><td></td><td></td></tr>
<tr><td>3</td><td></td><td></td><td></td><td></td></tr>
<tr><td>4</td><td></td><td></td><td></td><td></td></tr>
<tr><td>5</td><td></td><td></td><td></td><td></td></tr>
<tr><td>6</td><td></td><td></td><td></td><td></td></tr>
<tr><td>7</td><td></td><td></td><td></td><td></td></tr>
<tr><td>8</td><td></td><td></td><td></td><td></td></tr>
<tr><td>9</td><td></td><td></td><td></td><td></td></tr>
<tr><td>10</td><td></td><td></td><td></td><td></td></tr>
<tr><td>方案评价</td><td colspan="5">评语：</td></tr>
</table>

<table>
<tr><td>班 级</td><td></td><td>组长签字</td><td></td><td>教师签字</td><td></td><td>年 月 日</td></tr>
</table>

实 施 单

<table>
<tr><td>学习领域</td><td colspan="4">土木工程构造与识图</td></tr>
<tr><td>学习情境</td><td colspan="2">主体工程构造识图</td><td>学 时</td><td>32</td></tr>
<tr><td>工作任务</td><td colspan="2">基础工程构造识图</td><td>学 时</td><td>8</td></tr>
<tr><td>实施方式</td><td colspan="4">小组成员合作，动手实践</td></tr>
<tr><td>序 号</td><td colspan="2">实 施 步 骤</td><td colspan="2">使 用 资 源</td></tr>
<tr><td>1</td><td colspan="2"></td><td colspan="2"></td></tr>
<tr><td>2</td><td colspan="2"></td><td colspan="2"></td></tr>
<tr><td>3</td><td colspan="2"></td><td colspan="2"></td></tr>
<tr><td>4</td><td colspan="2"></td><td colspan="2"></td></tr>
<tr><td>5</td><td colspan="2"></td><td colspan="2"></td></tr>
<tr><td>6</td><td colspan="2"></td><td colspan="2"></td></tr>
<tr><td>7</td><td colspan="2"></td><td colspan="2"></td></tr>
<tr><td>8</td><td colspan="2"></td><td colspan="2"></td></tr>
<tr><td colspan="5">实施说明：</td></tr>
<tr><td>班 级</td><td></td><td>第 组</td><td>组长签字</td><td></td></tr>
<tr><td>教师签字</td><td colspan="2"></td><td>日 期</td><td></td></tr>
<tr><td>评 语</td><td colspan="4"></td></tr>
</table>

作 业 单

学习领域	土木工程构造与识图		
学习情境	主体工程构造识图	学 时	32
工作任务	基础工程构造识图	学 时	8
作业方式	资料查询,现场操作		
1	什么是基础埋深？影响基础埋深的因素有哪些？		
2	什么是端承桩和摩擦桩？		
3	什么是全地下室？什么是半地下室？它们是怎样区分的？		
4	试画出地下室外包柔性防水构造。		

班 级		第 组	组长签字	
教师签字			日 期	
教师评分				

检　查　单

<table>
<tr><td>学习领域</td><td colspan="5">土木工程构造与识图</td></tr>
<tr><td>学习情境</td><td colspan="3">主体工程构造识图</td><td>学　　时</td><td>32</td></tr>
<tr><td>工作任务</td><td colspan="3">基础工程构造识图</td><td>学　　时</td><td>8</td></tr>
<tr><td>序　　号</td><td>检查项目</td><td colspan="2">检查标准</td><td>学生自查</td><td>教师检查</td></tr>
<tr><td>1</td><td></td><td colspan="2"></td><td></td><td></td></tr>
<tr><td>2</td><td></td><td colspan="2"></td><td></td><td></td></tr>
<tr><td>3</td><td></td><td colspan="2"></td><td></td><td></td></tr>
<tr><td>4</td><td></td><td colspan="2"></td><td></td><td></td></tr>
<tr><td>5</td><td></td><td colspan="2"></td><td></td><td></td></tr>
<tr><td>6</td><td></td><td colspan="2"></td><td></td><td></td></tr>
<tr><td>7</td><td></td><td colspan="2"></td><td></td><td></td></tr>
<tr><td>8</td><td></td><td colspan="2"></td><td></td><td></td></tr>
<tr><td>9</td><td></td><td colspan="2"></td><td></td><td></td></tr>
<tr><td>10</td><td></td><td colspan="2"></td><td></td><td></td></tr>
<tr><td rowspan="3">检查评价</td><td>班　　级</td><td colspan="2"></td><td>第　　组</td><td>组长签字</td></tr>
<tr><td>教师签字</td><td colspan="2"></td><td>日　　期</td><td></td></tr>
<tr><td colspan="5">评语：</td></tr>
</table>

评　价　单

学习领域	土木工程构造与识图				
学习情境	主体工程构造识图			学　　时	32
工作任务	基础工程构造识图			学　　时	8
评价类别	项　　目	子项目	个人评价	组内自评	教师评价
专业能力	资讯（10%）	搜集信息（5%）			
		引导问题回答（5%）			
	计划（5%）				
	实施（20%）				
	检查（10%）				
	过程（5%）				
	结果（10%）				
社会能力	团结协作（10%）				
	敬业精神（10%）				
方法能力	计划能力（10%）				
	决策能力（10%）				

<table>
<tr><td rowspan="3">评价评语</td><td>班　　级</td><td></td><td>姓　　名</td><td></td><td>学　　号</td><td></td><td>总　　评</td><td></td></tr>
<tr><td>教师签字</td><td></td><td>第　　组</td><td>组长签字</td><td colspan="2"></td><td>日　　期</td><td></td></tr>
<tr><td colspan="8"></td></tr>
</table>

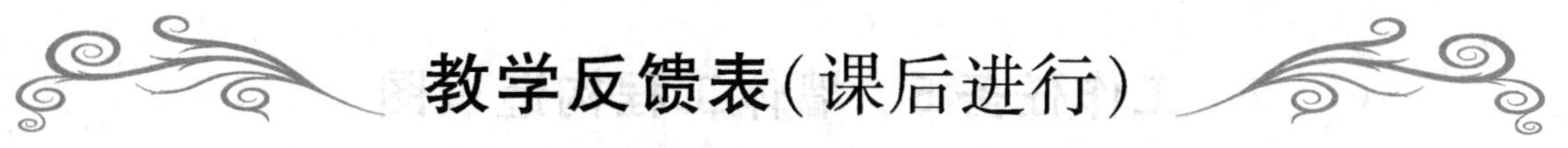

教学反馈表(课后进行)

学习领域	土木工程构造与识图				
学习情境	主体工程构造识图	工作任务		基础工程构造识图	
学　　时	0.5				
序　　号	调 查 内 容	是	否	理由陈述	
1	你是否喜欢这种上课方式?				
2	与传统教学方式比较你认为哪种方式学到的知识更适用?				
3	针对每个工作任务你是否学会了如何进行资讯?				
4	你对于计划和决策感到困难吗?				
5	你认为本工作任务对你将来的工作有帮助吗?				
6	通过本工作任务的学习,你学会基础工程构造识图了吗?在今后的实习或顶岗实习过程中遇到基础工程构造识图常见问题你可以解决吗?				
7	通过几天来的工作和学习,你对自己的表现是否满意?				
8	你对小组成员之间的合作是否满意?				
9	你认为本学习情境还应学习哪些方面的内容?(请在下面空白处填写)				

你的意见对改进教学非常重要,请写出你的建议和意见:

被调查人信息

专　　业	年　　级	班　　级	姓　　名	日　　期

工作任务5 墙体工程构造识图

<table>
<tr><td>学习领域</td><td colspan="6">土木工程构造与识图</td></tr>
<tr><td>学习情境</td><td colspan="3">主体工程构造识图</td><td colspan="2">工作任务</td><td>墙体工程构造识图</td></tr>
<tr><td>任务学时</td><td colspan="6">10</td></tr>
<tr><td colspan="7">布置任务</td></tr>
<tr><td>工作目标</td><td colspan="6">1. 掌握墙体的基本知识;
2. 学习墙体的构造;
3. 学会对墙面进行各种装修的方法;
4. 掌握识读墙体构造图的方法;
5. 绘制墙体的构造图;
6. 掌握墙体细部构造与节能复合墙体的构造;
7. 掌握房屋建筑施工图的有关规定;
8. 能够在完成任务过程中锻炼职业素质,做到“严谨认真、吃苦耐劳、诚实守信”。</td></tr>
<tr><td>任务描述</td><td colspan="6">在识读工程图纸前,掌握墙体工程构造组成、设计要求、构造要点和施工工艺。其工作如下:
1. 墙体的类型和设计要求;
2. 砖墙构造;
3. 砌块墙构造;
4. 节能复合墙体的构造;
5. 墙体细部构造;
6. 隔墙构造。</td></tr>
<tr><td rowspan="2">学时安排</td><td>资 讯</td><td>计 划</td><td>决 策</td><td>实 施</td><td>检 查</td><td>评 价</td></tr>
<tr><td>4</td><td>0.5</td><td>0.5</td><td>4</td><td>0.5</td><td>0.5</td></tr>
<tr><td>提供资料</td><td colspan="6">1. 房屋建筑制图统一标准:GB/T 50001—2010;
2. 工程制图相关规范;
3. 造价员、技术员岗位技术相关标准。</td></tr>
<tr><td>对学生的要求</td><td colspan="6">1. 具备几何的基本知识;
2. 具备对建筑物的基本了解;
3. 具备对建筑制图工具使用的一般了解;
4. 具备一定的自学能力、数据计算能力、沟通协调能力、语言表达能力和团队意识;
5. 每位同学必须积极参与小组讨论;
6. 严格遵守课堂纪律和工作纪律,不迟到,不早退,不旷课;
7. 树立职业意识,按照企业的岗位职责要求自己。</td></tr>
</table>

资讯单

<table>
<tr><td>学习领域</td><td colspan="4">土木工程构造与识图</td></tr>
<tr><td>学习情境</td><td colspan="2">主体工程构造识图</td><td>工作任务</td><td>墙体工程构造识图</td></tr>
<tr><td>资讯学时</td><td colspan="4">10</td></tr>
<tr><td>资讯方式</td><td colspan="4">1. 通过信息单、教材、互联网及图书馆查询完成任务资讯；
2. 通过咨询任课教师完成任务资讯。</td></tr>
<tr><td rowspan="15">资讯问题</td><td colspan="4">1. 简述墙体按构造、按位置和方向、按施工方法的分类。</td></tr>
<tr><td colspan="4">2. 墙体设计应满足哪些要求？</td></tr>
<tr><td colspan="4">3. 在砖混结构中，墙体的承重方案有几种？各种方案有何特点？</td></tr>
<tr><td colspan="4">4. 为何要设墙身防潮层？其设置的位置如何？绘图说明水平、垂直防潮层的构造。</td></tr>
<tr><td colspan="4">5. 勒脚有何作用？其构造有哪些？</td></tr>
<tr><td colspan="4">6. 砖混结构是如何防震的？具体措施有哪些？</td></tr>
<tr><td colspan="4">7. 简述节能复合墙体的构造。</td></tr>
<tr><td colspan="4">8. 简述在砌块墙体中芯柱的概念、设置位置、作用，以及构造。</td></tr>
<tr><td colspan="4">9. 什么是过梁？常见过梁有几种？过梁有何作用？</td></tr>
<tr><td colspan="4">10. 在砌块墙体中，为何要设置拉结钢筋？</td></tr>
<tr><td colspan="4">11. 简述常见隔墙的种类、特点及构造。</td></tr>
<tr><td colspan="4">12. 怎样防止冷桥效应？</td></tr>
<tr><td colspan="4">13. 砖混结构的构造柱截面最小为多少？简述具体构造措施。</td></tr>
<tr><td colspan="4">14. 绘制 EPS 板薄抹灰外墙外保温墙体。</td></tr>
<tr><td colspan="4">学生需要单独资讯的问题……</td></tr>
<tr><td>资讯要求</td><td colspan="4">1. 根据专业目标和任务描述正确理解完成任务需要的咨询内容；
2. 按照上述资讯内容进行咨询；
3. 写出资讯报告。</td></tr>
<tr><td rowspan="3">资讯评价</td><td>班　级</td><td></td><td>学生姓名</td><td></td></tr>
<tr><td>教师签字</td><td></td><td>日　期</td><td></td></tr>
<tr><td colspan="4"></td></tr>
</table>

信 息 单

5.1 墙体的类型和设计要求

5.1.1 墙体的类型

1. 按墙体所用的材料分类

墙体所用材料很多,主要有用砖和砂浆砌筑的砖墙,用石块和砂浆砌筑的石墙,用土坯和黏土砂浆砌筑的土墙,用混凝土和钢筋制成的现浇或预制的钢筋混凝土墙,利用工业废料制作的各种砌块砌筑的砌块墙。

2. 按墙体所处的位置和方向分类

墙体按所处位置不同,可分为外墙和内墙,位于建筑物四周的墙称为外墙,其作用是承重或围护建筑空间;位于建筑物内部空间的墙称为内墙,其作用是分隔建筑空间。按墙体的方向不同可分为纵墙和横墙,沿建筑物长轴方向(纵向)布置的墙称为纵墙,分为外纵墙、内纵墙;沿建筑物短轴方向(横向)布置的墙称为横墙,分为外横墙和内横墙。外横墙位于首尾两端的称为山墙。在同一道墙中,窗与窗之间、窗与门之间的墙称为窗间墙,窗台下面的墙称为窗下墙。各位置墙体的名称如图 5.1 所示。

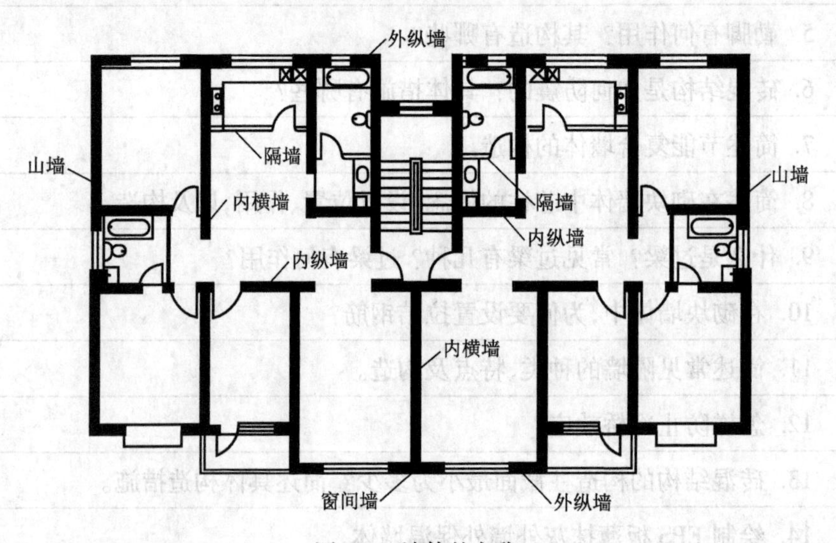

图 5.1 墙体的名称

3. 按墙体受力情况分类

墙体按受力不同分为承重墙和非承重墙。凡能够直接承担楼板和屋面板传来荷载的墙为承重墙;不承受外来荷载的墙称为非承重墙。非承重墙又分为自承重墙、隔墙、填充墙、幕墙。自承重墙仅承担自身重量并将其传给基础;隔墙起分隔房间的作用,自身重量由楼板或梁承担;框架结构中,填充在柱子之间的墙称为框架填充墙。悬挂在建筑物外部的轻质墙称为幕墙,包括金属幕墙、玻璃幕墙等。

4. 按构造方式分类

墙体按构造方式不同分为实体墙、空体墙、复合墙。实体墙是由一种材料构成的实心墙体,即由普通砖墙、砌块墙等砌筑而成的实心墙体;空体墙是由一种材料构成且形成空腔的墙体,即空斗墙或空气间层墙体;复合墙是由两种或两种以上的材料组合而成的墙体,即 EPS 板外墙保温墙。

5. 按施工方法分类

墙体根据施工方式不同分为叠砌墙、板筑墙、板材墙三种。叠砌墙是用砂浆等胶结材料将砖、石、混凝土砌块等砌筑而成的墙体,如实心砖墙;板筑墙是在施工现场支模板,在模板内浇筑混凝土振捣密实而成的墙体,如现浇钢筋混凝土墙;板材墙是在工厂预先制成墙板,在施工现场将墙板进行机械化安装而成的墙体,如轻质条板墙。

5.1.2 墙体的设计要求

1. 墙体应具有足够的强度和稳定性

墙体的强度是指墙体承受荷载的能力,它与构成墙体的材料、材料的强度等级以及墙体的截面积有关。如钢筋混凝土墙体比同截面的砖墙强度高,强度等级高的砖砌筑的墙体比强度等级低的砖砌筑的墙体强度高,相同材料、相同强度等级的墙体截面积大的墙体强度高。墙体是受压构件,除具有足够的强度保证结构安全外,还必须保证其稳定性。墙体高厚比的验算是保证砌体结构在施工阶段和使用阶段稳定性的重要措施。墙体高厚比是指墙体计算高度与墙厚的比值,高厚比越大,则墙体稳定性越差;反之,则稳定性越好。

2. 墙体应具有保温、隔热的性能

(1)墙体的保温

外墙是建筑围护结构的主体,其热工性能会对建筑的使用及能耗带来直接的影响。人类对能源消耗极为重视,建筑节能已成为衡量建筑综合性能的一项重要指标。

按照《民用建筑热工设计规范》GB 50176—1993 的规定,我国划分为五个建筑热工分区。

①严寒地区:最冷月平均温度小于等于 -10 ℃的地区,必须充分考虑冬季保暖要求,一般可不考虑夏季防热。

②寒冷地区:最冷月平均温度在 0 ~ -10 ℃的地区,应满足冬季保温要求,部分地区兼顾夏季防热。

③夏热冬冷地区:最冷月平均温度 0 ~ -10 ℃,最热月平均温度 25 ~30 ℃的地区,必须满足夏季防热要求,适当兼顾冬季保温。

④夏热冬暖地区:最冷月平均温度大于 10 ℃,最热月平均温度 25 ~29 ℃的地区,必须充分满足夏季防热要求,一般可不考虑冬季保暖。

⑤温和地区:最冷月平均温度 0 ~13 ℃,最热月平均温度 18 ~25 ℃的地区,温和地区的部分地区应考虑冬季保暖,一般不考虑夏季防热。

北方寒冷地区要求外墙围护结构具有较好的保温能力,在采暖期尽量减少热量损失,降低能耗,以减少室内热损失,防止墙面结露和产生冷凝水,因此应合理选择墙体材料,确定墙体厚度。

提高墙体保温性能的途径:

①增加墙体厚度,选择热导率小的材料。墙体热阻与墙体厚度成正比关系,增加墙体厚度可以提高热阻,从而提高墙体保温性能,但是墙体加厚会增加围护构件的自重,费料且减少建筑有效面积不经济;行之有效的措施是选用热导率小的墙体材料,如加气混凝土砌块墙、陶粒混凝土砌块墙等。

②选用复合保温墙体。利用不同性能的材料组合成既能承重又可保温的复合墙体,在这种墙体中,轻质材料(如 EPS 板)起保温作用,强度高的混凝土材料起承重作用,如图 5.2 所示。

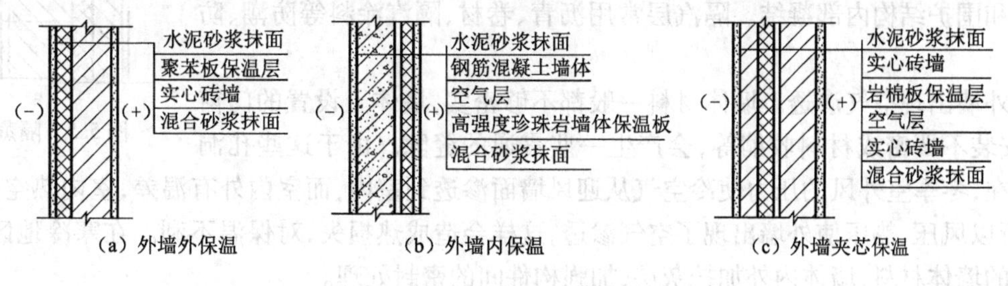

图 5.2 复合墙体

在复合保温墙体中,从保温性能考虑,保温材料应设在围护结构低温一侧,这样既可以充分发挥保温材料的作用,又可以保护结构层,延长结构构件的寿命,也可以减少保温材料内部产生水蒸气的可能性。然而如果保温层放在外墙外侧(室外低温一侧),因保温层一般不防水,故在外墙外侧必须加保护层,否则容易破损丧失保温效果。对于公共建筑剧院、体育馆,需要间歇临时供热,要求室温很快上升到所需标准,保温材料应放在外墙的内侧。

③热桥部位的保温。由于建筑物结构上的需要,外墙中常嵌有钢筋混凝土柱、梁、圈梁、过梁等构件,钢

筋混凝土构件的密实性好,钢筋混凝土的热导系数大于砖的热导系数,热量很容易从这些部位传导,钢筋混凝土的散热快,隔热保温性能差,因而它们的内表面温度比主体部分的温度低,钢筋混凝土构件处易结冰,产生凝结水,这些构件现象称为热桥(冷桥)。为防止热桥部分内表面结露,应采取局部保温措施,即在寒冷地区,外墙中的钢筋混凝土过梁的断面可作成L形,并在外侧加保温材料;对于框架柱,当柱子位于外墙内侧时,可不必另作保温处理,当柱子外表面与外墙平齐或突出时,应作保温处理。热桥部位的保温处理如图5.3和图5.4所示。

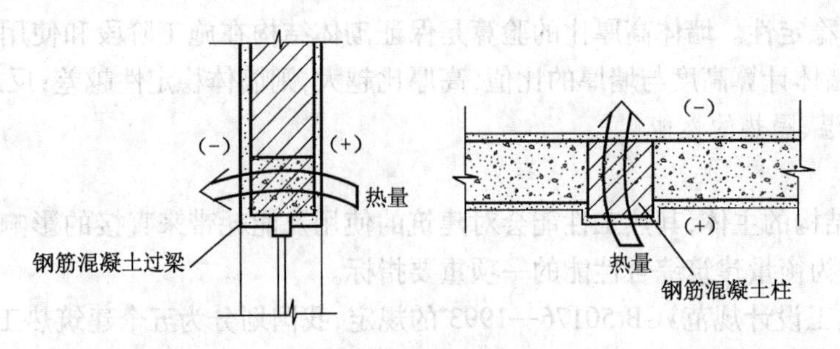

图5.3 热桥示意图

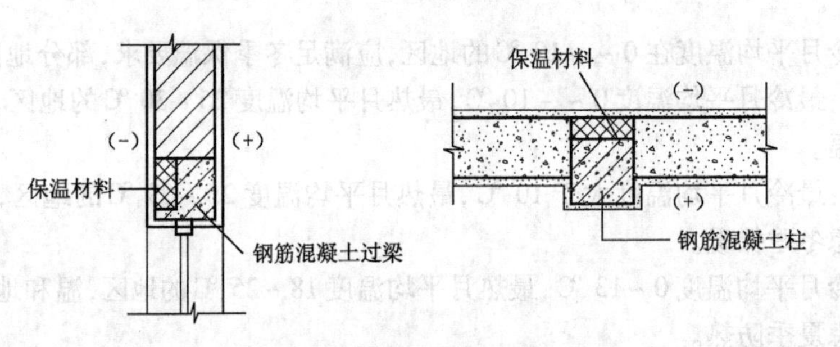

图5.4 热桥做局部保温处理

④采取隔汽措施。空气有湿空气、干空气之分,湿空气中含有水蒸气,冬季室内空气的温度和绝对湿度都比室外高,因此,在围护结构两侧存在着水蒸气压力差,水蒸气分子会由压力高的一侧向压力低的一侧扩散,这种现象叫蒸汽渗透。在渗透过程中,水蒸气遇到露点温度时,蒸汽含量达到饱和,立即凝结成水,称为结露。当结露出现在围护结构表面时,会使内表面出现脱皮、粉化、发霉,结露出现在保温层内时,则使保温材料内饱含水分。水的热导率为0.58 W/(m·K),远高于空气的热导率0.023 W/(m·K),使得保温材料保温效果降低,使用年限降低。为此,常在墙体保温层靠高温一侧设置隔汽层,如图5.5所示,以防止水蒸气在保温层和围护结构内部凝结。隔汽层常用沥青、卷材、隔汽涂料等防潮、防水材料。

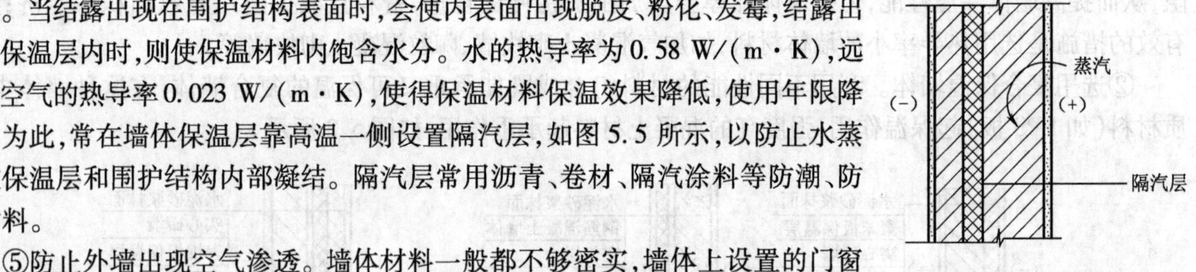

图5.5 隔蒸汽措施

⑤防止外墙出现空气渗透。墙体材料一般都不够密实,墙体上设置的门窗等构件,因安装不严密或材料收缩等,会产生一些贯通的缝隙。由于这些孔洞和缝隙的存在,冬季室外风的压力使冷空气从迎风墙面渗透到室内,而室内外有温差,室内热空气从墙体渗透到室外,所以风压、热压使外墙出现了空气渗透,这样会造成热损失,对保温不利。在寒冷地区,外墙应选择密实度高的墙体材料,墙体内外加抹灰层,加强构件间的密封处理。

(2)墙体的隔热

南方炎热地区,夏季太阳辐射强烈,要求建筑的外墙应具有良好的隔热能力,以隔阻太阳的辐射热传入室内,防止室内温度过高。除可以采用导热系数小的墙体材料之外,一般还可以通过合理设计房间朝向、组织自然通风、设置窗口遮阳、进行环境绿化、围护结构采用隔热构造及外墙采用浅色墙面等措施,以降低对太阳辐射热的吸收,提高墙体隔热降温效果。

3. 墙体隔声

声音的传递方式有两种,一是空气传声,声响发生后,通过空气透过墙体再传递到人耳;二是固体传声,即物体直接撞击墙体或楼板所发出的声音。

墙体隔声途径主要是隔绝空气传声。空气声在墙体中的传播途径有两种：一是通过墙体的缝隙和微孔传播；二是在声波的作用下，墙体受到振动，致使墙体向其他空间传递声能。墙体隔声一般采取以下措施：

①加强墙体的密缝处理，如对墙体与门窗、通风管道间等处的缝隙进行密封处理。

②增加墙体密实性及厚度，避免噪声穿透墙体及引起墙体振动。

③采用有空气间层或多孔材料的夹层墙，由于空气或玻璃棉等多孔材料具有减振和吸声作用，因而可提高墙体的隔声能力。

④在建筑总平面中允许利用垂直绿化降噪。《民用建筑隔声设计规范》（GB 50118—2010）规定，双面抹灰半砖墙的隔声量为45 dB，双面抹灰一砖墙的隔声量为48 dB。

4. 墙体防火要求

作为建筑墙体的材料及厚度，应满足《建筑设计防火规范》（GB 50016—2014）中对燃烧性能和耐火极限的要求。当建筑的单层建筑面积或长达一定指标时（见表5.1和表5.2），应划分防火分区，以防止火灾蔓延。防火分区一般利用防火墙进行分隔。

表5.1 民用建筑的分类

名称	高层民用建筑		单、多层民用建筑
	一类	二类	
住宅建筑	建筑高度大于54 m的住宅建筑（包括设置商业服务网点的住宅建筑）	建筑高度大于27 m，但不大于54 m的住宅建筑（包括设置商业服务网点的住宅建筑）	建筑高度不大于27 m，但不大于54 m的住宅建筑（包括设置商业服务网点的住宅建筑）
公共建筑	1. 建筑高度大于50 m的公共建筑； 2. 建筑高度24 m以上部分任一楼层建筑面积大于1000 m^2 的商店、展览、电信、邮政、财贸金融建筑和其他多种功能组合的建筑； 3. 医疗建筑、重要公共建筑； 4. 省级及以上的广播电视和防灾指挥调度建筑、网局级和省级电力调度建筑； 5. 藏书超过100万册的图书馆、书库	除一类高层公共建筑外的其他高层公共建筑	1. 建筑高度大于24 m的单层公共建筑； 2. 建筑高度不大于24 m的其他公共建筑

注：①表中未列入的建筑，其类别应根据本表类比确定。

②除本规范另有规定外，宿舍、公寓等非住宅类居住建筑的防火要求，应符合本规范有关公共建筑的确定。

③除本规范另有规定外，裙房的防火要求应符合本规范的有关高层民用建筑的规定。

表5.2 不同耐火等级建筑的允许建筑高度或层数、防火分区最大允许建筑面积

名 称	耐火等级	允许建筑高度或层数	防火分区的最大允许建筑面积/m^2	备 注
高层民用建筑	一、二级	按表5.1规定	1500	对于体育馆、剧场的观众厅，防火分区的最大允许建筑面积可适当增加
单、多层民用建筑	一、二级	按表5.1规定	2500	
	三级	5层	1200	
	四级	2层	600	
地下或半地下建筑(室)	一级	—	500	设备用房的防火分区最大允许建筑面积不应大于1000 m^2

注：①表中规定的防火分区最大允许建筑面积，当建筑内设置自动灭火系统时，可按本表的规定增加1.0倍；局部设置时，防火分区的增加面积可按该局部面积的1.0倍计算。

②裙房与高层建筑主体之间设置防火墙时，裙房的防火分区可按单、多层建筑的要求确定。

5. 墙体防水、防潮的要求

在有水的房间，如卫生间、厨房、实验室等，墙体应选择防水材料，做好防潮、防水构造，保证墙体的坚固安全，延长建筑物的使用寿命，同时还要使房屋室内具有良好的卫生环境。

6. 建筑工业化的要求

在建筑业飞速发展的今天，墙体改革是建筑工业化的关键，在建筑设计中必须推行轻质高强的墙体材料，以减轻自重，降低成本，提高机械化施工的程度。

7. 墙体的承重方案

在砖混结构建筑中，墙体有横墙承重、纵墙承重、纵横墙混合承重、墙与柱共同（部分框架）承重四种承重方案。

（1）横墙承重

横墙承重是指将楼板和屋面板沿着建筑物的长度方向将板的两端搁在横墙上，纵墙只起纵向稳定和拉结以及承自重的作用，如图5.6（a）所示。其特点是横墙间距小，建筑的整体性好，横向刚度大，利于抵抗水平负荷和地震，但房间的开间尺寸不灵活，墙的结构面积较大。因此，横墙承重方案适用于房间开间尺寸不大的宿舍、旅馆、住宅、办公室等建筑中。

（2）纵墙承重

纵墙承重是指将楼板和屋面板沿着建筑物的宽度方向将板的两端搁在纵墙上，横墙只起分隔空间和连接纵墙的作用，如图5.6（b）所示。其特点是横墙只起分隔作用，房屋开间划分灵活，可满足较大的空间要求，但其整体刚度差，抗震性能差。因此，纵墙承重方案适用于非地震区和房间开间较大的建筑物中，如餐厅、商店、教学楼等。

（3）纵横墙混合承重

纵横墙混合承重是指房间的纵向和横向的墙共同承受楼板和屋面板等水平承重构件传来的荷载，如图5.6（c）所示。其特点是房屋的纵墙和横墙均可以起承重作用，建筑布局较灵活，建筑物的整体刚度、抗震性能较好。因此，该方案目前采用较多，多用于房间开间、进深尺寸较大且房间类型较多的建筑中，如教学楼、住宅、商店等。

（4）墙与柱共同承重

墙与柱共同承重结构又称内骨架承重结构，是指房屋的外墙和建筑物内的柱子共同承受楼板、屋面板等水平承重构件传来的荷载，此时内柱和梁组成内骨架结构，梁的另一端搁置在外墙上，如图5.6（d）所示。该方案具有内部空间大、较完整等特点，常用于内柱不影响使用的大房间，如商场、展览馆、车库等。

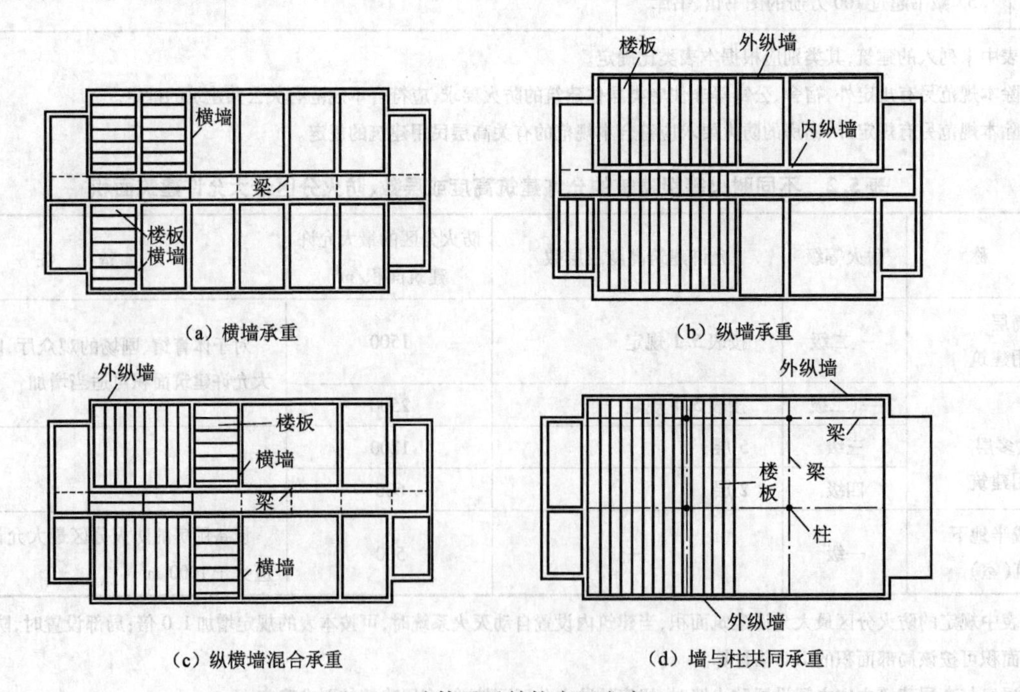

图5.6　墙体承重结构布置方案

5.2 砖墙构造

砖墙是由砖和砂浆按一定组砌方式和构造要求砌筑而成的砌体,砖墙的抗压强度是由砖和砂浆材料的强度决定的。

5.2.1 砖墙材料

1. 砖

砖按照材料和制作方法不同有烧结普通砖、烧结多孔砖、蒸压灰砂砖、蒸压粉煤灰砖等。

(1)烧结普通砖

烧结普通砖是以黏土、煤矸石或粉煤灰为原料,经成型、干燥、焙烧而成的实心或孔洞不大于规定值且外形尺寸符合规定的砖,有烧结黏土砖、烧结煤矸石砖、烧结粉煤灰砖。烧结黏土砖、烧结粉煤灰砖的规格为240 mm×115 mm×53 mm,若加上砌筑灰缝厚度约10 mm ,则4块砖长、8块砖宽或16块砖厚均约1 m,因此每立方米砖砌体需要砖数4×8×16=512块 ,一块砖的长:宽:厚=4:2:1。烧结普通砖的强度等级有MU30、MU25、MU20、MU15、MU10 、MU7.5、MU5,如图5.7所示。

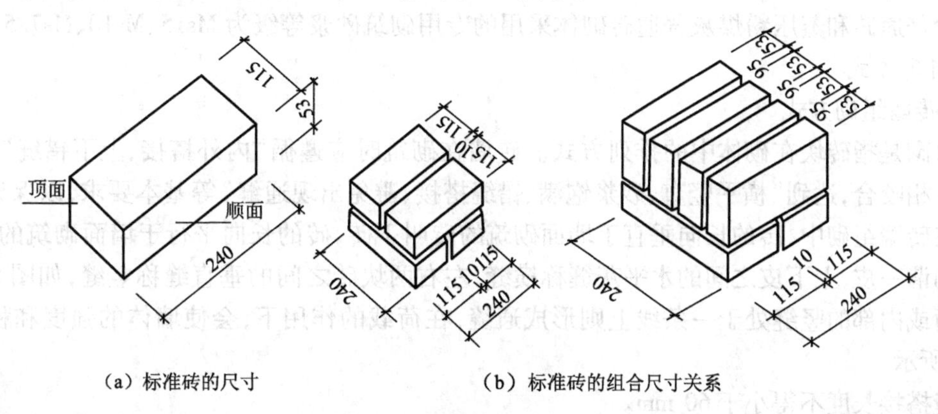

(a)标准砖的尺寸　(b)标准砖的组合尺寸关系

图5.7 标准砖的尺寸关系

(2)烧结多孔砖

烧结多孔砖以黏土、页岩、煤矸石为主要原料经焙烧而成,孔洞率不小于15%,孔形为圆孔或非圆孔,孔的尺寸小而数量多,主要适用于承重部位,简称多孔砖。目前,多孔砖分为P型砖和M型砖。P型多孔砖外形尺寸一般为240 mm×115 mm×40 mm、240 mm×175 mm×115 mm、240 mm×115 mm×115 mm等;M型多孔砖外形尺寸为140 mm×140 mm×40 mm。多孔砖的强度等级有MU30、MU25、MU20、MU15、MU10五个级别。多孔砖规格尺寸如图5.8所示。

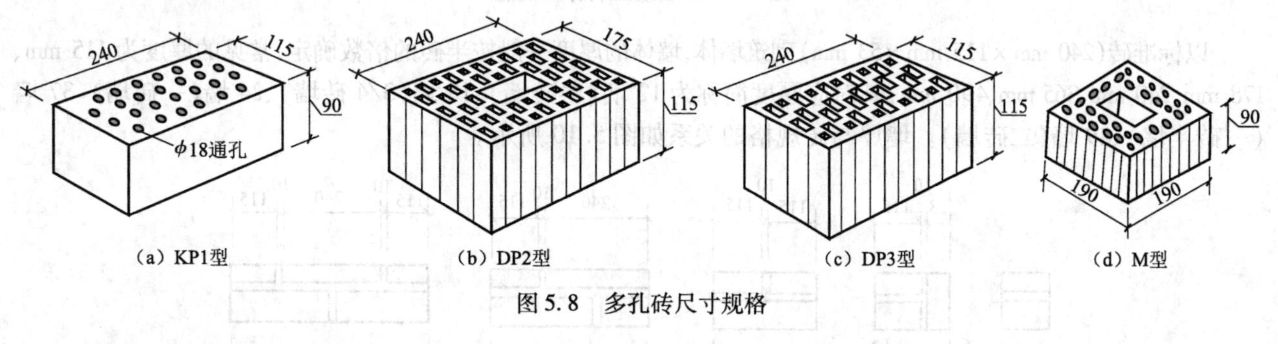

(a)KP1型　(b)DP2型　(c)DP3型　(d)M型

图5.8 多孔砖尺寸规格

(3)蒸压灰砂砖

蒸压灰砂砖是以石灰和砂为主要原料,经坯料制备、压制成型、蒸压养护而成的实心砖,简称灰砂砖。

(4)蒸压粉煤灰砖

蒸压粉煤灰砖是以粉煤灰为主要原料,掺加适量石膏和集料,经坯料制备、压制成型、高压蒸汽养护而成的实心砖。蒸压灰砂砖、蒸压粉煤灰砖的强度等级有 MU25、MU20 和 MU15。

2. 砂浆

砂浆是砌墙的胶结材料,它将砌块粘结成为整体,并用砂浆将砌块之间的缝隙填实,且有保温、隔声等能力,也便于使上下皮块材上所承受的荷载能均匀地传递,以保证砌体的强度和稳定性。

砌墙常用的砂浆有水泥砂浆、石灰砂浆、混合砂浆三种。

(1)石灰砂浆

石灰砂浆由石灰膏、砂加水按比例拌和而成,是气硬性材料,其强度不高,多用于砌筑民用建筑中地面以上的砌体。

(2)水泥砂浆

水泥砂浆由水泥、砂、加水按比例拌和而成,是水硬性材料,其强度较高,适合于砌筑有水及潮湿环境下的砌体。

(3)混合砂浆

混合砂浆由水泥、石灰膏、砂加水拌和而成,这种砂浆强度较高,和易性、保水性较好,常用于砌筑地面以上的砌体。

砂浆的强度等级有 M15、M10、M7.5、M5、M2.5 五个等级。

蒸压灰砂普通砖和蒸压粉煤灰普通砖砌体采用的专用砌筑砂浆等级为 Ms15、Ms10、Ms7.5、Ms5.0。

3. 砖墙组砌方式

(1)普通砖墙组砌方式

砖墙的组砌是指砖块在砌体中的排列方式。砖墙在砌筑时应遵循"内外搭接、上下错缝"的组砌原则,砖在砌体中互相咬合,达到"横平竖直、砂浆饱满、错缝搭接、避免出现通缝"等基本要求,以保证墙体的强度和稳定性。在砖墙组砌中,砖的长向垂直于墙面砌筑的砖叫丁砖,砖的长向平行于墙面砌筑的砖叫顺砖,每排列一层砖则谓一皮,上下皮之间的水平灰缝称横缝,左右两块砖之间的垂直缝称竖缝,如图 5.9 所示。如果墙体的表面或内部的竖缝处于一条线上则形成通缝,在荷载的作用下,会使墙体的强度和稳定性显著降低,如图 5.9 所示。

砖的错缝搭接长度不得小于 60 mm。

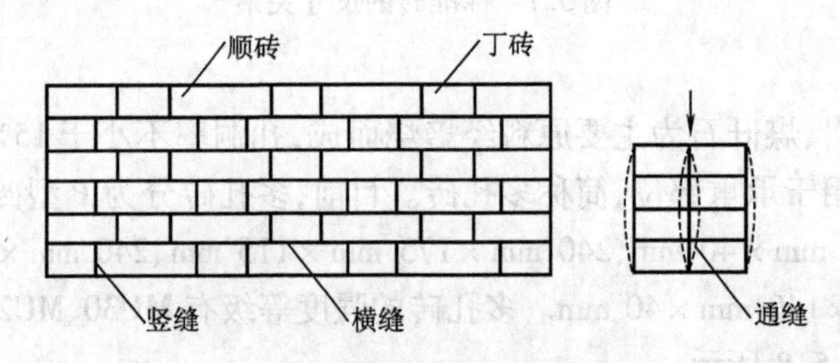

图 5.9 砖墙组砌名称及通缝

以标准砖(240 mm×115 mm×53 mm)砌筑墙体,墙体的厚度一般按半砖的倍数确定,常见的厚度为 115 mm、178 mm、240 mm、365 mm、490 mm,其对应厚度简称为 12 墙(半砖墙)、18 墙(3/4 砖墙)、24 墙(一砖墙)、37 墙(一砖半墙)、49 墙(二砖墙)。墙厚与砖规格的关系如图 5.10 所示。

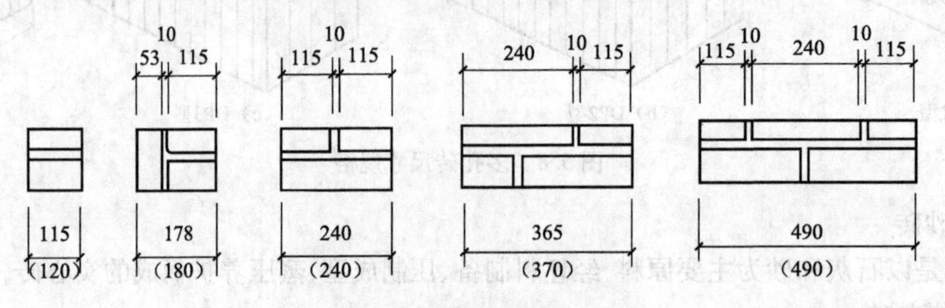

图 5.10 墙厚与砖规格的关系

注:括号内为砖的标志尺寸

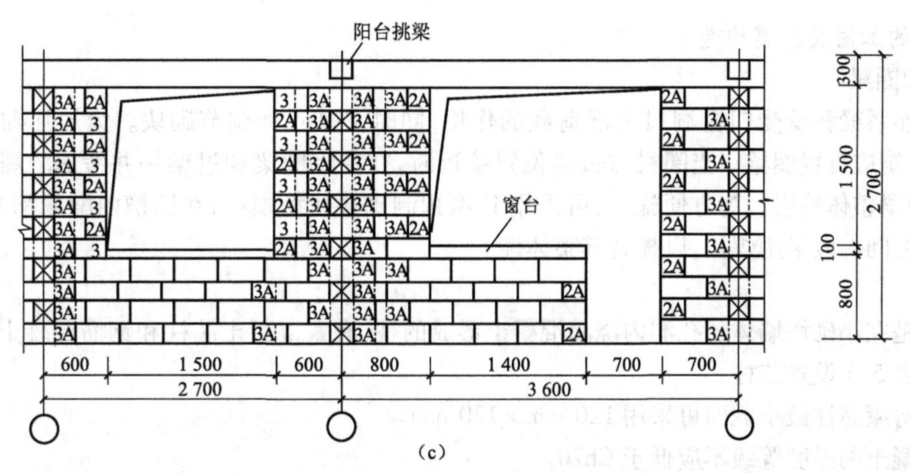

图 5.18　混凝土小型空心砌块形式及立面砌块排列示例(续)

3. 砌块墙的构造

砌块墙和砖墙一样,在建筑构造上应增强其墙体的整体性和稳定性。

承重墙体使用的小砌块应完整、无破损、无裂缝。

小砌块墙体应孔对孔、肋对肋错缝搭砌。单排孔小砌块的搭接长度应为砌体长度的 1/2;多排孔小砌块的搭接长度可适当调整,但不宜小于砌体长度的 1/3,且不应小于 90 mm。墙体的个别部位不能满足上述要求时,应在灰缝中设置拉结钢筋或钢筋网片,但竖向通缝仍不得超过两皮小砌块。

小砌块应将生产时的底面朝上反砌于墙上。

在散热器、厨房和卫生间等设备的卡具安装处砌筑的小砌块,宜在施工前用强度等级不低于 C20(或 Cb20)的混凝土将其孔洞灌实。

在中型砌块的两端一般设有封闭式的包浆槽,在砌筑安装时,用砂浆必须将竖缝灌实,使水平灰缝坐浆饱满。一般情况下,砌块隔墙用 M5 的砂浆砌筑,水平灰缝厚 15 ~ 20 mm,垂直灰缝 >30 mm 时,必须用 C20 的细石混凝土灌实。砌块隔墙错缝搭接长度一般为砌块长度的 1/2,即中型砌块搭缝长度不得小于 150,小型砌块搭缝长度不得小于 40,当搭缝长度不足时,应在水平灰缝内增设Φ4 的钢筋网片,如图 5.19 所示。

砌块墙体自重轻,空隙率大,隔热性能好,但吸水性强,因此砌块墙体砌筑时应在其墙下砌 3 ~ 5 皮砖,且用水泥砂浆抹面,如图 5.20 所示。

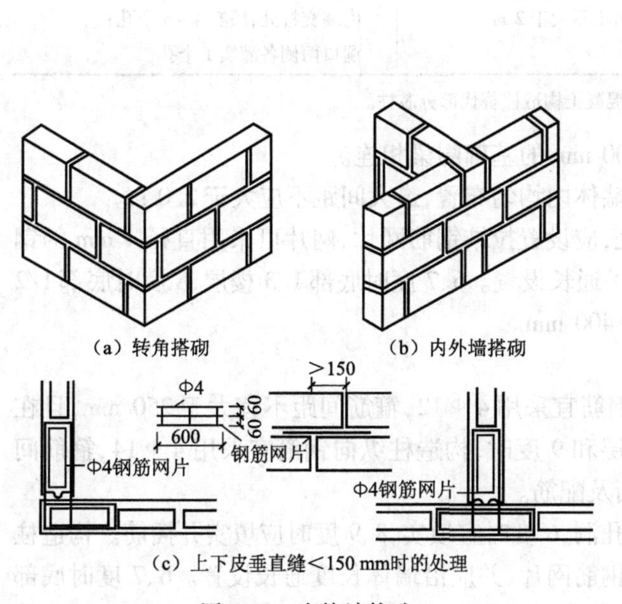

图 5.19　砌块墙构造

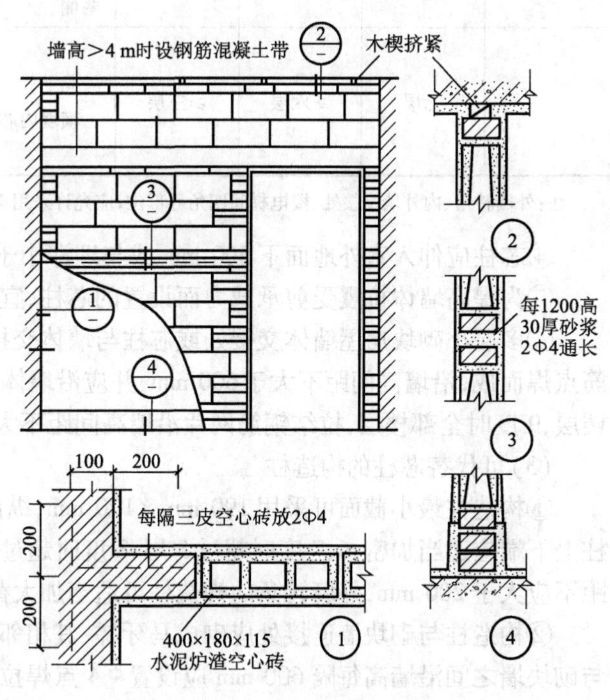

图 5.20　砌块墙体构造

4. 砌块墙的加固及抗震构造

(1)过梁和圈梁

过梁既起连系梁和承受门窗洞口上部荷载的作用,同时又是一种调节砌块。为加强砌块建筑的整体性,多层砌块建筑应设置圈梁。当圈梁与过梁位置接近时,往往将圈梁和过梁一并考虑。圈梁有现浇和预制两种,现浇圈梁整体性强。为方便施工,可采用U型预制砌块代替模板,在凹槽内配置钢筋,并现浇混凝土。预制圈梁之间一般采用焊接,以提高其整体性。

(2)芯柱

芯柱指的是在小砌块墙体的孔洞内浇灌混凝土形成的柱,有素混凝土芯柱和钢筋混凝土芯柱。多层小砌块房屋应按表5.5设置芯柱。

①小砌块房屋芯柱最小截面可采用120 mm×120 mm。

②芯柱混凝土的强度等级不应低于Cb20。

③芯柱的竖向插筋应贯通墙身且与圈梁连接;插筋不应小于1Φ12,烈度6、7度时超过5层,烈度8度时超过4层和9度时,插筋不应小于1Φ14。

表5.5 多层小砌块房屋芯柱设置要求

房屋层数和烈度				设置部位	设置数量
6度	7度	8度	9度		
四、五层	三、四层	二、三层		外墙转角,楼、电梯间四角,楼梯斜梯段上下端对应的墙体处; 大房间内外墙交接处; 错层部位横墙与外纵樯交接处; 隔12 m或单元横墙与外纵墙交接处	外墙转角,灌实3个孔; 内外墙交接处,灌实4个孔; 楼梯斜段上下端对应的墙体处,灌实2个孔
六层	五层	四层		同上; 隔开间横墙(轴线)与外纵墙交接处	
七层	六层	五层	二层	同上; 各内墙(轴线)与外纵墙交接处; 内纵墙与横墙(轴线)交接处和洞口两侧	外墙转角,灌实5个孔; 内外墙交接处,灌实4个孔; 内墙交接处,灌实4~5个孔; 洞口两侧各灌实1个孔
	七层	≥六层	≥三层	同上; 横墙内芯柱间距不大于2 m	外墙转角,灌实7个孔; 内外墙交接处,灌实5个孔; 内墙交接处,灌实4~5个孔; 洞口两侧各灌实1个孔

注:外墙转角、内外墙交接处、楼电梯间四角等部位,应允许采用钢筋混凝土构造柱替代部分芯柱。

④芯柱应伸入室外地面下500 mm或与埋深小于500 mm的基础圈梁相连。

⑤为提高墙体抗震受剪承载力而设置的芯柱,宜在墙体内均匀布置,最大间距不应大于2.0 m。

⑥多层小砌块房屋墙体交接处或芯柱与墙体交接处,应设置拉结钢筋网片,网片可采用直径4 mm的钢筋点焊而成,沿墙高间距不大于600 mm,并应沿墙体水平通长设置。6、7度时底部1/3楼层,8度时底部1/2楼层,9度时全部楼层,拉结钢筋网片沿墙高间距不大于400 mm。

(3)可代替芯柱的构造柱

①构造柱最小截面可采用190 mm×190 mm,纵向钢筋宜采用4Φ12,箍筋间距不宜大于250 mm,且在柱上下端应适当加密;6、7度时超过5层、8度时超过4层和9度时,构造柱纵向钢筋宜采用4Φ14,箍筋间距不应大于200 mm,外墙转角的构造柱可适当加大截面及配筋。

②构造柱与砌块墙连接处应砌成马牙槎,其相邻的孔洞,6度时宜填实,8、9度时应填实并插筋。构造柱与砌块墙之间沿墙高每隔600 mm应设置Φ4点焊拉结钢筋网片,并应沿墙体长度通长设置。6、7度时底部1/3楼层,8度时底部1/2楼层,9度时全部楼层,拉结钢筋网片沿墙高间距不大于400 mm。

③构造柱与圈梁连接处，构造柱的纵筋应在圈梁纵筋的内侧穿过，保证构造柱纵筋上下贯通。

④构造柱可不单独设置基础，但应伸入室外地面下 500 mm，或与埋深小于 500 mm 的基础圈梁相连。

（4）框架填充墙

框架填充墙即框架结构中填充的墙体。

①框架填充墙的构造。

a. 框架填充墙宜选择轻质的块体材料，可以选择空心砖、轻集料混凝土等。其中，空心砖的强度等级应为 MU10、MU7.5、MU5 和 MU3.5；轻集料混凝土的强度等级应为 MU10、MU7.5、MU5 和 MU3.5。

b. 填充墙砌筑砂浆的强度等级不宜低于 M5（Mb5、Ms5）。

c. 填充墙墙体厚度不应小于 90 mm。

②填充墙与框架的连接。填充墙与框架的连接，可根据设计要求采用脱开或不脱开方法。有抗震设防要求时，宜采用填充墙与框架脱开的方法。下面介绍这种方法的构造要求。

a. 填充墙两端与框架柱，填充墙顶面与框架梁之间留出不小于 20 mm 的间隙。

b. 填充墙端部应设置构造柱，柱间距宜不大于 20 倍墙厚，且不大于 4 000 mm，柱宽度不小于 100 mm。柱竖向钢筋不宜小于 ϕ10，竖向钢筋与框架梁或其挑出部分的预埋件或预留钢筋连接，绑扎接头时不小于 30d（d 为钢筋直径），焊接时（单面焊）不小于 10d。柱顶与框架梁（板）应预留不小于 15 mm 的缝隙，用硅酮胶或其他弹性密封材料封缝。当填充墙有宽度大于 2 100 mm 的洞口时，洞口两侧应加设宽度不小于 50 mm 的单筋混凝土柱。

c. 填充墙两侧宜卡入设在梁、板底及柱侧的卡口铁件内，墙侧卡口板的竖向间距不宜大于 500 mm，墙顶卡口板的水平间距不宜大于 1 500 mm。

d. 墙体高度超过 4 m 时，宜在墙高中部设置与柱连通的水平系梁，水平系梁的截面高度不小于 60 mm。填充墙高不宜大于 6 m。

e. 填充墙与框架柱、梁的缝隙可采用聚苯乙烯泡沫塑料板条或聚氨酯发泡材料填充，或用硅酮胶或其他弹性密封材料封缝。

f. 所有连接用钢筋、金属配件、铁件、预埋件等均应做防腐防锈处理，嵌缝材料应满足变形和防护要求。

5.4 节能复合墙体的构造

随着我国经济的飞速发展，对能源的需求量日益增大，节约能源势在必行。为此，我国建筑业制定了新的建筑节能标准，大力推广新型的建筑节能材料。

建筑节能的主要措施之一是加强围护结构的节能，尤其是我国北方地区，重点推广外墙外保温墙体，提高塑钢门窗的气密性、水密性。

5.4.1 EPS 板薄抹灰外墙外保温系统

①EPS 板薄抹灰外墙外保温系统（以下简称 EPS 板薄抹灰系统）由 EPS 板保温层、薄抹面层和饰面涂层构成，EPS 板用胶粘剂固定在基层上，薄抹面层中满铺玻纤网，如图 5.21 所示。

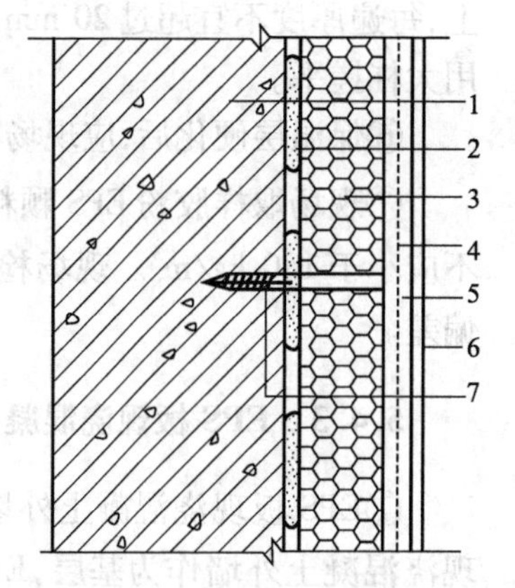

图 5.21 EPS 板薄抹灰系统

1—基层；2—胶粘剂；3—EPS 板；4—玻纤网；5—薄抹面层；6—饰面涂层；7—锚栓

②建筑物高度在 20 m 以上时，在受负风压作用较大的部位宜使用锚栓辅助固定。

③EPS 板宽度不宜大于 1 200 mm，高度不宜大于 600 mm。

④必要时应设置抗裂分隔缝。

⑤EPS 板薄抹灰系统的基层表面应清洁，无油污、脱模剂等妨碍粘结的附着物。凸起、空鼓和疏松部位应剔除并找平。找平层应与墙体粘结牢固，不得有脱层、空鼓、裂缝，面层不得有粉化、起皮、爆灰等现象。

⑥做基层与胶粘剂的拉伸粘结强度检验，粘结强度不应低于 0.3 MPa，并且粘结界面脱开面积不应大于

50%。

⑦粘贴 EPS 板时，应将胶粘剂涂在 EPS 板背面，涂胶粘剂面积不得小于 EPS 板面积的40%。

⑧EPS 板应按顺砌方式粘贴，竖缝应逐行错缝。EPS 板应粘贴牢固，不得有松动和空鼓。

⑨墙角处 EPS 板应交错互锁，如图 5.22 所示。门窗洞口四角处 EPS 板不得拼接，应采用整块 EPS 板切割成形，EPS 板接缝应离开角部至少 200 mm，如图 5.23 所示。

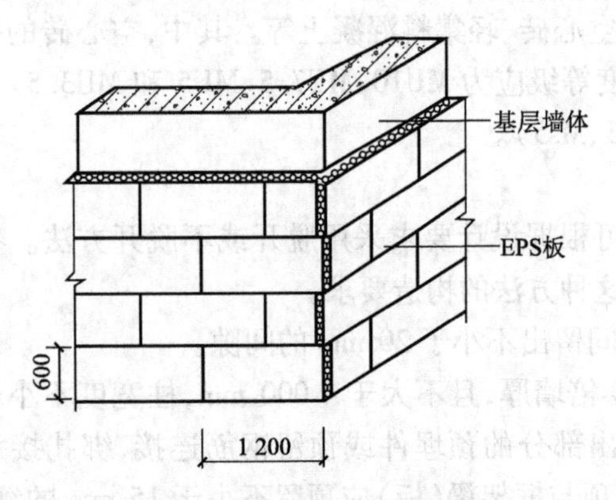

图 5.22 墙角处 EPS 板排板图

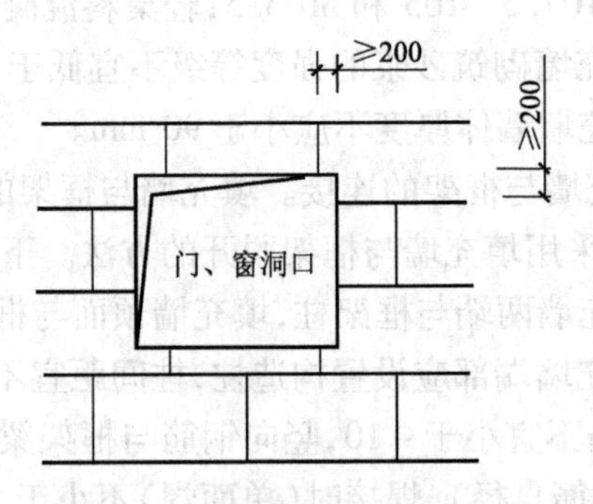

图 5.23 门窗洞口 EPS 板排列

⑩应做好系统在檐口、勒脚处的包边处理。装饰缝、门窗四角和阴阳角等处应做好局部加强网施工。变形缝处应做好防水和保温构造处理。

5.4.2 胶粉 EPS 颗粒保温浆料外墙外保温系统

①胶粉 EPS 颗粒保温浆料外墙外保温系统（以下简称保温浆料系统）由界面层、胶粉 EPS 颗粒保温浆料保温层、抗裂砂浆薄抹面层和饰面层组成，如图 5.24 所示。胶粉 EPS 颗粒保温浆料经现场拌合后喷涂或抹在基层上形成保温层。薄抹面层中应满铺玻纤网。

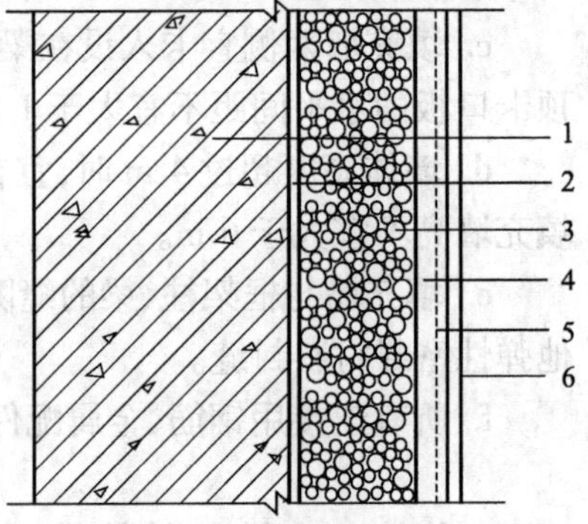

图 5.24 保温浆料系统

1—基层；2—界面砂浆；3—胶粉 EPS 颗粒保温浆料；4—抗裂砂浆薄抹面层；5—玻璃网；6—饰面层

②胶粉 EPS 颗粒保温浆料保温层设计厚度不宜超过 100 mm。

③必要时应设置抗裂分隔缝。

④基层表面应清洁，无油污和脱模剂等妨碍粘结的附着物，空鼓、疏松部位应剔除。

⑤胶粉 EPS 颗粒保温浆料宜分遍抹灰，每遍间隔时间应在 24 h 以上，每遍厚度不宜超过 20 mm。第一遍抹灰应压实，最后一遍应找平，并用大杠搓平。

⑥保温层硬化后，应现场检验保温层厚度并现场取样检验胶粉 EPS 颗粒保温浆料干密度。

⑦现场取样胶粉 EPS 颗粒保温浆料干密度不应大于 250 kg/m^3，并且不应小于 180 kg/m^3。现场检验保温层厚度应符合设计要求，不得有负偏差。

5.4.3 EPS 板现浇混凝土外墙外保温系统

①EPS 板现浇混凝土外墙外保温系统（以下简称无网现浇系统）以现浇混凝土外墙作为基层，EPS 板为保温层。EPS 板内表面（与现浇混凝土接触的表面）沿水平方向开有矩形齿槽，内、外表面均满涂界面砂浆。在施工时将 EPS 板置于外模板内侧，并安装锚栓作为辅助固定件。浇灌混凝土后，墙体与 EPS 板以及锚栓结合为一体。EPS 板表面抹抗裂砂浆薄抹面层，外表以涂料为饰面层，如图 5.25 所示，薄抹面层中满铺玻纤网。

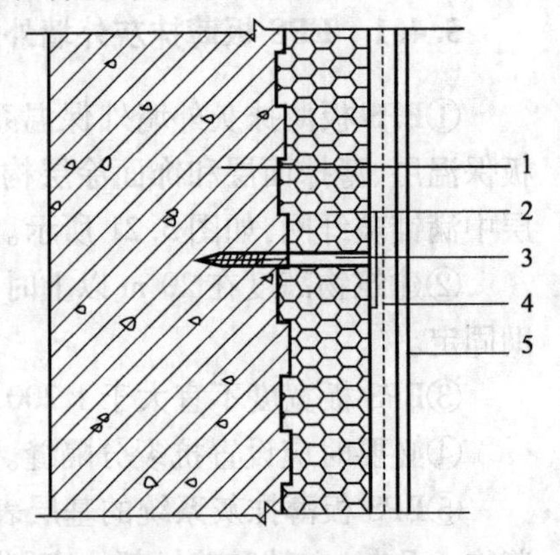

图 5.25 无网现浇系统

1—现浇钢筋混凝土外墙；2—EPS 板；3—锚栓；4—抗裂砂浆薄抹面层；5—饰面层

②无网现浇系统 EPS 板两面必须预喷刷界面砂浆。

③EPS 板宽度宜为 1.2 m,高度宜为建筑物层高。

④锚栓每平方米宜设 2 ~ 3 个。

⑤水平抗裂分隔缝宜按楼层设置。垂直抗裂分隔缝宜按墙面面积设置,在板式建筑中不宜大于 30 m^2,在塔式建筑中可视具体情况而定,宜留在阴角部位。

⑥应采用钢制大模板施工。

⑦混凝土一次浇筑高度不宜大于 1 m,混凝土需振捣密实均匀,墙面及接茬处应光滑、平整。

⑧混凝土浇筑后,EPS 板表面局部不平整处宜抹胶粉 EPS 颗粒保温浆料修补和找平,修补和找平处厚度不得大于 10 mm。

5.4.4 EPS 钢丝网架板现浇混凝土外墙外保温系统

①EPS 钢丝网架板现浇混凝土外墙外保温系统(以下简称有网现浇系统)以现浇混凝土为基层,EPS 单面钢丝网架板置于外墙外模板内侧,并安装Φ6 钢筋作为辅助固定件。浇灌混凝土后,EPS 单面钢丝网架板挑头钢丝和Φ6 钢筋与混凝土结合为一体,EPS 单面钢丝网架板表面抹掺外加剂的水泥砂浆形成厚抹面层,外表做饰面层,如图 5.26 所示。以涂料做饰面层时,应加抹玻纤网抗裂砂浆薄抹面层。

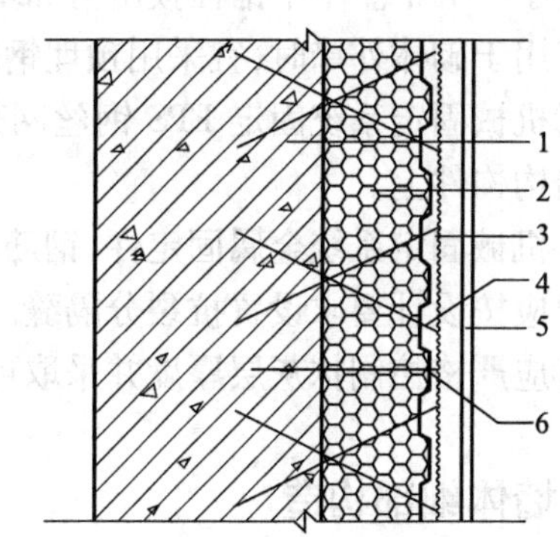

图 5.26 有网现浇系统

1—现浇钢筋混凝土外墙;2—EPS 单面钢丝网架板;3—掺外加剂的水泥砂浆厚抹面层;4—钢丝网架;5—饰面层;6—Φ6 钢筋

②EPS 单面钢丝网架板每平方米斜插腹丝不得超过 200 根,斜插腹丝应为镀锌钢丝,板两面应预喷刷界面砂浆。加工质量除应符合表 5.6 规定外,还应符合现行行业标准《钢丝网架水泥聚苯乙烯夹芯板》JC 623—1996 有关规定。

表 5.6 EPS 单面钢丝网架板质量要求

项 目	质量要求
外 观	界面砂浆涂敷均匀,与钢丝和 EPS 板附着牢固
焊点质量	斜丝脱焊点不超过 3%
钢丝挑头	穿透 EPS 板挑头不小于 30 mm
EPS 板对接	板长 3 000 mm 范围内 EPS 板对接不得多于两处,且对接处需用胶黏剂粘牢

③有网现浇系统 EPS 钢丝网架板厚度、每平方米腹丝数量和表面荷载值应通过试验确定。EPS 钢丝网架板构造设计和施工安装应考虑现浇混凝土侧压力影响,抹面层厚度应均匀,钢丝网应完全包覆于抹面层中。

④Φ6 钢筋每平方米宜设 4 根,锚固深度不得小于 100 mm。

⑤在每层层间宜留水平抗裂分隔缝,层间保温板外钢丝网应断开,抹灰时嵌入层间塑料分隔条或泡沫塑料棒,外表用建筑密封膏嵌缝。垂直抗裂分隔缝宜按墙面面积设置,在板式建筑中不宜大于 30 m^2,在塔式建筑中可视具体情况而定,宜留在阴角部位。

⑥应采用钢制大模板施工,并采取可靠措施保证 EPS 钢丝网架板和辅助固定件安装位置准确。

⑦混凝土一次浇筑高度不宜大于 1 m,混凝土需振捣密实均匀,墙面及接茬处应光滑、平整。

⑧应严格控制抹面层厚度并采取可靠抗裂措施确保抹面层不开裂。

5.4.5 机械固定 EPS 钢丝网架板外墙外保温系统

①机械固定 EPS 钢丝网架板外墙外保温系统(以下简称机械固定系统)由机械固定装置、腹丝非穿透型 EPS 钢丝网架板、掺外加剂的水泥砂浆厚抹面层和饰面层构成,如图 5.27 所示。以涂料做饰面层时,应加抹玻纤网抗裂砂浆薄抹面层。

②机械固定系统不适用于加气混凝土和轻集料混凝土基层。

③腹丝非穿透型 EPS 钢丝网架板腹丝插入 EPS 板中深度不应小于 35 mm，未穿透厚度不应小于 15 mm。腹丝插入角度应保持一致，误差不应大于 3°，板两面应预喷刷界面砂浆，钢丝网与 EPS 板表面净距不应小于 10 mm。

④腹丝非穿透型 EPS 钢丝网架板除应符合本节规定外，还应符合现行行业标准《钢丝网架水泥聚苯乙烯夹芯板》JC 623—1996 有关规定。

⑤应根据保温要求，通过计算或试验确定 EPS 钢丝网架板厚度。

⑥机械固定系统锚栓、预埋金属固定件数量应通过试验确定，并且每平方米不应小于 7 个。单个锚栓拔出力和基层力学性能应符合设计要求。

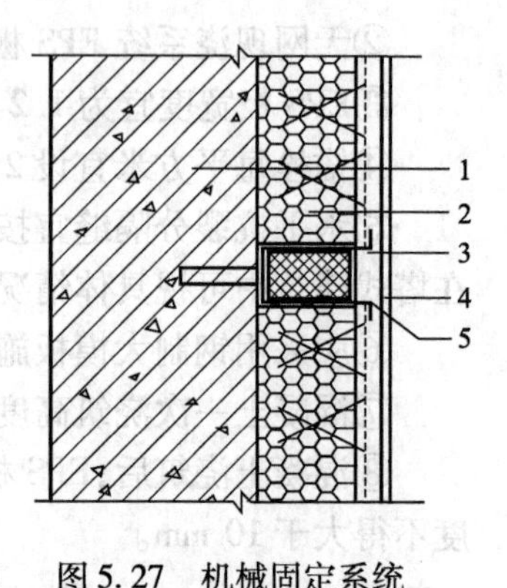

图 5.27 机械固定系统

1—基层；2—EPS 钢丝网架板；3—掺外加剂的水泥砂浆厚抹面层；4—饰面层；5—机械固定装置

⑦用于砌体外墙时，宜采用预埋钢筋网片固定 EPS 钢丝网架板。

⑧机械固定系统固定 EPS 钢丝网架板时应逐层设置承托件。承托件应固定在结构构件上。

⑨机械固定系统金属固定件、钢筋网片、金属锚栓和承托件应做防锈处理。

⑩应按设计要求设置抗裂分隔缝。

⑪应严格控制抹灰层厚度并采取可靠措施确保抹灰层不开裂。

5.5 墙体细部构造

5.5.1 勒脚构造

勒脚是建筑物外墙与室外地面接近的那部分墙体，即指室内首层地坪与室外地面之间的一段墙体。勒脚处在自然界中，受到雨、雪的侵袭和人为因素的破坏，同时受到地表水和地下水的毛细作用，致使墙身受潮，饰面发霉脱落，影响室内卫生和人体健康。因此，必须作好建筑物内外墙体的防潮构造，增强勒脚的坚固性，延长建筑物的使用年限。勒脚的高度一般为 300 ~ 600 mm，对于公共建筑勒脚是指从一层窗台到室外地坪的垂直高度。

1. 勒脚的作用

勒脚的作用是保护墙身避免雨、雪、及污水的侵袭，防止外力碰撞，装饰墙身美化建筑物的立面。

2. 勒脚的构造

(1)抹灰勒脚

对于一般建筑，可采用水泥砂浆抹面勒脚，造价低，施工简单。如图 5.28(a)、(b)所示，在勒脚部位抹 20 ~ 30 mm 厚 1∶2.5 水泥砂浆或水刷石、干粘石、水刷石等，为了保证抹灰层与砖墙粘接牢固，施工时应清扫墙面浇水润湿，为防止抹灰脱落，也可在墙面上留槽，使抹灰嵌入即增加抹灰“咬口”。

(2)贴面类勒脚

用天然石材花岗石、大理石或人造石材水磨石板等作为勒脚贴面。贴面勒脚防撞性较好，耐久性强，建筑物立面的装饰效果好，造价高，主要用于高标准建筑。勒脚构造做法如图 5.28(c)所示。

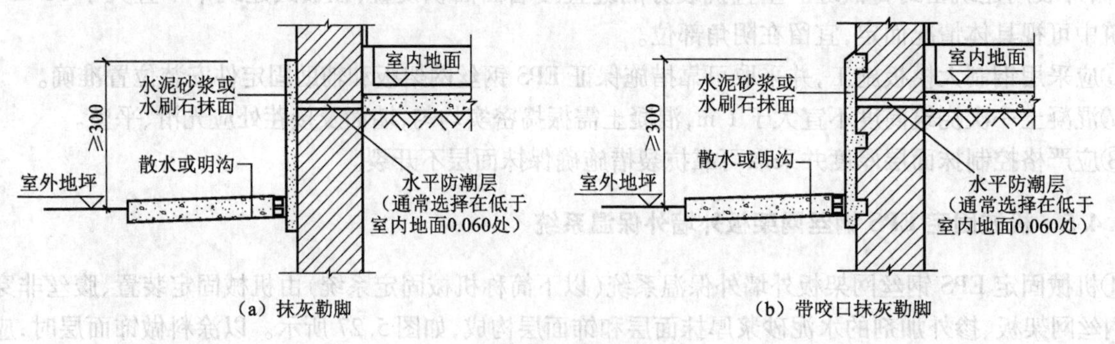

图 5.28 勒脚构造

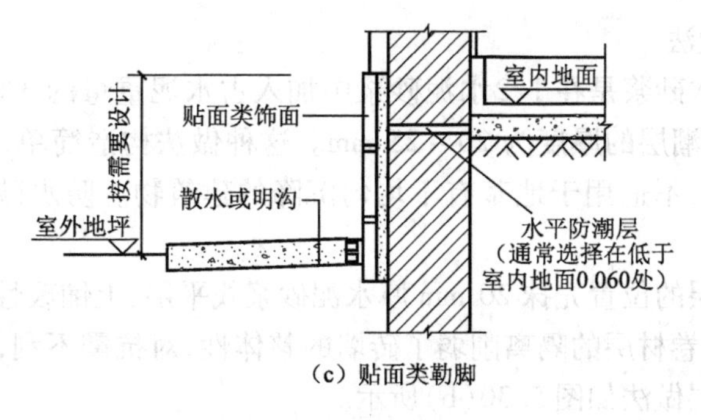

（c）贴面类勒脚

图 5.28 勒脚构造（续）

5.5.2 墙身防潮

由于毛细作用，土壤中的无压水渗入墙体而上升，使建筑物墙身受潮，致使室内抹灰粉化、墙面生霉，影响建筑物的室内环境和人体健康，甚至引起勒脚部位的冻融破坏，所以，应在建筑物勒脚墙体的适当位置上设置一道水平而连续的防潮层。

1. 防潮层的种类

防潮层分为水平防潮层和垂直防潮层两种。

2. 防潮层的位置

（1）水平防潮层

当室内地面为混凝土等密实材料作垫层时，建筑物的内、外墙防潮层应设于首层地坪结构层当中，即 -0.06 m处，同时至少要高于室外地坪 150 mm，如图 5.29（a）所示；当室内地面垫层为透水材料时（如炉渣、碎石），水平防潮层的位置应平齐或高于室内，如图 5.29（b）所示。

当室内的内墙面的两侧地面出现高差或室内地坪低于室外地面时（即有地下室时），应在高低两个勒脚处的结构层当中分别设一道水平防潮层，如图 5.29（c）所示。

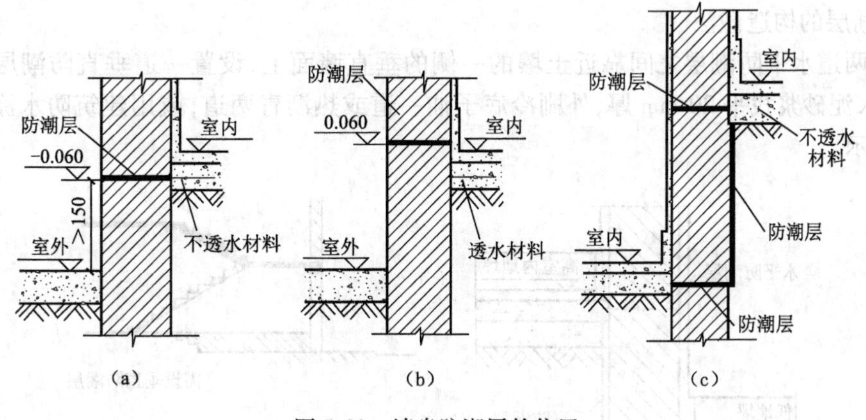

图 5.29 墙身防潮层的位置

（2）垂直防潮层

在勒脚处的两道水平防潮层之间靠近土壤的一侧的垂直墙面上设置一道垂直防潮层，如图 5.29（c）所示。

3. 防潮层的做法

通常构造有两类。

柔性防潮——主要选用各种卷材，其特点是防潮效果好，粘接性差，建筑物的整体刚度差，不宜用于地震区或有振动荷载的墙体中。

刚性防潮—— 其粘接性、整体性较好，对抗震有利，如防水砂浆防潮层、细石混凝土防潮层。当水平防潮层处设有钢筋混凝土地圈梁时，可由地圈梁代替防潮层。

(1)水平防潮层的构造做法

①防水砂浆防潮层。防水砂浆是在1:2水泥砂浆中加入占水泥重量的3%~5%的防水剂配置而成,即用防水砂浆连续砌三皮砖,防潮层的厚度为20~25 mm。这种做法构造简单,但砂浆不饱满会影响防潮效果。砂浆是脆性材料,易开裂,不适用于地基有不均匀沉降的建筑物。防水砂浆防潮层做法如图5.30(a)所示。

②卷材防潮层。在防潮层的位置先抹20 mm厚水泥砂浆找平层,上铺改性沥青卷材或三元乙丙橡胶卷材。这种做法防潮效果好,但卷材层的隔离削弱了砖墙的整体性,对抗震不利,故不宜用于刚度要求高和地震地区的建筑中。卷材防潮层做法如图5.30(b)所示。

③细石混凝土防潮层。在60 mm厚的细石混凝土中配置3ф6或3ф8钢筋形成防潮带。细石混凝土带防潮带与墙等宽,由于其抗裂性能好、防潮效果好,且能与砌体结合为一体,故适用于整体刚度要求较高的建筑中。细石混凝土防潮层做法如图5.30(c)所示。

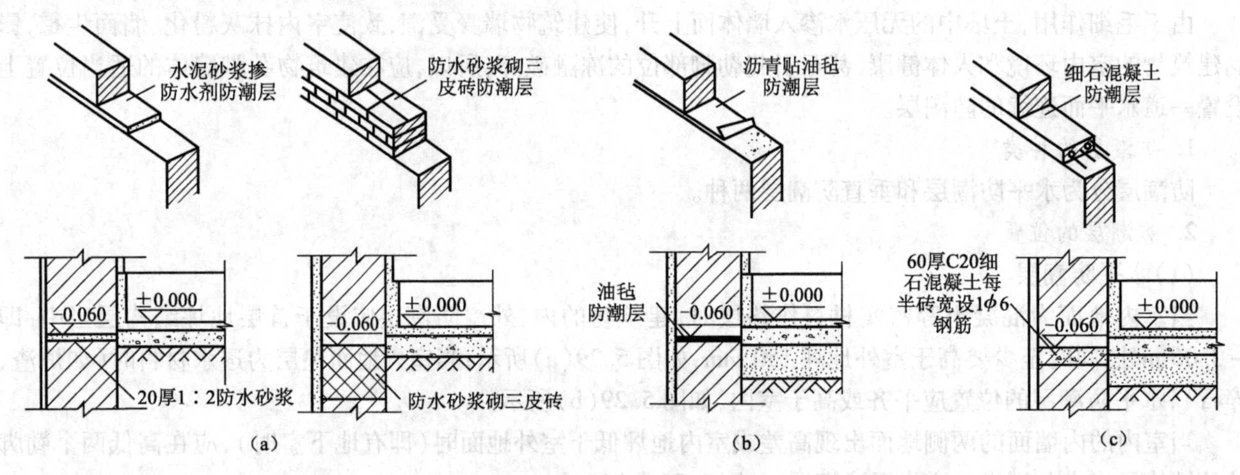

图5.30 墙身防潮层的构造

(2)垂直防潮层的构造做法

在勒脚处的两道水平防潮层之间靠近土壤的一侧的垂直墙面上,设置一道垂直防潮层,即在垂直的墙面上,用1:2.5水泥砂浆找平20 mm厚,外刷冷底子油一道或热沥青两道,或用建筑防水涂料、防水砂浆涂抹,如图5.31所示。

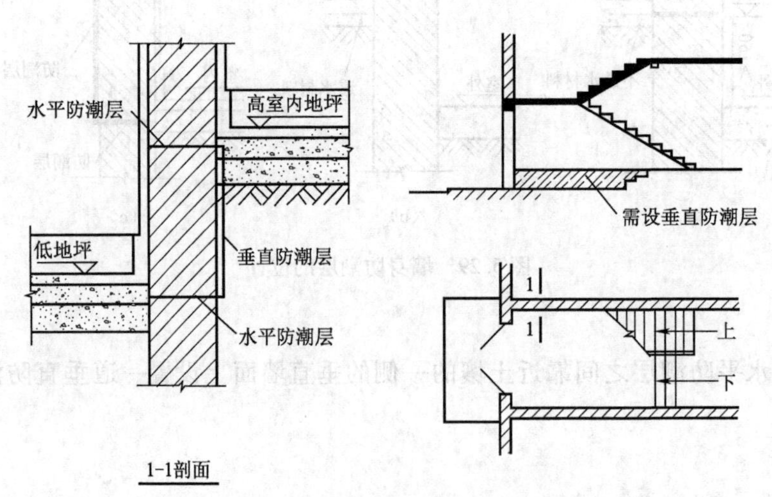

图5.31 垂直防潮层

5.5.3 散水和明沟

为防止建筑物四周的雨水、污水渗入地下,保护墙身基础不受水的侵蚀,排走地表水,要在建筑物外墙的四周勒脚与室外地坪交接处设散水或明沟。

1. 散水

散水是在建筑物外墙四周设置的坡度为3%~5%向外倾斜的排水坡,它能将地表积水迅速排走,适用于年降雨量小于等于400 mm的地区。

散水宽度一般为600~1000 mm,当建筑物屋面有挑檐,采用无组织排水时,散水应比屋面檐口宽出200 mm。

散水一般是在基层素土夯实上铺三合土、碎砖、石、混凝土等材料铺砌而成。散水与勒脚交接处应设分隔缝,分隔缝内应采用有弹性的防水材料嵌缝,以防止外墙下沉时使散水拉裂,同时散水整体面层纵向距离每隔6~12 m做一道伸缩缝,伸缩缝内应用热沥青或用沥青麻丝填充,散水做法如图5.32所示。

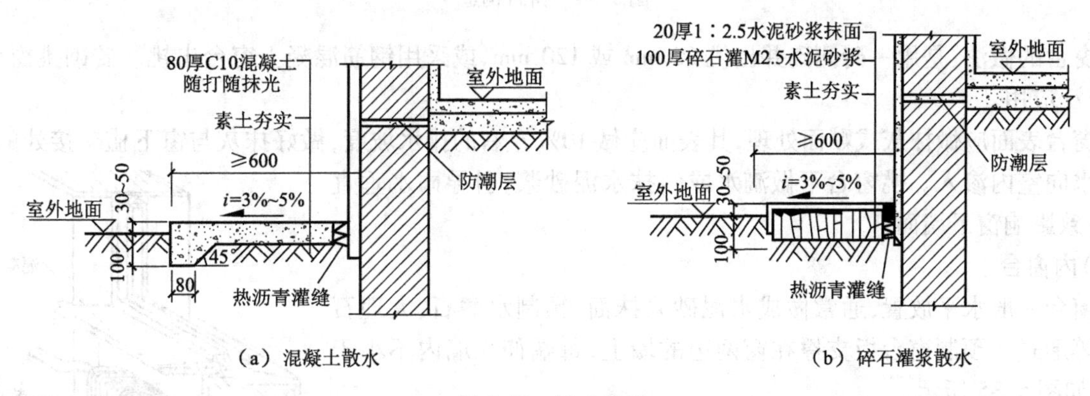

（a）混凝土散水　（b）碎石灌浆散水

图5.32 散水构造

北方寒冷地区为防止勒脚处的土壤冻胀破坏散水,故散水下应设一层300~500 mm厚的干炉渣或干砂防冻层。

2. 明沟

明沟是在建筑物勒脚四周设置的排水沟,能将雨水、污水有组织地排入城市地下排水管网,它适用于年降雨量大于400 mm的地区。明沟可用砖砌、石砌、混凝土浇筑而成,如图5.33所示。沟底应做纵坡,坡度为0.5%~1%,坡向集水井,明沟中心应对准屋檐滴水位置,外墙与明沟之间须做散水。

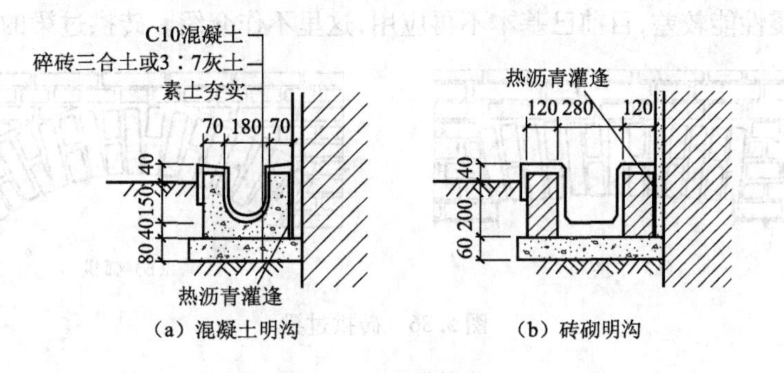

（a）混凝土明沟　（b）砖砌明沟

图5.33 明沟构造

5.5.4 窗洞口构造

1. 窗台

窗台是建筑物立面装饰设计的细部构件,为防止室外雨水聚集窗下侵入墙身和沿窗下槛向室内渗透污染室内,常在窗下靠室外一侧设置泄水构件窗台。窗台按其位置可分为外窗台和内窗台,外窗台设于室外,内窗台设于室内。

(1)外窗台

外窗台是窗洞下部的排水构件,它排除窗外侧流下的雨水,保护墙面。按其构造外窗台分挑窗台和不挑窗台。外窗台可根据建筑物的立面造型设挑窗台。而内墙和阳台处的窗不受雨水的影响,可设不挑窗台。窗台构造如图 5. 34 所示。

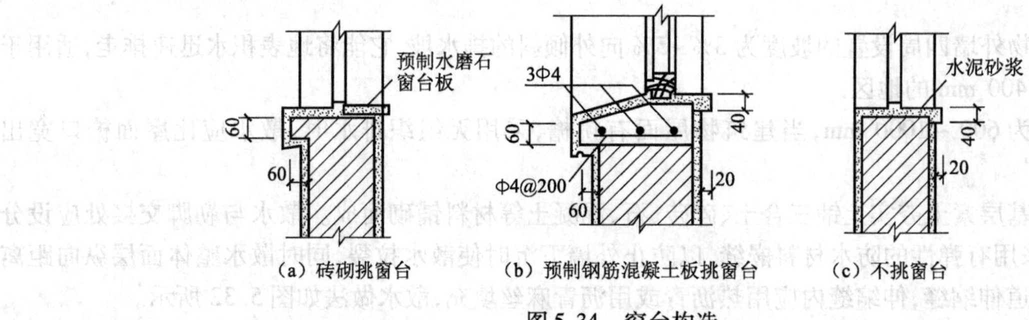

图 5. 34 窗台构造

挑窗台的做法:是用一砖侧砌并出挑 60 mm 或 120 mm,或采用钢筋混凝土窗台出挑。砖砌挑窗台施工简便,广泛应用。

外窗台表面应做抹灰或贴面处理,其表面应做 10% 左右的排水坡度,做好抹灰与窗下槛交接处的处理,防止雨水向室内渗入。挑窗台下做滴水或斜抹水泥砂浆,引导雨水垂直下落,不致影响窗下墙面。

(2)内窗台

内窗台一般水平放置,通常做成水泥砂浆抹面、预制水磨石、大理石窗台板等形式。预制窗台板支撑在窗两边的墙上,每端伸入墙内不小于 60 mm,如图 5. 35 所示。

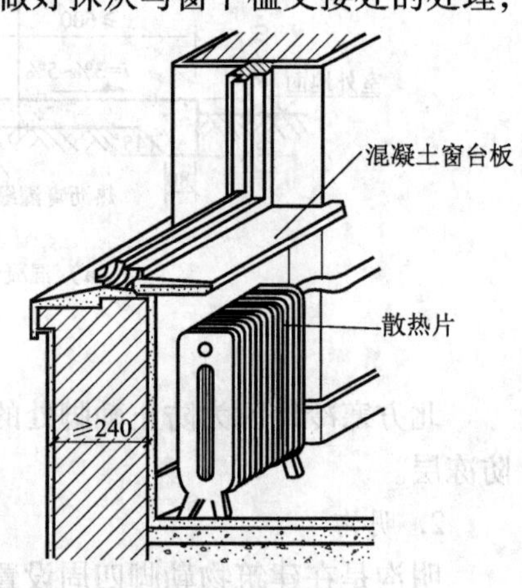

图 5. 35 内窗台

2. 门窗过梁

过梁是建筑物门窗洞口上设置的一道横梁。为了满足建筑的使用要求,要在建筑物的墙体中开设门窗洞口,过梁是承重构件,要承受其上部砌体传来的各种荷载,并把这些荷载传给两侧的墙体,要按结构承重计算,来确定过梁内的配筋及断面尺寸。

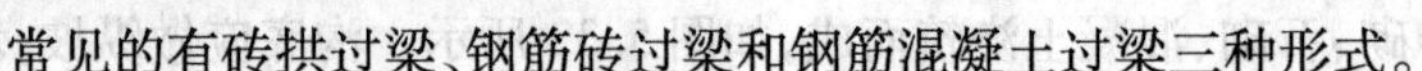

常见的有砖拱过梁、钢筋砖过梁和钢筋混凝土过梁三种形式。

(1)砖拱过梁

砖拱过梁因其抗震性能较差,目前已基本不再应用,这里不作介绍。砖拱过梁的形式如图 5. 36 所示。

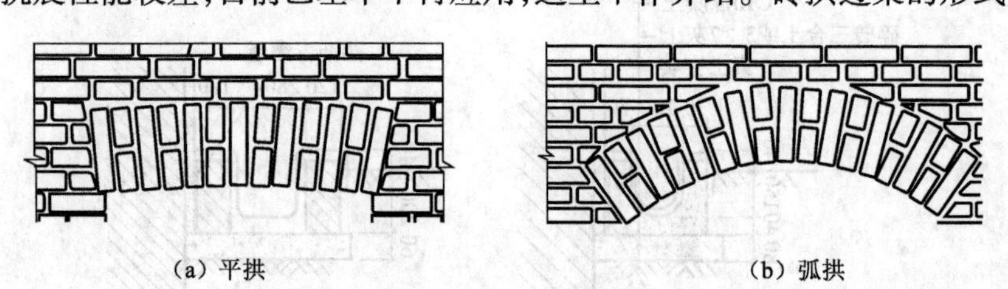

图 5. 36 砖拱过梁

(2)钢筋砖过梁

钢筋砖过梁是在门窗洞口上的砂浆层内配置钢筋的平砌砖过梁,它只适用于建筑物的内墙或清水墙。

构造:在洞口上支模板,用 M5 的水泥砂浆坐浆 20 ~ 30 mm 厚,再其上配置 2 Φ6 或 2 Φ8 钢筋,钢筋间距不大于 120 mm,钢筋伸入洞口两侧的墙体内不小于 240 mm,并设 40°直弯钩,埋在墙体的竖缝中,再用 M5 水泥砂浆、MU7. 5 的砖连续砌筑,高度为 5 ~ 7 皮砖,且不小于门窗洞口宽度的 1/4,形成能承受弯矩的加筋砖砌体。钢筋砖过梁的外观与外墙的砌筑形式相同,最大跨度为 1. 5 m。钢筋砖过梁如图 5. 37 所示。

(3)钢筋混凝土过梁

钢筋混凝土过梁应用广泛,它的承载力强,坚固耐久,施工方便,不受跨度限制,用于洞口上部有集中荷载以及房屋不均匀沉降、有振动的建筑物中。

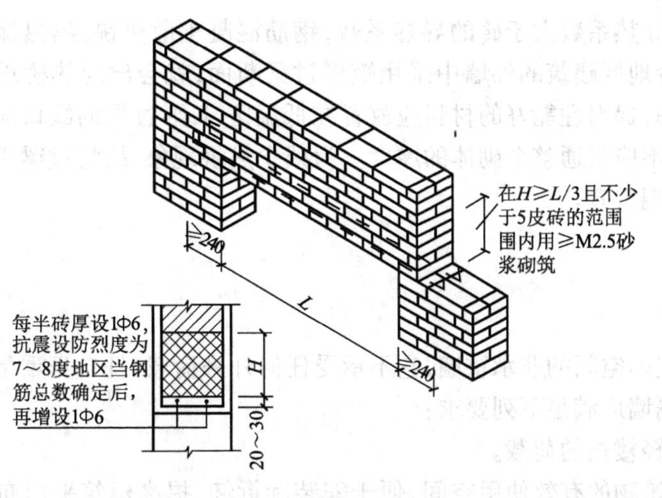

图 5.37　钢筋砖过梁

①分类。钢筋混凝土过梁按施工方式分为预制和现浇两种，按钢筋混凝土断面形式分为矩形、L形。

②断面形状。钢筋混凝土过梁断面有矩形和L形两种。矩形钢筋混凝土过梁适用于建筑物的内墙上；L形钢筋混凝土过梁适用于寒冷地区建筑物的外墙上，如图5.38所示。

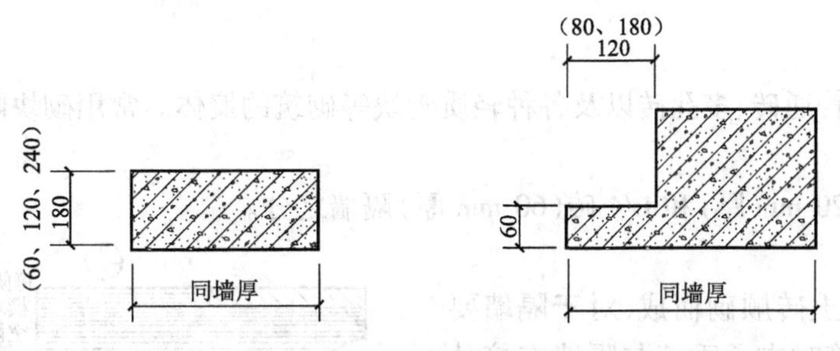

图 5.38　过梁的断面形状

③构造。钢筋混凝土过梁的截面尺寸，应根据洞口的跨度和上部墙体荷载计算确定。通常过梁宽不小于2/3墙厚，过梁的高度应与砖的皮数相配合，黏土砖常采用60 mm、120 mm、240 mm，多孔砖墙的过梁，梁高则采用40 mm、180 mm，过梁长为洞口的净跨加上过梁支承在墙两端的搭接长度。钢筋混凝土过梁的两端伸进墙内的支承长度不小于240 mm，以保证墙上有足够的承压面积。

当过梁为现浇，且洞口上部有圈梁时，洞口上部的现浇圈梁可兼做过梁使用，且过梁处圈梁的部分钢筋应按过梁受力计算配置钢筋。

有时由于立面的需要，为简化构造，可将过梁与悬挑雨篷、遮阳板结合起来设计。炎热多雨地区，常从过梁上挑出300～500 mm宽的窗楣板，既保护窗户不淋雨，又可遮挡部分直射阳光。钢筋混凝土过梁构造形式如图5.39所示。

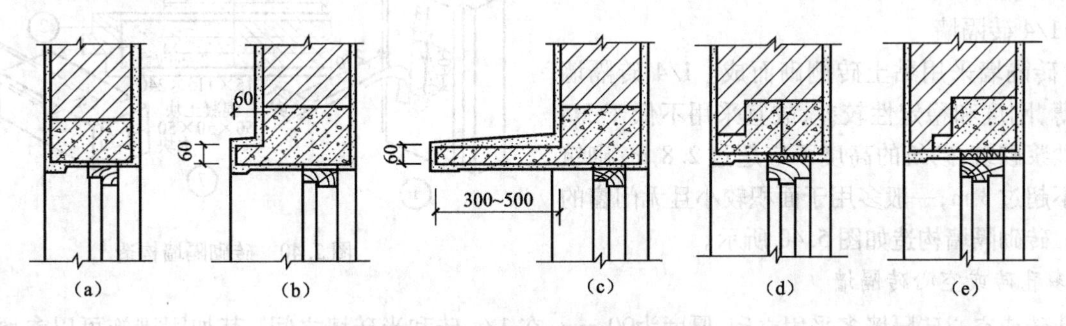

图 5.39　钢筋混凝土过梁的构造形式

在寒冷地区，外墙上的窗过梁大都采用L形断面，这是因为过梁安在窗上，窗在外墙上，钢筋混凝土的密实性好，钢筋混凝土的导热系数大于砖的导热系数，钢筋混凝土散热快，隔热保温性能差，因而过梁处易结冰，产生凝结水，在寒冷地区建筑的外墙中采用矩形过梁断面，就会出现热桥现象，影响建筑物室内的环境和美观。按照热工原理，保温性能好的材料应放置在低温区，L形过梁的缺口应面向室外，所以在寒冷地区，钢筋混凝土嵌入构件不应贯通整个砌体的厚度。为减少热桥现象，故将过梁由矩形断面改做L形断面，在L形上砌砖，做局部保温处理。

5.6 隔墙构造

隔墙是分隔建筑物室内空间的非承重墙，它不承受任何外来荷载，且自身重量由楼板或梁来承担，只起分隔建筑空间的作用。隔墙应满足下列要求：

①自重轻，有利于减轻楼板的荷载。

②厚度薄，可增加建筑物的有效使用空间，便于安装和拆卸，提高建筑平面布局的灵活性，能随使用要求的改变而变化。

③具有一定的隔声能力，使各使用房间互不干扰。

④能够满足厨房、卫生间等特殊房间不同的要求，如防潮、防水、防火等。

隔墙按其构造形式分为砌筑隔墙、骨架隔墙（立筋隔墙）和板材隔墙三种。

5.6.1 砌筑隔墙

砌筑隔墙是指采用普通砖、多孔砖以及各种轻质砌块等砌筑的墙体。常用砌块隔墙和砖砌隔墙等。

1. 砖砌隔墙

砖砌隔墙有半砖（120 mm 厚）和1/4砖（60 mm 厚）隔墙之分。

（1）半砖隔墙

半砖隔墙是采用黏土砖顺砌而成，对于隔墙要满足其稳定性，隔墙砌筑时在承重墙与隔墙交接处设置拉结钢筋并甩出茬子，使隔墙与承重墙连接牢固成为一体。当隔墙采用M2.5砂浆砌筑时，砌筑的高度不宜超过3.6 m，长度不宜超过5 m；当隔墙采用M5砂浆砌筑时，砌筑的高度不宜超过4 m，长度不宜超过6 m；否则在构造上要沿墙高每隔1.2～1.5 m设一道30 mm厚的水泥砂浆，内设2Φ6拉结钢筋予以加固。此外，砖隔墙顶部与楼板或梁相接处不宜过于填实，隔墙上部300 mm厚处应采用立砖斜砌或留有30 mm的空隙，以防止楼板或梁产生挠度，致使隔墙上部被压坏。

（2）1/4砖隔墙

1/4砖隔墙采用黏土砖侧砌而成。1/4砖隔墙厚度较薄，刚度和稳定性较差，故宜采用不低于M5的水泥砂浆砌筑，砌筑的高度不应超过2.8 m，砌筑的长度不超过3 m，一般多用于面积较小且无门窗的隔墙中。砖砌隔墙构造如图5.40所示。

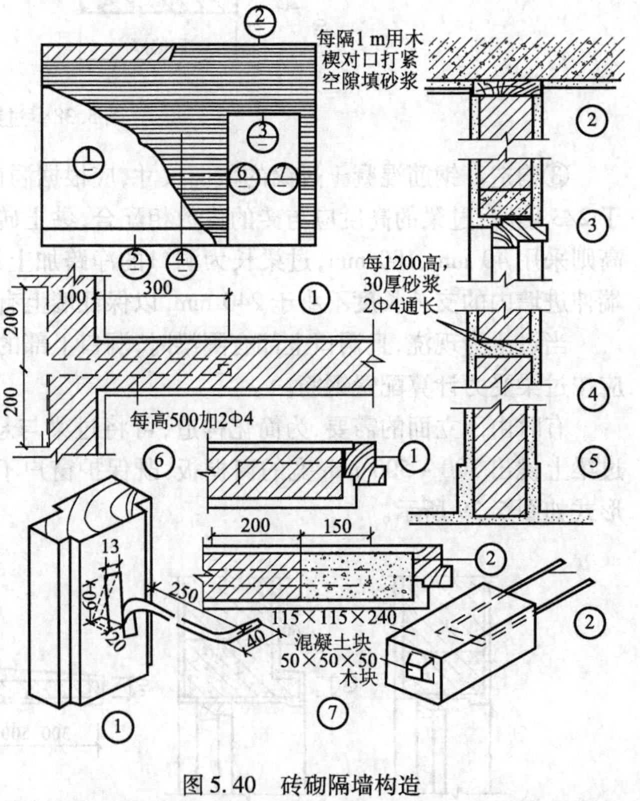

图5.40 砖砌隔墙构造

2. 多孔砖或空心砖隔墙

多孔砖或空心砖隔墙多采用立砌，厚度为90 mm，在1/4砖和半砖墙之间。其加固措施可以参照半砖隔墙的构造进行。此外，砖隔墙顶部与楼板或梁相接处不宜过于填实，或使砖砌体直接顶住楼板或梁，应留有约30 mm的空隙，以防止楼板或梁产生挠度，致使隔墙上部被压坏。

3. 砌块隔墙

砌块隔墙常采用粉煤灰硅酸盐、加气混凝土、水泥煤渣等制成的实心或空心砌块砌筑而成。墙厚由砌块尺寸定,一般为90～120 mm。由于墙体稳定性较差,需对墙身进行加固处理。通常是沿墙身横向配置钢筋,对空心砌块墙,有时也可竖向配筋。

5.6.2 骨架隔墙

骨架隔墙又称立筋隔墙,它由骨架和面层两部分组成。

1. 骨架

骨架由上槛、下槛、立筋(龙骨)、横撑或斜撑组成。

骨架的种类很多,常用的是金属骨架。金属骨架由各种形式的薄型钢加工制成,也称轻钢骨架。它具有强度高、刚度大、重量轻、整体性好、易于加工和大批量生产以及防火、防潮性能好等优点。轻钢骨架的断面形状为槽形,尺寸为100 mm×50 mm或75 mm×45 mm,骨架与楼板、墙或柱等构件用膨胀螺栓或铆钉(间距600～1 000 mm)固接,立筋间距400～600 mm。骨架的安装过程是先用射钉将上、下槛固定在楼板上,然后安装轻钢龙骨,如图5.41和图5.42所示。

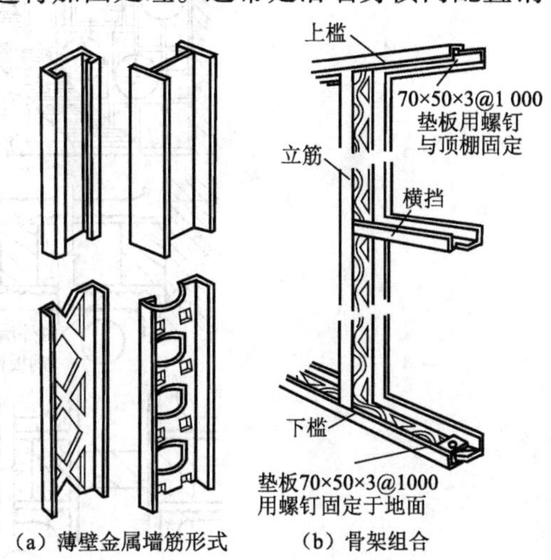

(a) 薄壁金属墙筋形式 (b) 骨架组合

图5.41 金属骨架隔墙

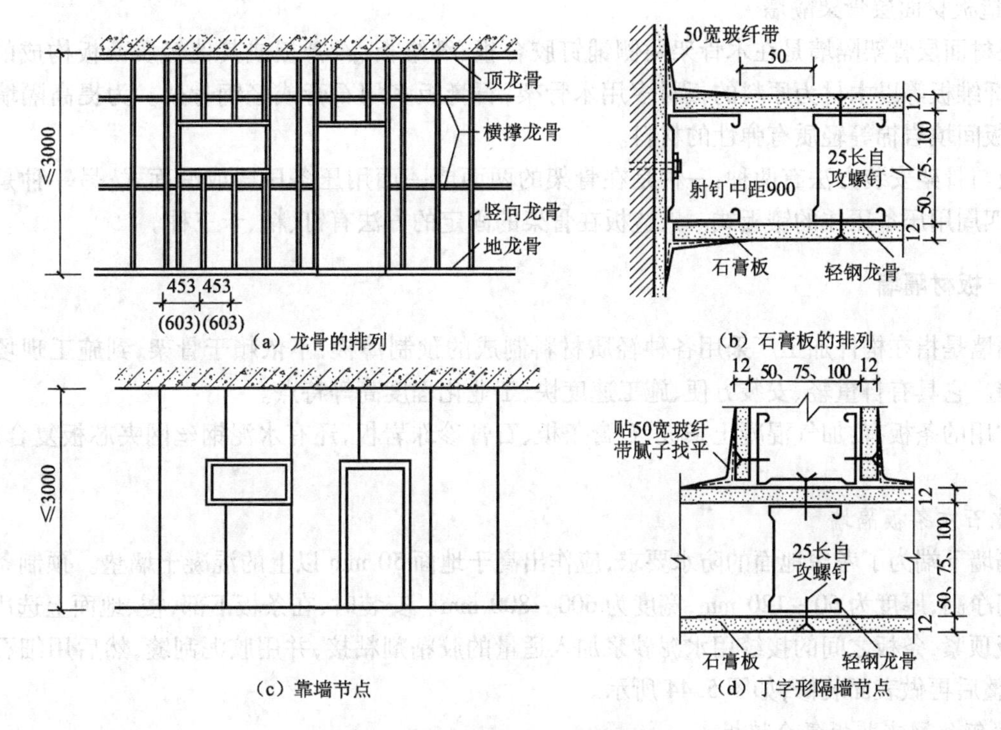

(a) 龙骨的排列 (b) 石膏板的排列

(c) 靠墙节点 (d) 丁字形隔墙节点

图5.42 轻钢龙骨石膏板隔墙

2. 面层

立筋隔墙的面层有玻璃和人造板面层。人造板面层是在木骨架或轻钢骨架上铺钉各种装饰吸声板、钙塑板,以及各种胶合板、纤维板等人造板材。

(1)钢丝网抹灰隔墙

为加强抹灰与板条的连接,常将板条间距加大,然后钉上钢丝网,再做抹灰面层,形成钢丝网板条抹灰隔墙,如图5.43所示。由于钢丝网变形小,强度高,与砂浆的粘接力大,因而抹灰层不易开裂和脱落,有利于防潮和防火。

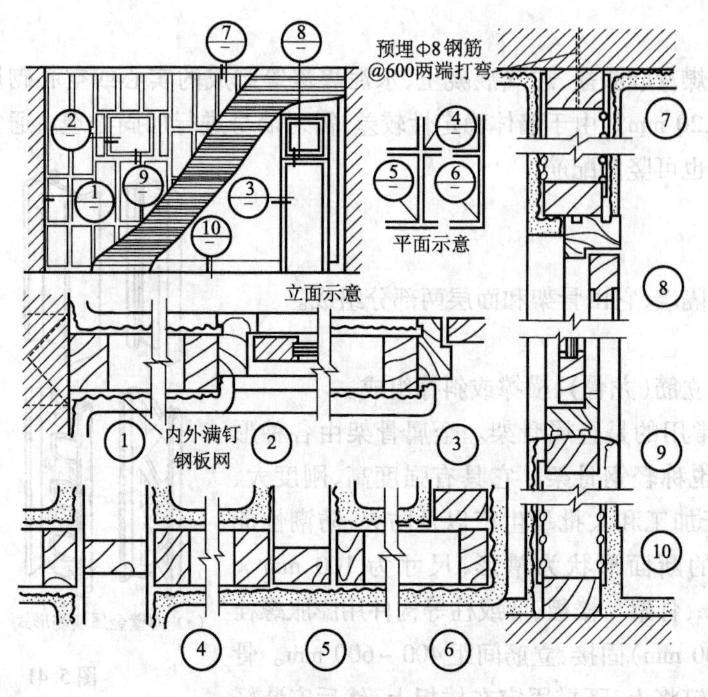

图 5.43　钢丝网板条抹灰隔墙

（2）人造板材面层骨架隔墙

人造板材面层骨架隔墙是在木骨架两侧铺钉胶合板、纤维板、石膏板或其他轻质薄板构成的隔墙。胶合板、硬质纤维板等以木材为原料的板材多用木骨架，石膏板多用石膏或轻钢骨架。为提高隔墙的隔声能力，可在面板间填岩棉等轻质有弹性的材料。

人造板与骨架安装方法有两种：一种是在骨架的两面或一面用压条压缝或贴面式；另一种是将板材嵌入骨架中，四周用压条压住的镶板式。人造板在骨架的固定的方法有钉、粘、卡三种。

5.6.3　板材隔墙

板材隔墙是指在构件加工厂采用各种轻质材料制成的预制薄板，不依赖于骨架，到施工现场直接装配而成的隔墙。它具有自重轻、安装方便、施工速度快、工业化程度高等特点。

目前常用的条板有：加气混凝土条板、石膏条板、石膏珍珠岩板，还有水泥钢丝网夹芯板复合墙板、复合彩钢板等。

1. 碳化石灰条板隔墙

条板隔墙下端为了考虑地面的防水要求，应作出高于地面 50 mm 以上的混凝土墙垫。预制条板的长度略小于房间净高，厚度为 60～120 mm，宽度为 600～800 mm。安装时，在条板下部，楼、地面上选用一对口小木楔将条板顶紧，条板之间的接缝用水泥砂浆加入适量的胶粘剂粘接，并用胶泥刮缝，然后用细石混凝土堵严板缝，平整后再做表面装修，如图 5.44 所示。

2. 水泥钢丝网夹芯板复合墙板

水泥钢丝网夹芯板复合墙板（又称为泰柏板或三维板）是由低碳冷拔镀锌钢丝焊接成空间骨架，中间填充 50 mm 厚的阻燃型聚苯乙烯泡沫塑料制成的轻质板材，在施工现场安装并双面抹灰或喷涂水泥砂浆制成的轻质复合板墙。

水泥钢丝网夹芯板复合墙板长 2400～4000 mm，宽 1200～1400 mm，厚 70～80 mm。定型产品规格为 1200 mm×2400 mm×70 mm，水泥钢丝网夹芯板复合墙板自重轻，强度高，保温隔热性能好，具有一定的防火、隔声能力，且安装拆卸方便，所以被广泛用于民用建筑的内外墙体、屋面等建筑中。

水泥钢丝网夹芯板复合墙板以 50 mm 厚的阻燃型聚苯乙烯泡沫塑料整板为芯料，两侧钢丝网间距 70 mm，钢丝网格间距 50 mm，每个网格焊一根腹丝，腹丝倾角 45°，两侧喷抹 30 mm 厚水泥砂浆或小豆石混凝土,总厚度为 110 mm,如图 5.45(a)所示。

安装水泥钢丝网夹芯板复合墙板时,先放线,然后在楼面和顶板处设置锚筋或固定 U 形码,将复合墙板与之可靠连接,并用锚筋及钢筋网加强复合墙板与周围墙体、梁、柱的连接,如图 5.45(b)所示。

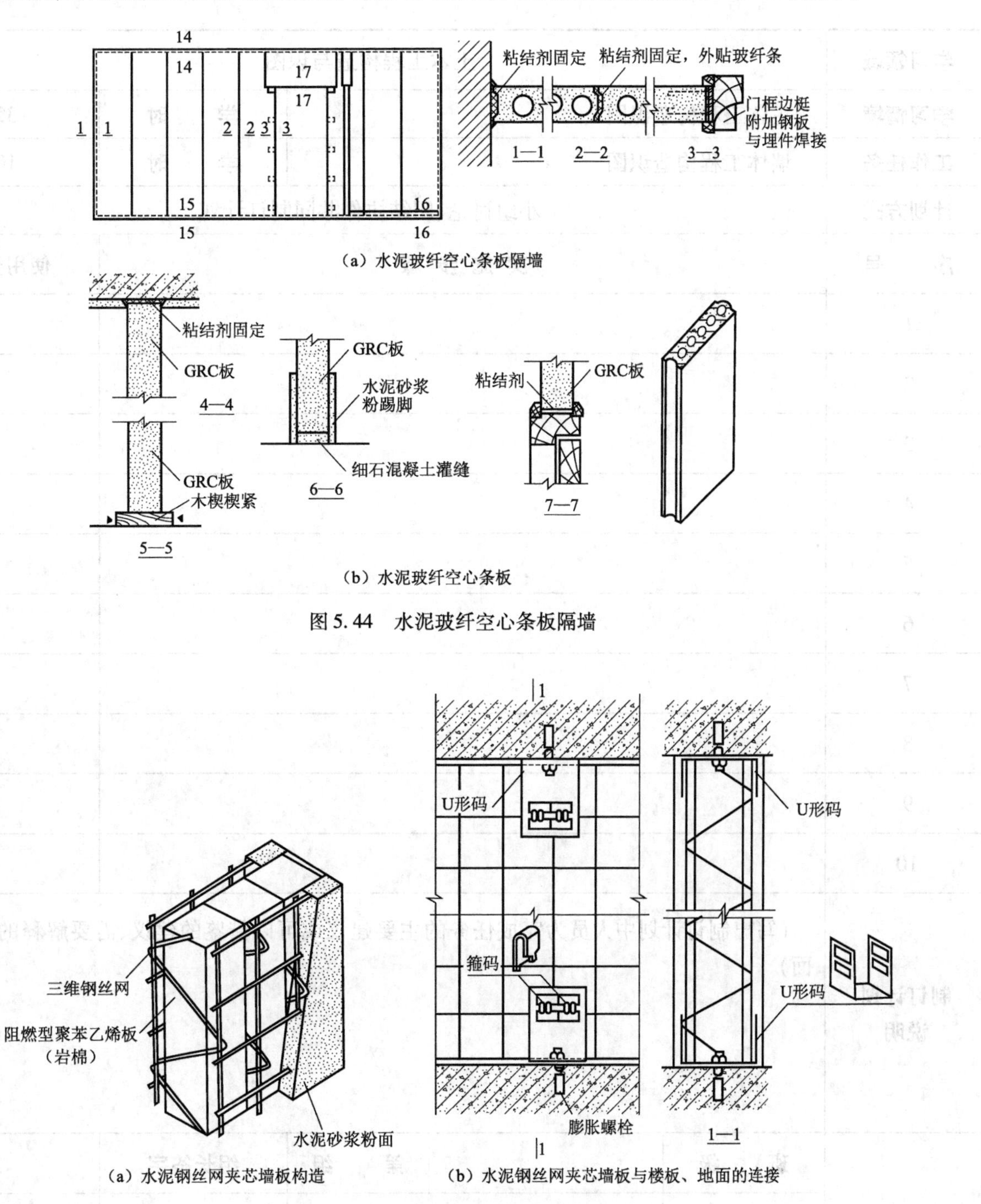

(a) 水泥玻纤空心条板隔墙

(b) 水泥玻纤空心条板

图 5.44　水泥玻纤空心条板隔墙

(a) 水泥钢丝网夹芯墙板构造

(b) 水泥钢丝网夹芯墙板与楼板、地面的连接

图 5.45　水泥钢丝网夹芯复合墙板

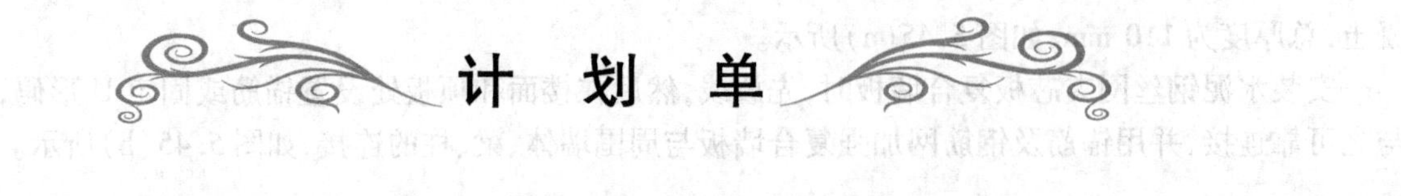

计 划 单

<table>
<tr><td>学习领域</td><td colspan="3">土木工程构造与识图</td></tr>
<tr><td>学习情境</td><td>主体工程构造识图</td><td>学 时</td><td>32</td></tr>
<tr><td>工作任务</td><td>墙体工程构造识图</td><td>学 时</td><td>10</td></tr>
<tr><td>计划方式</td><td colspan="3">小组讨论、团结协作共同制订计划</td></tr>
<tr><td>序 号</td><td colspan="2">实 施 步 骤</td><td>使用资源</td></tr>
<tr><td>1</td><td colspan="2"></td><td></td></tr>
<tr><td>2</td><td colspan="2"></td><td></td></tr>
<tr><td>3</td><td colspan="2"></td><td></td></tr>
<tr><td>4</td><td colspan="2"></td><td></td></tr>
<tr><td>5</td><td colspan="2"></td><td></td></tr>
<tr><td>6</td><td colspan="2"></td><td></td></tr>
<tr><td>7</td><td colspan="2"></td><td></td></tr>
<tr><td>8</td><td colspan="2"></td><td></td></tr>
<tr><td>9</td><td colspan="2"></td><td></td></tr>
<tr><td>10</td><td colspan="2"></td><td></td></tr>
<tr><td>制订计划说明</td><td colspan="3">（写出制订计划中人员为完成任务的主要建议或可以借鉴的建议、需要解释的某一方面）</td></tr>
</table>

<table>
<tr><td rowspan="3">计划评价</td><td>班 级</td><td></td><td>第 组</td><td>组长签字</td><td></td></tr>
<tr><td>教师签字</td><td colspan="2"></td><td>日 期</td><td></td></tr>
<tr><td colspan="5">评语：</td></tr>
</table>

决 策 单

学习领域	土木工程构造与识图				
学习情境	主体工程构造识图			学 时	32
工作任务	墙体工程构造识图			学 时	10
方 案 讨 论					
方案对比	组 号	方案合理性	实施可操作性	实施难度	综合评价
	1				
	2				
	3				
	4				
	5				
	6				
	7				
	8				
	9				
	10				
方案评价	评语：				

班 级		组长签字		教师签字		年 月 日

实 施 单

<table>
<tr><td>学习领域</td><td colspan="3">土木工程构造与识图</td></tr>
<tr><td>学习情境</td><td>主体工程构造识图</td><td>学 时</td><td>32</td></tr>
<tr><td>工作任务</td><td>墙体工程构造识图</td><td>学 时</td><td>10</td></tr>
<tr><td>实施方式</td><td colspan="3">小组成员合作,动手实践</td></tr>
<tr><td>序 号</td><td>实 施 步 骤</td><td colspan="2">使 用 资 源</td></tr>
<tr><td>1</td><td></td><td colspan="2"></td></tr>
<tr><td>2</td><td></td><td colspan="2"></td></tr>
<tr><td>3</td><td></td><td colspan="2"></td></tr>
<tr><td>4</td><td></td><td colspan="2"></td></tr>
<tr><td>5</td><td></td><td colspan="2"></td></tr>
<tr><td>6</td><td></td><td colspan="2"></td></tr>
<tr><td>7</td><td></td><td colspan="2"></td></tr>
<tr><td>8</td><td></td><td colspan="2"></td></tr>
<tr><td colspan="4">实施说明:</td></tr>
</table>

<table>
<tr><td>班 级</td><td></td><td>第 组</td><td>组长签字</td><td></td></tr>
<tr><td>教师签字</td><td colspan="2"></td><td>日 期</td><td></td></tr>
<tr><td>评 语</td><td colspan="4"></td></tr>
</table>

作 业 单

<table>
<tr><td>学习领域</td><td colspan="4">土木工程构造与识图</td></tr>
<tr><td>学习情境</td><td colspan="2">主体工程构造识图</td><td>学 时</td><td>32</td></tr>
<tr><td>工作任务</td><td colspan="2">墙体工程构造识图</td><td>学 时</td><td>10</td></tr>
<tr><td>作业方式</td><td colspan="4">资料查询,现场操作</td></tr>
<tr><td>1</td><td colspan="4">简述墙体按构造、按位置和方向、按施工方法的分类。</td></tr>
<tr><td colspan="5"></td></tr>
<tr><td>2</td><td colspan="4">在砖混结构中,墙体的承重方案有几种?各种方案有何特点?</td></tr>
<tr><td colspan="5"></td></tr>
<tr><td>3</td><td colspan="4">为何要设墙身防潮层?其设置的位置如何?绘图说明水平、垂直防潮层的构造。</td></tr>
<tr><td colspan="5"></td></tr>
<tr><td>4</td><td colspan="4">绘制 EPS 板薄抹灰外墙外保温墙体。</td></tr>
<tr><td colspan="5"></td></tr>
<tr><td>班 级</td><td></td><td>第 组</td><td>组长签字</td><td></td></tr>
<tr><td>教师签字</td><td colspan="2"></td><td>日 期</td><td></td></tr>
<tr><td>教师评分</td><td colspan="4"></td></tr>
</table>

检　查　单

<table>
<tr><td>学习领域</td><td colspan="5">土木工程构造与识图</td></tr>
<tr><td>学习情境</td><td colspan="3">主体工程构造识图</td><td>学　　时</td><td>24</td></tr>
<tr><td>工作任务</td><td colspan="3">墙体工程构造识图</td><td>学　　时</td><td>6</td></tr>
<tr><td>序　　号</td><td colspan="2">检查项目</td><td>检查标准</td><td>学生自查</td><td>教师检查</td></tr>
<tr><td>1</td><td colspan="2"></td><td></td><td></td><td></td></tr>
<tr><td>2</td><td colspan="2"></td><td></td><td></td><td></td></tr>
<tr><td>3</td><td colspan="2"></td><td></td><td></td><td></td></tr>
<tr><td>4</td><td colspan="2"></td><td></td><td></td><td></td></tr>
<tr><td>5</td><td colspan="2"></td><td></td><td></td><td></td></tr>
<tr><td>6</td><td colspan="2"></td><td></td><td></td><td></td></tr>
<tr><td>7</td><td colspan="2"></td><td></td><td></td><td></td></tr>
<tr><td>8</td><td colspan="2"></td><td></td><td></td><td></td></tr>
<tr><td>9</td><td colspan="2"></td><td></td><td></td><td></td></tr>
<tr><td>10</td><td colspan="2"></td><td></td><td></td><td></td></tr>
<tr><td rowspan="3">检查评价</td><td>班　　级</td><td></td><td>第　　组</td><td>组长签字</td><td></td></tr>
<tr><td>教师签字</td><td></td><td>日　　期</td><td colspan="2"></td></tr>
<tr><td colspan="5">评语：</td></tr>
</table>

评价单

<table>
<tr><td>学习领域</td><td colspan="8">土木工程构造与识图</td></tr>
<tr><td>学习情境</td><td colspan="4">主体工程构造识图</td><td colspan="2">学　时</td><td colspan="2">24</td></tr>
<tr><td>工作任务</td><td colspan="4">墙体工程构造识图</td><td colspan="2">学　时</td><td colspan="2">6</td></tr>
<tr><td>评价类别</td><td>项　目</td><td colspan="2">子项目</td><td>个人评价</td><td colspan="2">组内自评</td><td colspan="2">教师评价</td></tr>
<tr><td rowspan="7">专业能力</td><td rowspan="2">资讯
（10%）</td><td colspan="2">搜集信息（5%）</td><td></td><td colspan="2"></td><td colspan="2"></td></tr>
<tr><td colspan="2">引导问题回答（5%）</td><td></td><td colspan="2"></td><td colspan="2"></td></tr>
<tr><td>计划
（5%）</td><td colspan="2"></td><td></td><td colspan="2"></td><td colspan="2"></td></tr>
<tr><td>实施
（20%）</td><td colspan="2"></td><td></td><td colspan="2"></td><td colspan="2"></td></tr>
<tr><td>检查
（10%）</td><td colspan="2"></td><td></td><td colspan="2"></td><td colspan="2"></td></tr>
<tr><td>过程
（5%）</td><td colspan="2"></td><td></td><td colspan="2"></td><td colspan="2"></td></tr>
<tr><td>结果
（10%）</td><td colspan="2"></td><td></td><td colspan="2"></td><td colspan="2"></td></tr>
<tr><td rowspan="2">社会能力</td><td>团结协作
（10%）</td><td colspan="2"></td><td></td><td colspan="2"></td><td colspan="2"></td></tr>
<tr><td>敬业精神
（10%）</td><td colspan="2"></td><td></td><td colspan="2"></td><td colspan="2"></td></tr>
<tr><td rowspan="2">方法能力</td><td>计划能力
（10%）</td><td colspan="2"></td><td></td><td colspan="2"></td><td colspan="2"></td></tr>
<tr><td>决策能力
（10%）</td><td colspan="2"></td><td></td><td colspan="2"></td><td colspan="2"></td></tr>
<tr><td rowspan="3">评价评语</td><td>班　级</td><td></td><td>姓　名</td><td></td><td>学　号</td><td></td><td>总　评</td><td></td></tr>
<tr><td>教师签字</td><td></td><td>第　组</td><td>组长签字</td><td colspan="2"></td><td>日　期</td><td></td></tr>
<tr><td colspan="8"></td></tr>
</table>

教学反馈表(课后进行)

学习领域	土木工程构造与识图				
学习情境	主体工程构造识图	工作任务		墙体工程构造识图	
学　　时	0.5				
序　号	调 查 内 容		是	否	理由陈述
1	你是否喜欢这种上课方式?				
2	与传统教学方式比较你认为哪种方式学到的知识更适用?				
3	针对每个工作任务你是否学会如何进行资讯?				
4	你对于计划和决策感到困难吗?				
5	你认为本工作任务对你将来的工作有帮助吗?				
6	通过本工作任务的学习,你学会墙体工程构造识图了吗?在今后的实习或顶岗实习过程中遇到墙体工程构造识图常见问题你可以解决吗?				
7	通过几天来的工作和学习,你对自己的表现是否满意?				
8	你对小组成员之间的合作是否满意?				
9	你认为本学习情境还应学习哪些方面的内容?(请在下面空白处填写)				
你的意见对改进教学非常重要,请写出你的建议和意见:					

被调查人信息				
专　业	年　级	班　级	姓　名	日　期

工作任务6 楼层与地层构造识图

<table>
<tr><td>学习领域</td><td colspan="6">土木工程构造与识图</td></tr>
<tr><td>学习情境</td><td colspan="3">主体工程构造识图</td><td>工作任务</td><td colspan="2">楼层与地层构造识图</td></tr>
<tr><td>任务学时</td><td colspan="6">6</td></tr>
<tr><td colspan="7">布置任务</td></tr>
<tr><td>工作目标</td><td colspan="6">1. 了解建筑物楼、地层的组成区别;
2. 掌握建筑物现浇楼板的构造;
3. 学习现浇阳台雨篷的构造图;
4. 学习现浇钢筋混凝土的五种楼板的构造;
5. 学会常用楼地面、顶棚的构造;
6. 识读楼、地层的构造图;
7. 绘制现浇楼板的构造图;
8. 能够在完成任务过程中锻炼职业素质,做到“严谨认真、吃苦耐劳、诚实守信”。</td></tr>
<tr><td>任务描述</td><td colspan="6">在识读工程图纸前,掌握楼层与地层工程构造组成、设计要求、构造要点和施工工艺。其工作如下:
1. 楼地层的组成与设计要求;
2. 现浇钢筋混凝土楼板;
3. 楼板层的防水与排水构造;
4. 阳台与雨篷构造。</td></tr>
<tr><td rowspan="2">学时安排</td><td>资 讯</td><td>计 划</td><td>决 策</td><td>实 施</td><td>检 查</td><td>评 价</td></tr>
<tr><td>2</td><td>0.5</td><td>0.5</td><td>2</td><td>0.5</td><td>0.5</td></tr>
<tr><td>提供资料</td><td colspan="6">1. 房屋建筑制图统一标准:GB/T 50001—2010;
2. 工程制图相关规范;
3. 造价员、技术员岗位技术相关标准。</td></tr>
<tr><td>对学生的要求</td><td colspan="6">1. 具备几何的基本知识;
2. 具备对建筑物的基本了解;
3. 具备对建筑制图工具使用的一般了解;
4. 具备一定的自学能力、数据计算能力、沟通协调能力、语言表达能力和团队意识;
5. 每位同学必须积极参与小组讨论;
6. 严格遵守课堂纪律和工作纪律,不迟到,不早退,不旷课;
7. 树立职业意识,按照企业的岗位职责要求自己。</td></tr>
</table>

资讯单

<table>
<tr><td>学习领域</td><td colspan="4">土木工程构造与识图</td></tr>
<tr><td>学习情境</td><td colspan="2">主体工程构造识图</td><td>工作任务</td><td>楼层与地层构造识图</td></tr>
<tr><td>资讯学时</td><td colspan="4">2</td></tr>
<tr><td>资讯方式</td><td colspan="4">1. 通过信息单、教材、互联网及图书馆查询完成任务资讯；
2. 通过咨询任课教师完成任务资讯。</td></tr>
<tr><td rowspan="15">资讯问题</td><td colspan="4">1. 楼板层由哪些部分组成？各部分层次的构件有何作用？</td></tr>
<tr><td colspan="4">2. 地坪层由哪些部分组成？各部分层次的构件有何作用？</td></tr>
<tr><td colspan="4">3. 楼板层的设计要求有哪些？</td></tr>
<tr><td colspan="4">4. 绘制楼地层的构造图。</td></tr>
<tr><td colspan="4">5. 什么是单向板？什么是双向板？</td></tr>
<tr><td colspan="4">6. 现浇整体式钢筋混凝土楼板的特点和适用范围是什么？</td></tr>
<tr><td colspan="4">7. 预制装配式钢筋混凝土楼板的特点是什么？常用的板型有哪几种？</td></tr>
<tr><td colspan="4">8. 预制装配式钢筋混凝土楼板拼接时板缝是怎样处理的？</td></tr>
<tr><td colspan="4">9. 楼板的附加层都有什么？</td></tr>
<tr><td colspan="4">10. 阳台有哪些类型？阳台由哪几部分组成？</td></tr>
<tr><td colspan="4">11. 阳台栏板和栏杆的作用是什么？阳台栏板和栏杆如何与阳台板连接？</td></tr>
<tr><td colspan="4">12. 如何处理阳台的排水与保温？</td></tr>
<tr><td colspan="4">13. 雨篷需设置的位置在哪？其作用是什么？</td></tr>
<tr><td colspan="4">14. 雨篷梁的形式有几种？</td></tr>
<tr><td colspan="4">学生需要单独资讯的问题……</td></tr>
<tr><td>资讯要求</td><td colspan="4">1. 根据专业目标和任务描述正确理解完成任务需要的咨询内容；
2. 按照上述资讯内容进行咨询；
3. 写出资讯报告。</td></tr>
<tr><td rowspan="3">资讯评价</td><td>班　级</td><td></td><td>学生姓名</td><td></td></tr>
<tr><td>教师签字</td><td></td><td>日　期</td><td></td></tr>
<tr><td colspan="4"></td></tr>
</table>

信息单

6.1 楼地层的组成与设计要求

楼板层与地坪层是建筑物的水平受力构件，要承受在其上的全部荷载并将该荷载传递给墙或柱，对墙体来说起水平支撑的作用。楼板层是沿着竖直方向将建筑物分隔成若干上下层空间，是建筑物的重要组成部分，它应具有保温、隔声、隔热、防水、防火等性能。地坪层是建筑物底部与土壤相接的构件，它要承受作用在底层地面上的全部荷载，并将它们均匀地传给地基。通常将楼板层和底层地坪层统称楼地面。

6.1.1 楼板层的组成

为了满足楼板层使用功能的要求，通常楼板层由面层、结构层、顶棚层、附加(功能)层四部分组成，如图6.1所示。

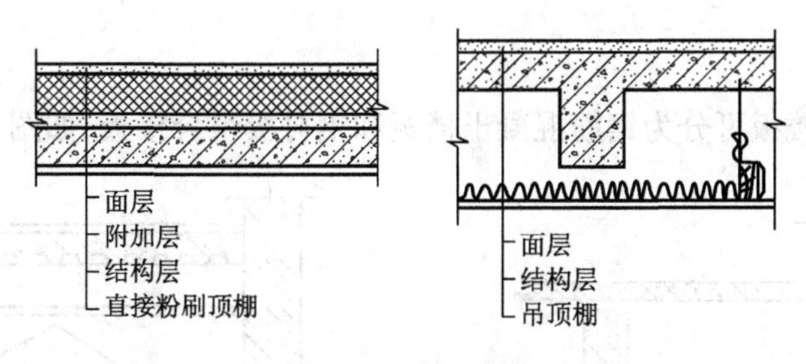

图6.1 楼板层的组成

1. 面层

面层位于楼板层的上表面，又称楼面或地面。其作用是保护楼板结构层，承重并传递荷载，装饰室内环境等。

2. 结构层

结构层是楼板层的承重构件，由钢筋混凝土梁、板等构件组成。钢筋混凝土楼板要承受楼板层的全部荷载并将其传给墙或柱，同时还对墙身起水平支撑的作用，故应具有足够的强度、刚度和耐久性。

3. 顶棚层

顶棚层位于楼板层的下表面，俗称天花板，是建筑物室内空间上部的装修层，起保护结构层和装饰室内、安装灯具、敷设管线等作用。

4. 附加层

附加层又称功能层，对于特殊用途的房间，根据楼板层的使用要求和构造不同，可在面层与结构层或结构层与顶棚层之间设置保温层、隔热层、管线设备层、防水层、防潮层、隔声层等附加层。

6.1.2 楼板层的设计要求

1. 具有足够的强度和刚度

楼板作为承重构件应具有足够的强度，以承受楼面传来的所有荷载，不发生任何破坏。为满足正常使用要求，楼板层必须具有足够的刚度，以保证结构在荷载作用下的变形，在允许范围之内正常使用。

2. 具有防火、保温、隔热、防潮、防水、隔声等能力

建筑物的耐火等级对构件的耐火极限和燃烧性能有一定的要求，即楼板不得采用燃烧体，耐火等级为四级建筑的楼板可采用难燃烧体，其耐火极限不低于0.25 h。

楼板的保温是指楼板在使用过程中应具有一定的蓄热性，保温性能好，地面应有舒适的感觉。当房间设计室内温度不同时，可在楼板层上加设保温构造，即设置保温层。

对于有水的厨房、卫生间等房间，地面易潮湿，易积水，故应做好楼地层的防渗漏构造，即设置防水层，

使建筑物能正常使用。

楼板应具有一定隔声能力，避免上下层房间互相干扰。通常楼板的隔声量为 40 ~ 50 dB。提高楼板隔声能力可采取如下措施：

①选用空心构件来隔绝空气传声。

②在楼板面铺设弹性面层，铺地板、橡胶、地毯等。

③在面层下铺设弹性垫层。

④在楼板下设置吊棚。

3. 便于在楼板层中敷设各种管线

满足现代建筑的“智能化”要求，地热采暖管线、电器管线等设备管线要借助楼地层来敷设布置，因此需要合理安排好各种设备管线的走向。

4. 具有经济性

由于楼地层占整个建筑物总造价的比例较高，故选用楼地层应考虑就地取材，且与房屋的等级标准、使用要求相适应，提高建筑装配化的程度，利于建筑物降低造价。

6.1.3 楼板的类型

根据使用的材料不同，楼板可分为钢筋混凝土楼板和钢衬板组合楼板，如图 6.2 所示。

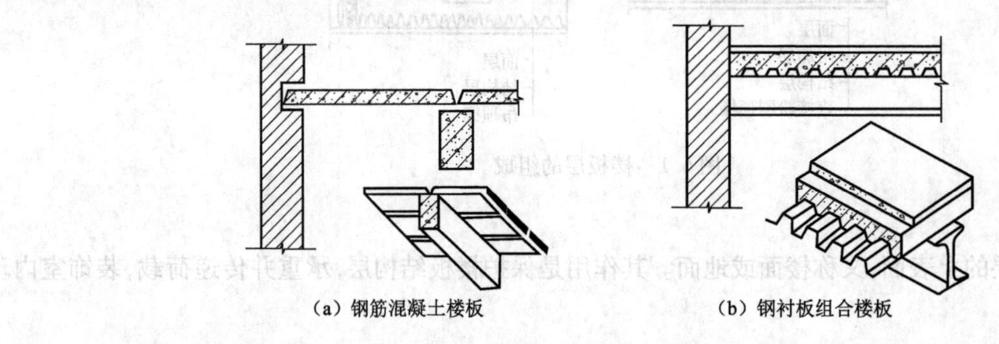

（a）钢筋混凝土楼板　（b）钢衬板组合楼板

图 6.2 楼板的类型

1. 钢筋混凝土楼板

钢筋混凝土楼板强度高、刚度好、耐久性、防火性好，而且具有良好的可塑性，利于建筑工业化施工，是目前我国工业与民用建筑中广泛采用的一种楼板形式。根据施工方法的不同，其又可分为现浇整体式、预制装配式、装配整体式三种类型。

2. 钢衬板组合楼板

钢衬板组合楼板也可称为压型钢板混凝土组合楼板，是在型钢梁上铺设压型钢板，以压型钢板作为永久性底模，在其上整浇混凝土而成的复合楼板。这种楼板结构整体性好、强度高、刚度大、抗震性能好，适用于高层民用建筑的大空间和大跨度工业建筑中。

6.1.4 地坪层的构造

地坪层是指建筑物底层与土壤交接处的水平受力构件，它承受地坪上的荷载并均匀地传给地基。

1. 地坪层的组成

地坪层一般由面层、垫层、基层组成，对有特殊要求房间的地坪可在面层与垫层之间增设防水、保温等附加层，如图 6.3 所示。

2. 地坪层的构造

(1)面层

面层是地坪层最上面的构造层，是人们日常生活直接接触的构件，应满足耐磨、平整美观、易清洁、不起尘、防水、保温性能好等要求。

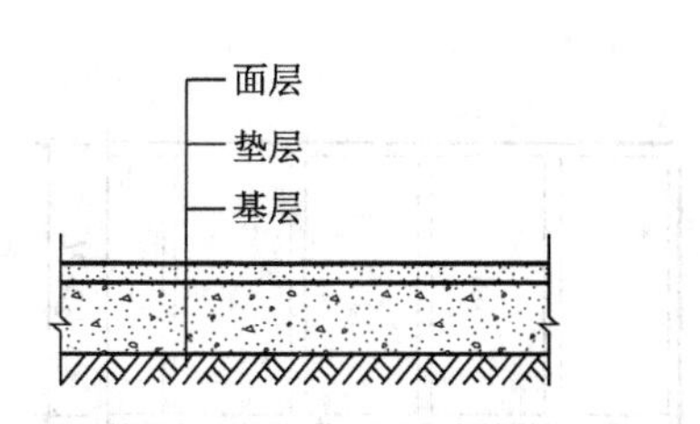

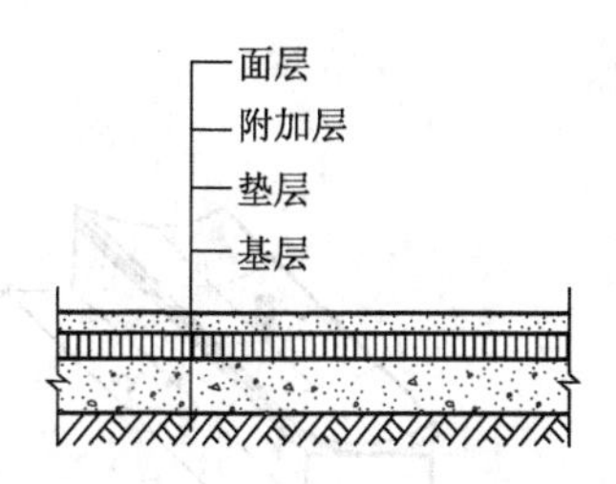

图 6.3 地坪层的组成

(2)垫层

垫层是地坪的结构层,它要承受面层传来荷载并将该荷载均匀地传给下部的基层。垫层分为刚性垫层和柔性垫层。刚性垫层受力后变形很小,垫层一般采用 60~100 mm 厚 C10 混凝土,适用于整体性、防水、防潮要求高的地坪,以及面层材料薄脆的整体面层或陶瓷板块面层;柔性垫层受力后产生塑性变形,通常垫层可采用 60~100 mm 厚石灰炉渣、100~150 mm 厚三合土、80~100 mm 厚碎砖灌水泥砂浆,适用于地坪材料厚而不宜脆断的混凝土或石板块料。

(3)基层

基层是垫层与土壤层间的找平层或填充层,主要起加强地基传递荷载的作用。基层材料可就地取材,通常用灰土、碎砖、碎砖石、三合土等,须夯实,其厚度为 100~150 mm。

(4)附加层

附加层又称功能层,是为满足房间特殊使用要求而设置的构造层,如防潮层、防水层、保温层、隔声层或管道敷设层、耐酸、耐碱、耐化学腐蚀的构造层。

6.2 现浇钢筋混凝土楼板

6.2.1 现浇整体式钢筋混凝土楼板

现浇钢筋混凝土楼板是在施工现场支模板、绑扎钢筋、浇筑并振捣混凝土、养护、拆模等施工工序而形成的楼板。它整体性好,利于抗震、防水,抗渗性能强,梁板布置灵活,适用于各种不规则的建筑平面形状,但存在现场湿作业量大、模板用量大、施工受季节影响等不足。

根据受力和传力的情况,现浇整体式钢筋混凝土楼板可分为板式楼板、梁式楼板、井式楼板、无梁楼板、钢衬板组合楼板。

1. 板式楼板

在墙体承重结构中,板式楼板的两端直接支承在承重墙上,楼板上荷载直接传递给墙体。板式楼板上下板面平整,便于施工,造价低,适用于建筑平面尺寸较小的(厨房、卫生间)房间及公共建筑的走廊,目前采用较多。

板式楼板按其支撑情况和受力特点可分为单向板和双向板,如图 6.4 所示。当板的长边与短边之比大于 2 时,在荷载作用下板基本上沿短边方向传递荷载,称单向板,板内的受力钢筋沿短边方向设置。双向板的长边与短边之比小于等于 2,荷载沿板双向传递荷载,短边方向内力较大,长边方向内力较小,受力主筋应双向布置。

板式楼板的厚度与板的支承情况、受力情况有关。一般四面简支的单向板,其厚度不小于短边的 1/40;四面简支的双向板,其厚度不小于短边的 1/45。

板式楼板荷载的传递路线:板荷→墙体→基础→地基。

2. 梁式楼板

梁式楼板又称肋梁楼板。当房间的跨度尺寸较大时,如果仍然采用板式楼板,必然要加大板式楼板的厚度,增加板内配筋,使楼板自重加大,而且使板的自重在楼板荷载中所占的比重加大,不经济。为了使楼板的受力和传力更加合理,应采取措施控制楼板的跨度。通常在楼板下设梁来增加楼板的支点,减小板跨,由此就产生了梁式楼板。

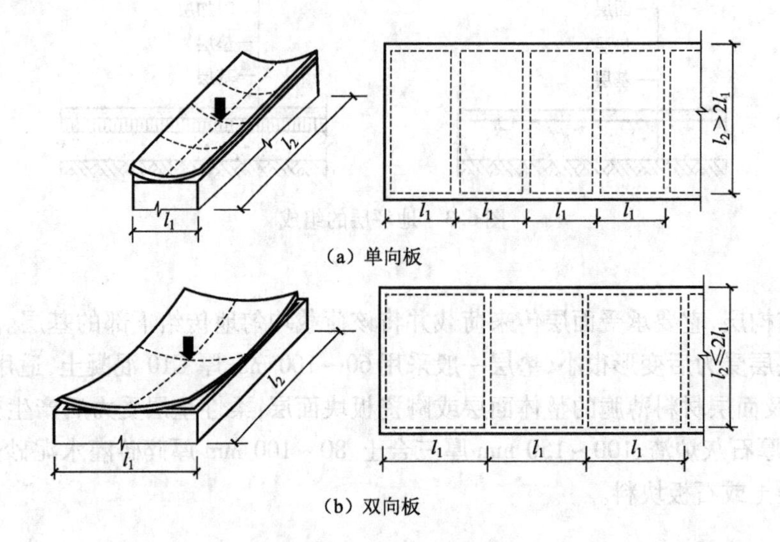

(a) 单向板

(b) 双向板

图 6.4 单向板和双向板

梁式楼板通常由主梁、次梁、板组成，如图 6.5 所示。主梁应沿房间短跨方向布置，支承在墙或柱上；次梁则垂直于主梁方向布置，支承在主梁上；板支承在次梁上。梁式楼板可分为：

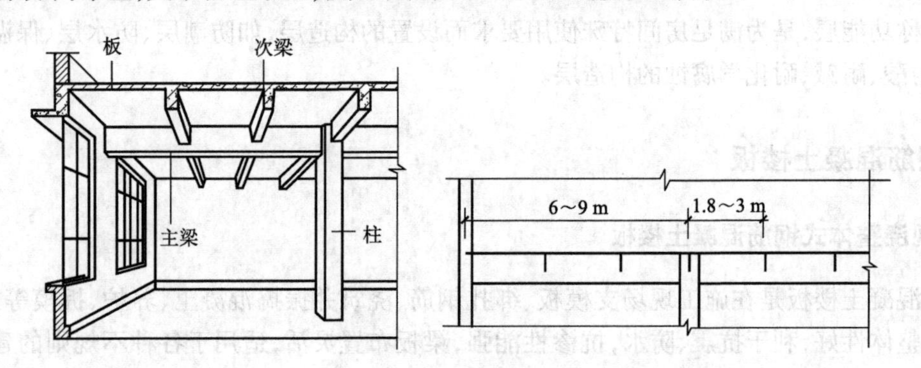

图 6.5 梁式楼板

①单梁式楼板：板下只设主梁的楼板。

②复梁式楼板：板下既设有主梁又有次梁的楼板。

为了更充分地发挥楼板结构效力，应合理选择构件的截面尺寸。一般情况下，梁式楼板常用的经济尺寸如下：

主梁：跨度 5～8 m，梁高为主梁跨度的 1/14～1/8，梁宽为梁高的 1/3～1/2。

次梁：跨度 4～6 m，梁高为主梁跨度的 1/18～1/12，梁宽为梁高的 1/3～1/2。

板：板的跨度为次梁的间距，一般为 1.7～3 m，厚度一般为其跨度的 1/50～1/40，且不小于 60 mm，单向板厚 60～80 mm，双向板厚 80～160 mm。

梁式楼板是建筑中应用较广的楼板形式之一，它具有梁板布置灵活和较好的经济技术指标，主要适用于平面尺寸较大的房间或门厅。

梁式楼板的荷载传递路线一般为：板荷→主梁→次梁→柱（或墙）→基础→地基。

3. 井式楼板

当房间平面尺寸较大且为方形平面时，在复梁式楼板中的纵横两个方向的梁断面同高，无主次之分，等距布置，形成汉字的“井”字，称为井式楼板，如图 6.6 所示。

井式楼板是梁式楼板的一种特殊形式，也由板和梁组成。梁的布置既可正交正放也可以正交斜放，井式楼板梁的跨度可达 10～30 m，井字梁间距宜为 3 m 左右，梁截面高度一般为梁跨的 1/15；宽度为梁高的

1/2 ~ 1/3。

井式楼板适用于门厅、大厅、会议室、小型礼堂等。

井式楼板的荷载传递路线一般为：板荷→梁→墙→基础→地基。

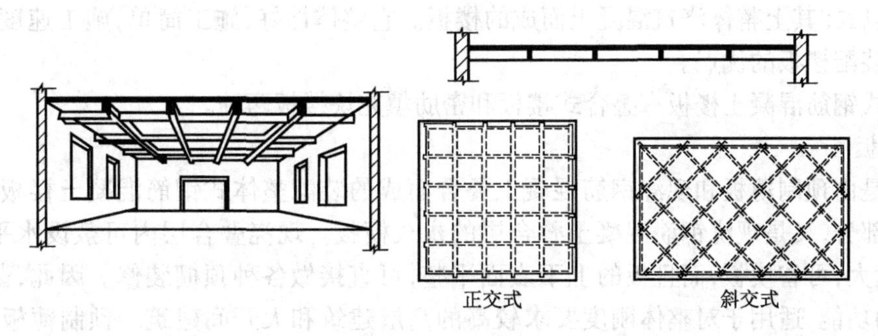

图 6.6　井式楼板

4. 无梁楼板

无梁楼板在板下无梁设柱，为增加柱子的受压面积，柱须设柱帽或托板，即无梁楼板是将现浇钢筋混凝土板直接支承在柱和墙上，不设梁的楼板。

柱网为方形或矩形，其间距一般不大于 6 m，且无梁楼板周围应设置圈梁，其高度大于等于板厚的 2.5 倍，且不小于板跨的 1/15，板的截面高度大于等于板跨的 1/35 ~ 1/32，且不小于 120 mm，一般为 150 ~ 200 mm，如图 6.7 所示（图中 L 为柱距，h 为板厚）。

无梁楼板顶棚平整，室内净高大，采光、通风好，多用于公共建筑中的商店、仓库、展览馆等。

无梁楼板的荷载传递路线为：板荷→柱（和墙）→基础→地基。

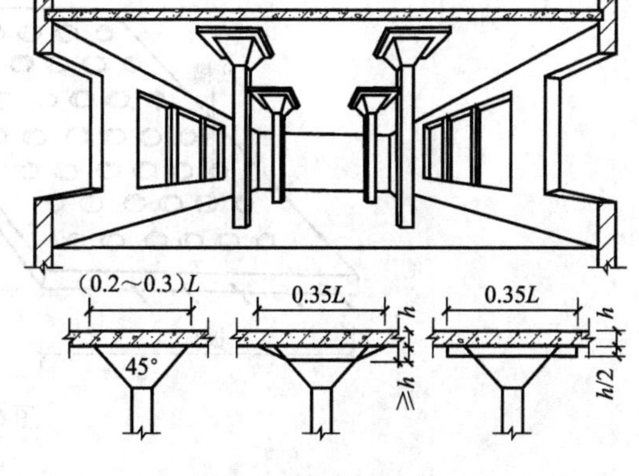

图 6.7　无梁楼板

5. 钢衬板组合楼板

钢衬板组合楼板是利用以截面凸凹相间的压型钢衬板（分单层、双层）与钢筋混凝土浇注在一起支承在钢梁上构成的整体楼板结构。它主要用于大空间的高层民用建筑和大跨度工业建筑。压型钢板是混凝土永久性模板，承受楼板下部的拉应力，简化了施工程序，加快了施工进度，它抗震性好，刚度大、压型钢板的肋部空间可用于电力管线、通信管线的敷设，还可以在钢衬板底部焊接架设悬吊管道、吊顶棚的支托等，从而可充分利用楼板结构所形成的空间。但由于钢衬板组合楼板造价较高，我国目前较少采用。

钢衬板组合楼板由现浇混凝土面层、压型钢板和钢梁三部分组成，如图 6.8 所示。压型钢板要双面镀锌为梯形截面，板宽 500 ~ 1000 mm，肋高 35 ~ 150 mm，楼板的经济跨度为 2000 ~ 3000 mm，现浇混凝土的厚度为 50 mm，钢衬板之间和钢衬板与钢梁之间的连接，一般采用焊接、螺栓连接、铆钉连接等方法。

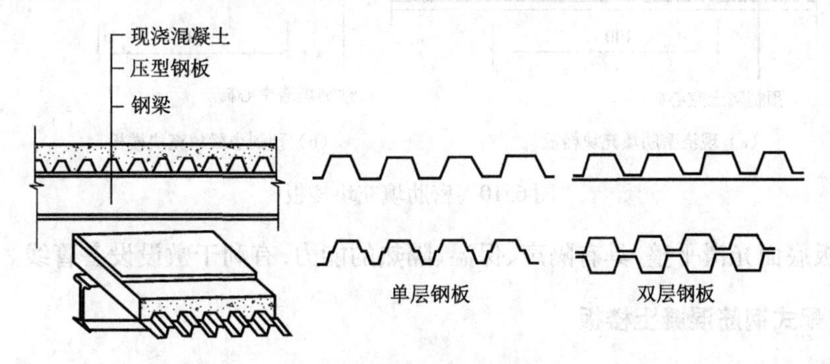

图 6.8　钢衬板组合楼板

6.2.2 装配整体式钢筋混凝土楼板

装配整体式钢筋混凝土楼板是一种预制装配和现浇相结合的楼板类型。它是先将楼板中的部分构件预制现场安装，然后在其上整体浇筑混凝土而成的楼板。它整体性好，施工简单，施工速度较快，节省模板，综合了现浇板和装配楼板的优点。

常用的装配式钢筋混凝土楼板有叠合式楼板和密肋填充块楼板两种。

1. 叠合式楼板

叠合式楼板是由预制薄板和现浇钢筋混凝土叠合而成的装配整体式钢筋混凝土楼板。预制薄板既是楼板结构的组成部分，又是现浇钢筋混凝土叠合层的永久模板。现浇叠合层内可敷设水平设备管线，叠合板整体性好，刚度大，可省模板，而且板的上下表面平整，可直接做各种顶棚装修。因此，薄板具有模板、结构、装修三方面的功能，适用于对整体刚度要求较高的高层建筑和大开间建筑。预制薄板经济跨度一般为4 000～6 000 mm，最大可达9 000 mm，板宽1 100～1 800 mm，板厚50～70 mm。叠合层一般采用C20的混凝土，其厚度为70～120 mm。叠合楼板的总厚度应大于等于薄板厚度的2倍，一般为150～250 mm。

为使预制薄板和叠合层更好地结合，共同工作，应在薄板的表面做特殊处理，如在其表面加工成排列有序的直径50 mm、深度20 mm的圆形凹槽，或在薄板面露出较规则的三角形状的结合钢筋，如图6.9所示。

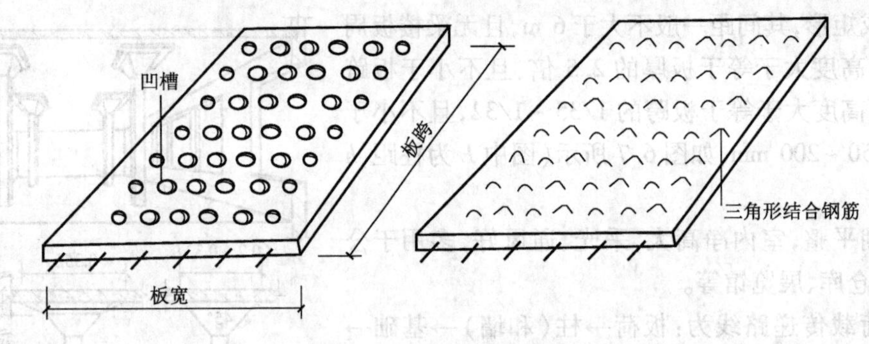

图6.9 预制薄板的板面处理

2. 密肋填充块楼板

密肋填充块楼板是由密肋楼板和轻质空心填充块叠合而成的装配整体式楼板。密肋楼板有现浇密肋填充块楼板和预制小梁填充块楼板两种，如图6.10所示。密肋楼板间填充块一般为陶土空心砌块、矿渣混凝土空心砖或煤渣空心砖。肋的间距由填充块的尺寸确定，通常为300～600 mm，现浇混凝土板的厚度为40～50 mm。

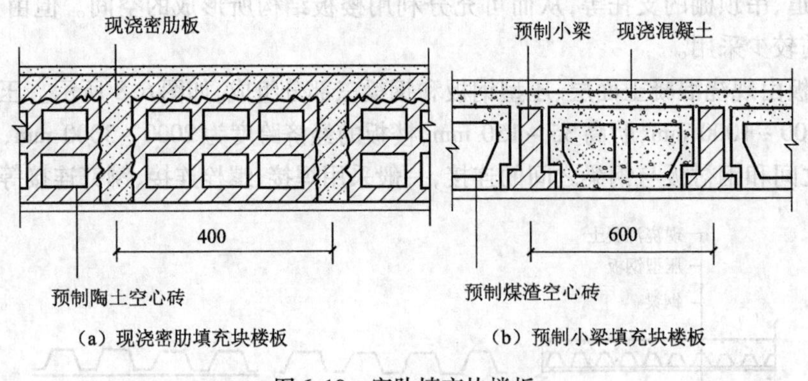

(a) 现浇密肋填充块楼板　　(b) 预制小梁填充块楼板

图6.10 密肋填充块楼板

密肋填充块楼板底面光滑平整，具有隔声、保温、隔热的能力，有利于敷设设备管线。

6.2.3 预制装配式钢筋混凝土楼板

预制装配式钢筋混凝土楼板是指在预制构件加工厂或施工现场外预先制作，然后运到施工现场装配而成的钢筋混凝土楼板。这种楼板可节约建筑模板,缩短工期,提高劳动生产率,利于建筑工业化。但预制装配式钢筋混凝土楼板的整体性较差,抗震能力低,故抗震区禁用。目前该楼板使用较少。

预制楼板可分为预应力和非预应力两种。预应力楼板是利用混凝土抗压能力强,而抗拉能力弱的特点制成,目前广泛采用。预应力钢筋混凝土构件可推迟板裂缝的出现,限制裂缝的发展,不但提高了构件的强度,而且使钢筋、混凝土材料的强度充分发挥作用。与非预应力构件相比,预应力构件自重轻,刚度大,可节省钢材30%~50%,节省混凝土10%~30%。预制装配式钢筋混凝土楼板应采用预应力构件。

1. 预制装配式钢筋混凝土楼板的种类

(1)实心平板

预制实心平板如图6.11所示。其跨度一般不超过2.4 m,预应力实心平板跨度最大可达2.7 m;板厚一般为60~80 mm;宽度为600 mm或900 mm。预制实心平板板面平整、制作简单、安装方便,通常用于荷载较小、开间尺寸较小房间、走道、平台板、地沟盖板等。

(2)空心板

空心板是将预制板的板腹沿板纵向抽孔而形成,如图6.12所示。空心板的孔洞形状有圆形、椭圆形、方形和矩形,由于圆形孔制作时抽芯脱模方便,且刚度好,故应用最为广泛。空心板有预应力和非预应力之分,一般多用于预应力空心板。空心板上下表面平整,制作方便,自重轻,隔热、隔声效果好。空心板上的荷载主要由板纵向肋承受,故空心板上不能任意开洞,板端不得开口,板端钢筋不得剪断,以免空心板受损,严重影响其承载能力甚至导致其破坏。空心板不宜用于管线穿越较多的房间。

空心板在安装前,必须将板两支承端的孔用砖或混凝土填塞,以免端缝灌浇时漏浆,以提高板端抗压,保证板端能将上层荷载传递到下层墙体。

空心板的跨度一般为2 400~4 800 mm,预制空心板跨度最大可达6 600 mm;板宽有600 mm、900 mm、1 200 mm,板厚有120 mm、180 mm、240 mm。

(3)槽形板

槽形板是一种梁板合一的构件,又称肋形板,即在实心平板的两侧设纵肋而形成。为加强槽形板的刚度,在板的两端设端肋,中部每隔600~900 mm设一道横肋,板上的全部荷载由小肋承受。预应力槽形板的跨度可达6 m,非预应力槽形板的跨度一般为3 000~4 800 mm;宽度有600 mm、900 mm、1 200 mm等;板厚为25~40 mm。肋部高度为板跨的1/25~1/20,通常为150~300 mm。槽形板具有自重轻、便于开口打动、节省材料等优点。

槽形板可分为正槽形板(板肋朝下)和倒槽形板(板肋朝上),如图6.13所示。正槽形板受力合理,但板底不平整,通常须做吊顶;倒槽形板受力不如正槽形板合理,但板底平整。槽形板安装后须在楼面上肋与肋之间填放松散材料,满足其隔声、保温、隔热要求。

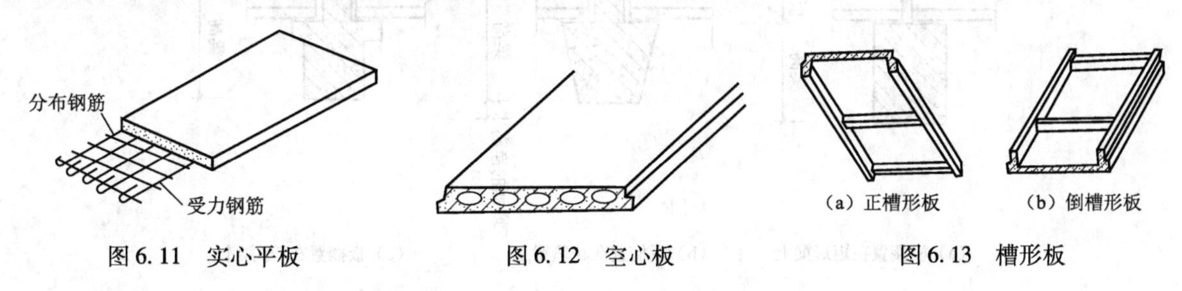

图6.11 实心平板　　图6.12 空心板　　图6.13 槽形板

2. 预制装配式钢筋混凝土楼板的构造

(1)预制钢筋混凝土楼板的结构布置

在进行楼板结构布置时,应按建筑平面图中房间的开间、进深尺寸确定构件的布置方案和支承方式。一般有板式结构和梁板式结构两种布置方式,如图6.14所示。

板式布置——将楼板直接搁置在承重墙上的布置方式,多用于横墙间距小的宿舍、住宅建筑中。

梁式布置——将楼板先搁置在梁上,梁又支承在承重墙或柱上的布置方式,用于房间开间和进深较大的建筑中,如图6.15所示。

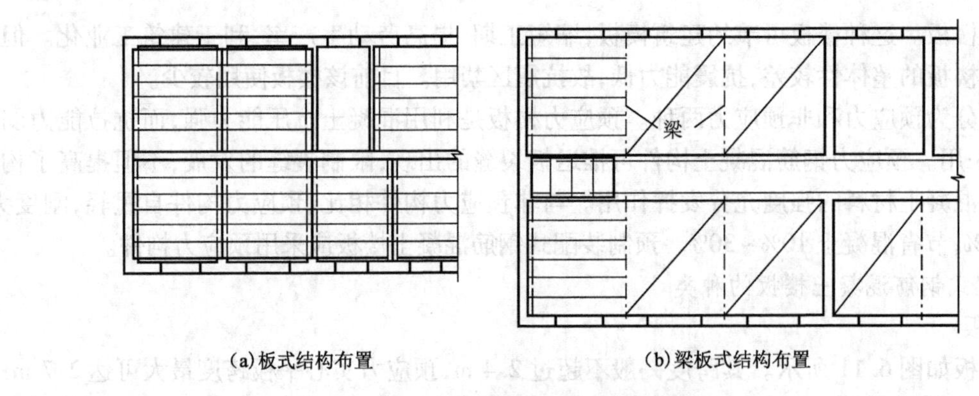

(a)板式结构布置　　(b)梁板式结构布置

图 6.14　预制楼板的结构布置

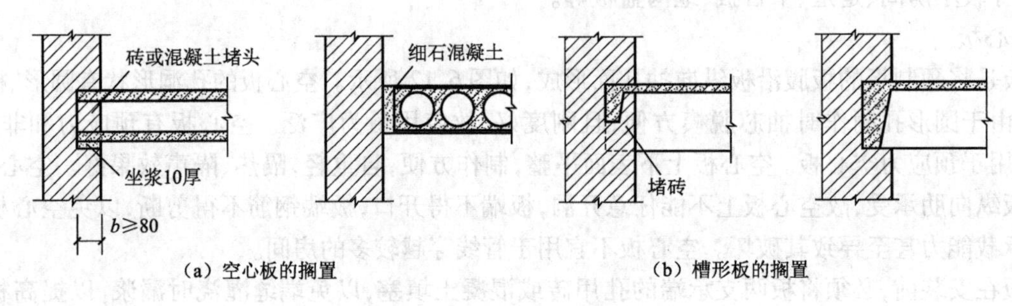

(a) 空心板的搁置　　(b) 槽形板的搁置

图 6.15　板在墙上的搁置

(2)预制钢筋混凝土楼板的细部构造

①楼板与墙、梁的连接构造。为了使楼板与墙体粘接牢固,成为一体共同承受荷载,楼板上墙前,应用M5 水泥砂浆坐浆 20 mm 厚,支承楼板的墙或梁表面应平整,保证安装后的楼板平整、不错动,以避免楼面层在板缝处开裂。

为满足传递荷载、墙体抗压的要求,预制楼板搁置在钢筋混凝土梁上时,搁置长度不小于 80 mm,预制楼板搁置在墙上时,搁置长度不小于 100 mm。

板搁置在梁上,因梁的断面形状不同有两种情况:板搁置在梁顶,梁板占空间较大,如图 6.16(a)所示。当梁的截面形状为花篮形、T 形时,可把板搁置在梁侧挑出部分,板不占用高度,故此种情况当层高不变时,可以提高梁底标高、增大净空高度,如图 6.16(b)和图 6.16(c)所示。

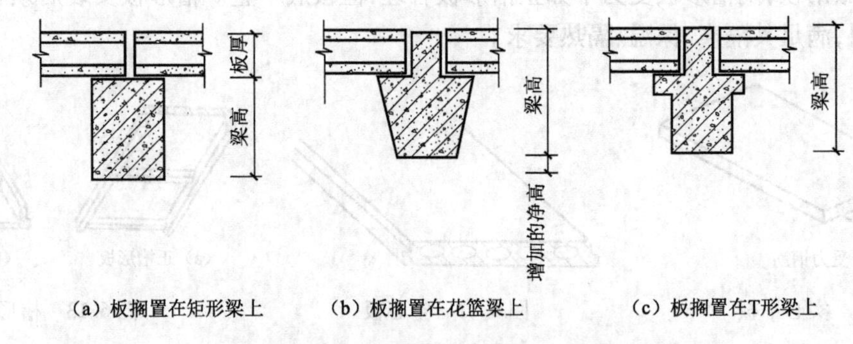

(a) 板搁置在矩形梁上　　(b) 板搁置在花篮梁上　　(c) 板搁置在T形梁上

图 6.16　板搁置在梁上的几种情况

板搁置在墙上,应用拉结钢筋将板与墙连接起来。非地震区拉结钢筋间距不超过 4 m,地震区依设防要求而减小,如图 6.17(a) ~ 图 6.17(d)所示。

预制楼板一般为单向受力构件,当板边与外墙平行时,板不得深入平行墙内以免“自由”边受力而破坏[预制板与外墙平行处的构造做法如图 6.17(e)和图 6.17(f)所示],也不能用于悬臂板使用,以避免无筋一侧受拉而破坏。

②板缝的处理。进行楼板结构布置时,一般要求板的规格、类型越少越好。排板过程中,当板的横向尺

粘贴保温材料，辅以锚栓固定于基层墙面。常用的保温材料有聚苯乙烯泡沫塑料板（简称聚苯板）、胶粉聚苯颗粒保温浆料（简称浆料）、岩棉板；阳台板上也可铺粘相同材料的保温板。阳台栏板的保温构造如图 6.28 所示。

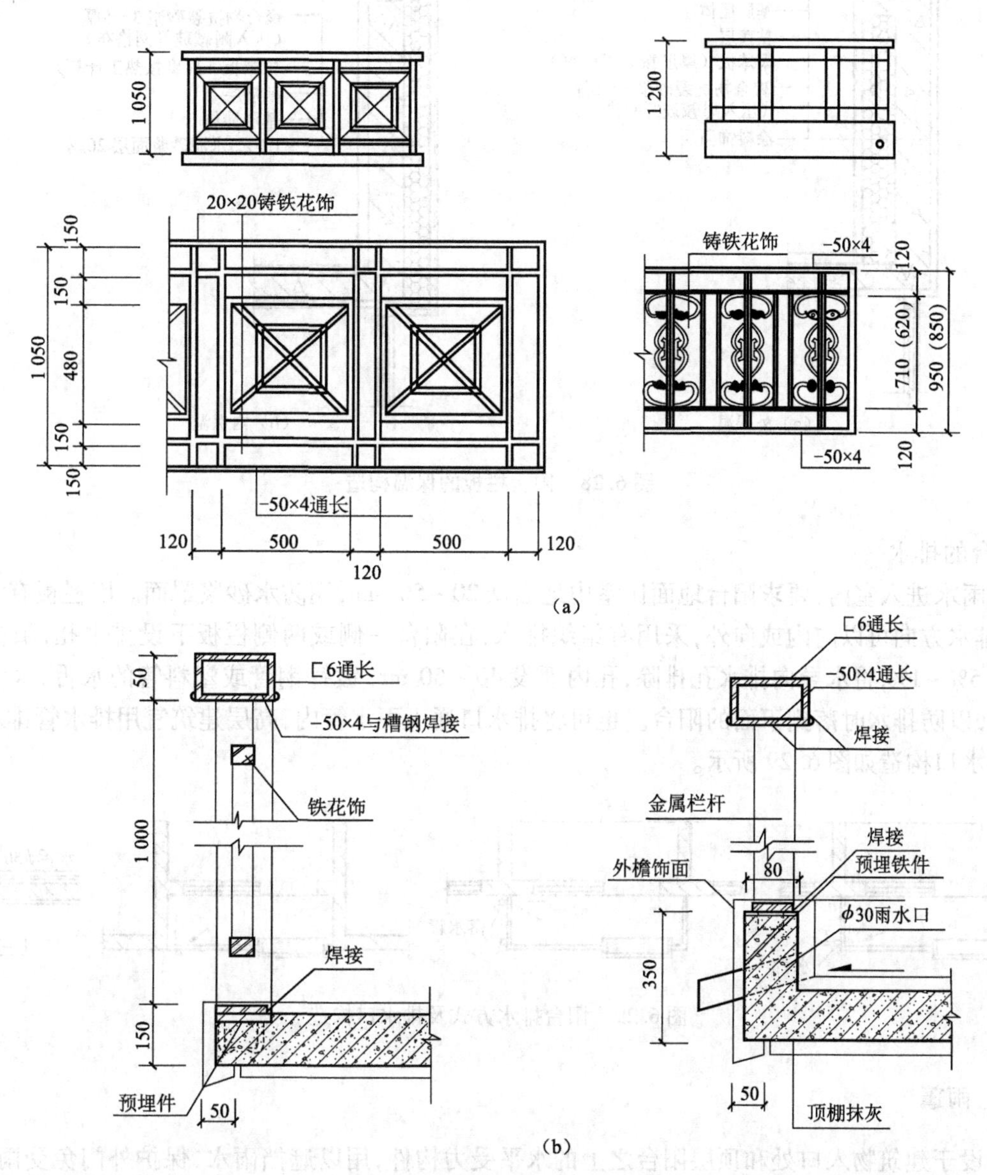

图 6.25 金属栏杆的形式和构造

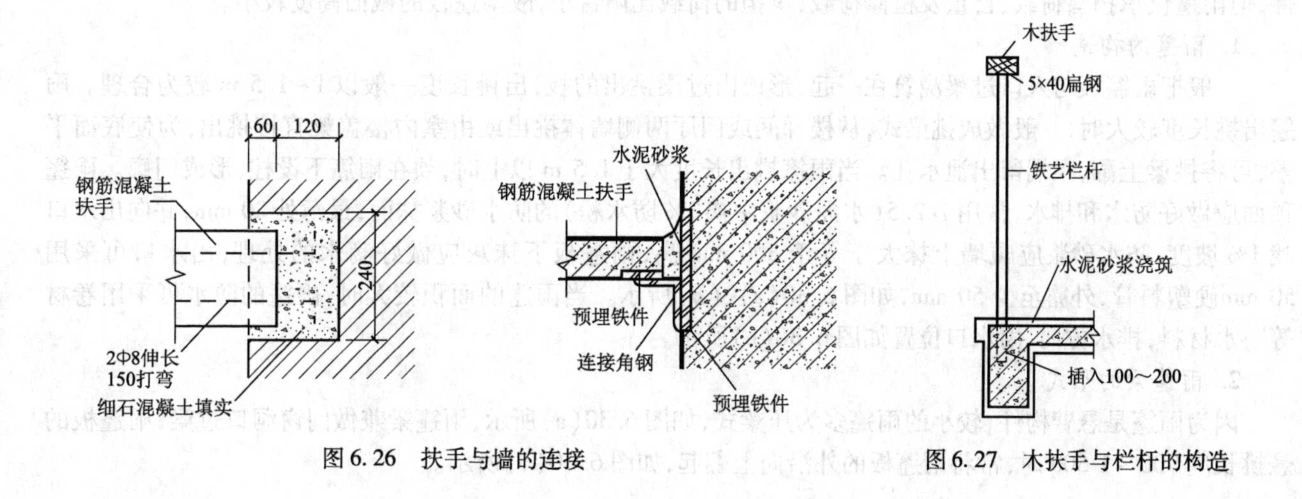

图 6.26 扶手与墙的连接

图 6.27 木扶手与栏杆的构造

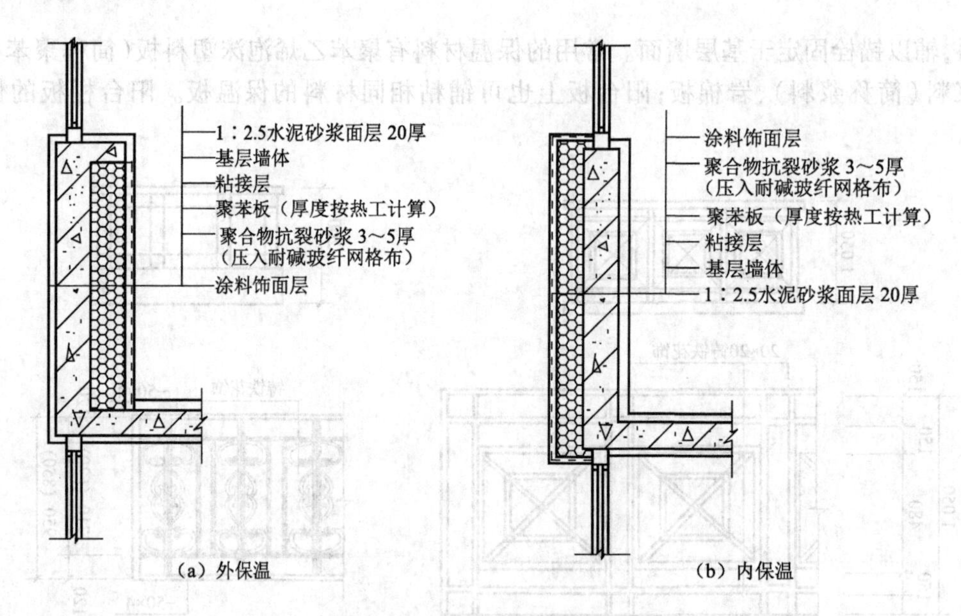

图 6.28　阳台栏板的保温构造

(2)阳台的排水

为防止雨水进入室内,要求阳台地面比室内地面低 20 ~ 50 mm,用防水砂浆罩面。因栏板有实体与漏空之分,所以排水方向可以向内或向外,采用有组织排水,在阳台一侧或两侧栏板下设排水孔,阳台抹面向排水口找坡 0.5% ~ 1%,将水导向排水孔排除,孔内埋设 40 ~ 50 mm 镀锌钢管或塑料管的水舌,水舌向外伸出至少 80 mm,以防排水时落到下面的阳台。也可将排水口通入雨水管内,高层建筑宜用排水管排水。阳台排水方式及排水口构造如图 6.29 所示。

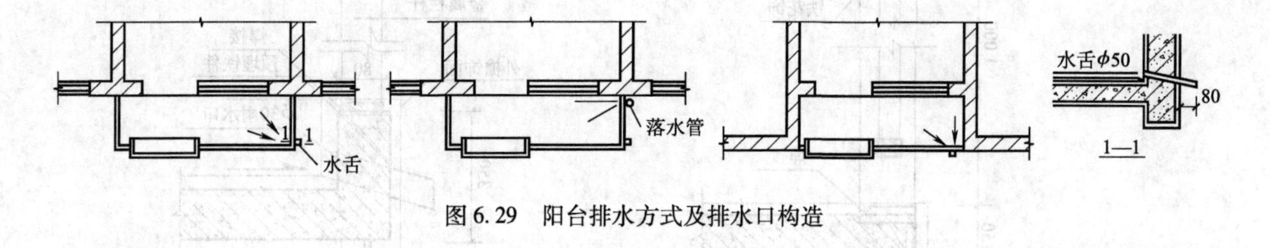

图 6.29　阳台排水方式及排水口构造

6.4.2　雨篷

雨篷是设于建筑物入口处和顶层阳台之上的水平受力构件,用以遮挡雨水,保护外门免受雨水侵蚀,是建筑物立面重点处理部位。雨篷为现浇钢筋混凝土悬挑构件。雨篷与阳台的受力作用相似,均为悬臂构件,但雨篷仅承担雪荷载、自重及检修荷载,承担的荷载比阳台小,故雨篷板的截面高度较小。

1. 雨篷的构造

一般把雨篷板与入口过梁浇筑在一起,形成由过梁挑出的板,出挑长度一般以 1 ~ 1.5 m 较为合理。雨篷出挑长度较大时,一般做成挑梁式,从楼梯间或门厅两侧墙体挑出或由室内楼盖梁直接挑出,为使底面平整,可将挑梁上翻,梁端留出泄水孔。当雨篷挑出长度大于 1.5 m 以上时,须在雨篷下设柱,形成门廓。雨篷顶面应做好防水和排水,常用 1∶2.5(水泥砂浆中掺 3% 防水粉)的防水砂浆抹面,最薄处 20 mm,并向出水口找 1% 坡度,防水砂浆应顺墙上抹大于等于 300 mm 高,雨篷板下抹灰应做好滴水的处理,出水口可采用 50 mm硬塑料管,外露至少 50 mm,如图 6.30(a)、(b)所示。当雨篷的面积较大时,雨篷的防水可采用卷材等防水材料,排水方向、雨水口位置如图 6.30(c)所示。

2. 雨篷梁的形式

因为雨篷是悬臂构件,较小的雨篷多为压梁式,如图 6.30(a)所示,雨篷梁兼做门窗洞口过梁;雨篷板的悬挑长度 900 ~ 1 500 时,常将雨篷板的外沿向上翻起,如图 6.30(b)所示。

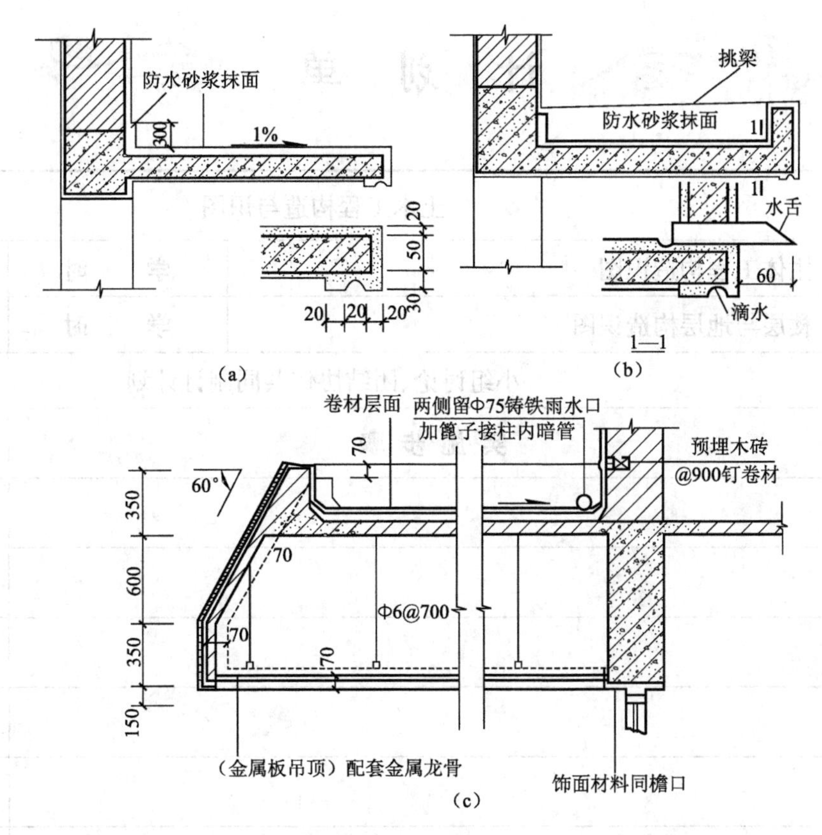
防水砂浆抹面
300
1%
20
50
30
20
20
20
(a)
挑梁
防水砂浆抹面
1
1
水舌
60
滴水
1—1
(b)
卷材层面
两侧留Φ75铸铁雨水口
加篦子接柱内暗管
70
预埋木砖
@900钉卷材
60°
350
600
350
150
70
70
70
Φ6@700
(金属板吊顶)配套金属龙骨
饰面材料同檐口
(c)

图 6.30 雨篷构造

计 划 单

<table>
<tr><td>学习领域</td><td colspan="5">土木工程构造与识图</td></tr>
<tr><td>学习情境</td><td colspan="2">主体工程构造识图</td><td>学 时</td><td colspan="2">32</td></tr>
<tr><td>工作任务</td><td colspan="2">楼层与地层构造识图</td><td>学 时</td><td colspan="2">6</td></tr>
<tr><td>计划方式</td><td colspan="5">小组讨论、团结协作共同制订计划</td></tr>
<tr><td>序 号</td><td colspan="4">实 施 步 骤</td><td>使用资源</td></tr>
<tr><td>1</td><td colspan="4"></td><td></td></tr>
<tr><td>2</td><td colspan="4"></td><td></td></tr>
<tr><td>3</td><td colspan="4"></td><td></td></tr>
<tr><td>4</td><td colspan="4"></td><td></td></tr>
<tr><td>5</td><td colspan="4"></td><td></td></tr>
<tr><td>6</td><td colspan="4"></td><td></td></tr>
<tr><td>7</td><td colspan="4"></td><td></td></tr>
<tr><td>8</td><td colspan="4"></td><td></td></tr>
<tr><td>9</td><td colspan="4"></td><td></td></tr>
<tr><td>10</td><td colspan="4"></td><td></td></tr>
<tr><td>制订计划说明</td><td colspan="5">（写出制订计划中人员为完成任务的主要建议或可以借鉴的建议、需要解释的某一方面）</td></tr>
<tr><td rowspan="3">计划评价</td><td>班 级</td><td></td><td>第 组</td><td>组长签字</td><td></td></tr>
<tr><td>教师签字</td><td colspan="2"></td><td>日 期</td><td></td></tr>
<tr><td colspan="5">评语：</td></tr>
</table>

决 策 单

<table>
<tr><td>学习领域</td><td colspan="5">土木工程构造与识图</td></tr>
<tr><td>学习情境</td><td colspan="2">主体工程构造识图</td><td>学 时</td><td colspan="2">32</td></tr>
<tr><td>工作任务</td><td colspan="2">楼层与地层构造识图</td><td>学 时</td><td colspan="2">6</td></tr>
<tr><td colspan="6">方 案 讨 论</td></tr>
<tr><td rowspan="11">方案对比</td><td>组 号</td><td>方案合理性</td><td>实施可操作性</td><td>实施难度</td><td>综合评价</td></tr>
<tr><td>1</td><td></td><td></td><td></td><td></td></tr>
<tr><td>2</td><td></td><td></td><td></td><td></td></tr>
<tr><td>3</td><td></td><td></td><td></td><td></td></tr>
<tr><td>4</td><td></td><td></td><td></td><td></td></tr>
<tr><td>5</td><td></td><td></td><td></td><td></td></tr>
<tr><td>6</td><td></td><td></td><td></td><td></td></tr>
<tr><td>7</td><td></td><td></td><td></td><td></td></tr>
<tr><td>8</td><td></td><td></td><td></td><td></td></tr>
<tr><td>9</td><td></td><td></td><td></td><td></td></tr>
<tr><td>10</td><td></td><td></td><td></td><td></td></tr>
<tr><td>方案评价</td><td colspan="5">评语：</td></tr>
</table>

班 级		组长签字		教师签字		年 月 日

实 施 单

学习领域	土木工程构造与识图		
学习情境	主体工程构造识图	学 时	32
工作任务	楼层与地层构造识图	学 时	6
实施方式	小组成员合作,动手实践		
序 号	实 施 步 骤	使 用 资 源	
1			
2			
3			
4			
5			
6			
7			
8			

实施说明:

班 级		第 组	组长签字	
教师签字			日 期	
评 语				

作 业 单

学习领域	土木工程构造与识图		
学习情境	主体工程构造识图	学　　时	32
工作任务	楼层与地层构造识图	学　　时	6
作业方式	资料查询，现场操作		
1	楼板层的主要功能是什么？楼板层与底层有什么不同之处？		
2	楼板层由哪些部分组成？各起什么作用？		
3	现浇整体式钢筋混凝土楼板的特点和适用范围是什么？		
4	常用阳台有哪几种类型？绘图说明阳台栏板和栏杆如何与阳台板连接。		

班　　级		第　　组	组长签字	
教师签字			日　　期	
教师评分				

检 查 单

<table>
<tr><td>学习领域</td><td colspan="5">土木工程构造与识图</td></tr>
<tr><td>学习情境</td><td colspan="3">主体工程构造识图</td><td>学 时</td><td>32</td></tr>
<tr><td>工作任务</td><td colspan="3">楼层与地层构造识图</td><td>学 时</td><td>6</td></tr>
<tr><td>工作序号</td><td colspan="2">检查项目</td><td>检查标准</td><td>学生自查</td><td>教师检查</td></tr>
<tr><td>1</td><td colspan="2"></td><td></td><td></td><td></td></tr>
<tr><td>2</td><td colspan="2"></td><td></td><td></td><td></td></tr>
<tr><td>3</td><td colspan="2"></td><td></td><td></td><td></td></tr>
<tr><td>4</td><td colspan="2"></td><td></td><td></td><td></td></tr>
<tr><td>5</td><td colspan="2"></td><td></td><td></td><td></td></tr>
<tr><td>6</td><td colspan="2"></td><td></td><td></td><td></td></tr>
<tr><td>7</td><td colspan="2"></td><td></td><td></td><td></td></tr>
<tr><td>8</td><td colspan="2"></td><td></td><td></td><td></td></tr>
<tr><td>9</td><td colspan="2"></td><td></td><td></td><td></td></tr>
<tr><td>10</td><td colspan="2"></td><td></td><td></td><td></td></tr>
<tr><td rowspan="3">检查评价</td><td>班 级</td><td></td><td>第 组</td><td>组长签字</td><td></td></tr>
<tr><td>教师签字</td><td></td><td>日 期</td><td colspan="2"></td></tr>
<tr><td colspan="5">评语：</td></tr>
</table>

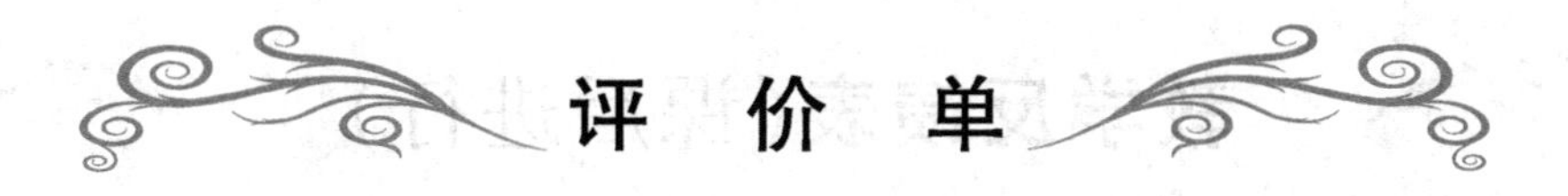

评 价 单

<table>
<tr><td>学习领域</td><td colspan="8">土木工程构造与识图</td></tr>
<tr><td>学习情境</td><td colspan="4">主体工程构造识图</td><td colspan="2">学 时</td><td colspan="2">32</td></tr>
<tr><td>工作任务</td><td colspan="4">楼层与地层构造识图</td><td colspan="2">学 时</td><td colspan="2">6</td></tr>
<tr><td>评价类别</td><td>项 目</td><td colspan="2">子项目</td><td>个人评价</td><td colspan="2">组内自评</td><td colspan="2">教师评价</td></tr>
<tr><td rowspan="7">专业能力</td><td rowspan="2">资讯
（10%）</td><td colspan="2">搜集信息(5%)</td><td></td><td colspan="2"></td><td colspan="2"></td></tr>
<tr><td colspan="2">引导问题回答(5%)</td><td></td><td colspan="2"></td><td colspan="2"></td></tr>
<tr><td>计划
（5%）</td><td colspan="2"></td><td></td><td colspan="2"></td><td colspan="2"></td></tr>
<tr><td>实施
（20%）</td><td colspan="2"></td><td></td><td colspan="2"></td><td colspan="2"></td></tr>
<tr><td>检查
（10%）</td><td colspan="2"></td><td></td><td colspan="2"></td><td colspan="2"></td></tr>
<tr><td>过程
（5%）</td><td colspan="2"></td><td></td><td colspan="2"></td><td colspan="2"></td></tr>
<tr><td>结果
（10%）</td><td colspan="2"></td><td></td><td colspan="2"></td><td colspan="2"></td></tr>
<tr><td rowspan="2">社会能力</td><td>团结协作
（10%）</td><td colspan="2"></td><td></td><td colspan="2"></td><td colspan="2"></td></tr>
<tr><td>敬业精神
（10%）</td><td colspan="2"></td><td></td><td colspan="2"></td><td colspan="2"></td></tr>
<tr><td rowspan="2">方法能力</td><td>计划能力
（10%）</td><td colspan="2"></td><td></td><td colspan="2"></td><td colspan="2"></td></tr>
<tr><td>决策能力
（10%）</td><td colspan="2"></td><td></td><td colspan="2"></td><td colspan="2"></td></tr>
<tr><td rowspan="3">评价评语</td><td>班 级</td><td></td><td>姓 名</td><td></td><td>学 号</td><td></td><td>总 评</td><td></td></tr>
<tr><td>教师签字</td><td></td><td>第 组</td><td>组长签字</td><td colspan="2"></td><td>日 期</td><td></td></tr>
<tr><td colspan="8"></td></tr>
</table>

教学反馈表(课后进行)

学习领域	土木工程构造与识图			
学习情境	主体工程构造识图	工作任务	楼层与地层构造识图	
学　　时	0.5			
序　　号	调 查 内 容	是	否	理由陈述
1	你是否喜欢这种上课方式?			
2	与传统教学方式比较你认为哪种方式学到的知识更适用?			
3	针对每个工作任务你是否学会如何进行资讯?			
4	你对于计划和决策感到困难吗?			
5	你认为本工作任务对你将来的工作有帮助吗?			
6	通过本工作任务的学习,你学会楼层与地层构造识图了吗?在今后的实习或顶岗实习过程中遇到楼层与地层构造识图常见问题你可以解决吗?			
7	通过几天来的工作和学习,你对自己的表现是否满意?			
8	你对小组成员之间的合作是否满意?			
9	你认为本学习情境还应学习哪些方面的内容?(请在下面空白处填写)			

你的意见对改进教学非常重要,请写出你的建议和意见:

被调查人信息

专　　业	年　　级	班　　级	姓　　名	日　　期

工作任务7 屋顶工程构造识图

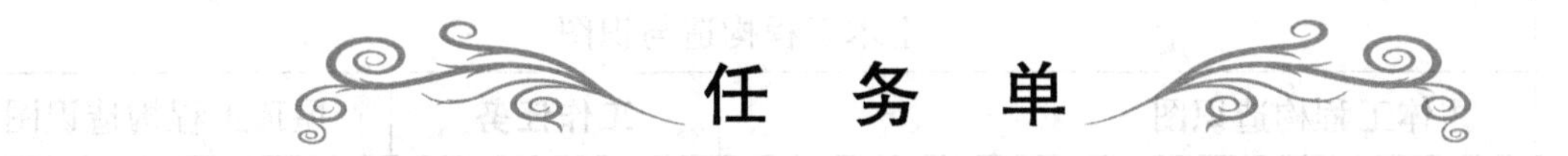

任 务 单

<table>
<tr><td>学习领域</td><td colspan="6">土木工程构造与识图</td></tr>
<tr><td>学习情境</td><td colspan="3">主体工程构造识图</td><td colspan="2">工作任务</td><td>屋顶工程构造识图</td></tr>
<tr><td>任务学时</td><td colspan="6">8</td></tr>
<tr><td colspan="7">布 置 任 务</td></tr>
<tr><td>工作目标</td><td colspan="6">1. 学习建筑物屋面的组成及类型;
2. 学习并掌握建筑物柔性屋面的构造及现行规范的规定;
3. 理解屋面防水、排水的重要程度;
4. 学习屋面按坡度的分类,准确识读并掌握寒冷地区平屋面防水构造层次;
5. 学会屋面坡度的表示方法;
6. 清楚现浇现浇钢筋混凝土屋面防水使用年限的规范要求;
7. 识读并绘制现浇钢筋混凝土屋面的构造图;
8. 能够在完成任务过程中锻炼职业素质,做到“严谨认真、吃苦耐劳、诚实守信”。</td></tr>
<tr><td>任务描述</td><td colspan="6">在识读工程图纸前,掌握屋顶工程构造组成、设计要求、构造要点和施工工艺。其工作如下:
1. 屋面的类型和设计要求;
2. 屋面防水、保温与隔热;
3. 平屋面构造;
4. 坡屋顶构造。</td></tr>
<tr><td rowspan="2">学时安排</td><td>资 讯</td><td>计 划</td><td>决 策</td><td>实 施</td><td>检 查</td><td>评 价</td></tr>
<tr><td>3</td><td>0.5</td><td>0.5</td><td>3</td><td>0.5</td><td>0.5</td></tr>
<tr><td>提供资料</td><td colspan="6">1. 房屋建筑制图统一标准:GB/T 50001—2010;
2. 工程制图相关规范;
3. 造价员、技术员岗位技术相关标准。</td></tr>
<tr><td>对学生的要求</td><td colspan="6">1. 具备几何的基本知识;
2. 具备对建筑物的基本了解;
3. 具备对建筑制图工具使用的一般了解;
4. 具备一定的自学能力、数据计算能力、沟通协调能力、语言表达能力和团队意识;
5. 每位同学必须积极参与小组讨论;
6. 严格遵守课堂纪律和工作纪律,不迟到,不早退,不旷课;
7. 树立职业意识,按照企业的岗位职责要求自己。</td></tr>
</table>

资 讯 单

<table>
<tr><td>学习领域</td><td colspan="4">土木工程构造与识图</td></tr>
<tr><td>学习情境</td><td colspan="2">主体工程构造识图</td><td>工作任务</td><td>屋顶工程构造识图</td></tr>
<tr><td>资讯学时</td><td colspan="4">3</td></tr>
<tr><td>资讯方式</td><td colspan="4">1. 通过信息单、教材、互联网及图书馆查询完成任务资讯；
2. 通过咨询任课教师完成任务资讯。</td></tr>
<tr><td rowspan="15">资讯问题</td><td colspan="4">1. 屋面按坡度分有几种形式？</td></tr>
<tr><td colspan="4">2. 何谓屋面坡度？坡度的表示方法有几种？坡度形成有哪些方法及使用范围如何？</td></tr>
<tr><td colspan="4">3. 什么叫有组织排水？什么叫无组织排水？它们主要包括哪些形式？</td></tr>
<tr><td colspan="4">4. 屋面有几部分组成？它们各有何作用？</td></tr>
<tr><td colspan="4">5. 试绘制出寒冷地区平屋面保温防水的构造层次。
6. 为何保温屋面下常设隔汽层？其构造如何？</td></tr>
<tr><td colspan="4">7. 为何卷材防水屋面要考虑排气措施？</td></tr>
<tr><td colspan="4">8. 柔性防水层铺贴有几种方法？卷材铺贴要注意哪些问题？</td></tr>
<tr><td colspan="4">9. 何谓泛水？画出泛水构造。</td></tr>
<tr><td colspan="4">10. 刚性防水屋面有哪些构造层次？各层做法如何？</td></tr>
<tr><td colspan="4">11. 刚性防水屋面为何设分仓缝？分仓缝如何布置？防水构造如何处理？</td></tr>
<tr><td colspan="4">12. 在屋面中保温层设置位置有几种？</td></tr>
<tr><td colspan="4">13. 刚性防水屋面中檐口、泛水的构造如何处理？</td></tr>
<tr><td colspan="4">14. 坡屋面由哪几部分组成？坡屋面的承重体系有几种形式？</td></tr>
<tr><td colspan="4">学生需要单独资讯的问题……</td></tr>
</table>

<table>
<tr><td>资讯要求</td><td colspan="4">1. 根据专业目标和任务描述正确理解完成任务需要的咨询内容；
2. 按照上述资讯内容进行咨询；
3. 写出资讯报告。</td></tr>
<tr><td rowspan="3">资讯评价</td><td>班　　级</td><td></td><td>学生姓名</td><td></td></tr>
<tr><td>教师签字</td><td></td><td>日　　期</td><td></td></tr>
<tr><td colspan="4"></td></tr>
</table>

7.1　屋面的类型和设计要求

7.1.1　屋面的类型与坡度

1. 屋面的类型

屋面的类型与房屋的使用功能、屋面材料、结构形式及造型有关。屋面按其坡度分有平屋面、坡屋面、曲面屋面，如图 7.1 所示。

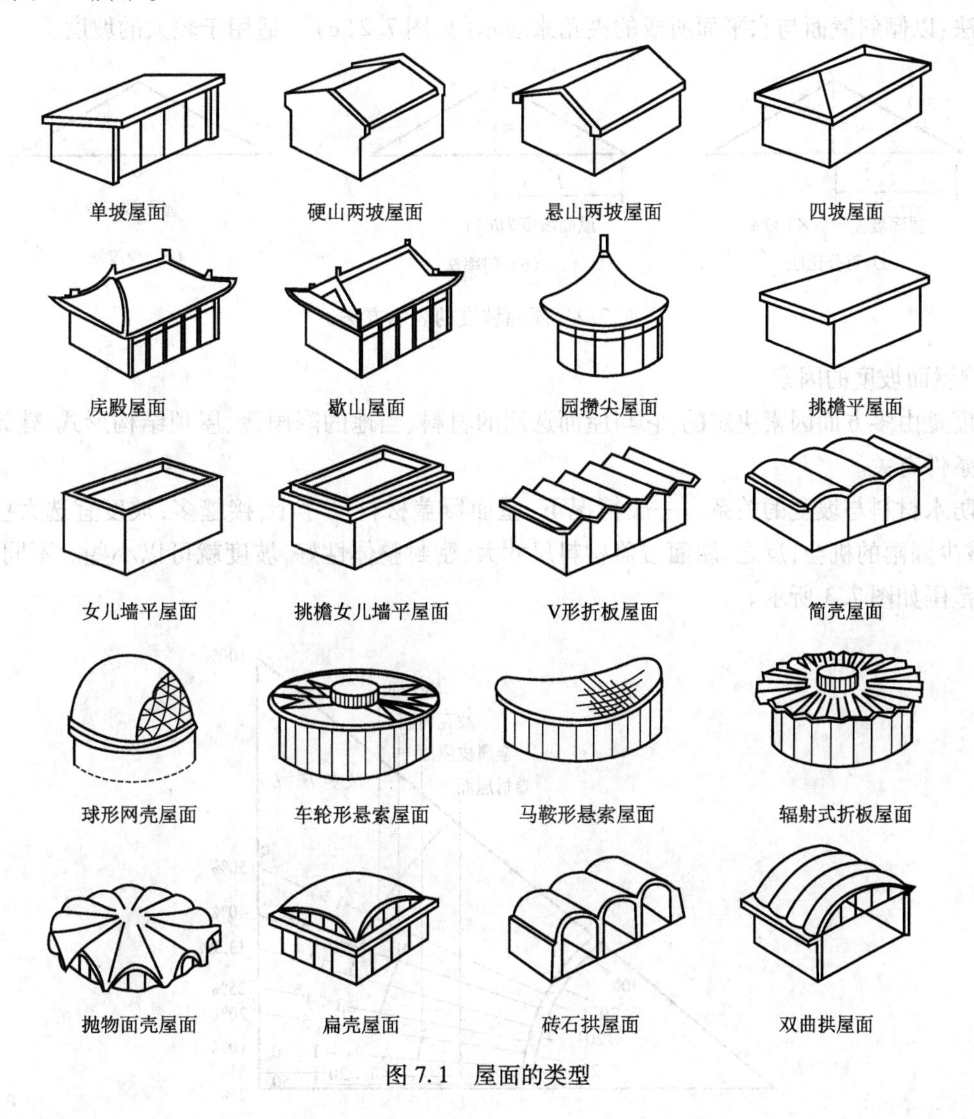

图 7.1　屋面的类型

(1)平屋面

平屋面是指屋面坡度小于 10% 的屋面，一般不超过 5%，可分为单坡、双坡屋面。为排走屋面上的雨水，平屋面必须有一定的坡度，工程中常用 2%~3% 的双坡屋面。

(2)坡屋面

坡屋面是指屋面坡度大于 10% 的屋面，可分为单坡、双坡、四坡屋面。在现代城市建筑中，为了满足建筑风格或环境景观的需要，常用各种造型的坡屋面。

当建筑物进深不大时，可选用单坡屋面；当建筑物进深较大时，宜采用双坡或四坡屋顶。双坡屋顶有硬山和悬山之分，硬山是指房屋两端山墙封住屋面且高于屋面；悬山是指屋顶的两端挑出山墙之外，屋面封住山墙。在古建筑中,庑殿和歇山屋面都是四坡屋面。

(3)曲面屋面

曲面屋面是由各种薄壳结构或网架结构、悬索结构等作为承重结构的屋面,这种屋面施工复杂、造价高、造型美观,适用于大跨度、有特殊要求的公共建筑中。

2. 屋面的坡度

(1)坡度表示方法

①百分比法:以屋面倾斜面的垂直投影高度与其水平投影长度的百分比值来表示[见图7.2(a)],适用于较小的屋面坡度,如3%。

②斜率法:以屋面斜面的垂直投影高度与其水平投影长度之比来表示[见图7.2(b)],如1:3。

③角度法:以倾斜屋面与水平面所成的夹角来表示[见图7.2(c)],适用于较大的坡度。

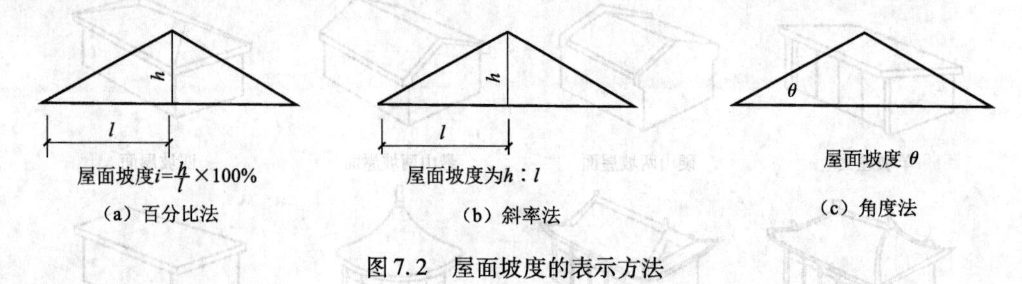

图7.2 屋面坡度的表示方法

(2)影响屋面坡度的因素

屋面坡度是由多方面因素决定的,它与屋面选用的材料、当地的降雨量、屋顶结构形式、建筑造型要求、民俗和经济条件有关。

①屋面防水材料与坡度的关系。一般情况下,屋面覆盖材料尺寸小、接缝多,坡度宜选大些,以便迅速排走雨水,减少漏雨的机会;反之,屋面覆盖材料尺寸大、密封整体性好,坡度就可以小些。不同的防水材料的屋面坡度范围如图7.3所示。

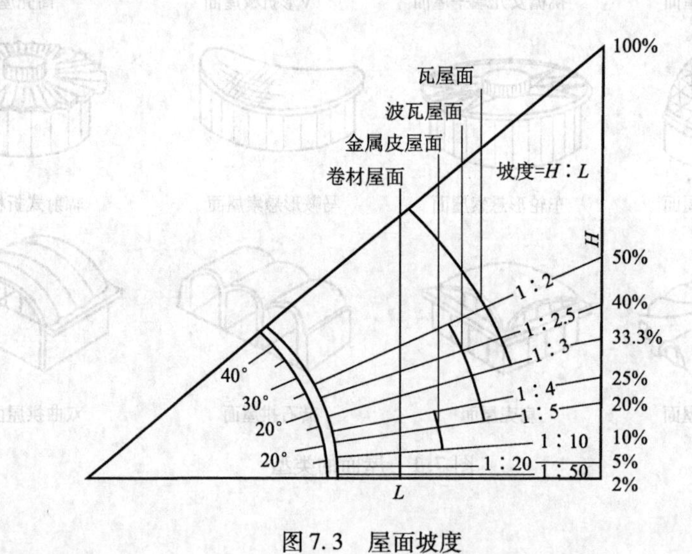

图7.3 屋面坡度

②降雨量大小与坡度的关系。建筑物所在地区的降雨量的大小对屋面坡度影响很大。降雨量大,漏水的可能性大,屋面的坡度就应稍大些。我国气候多样,南方地区的降雨量和每小时最大降雨量都大于北方地区,故当采用相同的屋面防水材料时,一般南方地区的屋面坡度要大于北方地区。

(3)屋面坡度形成方法

屋面坡度形成有两种方式:

①材料找坡。材料找坡也称垫置坡度,是在屋面结构层上用导热系数小的轻质保温材料(水泥炉渣、石

灰炉渣等)来铺设找坡层,但因垫层强度及平整度较低,需在上面做找平层后再做防水层,如图7.4(a)所示。材料找坡适用于较小的屋面坡度,有保温层的屋顶也可直接用保温层找坡,其最薄处120 mm厚。

②结构找坡。结构找坡也称搁置坡度,是将支承屋面板的墙或梁做成带有一定倾斜坡度,在其上直接铺设屋面板,形成屋面排水坡度,如图7.4(b)所示。搁置坡度不需设找坡层,荷载轻、施工简便、造价低,但顶棚是斜面,需要做吊棚,一般适用于屋面坡度大的建筑中。

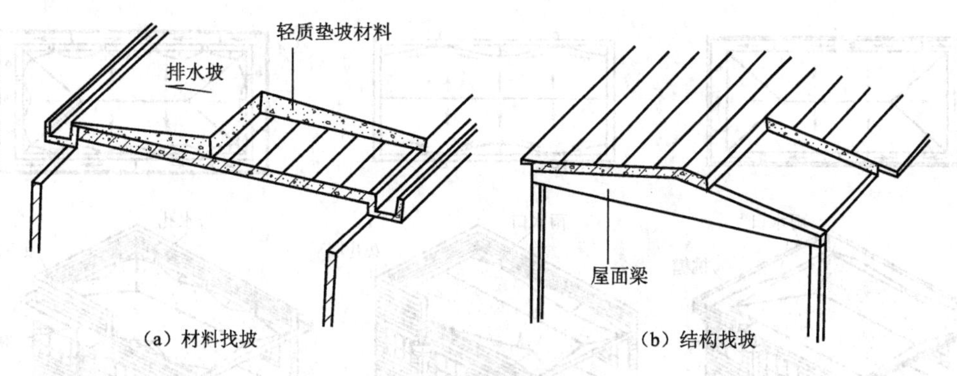

图7.4 屋面坡度的形成

7.1.2 屋面的排水方式

屋面的排水方式分为无组织排水和有组织排水两类。

1. 无组织排水

无组织排水又称自由落水,是指屋面雨水直接从檐口自由下落至室外地面,如图7.5所示。无组织排水构造简单、经济,但雨水落下时易溅湿勒脚,故一般用于低层建筑或年降雨量小于900 mm的少雨地区的低层建筑中。

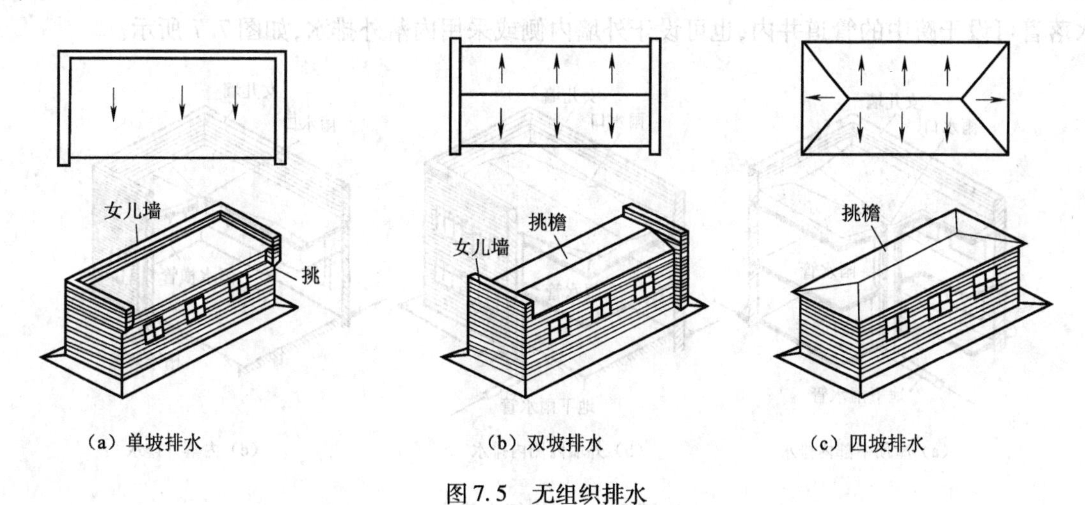

图7.5 无组织排水

2. 有组织排水

有组织排水是将屋面划分成若干排水区,使屋面的雨水经水落管等排水构件有组织地排至地面进入地下排水管网系统。有组织排水的设置条件见表7.1。

表7.1 有组织排水的设置条件

年降雨量/mm	檐口离地面高度/m	相邻屋面高差/m
≤900	>10	>4的高处檐口
>900	≥4	≥3的高处檐口

有组织排水又可分为外排水和内排水。一般情况下，建筑物多用有组织外排水方式。

(1)有组织外排水

有组织外排水是水落管设在建筑物室外的一种排水方式，一般将屋顶做成双坡或四坡。天沟设在墙外，称外檐沟外排水；天沟设在女儿墙内，称女儿墙外排水。为了检修屋面上人或建筑物造型的需要可在外檐沟内设置女儿墙，如图7.6所示。

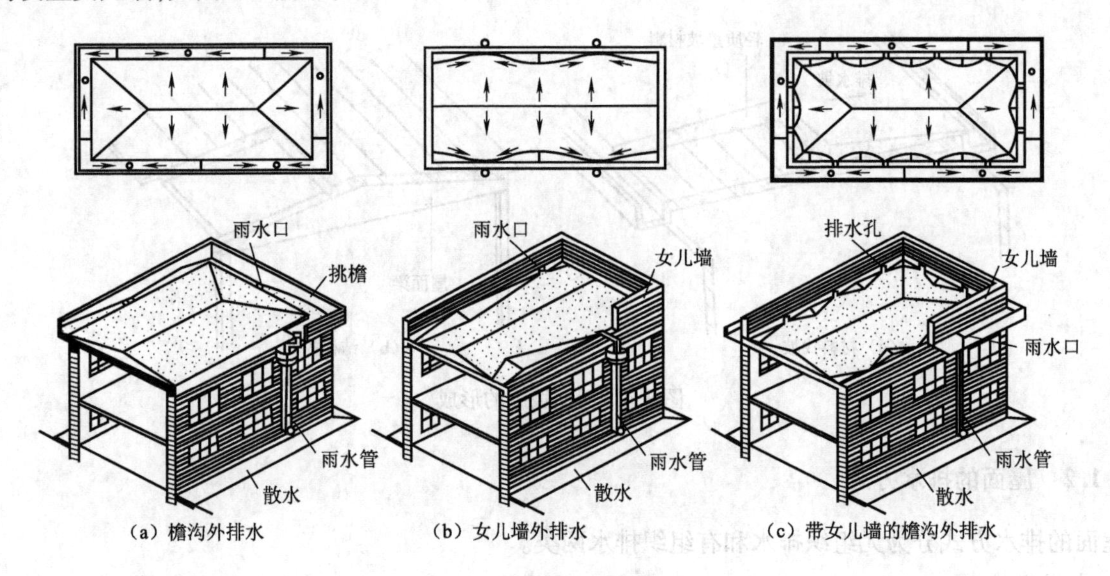

图7.6 有组织外排水

(2)有组织内排水

有组织内排水是水落管设置在室内的一种排水方式。在寒冷地区，连续多跨厂房或立面有特殊要求的建筑，水落管可设于跨中的管道井内，也可设于外墙内侧或采用内落外排水，如图7.7所示。

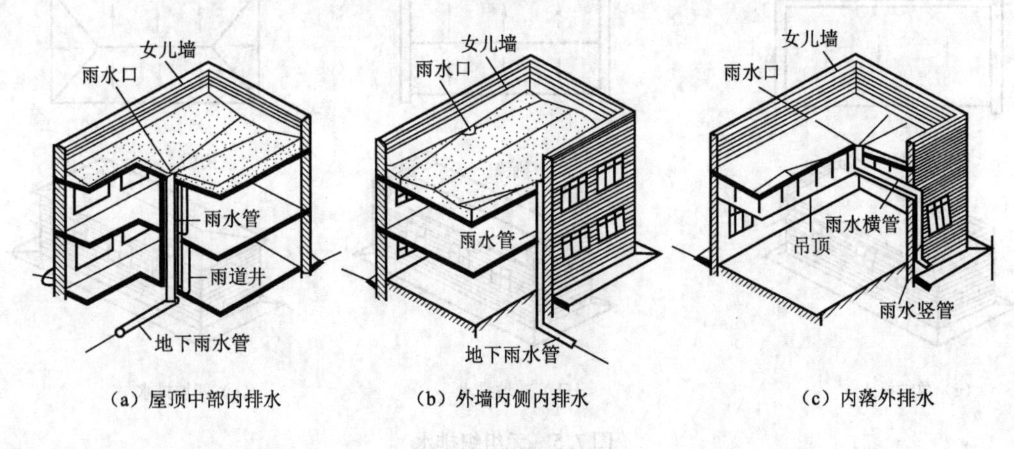

图7.7 有组织内排水

3. 屋面排水设计规定

①一般情况下，临街建筑平屋面的面宽度小于12 m时，可采用单坡排水；面宽度大于12 m时，宜采用双坡或四坡排水。

②每个雨水口、水落管的汇水面积不宜超过200 m^2，可按150～200 m^2计算。

③平屋顶中可采用钢筋混凝土槽型檐沟或女儿墙V形自然檐沟。

④槽型檐沟的净宽度应不小于200 mm，且沟底应分段设置不小于1%的纵向坡度，沟底水平落差不得超过200 mm，檐沟排水不得流经屋面变形缝和防火墙。

⑤水落管的管径有75 mm、100 mm、125 mm等几种，水落管间距宜在18 m以内，最大不超过24 m。一

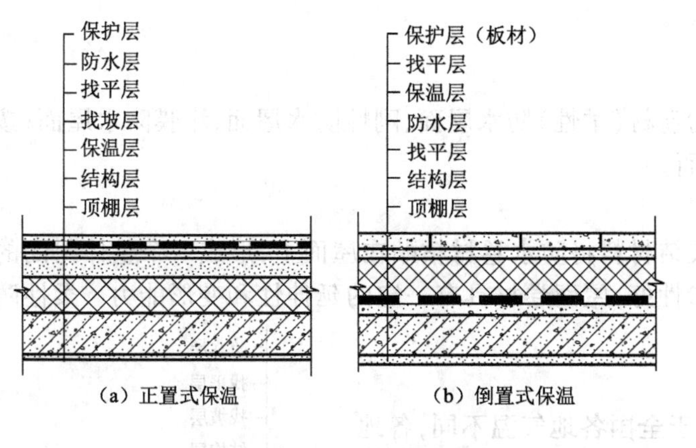

图 7.8　保温屋顶的构造层次

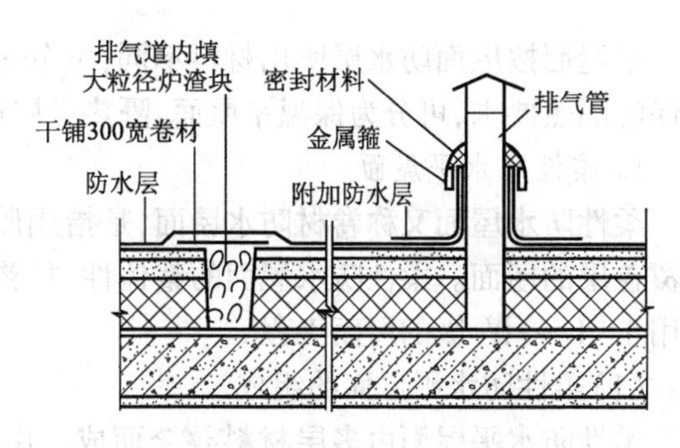

图 7.9　排气通道与排气口的构造

7.3　平屋面构造

7.3.1　平屋面的构造组成

屋面主要是由面层、功能层、承重结构、顶棚层等组成，如图 7.10 所示。

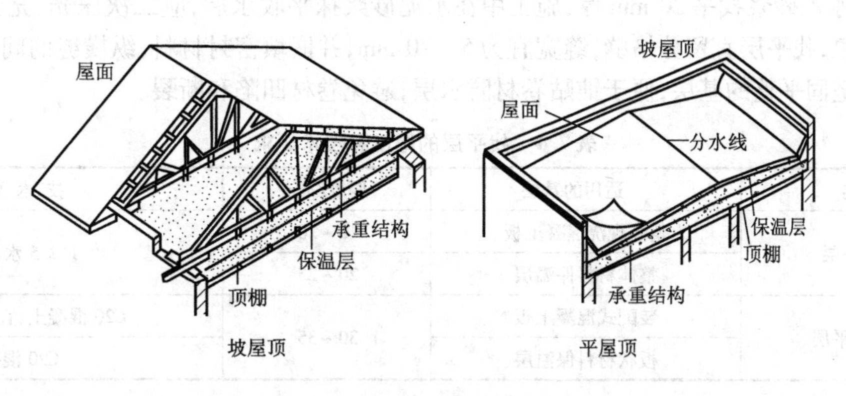

图 7.10　屋顶的组成

1. 面层

面层直接暴露在大气中，受自然界各种气候的长期影响，因此应具有良好的防水性和抗渗性能。目前建筑工程中常用的有柔性防水、刚性防水、涂料防水屋面。

2. 功能层

功能层是指建筑物所在地区的气候条件要求建筑构件所做的构造层。严寒和寒冷地区为防止冬季室内热量从屋面散失，必须在屋面增设保温层；要防止室内的水蒸气向屋面保温层一侧渗透，就要在保温层下设置隔汽层，保持保温层下干燥不受潮，使保温层的保温效果更好。而炎热温暖地区，为防止夏季隔绝太阳辐射热进入室内，以减少屋面的热量对室内的影响，屋面必须设置隔热层。

3. 承重结构

屋面的承重结构承受屋面传来的各种荷载和屋面自重，其形式有平面结构和空间结构。当建筑物内部空间较小时，采用屋架、梁板为承重构件，多用平面结构；网架、悬索、折板等构件在建筑物中间不允许设柱子支承屋面，故常用空间结构。

4. 顶棚层

顶棚层是屋面的底面。当梁板为承重结构时，可直接在其下做抹灰顶棚；当屋架或室内顶棚要求较高时，可在其结构层下做吊顶。

7.3.2 平屋面的构造

平屋面按屋面防水层所用材料不同,可分为卷材(柔性)防水屋面、刚性防水屋面、涂膜防水屋面;按屋顶保温隔热要求,可分为保温平屋面、隔热平屋面。

1. 柔性防水平屋面

柔性防水屋面又称卷材防水屋面,是指用胶结材料将防水卷材粘贴在屋面上,形成一个整体封闭的防水覆盖层的屋面。柔性防水屋面的整体性、抗渗性好,屋面卷材具有一定的延伸性和变形能力。柔性防水适用于 Ⅰ ~ Ⅳ 级的屋面工程。

(1)柔性防水平屋面的组成

柔性防水平屋面由多层材料叠合而成。由于全国各地气温不同,各地建筑物的平屋顶构造层次也不同,通常包括结构层、找平层、结合层、防水层、保护层、保温层(北方需设)、隔热层(南方需设)等,如图7.11所示。

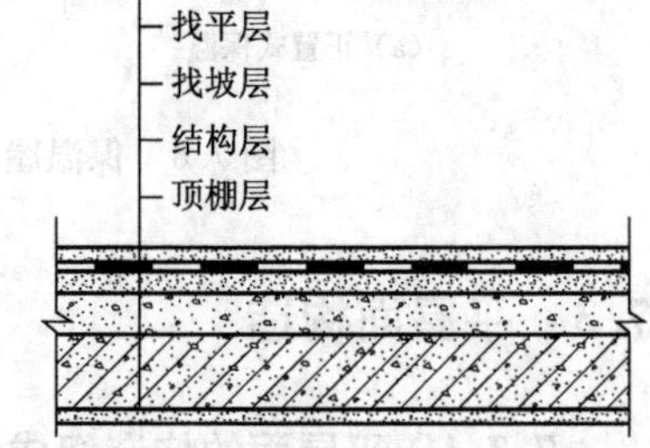

图7.11 卷材防水屋面构造层次

①结构层:采用现浇钢筋混凝土板。它要承担屋顶的所有荷载,应具有足够的强度和刚度,以防止结构变形过大引起防水层开裂。

②找平层:卷材屋面、涂膜屋面的基层宜设找平层,找平层厚度和技术要求应符合表7.4的要求。找平层一般设在结构层和保温层之上,需做两道找平层,用1:3水泥砂浆找平20 mm厚,施工中在水泥砂浆抹平收水后,应二次压光、充分养护,不能有酥松、起砂、起皮现象,找平层宜留分格缝,缝宽宜为5 ~ 20 mm,并嵌填密封材料,纵横缝的间距不宜大于6 m。保证屋面有一个坚固平整的基层,便于铺贴卷材防水层,避免卷材凹陷和断裂。

表7.4 找平层的厚度和技术要求

找平层分类	适用的基层	厚度/mm	技术要求
水泥砂浆找平层	整体现浇混凝土板	15 ~ 20	1:2.5水泥砂浆
	整体材料保温层	20 ~ 25	
细石混凝土找平层	装配式混凝土板	30 ~ 35	C20混凝土,宜加钢筋网片
	板状材料保温层		C20混凝土

③隔汽层:冬季室内外温差大,室内的水蒸气向屋面内部渗透,聚集在保温材料内产生凝聚水,使保温材料受潮,降低保温效果,必须在保温层下设置一道防止室内水蒸气渗透的隔汽层。隔汽层应选用气密性、水密性好的材料,如防水卷材,其作用是阻止外界水蒸气渗入保温层。在结构层上设通风孔或在保温层中设排气口,出口上设排气管,排气孔高于屋面300 ~ 500 mm,其纵横间距不宜大于6 m,排气孔上盖一小铁帽,如图7.12所示。

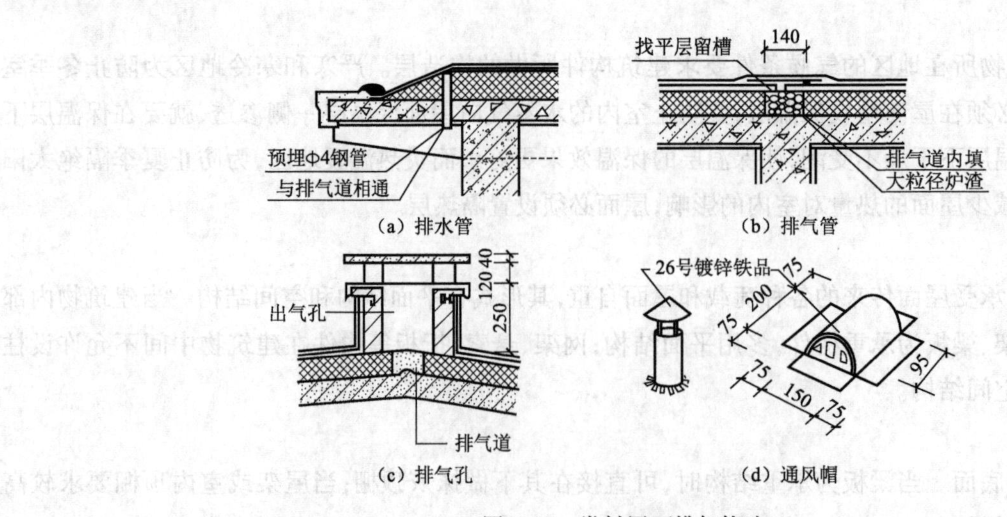

图7.12 卷材屋面排气构造

④找坡层:混凝土结构层宜采用结构找坡,坡度不应小于3%;当采用材料找坡时,宜采用质量小、吸水率低有一定强度的材料,坡度宜为2%。只用于材料找坡的屋面,找坡层设于结构层上,找坡材料应选用水泥焦渣或水泥膨胀蛭石等。通常保温层也可兼做找坡层。

⑤保温层:通常设于结构层之上,防水层之下,屋面采用热保温体系即正置式保温屋顶。保温层主要用于寒冷地区,作用是防止室内热量由屋面向室外散失。保温材料一般为导热系数小且轻质多孔材料,常用的保温材料有散状、整体浇筑拌合料、板块料三种。保温层的厚度要根据气候条件、材料的性能经热工计算确定。

⑥隔热层:主要用于炎热、温暖地区,隔热并防止和减少太阳辐射热传入室内,以降低屋面热量对室内的影响,可采用屋面通风隔热(架空通风隔热和吊顶通风隔热)、反辐射屋面隔热、蓄水屋面隔热、种植屋面隔热方法。

⑦防水层:设于保温层之上,用柔性(卷材)、刚性、涂料(涂膜)等材料做,以阻止屋面上的雨水及融化后的雪水渗入建筑物内部,延长建筑物屋面的使用年限。防水层有卷材和相应的卷材粘结剂构成,见表7.5。

表7.5 卷材防水屋面的防水层

卷材分类	卷材名称举例	卷材粘结剂
沥青类卷材	石油沥青油毡	石油沥青玛琋脂
	焦油沥青油毡	焦油沥青玛琋脂
高聚物改性沥青防水卷材	SBS改性沥青防水卷材	热熔、自粘、粘接均有
	APP改性沥青防水卷材	
合成高分子防水卷材	三元乙丙丁基橡胶防水卷材	丁基橡胶为主体的双组分A与B液按1:1配比搅拌均匀
	三元乙丙橡胶防水卷材	
	氯磺化聚乙烯防水卷材	CX—401胶
	再生橡胶防水卷材	氯丁胶粘合剂
	氯丁橡胶防水卷材	CY—409液
	氯丁聚乙烯-橡胶共混防水卷材	粘结剂配套供应
	聚氯乙烯防水卷材	粘结剂配套供应

⑧保护层:设于防水层之上,防止雨水对防水层的直接冲刷,以及人对上人屋面卷材防水层的踩踏,保护防水层在阳光辐射和大气作用下不会过快老化。保护层常用材料有绿砂(又称豆石)、铝银粉涂料、铝箔、彩砂、涂料、细石混凝土及块材等,如图7.13所示。

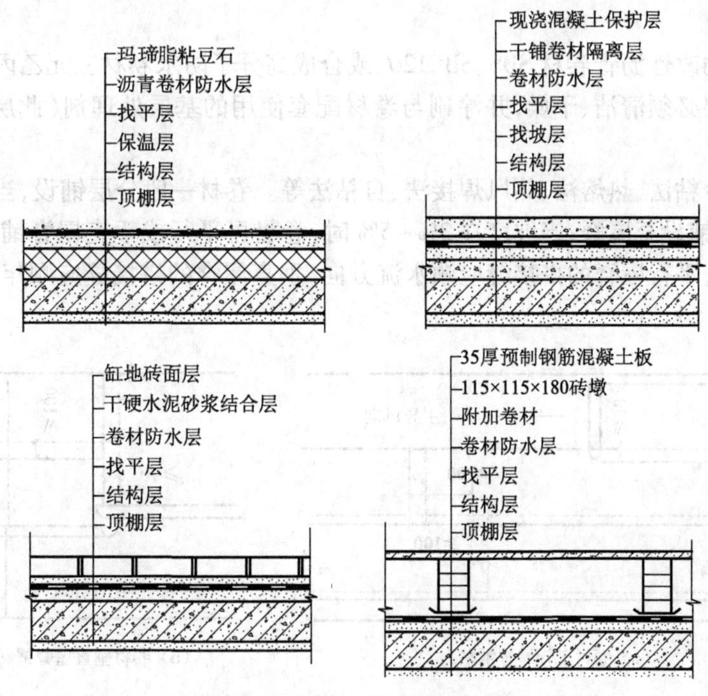

图7.13 卷材防水屋面的保护层

(2)寒冷地区平屋面柔性(卷材)保温防水

其构造如图 7.14 所示。

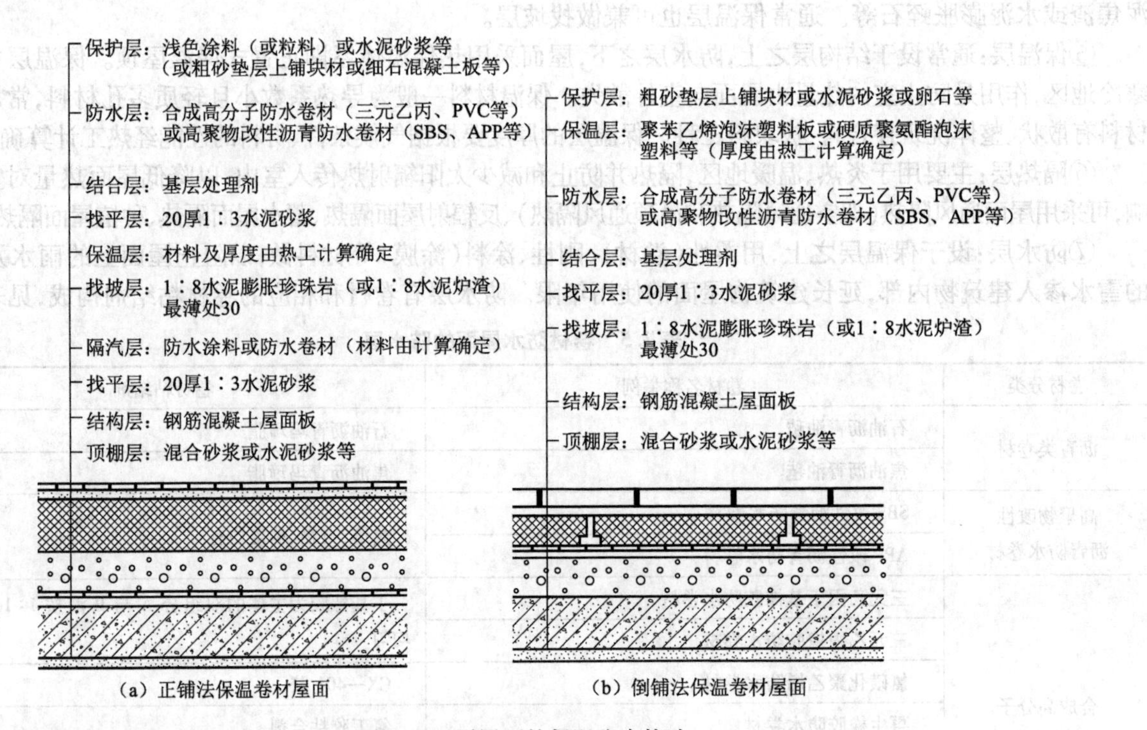

图 7.14 平屋面的保温防水构造

结构层:采用大于等于 C20 现浇钢筋混凝土屋面,其厚度由结构计算确定。

找平层:一次找平,为隔汽层下有一个平整的基层,用 1∶3水泥砂浆打底找平 20 mm 厚。

结合层:刷底胶或冷底子油一道。

隔汽层:采用高聚物改性沥青卷材 SBS、SBC120,或合成高分子防水卷材三元乙丙等。

保温层:聚苯乙烯泡沫塑料板,保温层的厚度由热工计算。

找平层:二次找平,为使保温层下基层平整,以免屋面上人踩破防水层,用 1∶3水泥砂浆打底找平 20 mm厚。

防水层:采用高聚物改性沥青卷材 SBS、SBC120、或合成高分子防水卷材三元乙丙等。

防水卷材铺贴:基层必须清洁、干燥,并涂刷与卷材配套使用的基层处理剂(此层为结合层),以保证防水层与基层粘结牢固。

卷材的铺贴方法:冷粘法、热熔法、热风焊接法、自粘法等。卷材一般分层铺设,当屋面坡度小于 3% 时,卷材宜从檐口平行屋脊铺设至屋脊;当坡度在 3%~5% 时,卷材可平行或垂直屋脊铺贴,上下层卷材及相邻两幅卷材的搭接应错开,平行屋脊的搭接缝应顺水流方向,垂直屋脊的搭接缝应顺年最大频率风向搭接,如图 7.15 所示。

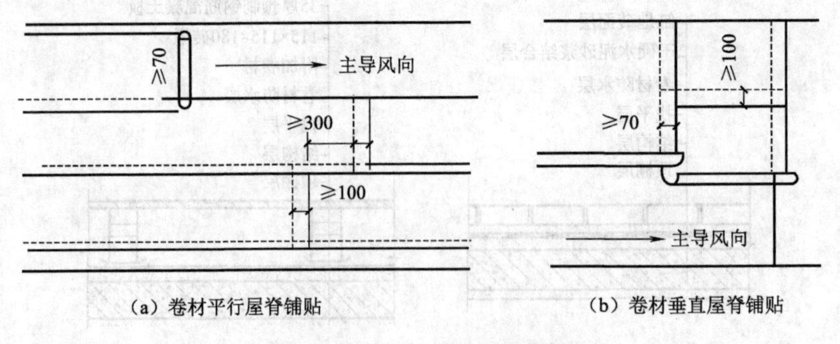

图 7.15 卷材铺贴方向与搭接尺寸

防水卷材接缝应采用搭接缝，搭接宽度应符合表 7.6 的规定。

表 7.6　卷材搭接宽度

卷材类型		搭接宽度/mm
合成高分子防水卷材	胶粘剂	80
	胶粘带	50
	单缝焊	60，有效焊接宽度不小于 25
	双缝焊	80，有效焊接宽度 10×2+空腹宽
高聚物改性沥青防水卷材	胶粘带	100
	自粘	80

卷材接缝的构造如图 7.16 所示。

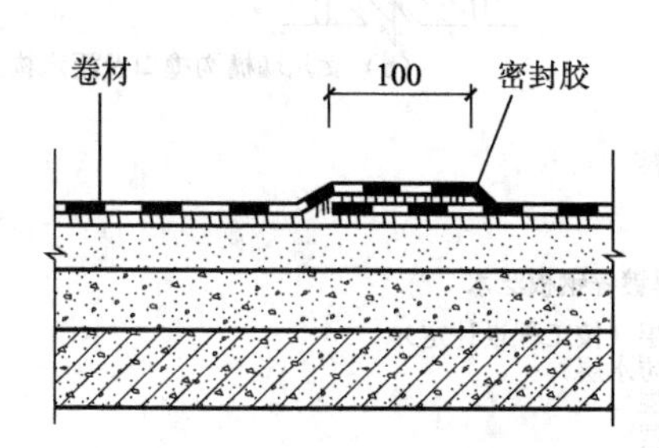

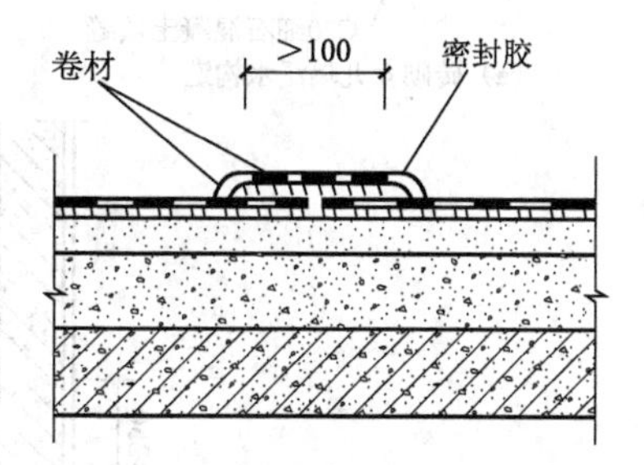

图 7.16　卷材接缝的构造

当卷材防水层上有重物覆盖或基层变形较大时，应优先采用花油法施工。花油法包括空铺法、点粘法和条粘法。在铺贴防水卷材时，卷材与基层间若仅在四周一定宽度内粘接称空铺法；若将胶粘剂涂成条状（每条宽度不小于 150 mm）进行粘接称为条粘法；若将胶粘剂涂成点状（每点面积 100 mm×100 mm）进行粘接称为点粘法，如图 7.17 所示。点与条之间的空隙即为排气的通道，将蒸汽排除。

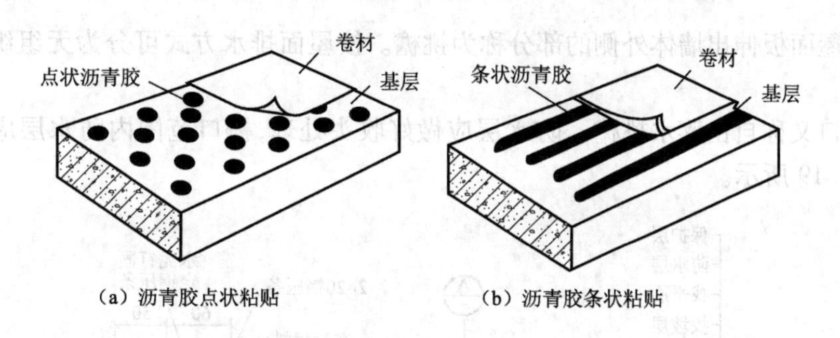

（a）沥青胶点状粘贴　　（b）沥青胶条状粘贴

图 7.17　基层与卷材间的蒸汽的扩散层

保护层：宜用浅色涂料即在防水层上刷银光涂剂。

（3）柔性防水屋顶的细部构造

①泛水。泛水是指屋面防水层与女儿墙交接处的防水构造处理。屋面泛水构造的重点是应做好防水层的转折、防水层与女儿墙（垂直墙面）上的固定及收头。

泛水转折处应做成弧形或 45°斜面，防止卷材被折断，此处防水层应加铺一层卷材，采用满贴法。泛水高度不得小于 250 mm，泛水上端应固定可靠，以防卷材张口造成渗漏。一般在墙中@500 mm 预埋防腐木砖，在女儿墙内侧预留槽嵌木条用钢钉固定在木砖上或用水泥砂浆固定，或在其外钉镀锌铁皮防止雨水渗入女儿墙中。

其内应根据墙体材料确定收头及密封形式。墙体为砖墙较高时可在墙上留凹槽，卷材收头压入凹槽内固定密封，凹槽上部的墙也应做防水处理，如图 7.18（a）所示。女儿墙檐口的构造是檐沟和泛水构造的结合，如图 7.18(b)所示，钢筋混凝土墙泛水收头可采用金属条钉压，并用密封材料封固，如图 7.18(c)所示。

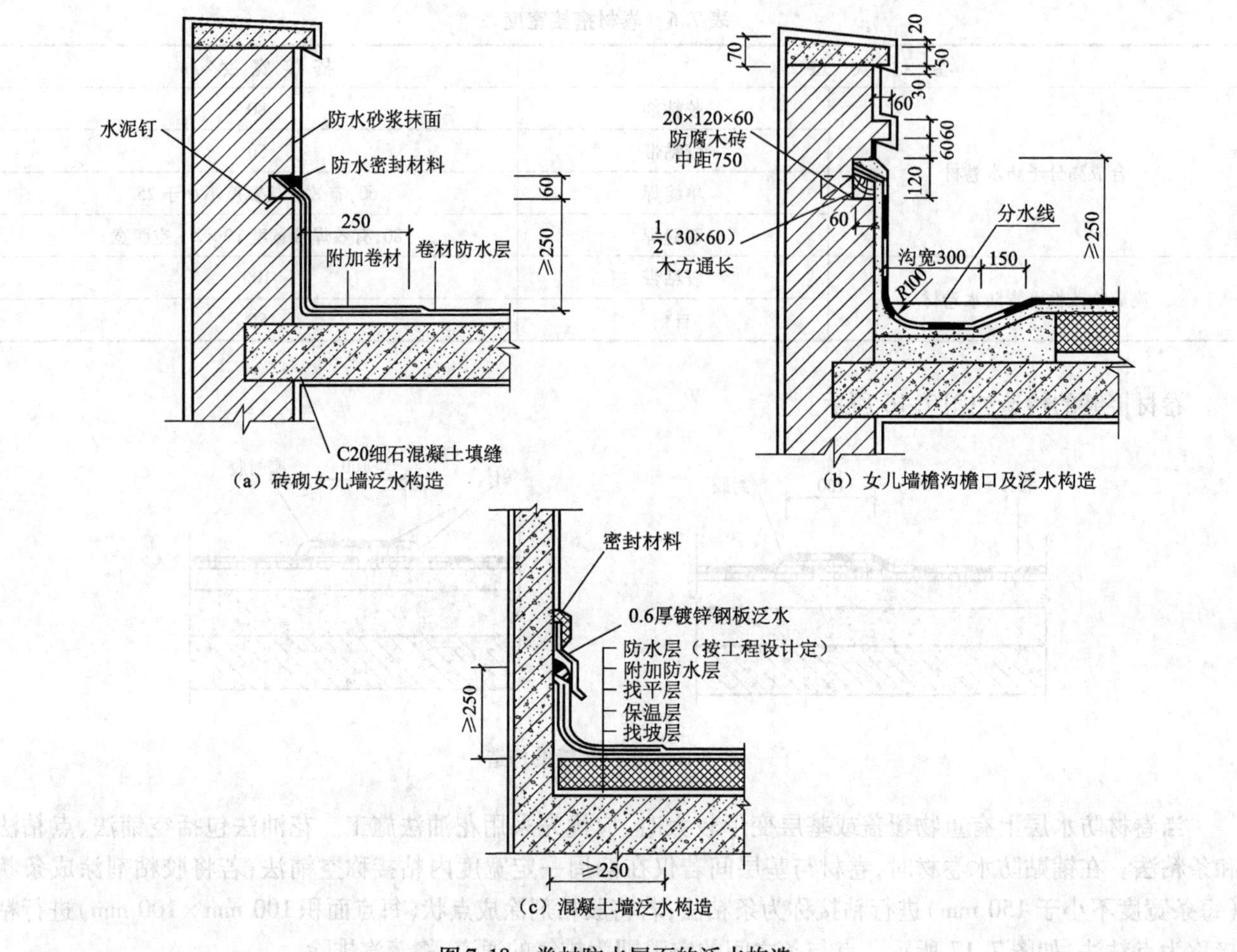

图 7.18　卷材防水屋面的泛水构造

②檐口构造。屋面板伸出墙体外侧的部分称为挑檐。按屋面排水方式可分为无组织排水檐口、有组织排水挑檐沟两种。

无组织排水檐口又称自由落水挑檐。防水层应做好收头处理，檐口范围内防水层应采用满粘法，收头应固定密封，如图 7.19 所示。

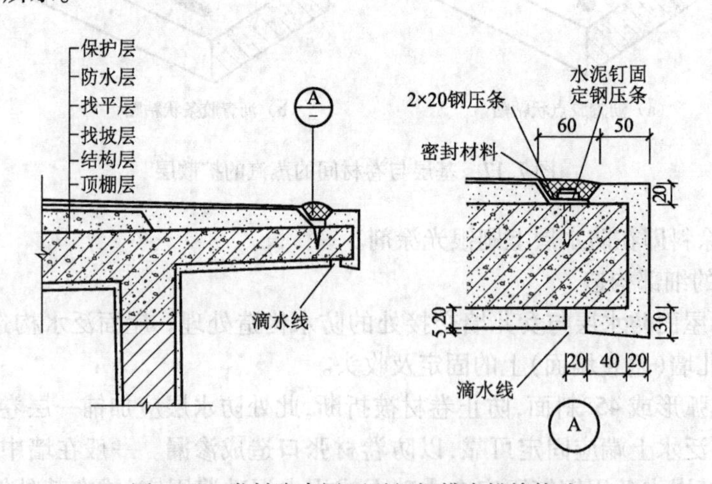

图 7.19　卷材防水屋面无组织排水挑檐构造

天沟是指有组织排水檐沟，卷材防水屋面的天沟与屋面的交接处应做成弧形，沟内应增加附加卷材层，与屋面交界处 200 mm 范围内空铺，如图 7.20 所示。

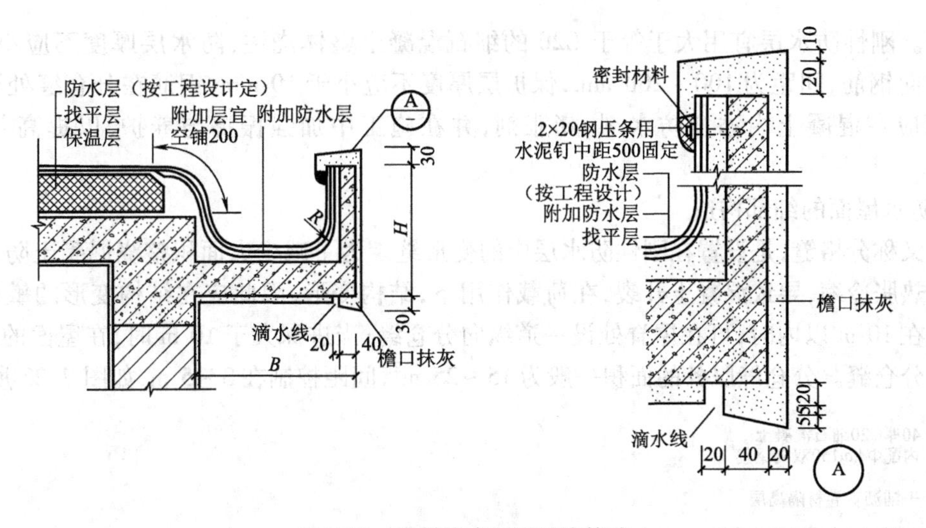

图 7.20　卷材防水屋面天沟构造

③雨水口。是将屋面雨水汇集到雨水斗并排至水落管的关键部位，要求排水通畅、防止渗漏和堵塞。

雨水口的材料常用的有铸铁和 UPVC 塑料，分为直管式（即檐沟内）雨水口和弯管式（即女儿墙）雨水口两种。

直管式雨水口用于檐沟、天沟沟底开洞。UPVC 塑料雨水口的构造如图 7.21（a）所示。

弯管式雨水口用于女儿墙外排水。UPVC 塑料雨水口构造如图 7.21（b）所示。

雨水斗的位置应注意其标高，保证为排水最低点，雨水口周围直径 500 mm 范围内坡度不应小于 5%。

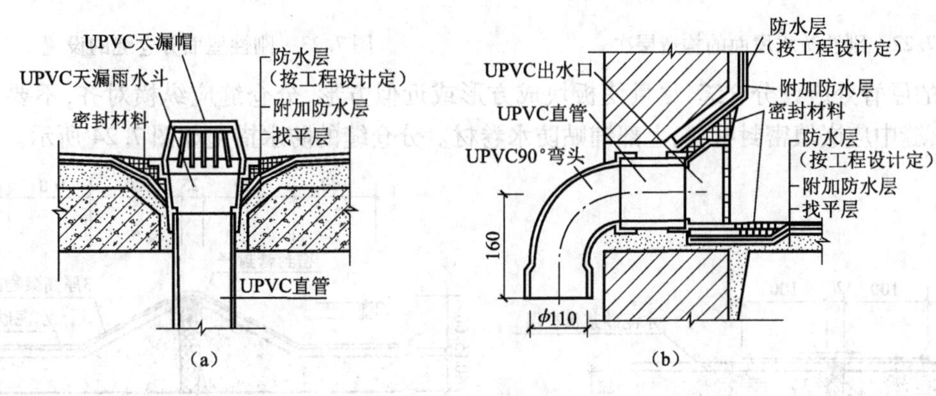

图 7.21　雨水口的构造

2. 刚性防水平屋面

刚性防水屋面是以水泥砂浆或细石混凝土等刚性材料加入防水剂作防水层的屋面。防水屋面构造简单、维修方便、造价低。防水砂浆和防水混凝土的抗拉强度低，是脆性材料，对温度及结构变形敏感，易产生裂缝渗水，施工技术要求高。刚性防水屋面主要用于防水等级为Ⅲ级的屋面防水，也可用于Ⅰ、Ⅱ级防水中一道防水层，不适用设有松散材料保温层及受较大振动或冲击荷载的建筑屋面。刚性防水屋面坡度宜为 2%～3%，并应采用结构找坡。

（1）刚性防水屋面构造层次及做法

刚性防水屋面的构造层次按顺序由结构层、找平层、隔离层、防水层组成，如图 7.22 所示。

①结构层采用现浇钢筋混凝土屋面板。

②找平层：当屋面板为现浇钢筋混凝土结构时可不设找平层，如为预制钢筋混凝土板时，用 20 mm 厚 1∶3水泥砂浆作找平层。

③隔离层又称浮筑层，以适应结构层在荷载作用下产生绕曲变形。在温度变化时产生胀缩变形会将防水层拉裂，为避免二者变形的相互制约，造成防水层或结构部分破坏，须在防水层和结构层间设置隔离层，可采用低标号水泥砂浆、干铺卷材等做法。

④防水层。刚性防水层宜用大于等于 C20 的细石混凝土整体浇注，防水层厚度不应小于 40 mm，内配Φ4～Φ6 双向钢筋，间距为 100～200 mm，保护层厚度不应小于 10 mm，钢筋在分仓缝处要断开。现浇刚性防水屋面应在混凝土内添加防水剂、膨胀剂，并在施工中加强振捣与养护，以提高其抗渗和抗裂性能。

(2)刚性防水屋面的细部构造

①分仓缝又称分格缝，是设置在刚性防水层中的变形缝。为了减少大面积整浇混凝土防水层受外界温度影响会出现热胀冷缩，导致混凝土开裂，在荷载作用下，结构变形，因此应在结构变形的敏感部位设置分仓缝。当进深在 10 m 以内时，可在屋脊处设一道纵向分仓缝；当进深大于 10 m 时，在屋面的结构变形处再增设一道纵向分仓缝。分仓缝服务的面积一般为 15～25 m²，间距控制在 3～5 m，如图 7.23 所示。

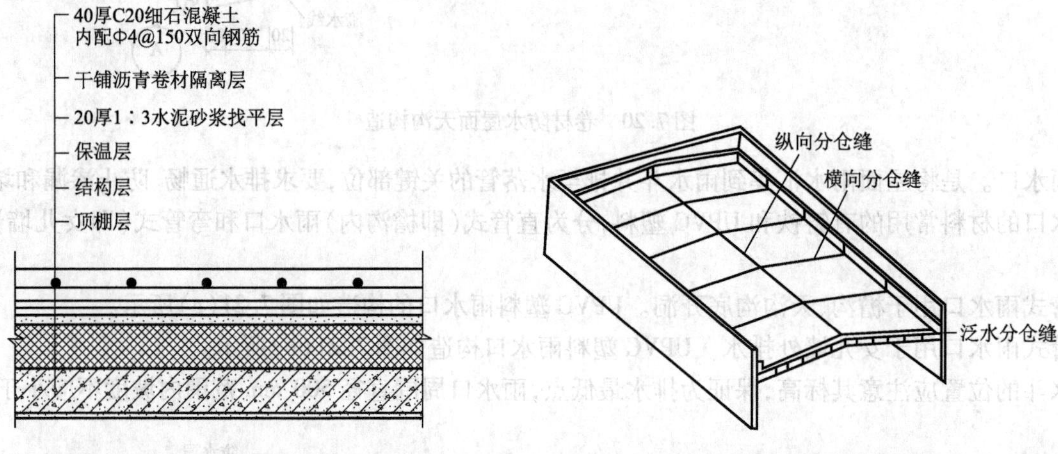

图 7.22 刚性防水屋面的构造层次　　图 7.23 刚性屋面分仓缝的设置

双坡屋面的屋脊处应设分仓缝，尽量使板块成方形或近似方形，分仓缝应纵横对齐，不要错缝，缝宽宜为 20～40 mm，缝中应嵌填密封材料，上部铺贴防水卷材。分仓缝的防水措施如图 7.24 所示。

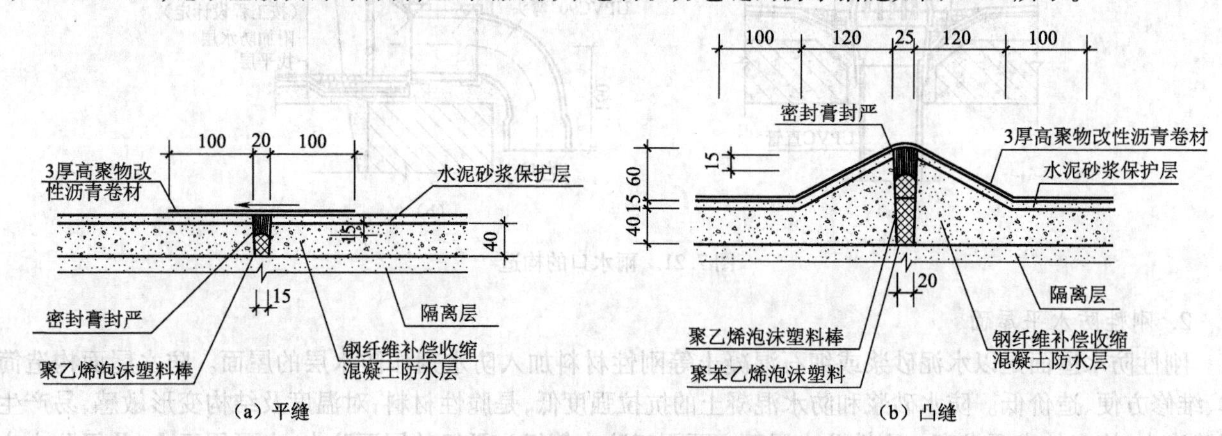

图 7.24 刚性防水屋面分仓缝防水构造

②泛水。刚性防水屋面与柔性防水屋面的构造做法相近，将刚性防水层直接做到垂直墙面上，泛水高度大于等于 250 mm，通常取 400 mm，泛水与屋面防水层要一次浇成，转角处抹成弧角，且不留施工缝。刚性防水层与垂直墙面交界处留 30 mm 的缝隙用油膏嵌缝，女儿墙内侧墙中挑砖砌抹水泥砂浆滴水线，并用密封材料嵌填，然后在泛水处做卷材或涂膜防水层，如图 7.25 所示。

③檐口构造。屋面上突出的矮墙称为女儿墙，也称压檐墙。一般墙厚 240 mm 或 370 mm，高度 1 000 mm左右，应保证其稳定和满足抗震设防要求。如屋面上人或造型要求女儿墙较高时，需加构造柱与下部圈梁或柱相连，地震区应设锚固钢筋。女儿墙上部构造称为压顶，采用现浇钢筋混凝土沿墙长交圈设置。压顶板可用大于等于 C20 细石混凝土，内配 3Φ6，箍筋间距 200 mm 整体现浇，压顶表面抹水泥砂浆防止水渗入女儿墙，并做好滴水，如图 7.26 所示。

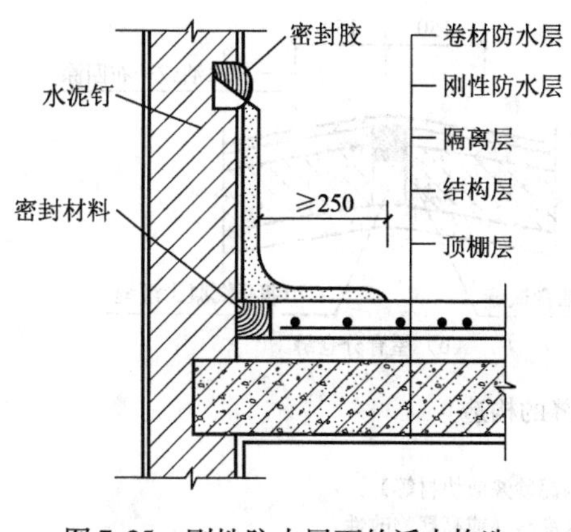

图 7.25 刚性防水屋面的泛水构造

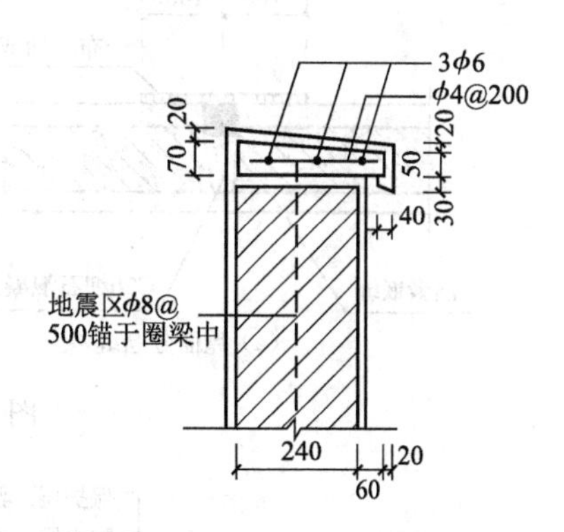

图 7.26 女儿墙压顶的构造

3. 涂膜防水屋面

涂膜防水屋面又称涂料防水屋面，是指用高分子防水涂料直接涂刷在屋面基层上，形成一层不透水的薄膜层来达到防水目的屋面做法。

防水涂料可按其成膜厚度进行划分，膜厚一般在 4 ~ 8 mm，称为厚质涂料；膜厚一般为 2 ~ 3 mm，称为薄质涂料。水性石棉沥青防水涂料、石灰乳化沥青等沥青基防水涂料，为厚质涂料；而高聚物改性沥青防水涂料和合成高分子防水涂料涂成的膜较薄，为薄质涂料。

防水涂料具有防水性能好、粘接力强、耐腐蚀、耐老化、整体性好、冷作业、施工方便等优点，但价格较贵，主要适用于防水Ⅲ级、Ⅳ级的屋面防水，也可用作Ⅰ级、Ⅱ级屋面多道防水设防中的一道。

(1)涂膜防水屋面构造做法

涂膜防水屋面由结构层、找平层、找坡层、结合层、防水层、保护层组成，可分为合成高分子防水涂膜、聚合物水泥防水涂膜、高聚物改性沥青防水涂膜。

涂膜防水层通过分层、分遍的涂布，等先涂的涂层干燥成膜后，再涂下一层，最后形成一道防水层。为加强防水性能(特别是防水薄弱部位)，可在涂层中加铺聚酯无纺布、化纤无纺布或玻璃纤维网布等胎体增强材料。铺设胎体增强材料时，若屋面坡度小于 15% 可平行屋脊铺设，并应由屋面最低处向上铺设；若屋面坡度大于 15% 则应垂直屋脊铺设。胎体长边搭接宽度不小于 50 mm，短边搭接宽度不小于 70 mm。采用两层胎体增强材料时，上下层不得互相垂直铺设，搭接缝应错开，其间距不应小于幅宽的 1/3，涂膜的厚度按屋面防水等级和所用涂料要对应，见表 7.7。

表 7.7 每道涂膜防水层的最小厚度 (单位：mm)

屋面防水等级	合成高分子防水涂膜	聚合物水泥防水涂膜	高聚物改性沥青防水涂膜
Ⅰ级	1.5	1.5	2.0
Ⅱ级	2.0	2.0	3.0

涂膜防水屋面的找平层应设分仓缝，分仓缝设在板的支承处，间距小于等于 6000 mm，缝宽 20 mm 为宜，分仓缝内应嵌入密封材料，如图 7.27 所示。

涂膜防水层的基层应为混凝土或水泥砂浆，其质量同卷材防水屋面中找平层要求。

涂膜防水屋面应设保护层。保护层材料可采用细砂、云母、蛭石、浅色涂料、水泥砂浆或块材等。采用水泥砂浆或块材时，应在涂膜和保护层之间设置隔离层，水泥砂浆保护层厚度不应小于 20 mm。涂膜防水层构造层次如图 7.28 所示。

(2)涂膜防水屋面的细部构造

涂膜防水屋面的细部构造与卷材防水构造基本类似。

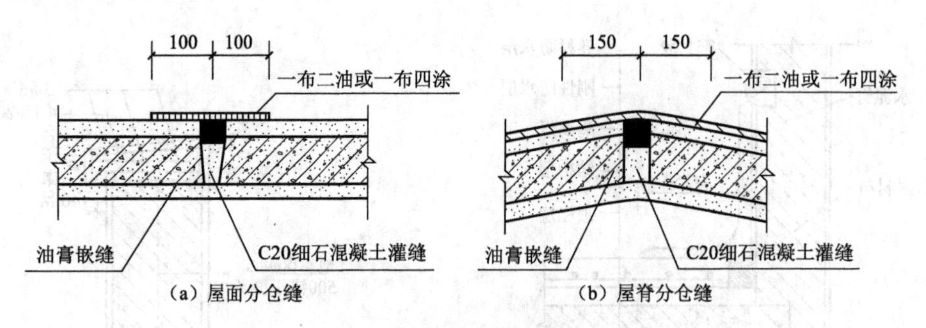

图 7.27 分仓缝的构造

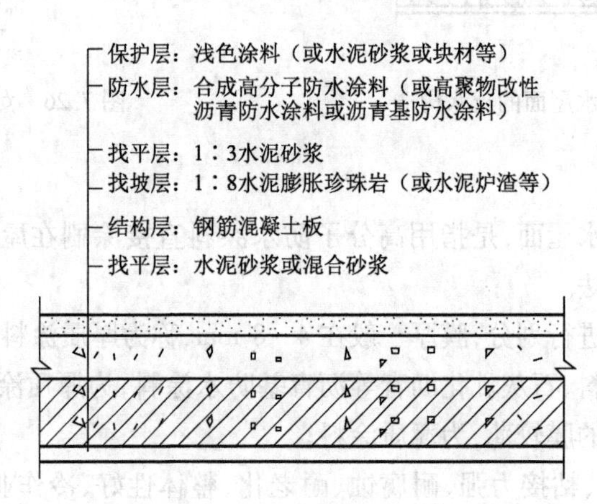

图 7.28 涂膜防水屋面的构造层次和做法

7.4 坡屋顶构造

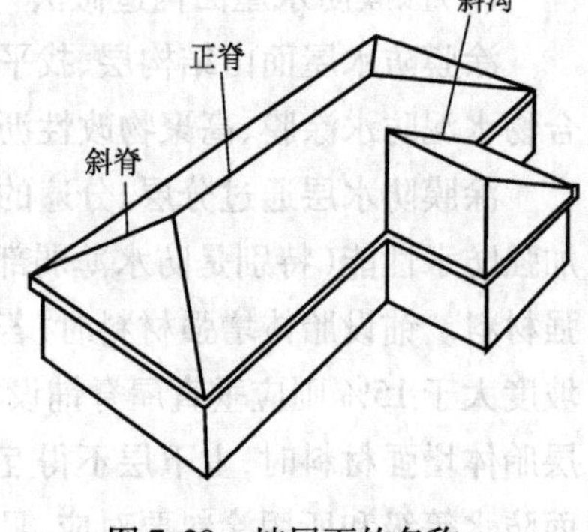

图 7.29 坡屋面的名称

坡屋面由带坡度的倾斜屋面相互交接而成。斜面相交的阳角称为脊，斜面相交的阴角称为沟，如图 7.29 所示。

7.4.1 坡屋顶的形式及组成

1. 坡屋面的形式

坡屋面是一种传统的屋面形式，主要有单坡、双坡及四坡，如图 7.30 所示。

2. 坡屋面的组成

坡屋面一般由承重结构、屋面、顶棚、功能层组成，功能层根据需要可设保温层、隔热层等，如图 7.31 所示。

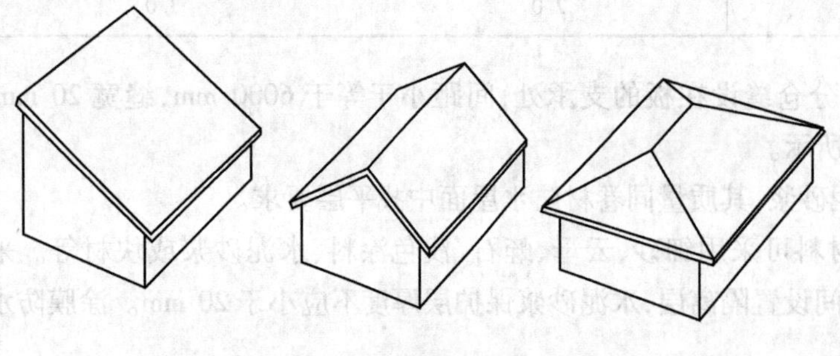

图 7.30 坡屋面的形式

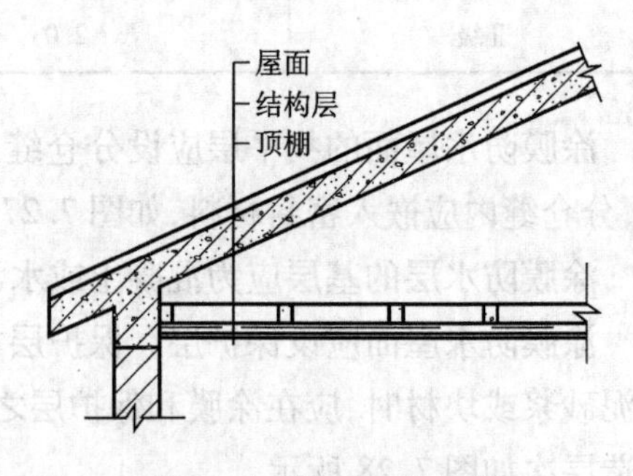

图 7.31 坡屋面的组成

(1) 承重结构

承重结构主要承受屋面各种荷载并传到墙或柱上，一般有木结构、钢筋混凝土结构、钢结构等。

(2)屋面

屋面是屋坡面上的覆盖层,起抵御雨、雪、风、霜、太阳辐射等自然侵蚀的作用,包括屋面盖料和基层,屋面材料有波形水泥石棉瓦、彩色钢板波形瓦、玻璃板、PC 板等。

(3)顶棚

顶棚是屋面结构层的遮盖部分,装饰室内上部空间,并起安装灯具的作用,顶棚可以做直接顶棚或吊棚。

(4)功能层

功能层根据建筑物的性质及所处的地区,考虑设置保温、隔热、隔声等要求。

7.4.2 坡屋面的承重结构体系

坡屋面的承重结构体系中有三种。

1. 山墙承重

山墙承重又称硬山架檩,是将房屋的横墙上部砌成山尖形,在其上直接搁置檩条,以承担屋顶的重量。横墙的间距既是檩条的跨度,也是房屋的开间,适用于多数开间尺寸较小的相同并列房屋。

2. 屋架承重

屋架承重是将屋架支承在外纵墙或柱子上,在屋架上搁置檩条来承受屋面的重量。屋架的间距既是房屋的开间尺寸,也是檩条的长度尺寸,如图 7.32 所示。

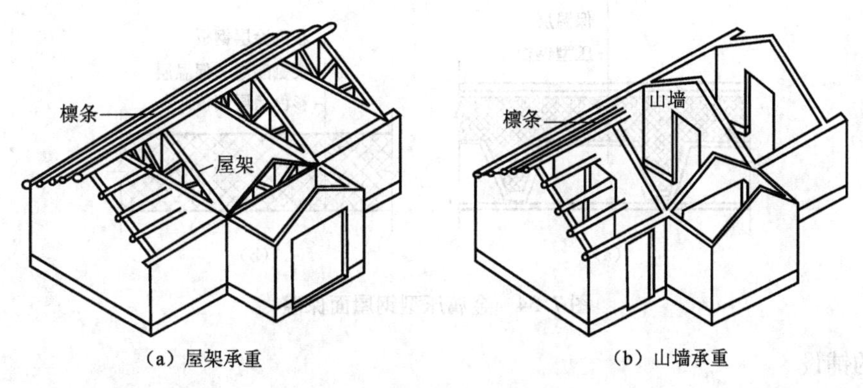

图 7.32 坡屋面的承重结构

3. 梁架承重

梁架承重是我国传统的结构形式。梁架承重由柱子和梁组成排架,檩条放于梁间承受屋面荷载并将各排架联系成为一完整骨架,内外墙体均填充在骨架之间,只起维护和分隔的作用,不承受荷载,该承重方式适用于工业建筑中钢排架结构的厂房。

7.4.3 钢筋混凝土结构坡屋面保温

目前钢筋混凝土坡屋面结构采用整体现浇板式或梁板式结构。

坡屋面保温可根据结构体系、屋面覆盖材料、造价及地方材料来确定。

1. 钢筋混凝土结构坡屋面

坡屋面有屋面保温和顶棚层保温两种。当采用屋面保温时,通常是在屋面板下用聚合物砂浆粘贴聚苯乙烯泡沫塑料板保温层,如图 7.33(a)所示;也可在瓦材和屋面板之间铺设一层保温层,如图 7.33(b)所示;当采用顶棚层保温时,先在顶棚格栅上铺板,板上铺卷材做隔汽层,在隔汽层上用纤维保温板、泡沫塑料板、膨胀珍珠岩铺设保温层,以达到保温和隔热的双重效果,做法如图 7.33(c)所示。

2. 金属压型钢板屋面

可在板上铺乳化沥青珍珠岩或水泥蛭石等保温材料,保温层上做防水层,如图 7.34(a)所示;也可用金属夹芯板,保温材料用硬质聚氨酯泡沫塑料,如图 7.34(b)所示。

3. 油毡瓦屋面

油毡瓦是以玻璃纤维为胎基经浸涂石油沥青后,面层热压天然各色彩砂,背面撒以隔离材料而制成的瓦状片材。油毡瓦具有质量轻、耐酸、耐碱、色泽美丽不褪色等优点,并具有建筑装饰作用。油毡瓦屋面适用于坡度大于20%的屋面,是目前我市住宅立面改造工程中常用的坡屋面。

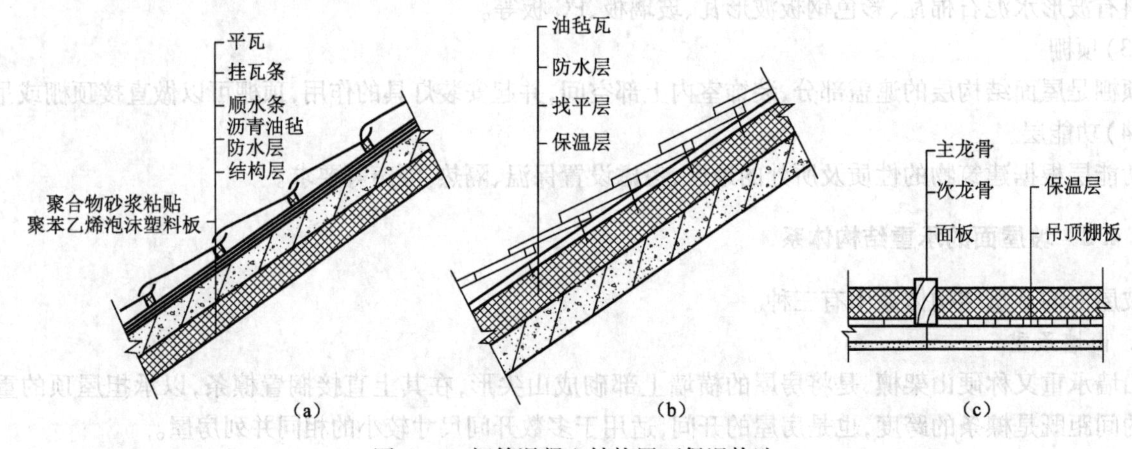

图7.33 钢筋混凝土结构屋面保温构造

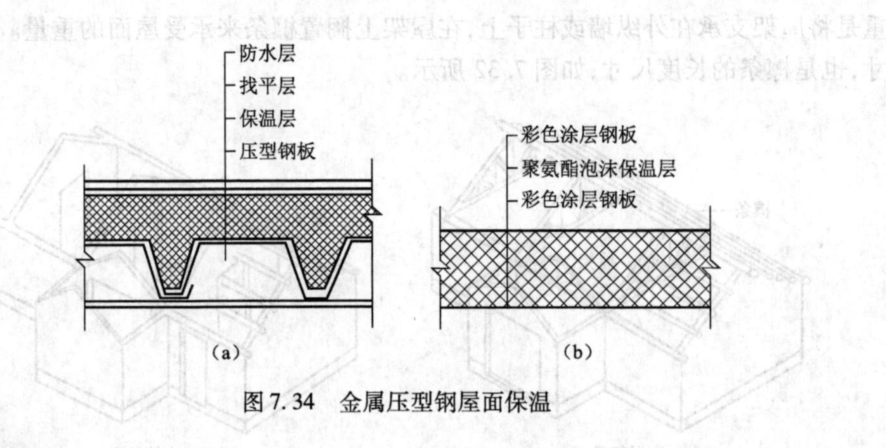

图7.34 金属压型钢屋面保温

(1)油毡瓦的铺设

油毡瓦应在混凝土基层水泥砂浆找平层上铺设,也可在基层上先用改性沥青卷材做防水层,要求基层平整,宜从檐口铺至屋顶,再将油毡瓦热粘在防水层上,压实后用水泥钉固定。

(2)油毡瓦屋面的细部构造

①檐口。油毡瓦屋面檐口分为自由落水檐口和天沟排水檐口。

自由落水檐口中,油毡瓦要伸出封檐板10~20 mm,首排应增加倒铺油毡瓦一层,如图7.35(a)所示。天沟排水檐口中,油毡瓦要深入沟内10~20 mm,如图7.35(b)所示。

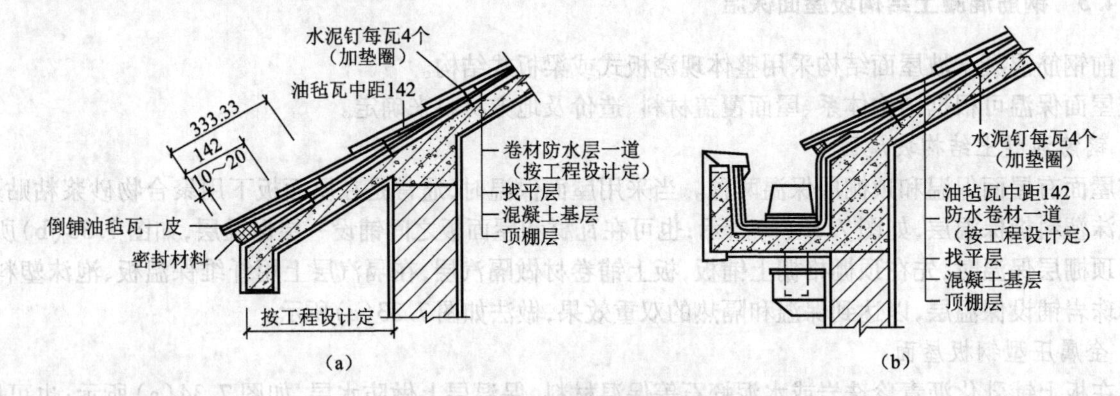

图7.35 油毡瓦屋面檐口构造

②屋脊。铺设屋脊时,应将卷材瓦沿切槽剪开,分成四块作为脊瓦,每块用两个卷材钉固定在屋脊线两侧,并应搭盖住两坡面瓦接缝的1/3。脊瓦与脊瓦的压盖不应小于脊瓦面积的1/2,并应顺年主导风向搭接,

如图 7.36 所示。

③泛水。在泛水处，油毡瓦可沿基层与山墙的八字坡铺贴，高度大于等于 250 mm，铺贴前先做卷材防水附加层，墙面上用镀锌钢板覆盖收头部位，镀锌钢板用钉固定在墙内木砖上或直接用水泥钉钉在墙上，上口与墙之间的缝隙用密封材料封严，如图 7.37 所示。

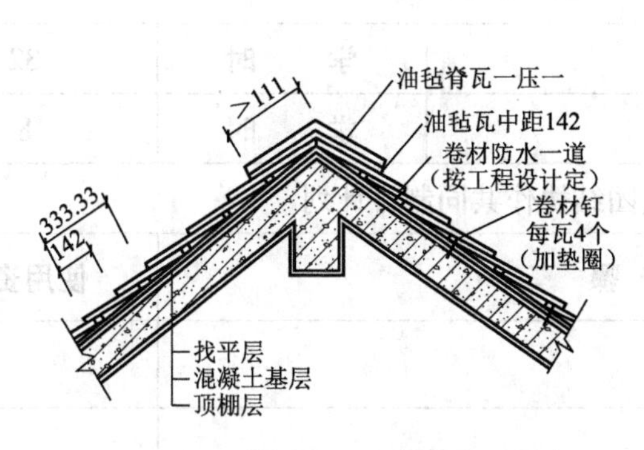

图 7.36 油毡瓦屋面屋脊铺设示意图

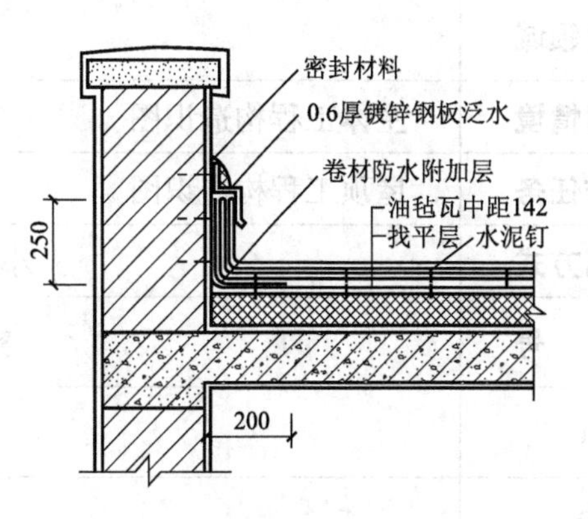

图 7.37 油毡瓦屋面的泛水构造

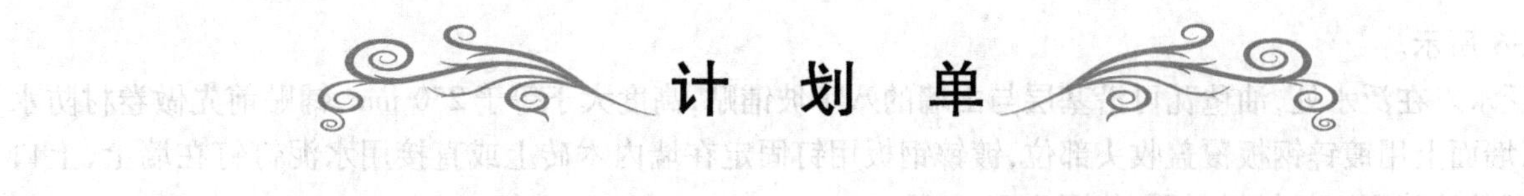

计 划 单

<table>
<tr><td>学习领域</td><td colspan="5">土木工程构造与识图</td></tr>
<tr><td>学习情境</td><td colspan="3">主体工程构造识图</td><td>学　　时</td><td>32</td></tr>
<tr><td>工作任务</td><td colspan="3">屋顶工程构造识图</td><td>学　　时</td><td>8</td></tr>
<tr><td>计划方式</td><td colspan="5">小组讨论、团结协作共同制订计划</td></tr>
<tr><td>序　　号</td><td colspan="4">实 施 步 骤</td><td>使用资源</td></tr>
<tr><td>1</td><td colspan="4"></td><td></td></tr>
<tr><td>2</td><td colspan="4"></td><td></td></tr>
<tr><td>3</td><td colspan="4"></td><td></td></tr>
<tr><td>4</td><td colspan="4"></td><td></td></tr>
<tr><td>5</td><td colspan="4"></td><td></td></tr>
<tr><td>6</td><td colspan="4"></td><td></td></tr>
<tr><td>7</td><td colspan="4"></td><td></td></tr>
<tr><td>8</td><td colspan="4"></td><td></td></tr>
<tr><td>9</td><td colspan="4"></td><td></td></tr>
<tr><td>10</td><td colspan="4"></td><td></td></tr>
<tr><td>制订计划说明</td><td colspan="5">（写出制订计划中人员为完成任务的主要建议或可以借鉴的建议、需要解释的某一方面）</td></tr>
<tr><td rowspan="3">计划评价</td><td>班　　级</td><td></td><td>第　　组</td><td>组长签字</td><td></td></tr>
<tr><td>教师签字</td><td colspan="2"></td><td>日　　期</td><td></td></tr>
<tr><td colspan="5">评语：</td></tr>
</table>

决 策 单

<table>
<tr><td>学习领域</td><td colspan="5">土木工程构造与识图</td></tr>
<tr><td>学习情境</td><td colspan="3">主体工程构造识图</td><td>学 时</td><td>32</td></tr>
<tr><td>工作任务</td><td colspan="3">屋顶工程构造识图</td><td>学 时</td><td>8</td></tr>
<tr><td colspan="6">方 案 讨 论</td></tr>
<tr><td rowspan="11">方案对比</td><td>组 号</td><td>方案合理性</td><td>实施可操作性</td><td>实施难度</td><td>综合评价</td></tr>
<tr><td>1</td><td></td><td></td><td></td><td></td></tr>
<tr><td>2</td><td></td><td></td><td></td><td></td></tr>
<tr><td>3</td><td></td><td></td><td></td><td></td></tr>
<tr><td>4</td><td></td><td></td><td></td><td></td></tr>
<tr><td>5</td><td></td><td></td><td></td><td></td></tr>
<tr><td>6</td><td></td><td></td><td></td><td></td></tr>
<tr><td>7</td><td></td><td></td><td></td><td></td></tr>
<tr><td>8</td><td></td><td></td><td></td><td></td></tr>
<tr><td>9</td><td></td><td></td><td></td><td></td></tr>
<tr><td>10</td><td></td><td></td><td></td><td></td></tr>
<tr><td>方案评价</td><td colspan="5">评语：</td></tr>
</table>

班 级		组长签字		教师签字		年 月 日

实 施 单

学习领域	土木工程构造与识图		
学习情境	主体工程构造识图	学 时	32
工作任务	屋顶工程构造识图	学 时	8
实施方式	小组成员合作，动手实践		

序 号	实 施 步 骤	使 用 资 源
1		
2		
3		
4		
5		
6		
7		
8		

实施说明：

班 级		第 组	组长签字	
教师签字			日 期	
评 语				

作 业 单

学习领域	土木工程构造与识图		
学习情境	主体工程构造识图	学 时	32
工作任务	屋顶工程构造识图	学 时	8
作业方式	资料查询，现场操作		
1	坡屋的类型有哪些形式？		
2	屋面由几部分组成？它们各有何作用？		
3	何谓泛水？画出泛水构造。		
4	试绘制出寒冷地区平屋面保温防水的构造层次。		
班 级		第 组	组长签字	
教师签字		日 期	
教师评分			

检 查 单

<table>
<tr><td>学习领域</td><td colspan="4">土木工程构造与识图</td></tr>
<tr><td>学习情境</td><td colspan="2">主体工程构造识图</td><td>学 时</td><td>32</td></tr>
<tr><td>工作任务</td><td colspan="2">屋顶工程构造识图</td><td>学 时</td><td>8</td></tr>
<tr><td>序 号</td><td>检查项目</td><td>检查标准</td><td>学生自查</td><td>教师检查</td></tr>
<tr><td>1</td><td></td><td></td><td></td><td></td></tr>
<tr><td>2</td><td></td><td></td><td></td><td></td></tr>
<tr><td>3</td><td></td><td></td><td></td><td></td></tr>
<tr><td>4</td><td></td><td></td><td></td><td></td></tr>
<tr><td>5</td><td></td><td></td><td></td><td></td></tr>
<tr><td>6</td><td></td><td></td><td></td><td></td></tr>
<tr><td>7</td><td></td><td></td><td></td><td></td></tr>
<tr><td>8</td><td></td><td></td><td></td><td></td></tr>
<tr><td>9</td><td></td><td></td><td></td><td></td></tr>
<tr><td>10</td><td></td><td></td><td></td><td></td></tr>
<tr><td rowspan="3">检查评价</td><td>班 级</td><td>第 组</td><td>组长签字</td><td></td></tr>
<tr><td>教师签字</td><td>日 期</td><td colspan="2"></td></tr>
<tr><td colspan="4">评语：</td></tr>
</table>

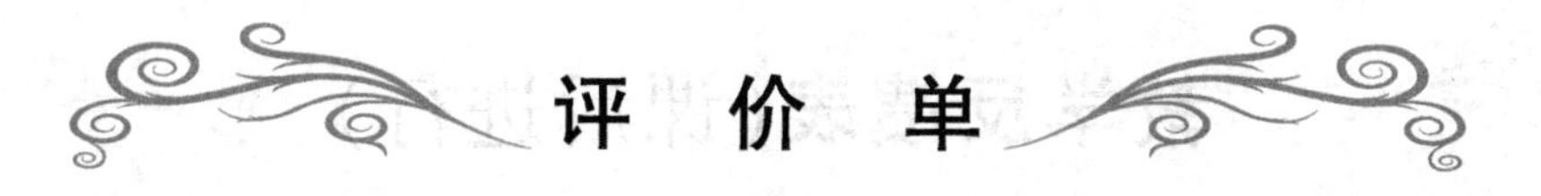

评　价　单

<table>
<tr><td>学习领域</td><td colspan="5">土木工程构造与识图</td></tr>
<tr><td>学习情境</td><td colspan="3">主体工程构造识图</td><td>学　　时</td><td>32</td></tr>
<tr><td>工作任务</td><td colspan="3">基础工程构造识图</td><td>学　　时</td><td>8</td></tr>
<tr><td>评价类别</td><td>项　　目</td><td>子项目</td><td>个人评价</td><td>组内自评</td><td>教师评价</td></tr>
<tr><td rowspan="7">专业能力</td><td rowspan="2">资讯
(10%)</td><td>搜集信息(5%)</td><td></td><td></td><td></td></tr>
<tr><td>引导问题回答(5%)</td><td></td><td></td><td></td></tr>
<tr><td>计划
(5%)</td><td></td><td></td><td></td><td></td></tr>
<tr><td>实施
(20%)</td><td></td><td></td><td></td><td></td></tr>
<tr><td>检查
(10%)</td><td></td><td></td><td></td><td></td></tr>
<tr><td>过程
(5%)</td><td></td><td></td><td></td><td></td></tr>
<tr><td>结果
(10%)</td><td></td><td></td><td></td><td></td></tr>
<tr><td rowspan="2">社会能力</td><td>团结协作
(10%)</td><td></td><td></td><td></td><td></td></tr>
<tr><td>敬业精神
(10%)</td><td></td><td></td><td></td><td></td></tr>
<tr><td rowspan="2">方法能力</td><td>计划能力
(10%)</td><td></td><td></td><td></td><td></td></tr>
<tr><td>决策能力
(10%)</td><td></td><td></td><td></td><td></td></tr>
<tr><td rowspan="3">评价评语</td><td>班　　级</td><td></td><td>姓　　名</td><td></td><td>学　　号</td><td></td><td>总　　评</td><td></td></tr>
<tr><td>教师签字</td><td></td><td>第　　组</td><td>组长签字</td><td></td><td>日　　期</td><td></td></tr>
<tr><td colspan="8"></td></tr>
</table>

教学反馈表(课后进行)

学习领域	土木工程构造与识图				
学习情境	主体工程构造识图	工作任务	屋顶工程构造识图		
学　　时	0.5				
序　　号	调查内容		是	否	理由陈述
1	你是否喜欢这种上课方式?				
2	与传统教学方式比较你认为哪种方式学到的知识更适用?				
3	针对每个工作任务你是否学会如何进行资讯?				
4	你对于计划和决策感到困难吗?				
5	你认为本工作任务对你将来的工作有帮助吗?				
6	通过本工作任务的学习,你学会屋顶工程构造识图了吗?在今后的实习或顶岗实习过程中遇到屋顶工程构造识图常见问题你可以解决吗?				
7	通过几天来的工作和学习,你对自己的表现是否满意?				
8	你对小组成员之间的合作是否满意?				
9	你认为本学习情境还应学习哪些方面的内容?(请在下面空白处填写)				

你的意见对改进教学非常重要,请写出你的建议和意见:

被调查人信息

专　业	年　级	班　级	姓　名	日　期

学习情境三 辅助工程构造识图

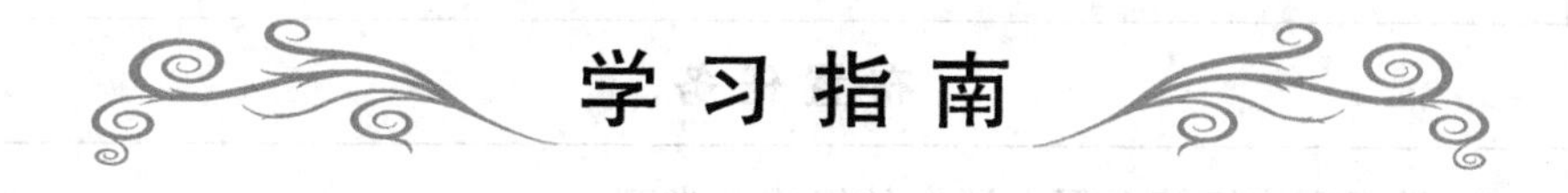

学习指南

学习目标

学生在教师的讲解和引导下，明确工作任务的目标和实施中的关键要素，掌握楼梯与电梯、门和窗和装饰工程与变形缝工程构造的基础知识，通过阅读工程图纸，掌握其识读内容与步骤，能够借助资料、工具、材料、方法来完成“楼梯与电梯构造识图”“门和窗构造识图”和“装饰工程与变形缝构造识图”三个工作任务。在学习过程中锻炼职业素质，树立“严谨认真、吃苦耐劳、诚实守信”的工作作风。

工作任务

1. 楼梯与电梯构造识图；
2. 门和窗构造识图；
3. 装饰工程与变形缝构造识图。

学习情境描述

根据土木工程施工图纸的识图特点，选取“楼梯与电梯构造识图”“门和窗构造识图”和“装饰工程与变形缝构造识图”等三个工作任务作为载体，通过大量案例与图示，使学生掌握识图与制图技能。学习内容与组织如下：学习楼梯、台阶、电梯、门窗和室内外装饰工程、变形缝等工程构造的基础知识，学习各构件节点的设计要求、构造要点、施工工艺、制图的方法，并具备识读图纸的能力，然后通过阅读各专业的工程施工图纸，来完成辅助工程构造的识图任务。

工作任务8　楼梯与电梯构造识图

任 务 单

<table>
<tr><td>学习领域</td><td colspan="6">土木工程构造与识图</td></tr>
<tr><td>学习情境</td><td colspan="2">辅助工程构造识图</td><td colspan="2">工作任务</td><td colspan="2">楼梯与电梯构造识图</td></tr>
<tr><td>任务学时</td><td colspan="6">8</td></tr>
<tr><td colspan="7">布置任务</td></tr>
<tr><td>工作目标</td><td colspan="6">1. 学习现浇钢筋混凝土楼梯的组成及类型；
2. 学习钢筋混凝土楼梯的识图内容；
3. 学会正确识读现浇板式、梁式楼梯的构造图；
4. 学习并掌握钢筋混凝土楼梯的设计尺寸、常用的形式；
5. 学会并掌握板式楼梯、梁式楼梯的荷载传递路线；
6. 学习现浇钢筋混凝土楼梯的详图构造；
7. 清楚现浇现浇钢筋混凝土楼梯设计规范要求；
8. 能够在完成任务过程中锻炼职业素质，做到“严谨认真、吃苦耐劳、诚实守信”。</td></tr>
<tr><td>任务描述</td><td colspan="6">在识读工程图纸前，掌握楼梯与电梯工程构造组成、设计要求、构造要点和施工工艺。其工作如下：
1. 楼梯的组成、类型和尺寸；
2. 现浇钢筋混凝土楼梯；
3. 室外台阶与坡道；
4. 电梯与自动扶梯。</td></tr>
<tr><td rowspan="2">学时安排</td><td>资　讯</td><td>计　划</td><td>决　策</td><td>实　施</td><td>检　查</td><td>评　价</td></tr>
<tr><td>3</td><td>0.5</td><td>0.5</td><td>3</td><td>0.5</td><td>0.5</td></tr>
<tr><td>提供资料</td><td colspan="6">1. 房屋建筑制图统一标准：GB/T 50001—2010；
2. 工程制图相关规范；
3. 造价员、技术员岗位技术相关标准。</td></tr>
<tr><td>对学生的要求</td><td colspan="6">1. 具备几何的基本知识；
2. 具备对建筑物的基本了解；
3. 具备对建筑制图工具使用的一般了解；
4. 具备一定的自学能力、数据计算能力、沟通协调能力、语言表达能力和团队意识；
5. 每位同学必须积极参与小组讨论；
6. 严格遵守课堂纪律和工作纪律，不迟到，不早退，不旷课；
7. 树立职业意识，按照企业的岗位职责要求自己。</td></tr>
</table>

资　讯　单

<table>
<tr><td>学习领域</td><td colspan="3">土木工程构造与识图</td></tr>
<tr><td>学习情境</td><td>辅助工程构造识图</td><td>工作任务</td><td>楼梯与电梯构造识图</td></tr>
<tr><td>资讯学时</td><td colspan="3">3</td></tr>
<tr><td>资讯方式</td><td colspan="3">1. 通过信息单、教材、互联网及图书馆查询完成任务资讯；
2. 通过咨询任课教师完成任务资讯。</td></tr>
<tr><td rowspan="15">资讯问题</td><td colspan="3">1. 楼梯由几部分组成？各部分有何作用？</td></tr>
<tr><td colspan="3">2. 楼梯按平面形式分几种类型？常用哪些形式？</td></tr>
<tr><td colspan="3">3. 什么是封闭式楼梯间？</td></tr>
<tr><td colspan="3">4. 何谓楼梯平台下净高？住宅要求楼梯平台净高一般设多高？</td></tr>
<tr><td colspan="3">5. 试绘制封闭楼梯间简图？</td></tr>
<tr><td colspan="3">6. 试绘制防排烟楼梯间简图？</td></tr>
<tr><td colspan="3">7. 楼梯栏杆的高度一般为多少？</td></tr>
<tr><td colspan="3">8. 现浇钢筋混凝土楼梯有几种结构形式？其荷载如何传递？</td></tr>
<tr><td colspan="3">9. 楼梯踏面采取哪些防滑措施？</td></tr>
<tr><td colspan="3">10. 栏杆与踏步、扶手与栏杆如何进行连接？</td></tr>
<tr><td colspan="3">11. 室外台阶的组成、形式、构造做法如何？</td></tr>
<tr><td colspan="3">12. 绘制现浇钢筋混凝土楼梯详图。</td></tr>
<tr><td colspan="3">13. 梯段的最小净宽有何规定？平台宽度与梯段宽度关系如何？</td></tr>
<tr><td colspan="3">14. 电梯由几部分组成？各部分有何作用？</td></tr>
<tr><td colspan="3">学生需要单独资讯的问题……</td></tr>
<tr><td>资讯引导</td><td colspan="3">以上资讯问题在下列书中查找：
1. 信息单；
2. 房屋建筑制图统一标准：GB 50001—2010；
3. 张威琪．建筑识图与民用建筑构造．中国水利水电出版社，2014；
4. 尚久明．建筑识图与房屋构造．2 版．电子工业出版社，2010；
5. 赵婧．房屋建筑构造．中国建材工业出版社，2013。</td></tr>
</table>

信 息 单

8.1 楼梯的组成、类型和尺寸

建筑物的竖向垂直交通设施有楼梯、电梯、自动扶梯、爬梯、台阶、坡道。楼梯和电梯是解决不同楼层之间垂直交通的重要设施,也是主要建筑构件之一,供人上下楼层、防火疏散之用。在多层建筑中只需设置楼梯;而在高层建筑中必须设置电梯,同时还要设置楼梯。

8.1.1 楼梯的认知

1. 基本要求

①楼梯在建筑中的位置应明显可见,交通便利,方便使用。

②楼梯应与建筑的出口关系密切,联系方便,楼梯间的底层一般均应设置直接对外出入口或距对外出口的距离在有关规范的规定范围内。

③在建筑中设置数部楼梯时,其分布应符合建筑内部人流的分布情况,同时要满足通行的要求。

2. 楼梯的数量和宽度

①除个别的高层住宅外,高层建筑中至少要设两部或两部以上的楼梯。

②公共建筑一般至少要设两部或两部以上的楼梯,如符合表 8.1 的规定也可只设一部楼梯。

表 8.1 设置一个疏散楼梯的条件

耐火等级	最多层数	每层最大建筑面积/m^2	人 数
一、二级	三层	200	第二、三层的人数之和不超过 50 人
三级	三层	200	第二、三层的人数之和不超过 25 人
四级	二层	200	第二层的人数不超过 15 人

③设有不少于两个疏散楼梯的一、二级耐火等级的公共建筑,如顶层局部升高时,其高出部分的层数不超两层,且每层建筑面积不超过 200 m^2,人数之和不超过 50 人时,可以只设一部楼梯,但应另设一个直通平屋面的安全出口。

④人流集中的公共建筑中,楼梯的总宽度按照每 100 人应占有的楼梯宽度进行计算(俗称百人指标),具体的指标应参照有关的设计规范。

3. 楼梯的间距和位置

多层建筑的楼梯间的间距和位置应符合表 8.2 所示的要求。

表 8.2 直接通向疏散走道的房间疏散门至最近安全出口的最大距离 (单位:m)

名 称	位于两个安全出口之间的疏散门			位于袋形走道两侧或尽端的疏散门		
	耐 火 等 级			耐 火 等 级		
	一、二级	三级	四级	一、二级	三级	四级
托儿所、幼儿园	25.0	20.0	—	20.0	15.0	—
医院、疗养院	35.0	30.0	—	20.0	15.0	—
学校	35.0	30.0	—	22.0	20.0	—
其他民用建筑	40.0	35.0	25.0	22.0	20.0	15.0
建筑内的观众厅、展览厅、多功能厅、餐厅、营业厅和阅览室等,其室内任何一点至最近安全出口的直线距离不宜大于 30.0 m						

注:①敞开式外廊建筑的房间疏散门至安全出口的最大距离可按本表增加 5.0 m。

②建筑物内全部设置自动喷水灭火系统时,其安全疏散距离可按本表规定增加 25%。

③房间内任一点到该房间直接通向疏散走道的疏散门的距离计算:住宅应为最远房间内任一点到户门的距离,跃层式住宅内的户内楼梯的距离可按其梯段总长度的水平投影尺寸计算。

高层建筑的楼梯间的间距和位置应符合表 8.3 所示的规定。

表 8.3 高层建筑安全疏散距离 （单位:m）

高层建筑		房间门或住宅户门至最近的外部出口或楼梯间的最大距离	
		位于两个安全出口之间的房间	位于袋形走廊两侧或尽端的房间
医院	病房部分	24	12
	其他部分	30	15
旅馆、展览馆、教学楼		30	15
其他		40	20

8.1.2 楼梯的组成

楼梯由楼梯段、休息平台、栏杆和扶手三部分组成,如图 8.1 所示。

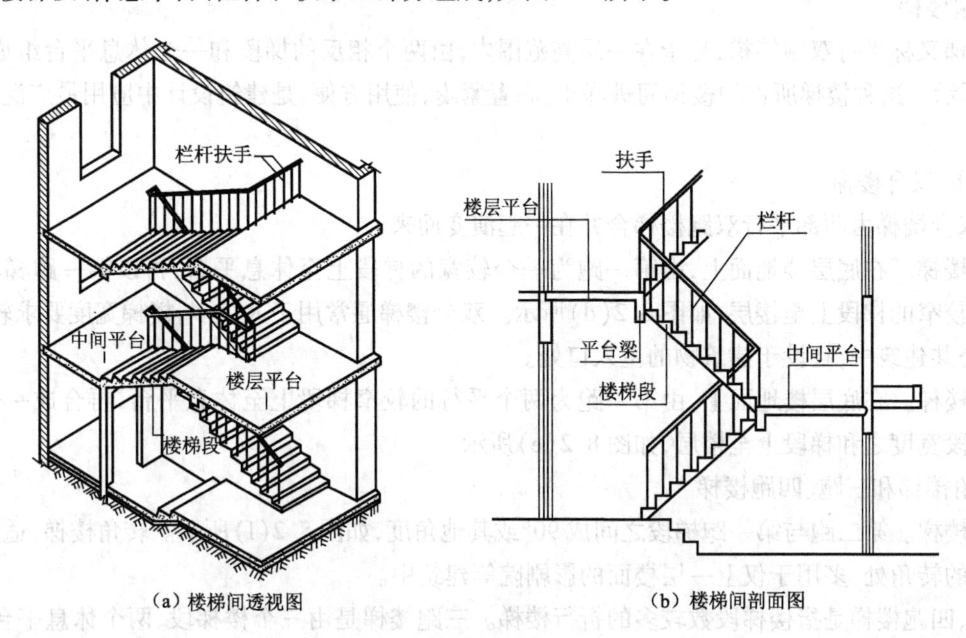

(a) 楼梯间透视图 (b) 楼梯间剖面图

图 8.1 楼梯的组成

1. 楼梯段

楼梯段又称梯段或梯跑,是楼层平台与中间平台之间,由若干连续踏步组成的倾斜构件。建筑规范可分为木楼梯、钢筋混凝土楼梯、钢楼梯等。

2. 休息平台

休息平台又称楼梯平台,它是连接两梯段之间的水平受力构件,供人上下楼层缓解疲劳、休息、转向之用。休息平台包括两个:楼层平台——与楼层标高相一致的平台,即入户平台;中间平台——位于两个楼层平台之间的平台。

3. 栏杆、扶手

栏杆是布置在楼梯梯段和平台边缘处起安全保障的围护构件。扶手设于栏杆顶部,也可设于墙上,称为靠墙扶手。

8.1.3 楼梯的类型

1. 楼梯按使用性质分

按使用性质,楼梯可分为主要楼梯、辅助楼梯(次要楼梯)、疏散楼梯和消防楼梯。

2. 楼梯按所用材料分

按所用材料，楼梯可分为木楼梯、钢筋混凝土楼梯、钢楼梯。

3. 按楼梯的平面形式分

按平面形式，楼梯可分为以下几种。

(1)直跑楼梯

直跑楼梯又称单跑楼梯，是只有一个梯段，沿着一个方向上楼的楼梯，它适用于住宅设计的L形建筑平面中转角处楼梯间，它分为单梯段直跑、双梯段直跑楼梯。

①单梯段直跑楼梯。它只有一个梯段，中间不设休息平台，如图8.2(a)所示。单跑梯段的踏步数一般不超过18步，主要用于层高不大的建筑中。

②双梯段直跑楼梯。由于单跑梯段的踏步数一般超过18步，故在单跑梯段中增加了中间休息平台，因此称为双梯段直跑楼梯，如图8.2(b)所示。该楼梯给人以直接顺畅的感觉，人流导向性强，适用于层高较大的公共建筑的大厅中。

(2)双跑楼梯

双跑楼梯又称平行双跑楼梯，是指在一层高范围内，由两个相反的梯段和一个休息平台组成的楼梯，如图8.2(c)所示。这种楼梯所占的楼梯间进深小，布置紧凑，使用方便，是建筑设计中应用最广泛的一种楼梯形式。

(3)双分、双合楼梯

双分、双合楼梯由两部平行双跑楼梯合并在一起演变而来。

①双分楼梯。在底层楼地面上，由第一跑为一个较宽的梯段上至休息平台，再以第一跑梯段宽度分成一半为两个较窄的梯段上至楼层，如图8.2(d)所示。双分楼梯通常用于人流多，楼梯宽度要求较大、造型对称、严谨的公共建筑中，且设于建筑物的主入口处。

②双合楼梯。在底层楼地面上，由第一跑为两个平行的较窄梯段上至休息平台，再合成一个宽度为第一跑两个梯段宽度之和梯段上至楼层，如图8.2(e)所示。

(4)转角楼梯和三跑、四跑楼梯

①转角楼梯。第二跑与第一跑梯段之间成90°或其他角度，如图8.2(f)所示。转角楼梯，适宜于布置在靠房间一侧的转角处，多用于仅上一层楼面的影剧院等建筑中。

②三跑、四跑楼梯是指楼梯段数较多的折行楼梯。三跑楼梯是由三个楼梯段、两个休息平台组成；四跑楼梯是由四个梯段、三个休息平台组成，如图8.2(g)、(h)所示。可利用多跑式楼梯中部形成楼梯井部位布置电梯。

(5)交叉、剪刀楼梯

①交叉楼梯。由两个直行单跑楼梯交叉并列而成，如图8.2(i)所示。交叉楼梯通行的人流量大，且为上下楼层的人流提供了两个方向，适用于层高小的建筑。

②剪刀楼梯。相当于两个双跑式楼梯对接，如图8.2(j)所示。剪刀楼梯适用于层高较大且有人流多向性选择要求的建筑物如商场、多层食堂等。

(6)螺旋形楼梯

螺旋形楼梯平面呈圆形，平台与踏步均呈扇形平面，踏步内侧宽度小，行走不安全，如图8.2(k)所示。这种楼梯不能作为主要人流交通和疏散楼梯，但由于其造型美观，常作为建筑小品布置在庭院或室内。

(7)弧形楼梯

弧形楼梯与螺旋楼梯不同之处在于它围绕一个较大的轴心空间旋转，且仅为一段弧环，如8.2(i)所示。其扇形踏步内侧宽度较大，坡度较缓，可以用来通行较多人流，一般布置于公共建筑的门厅，具有明显的导向性和优美、轻盈的造型，如候机厅。

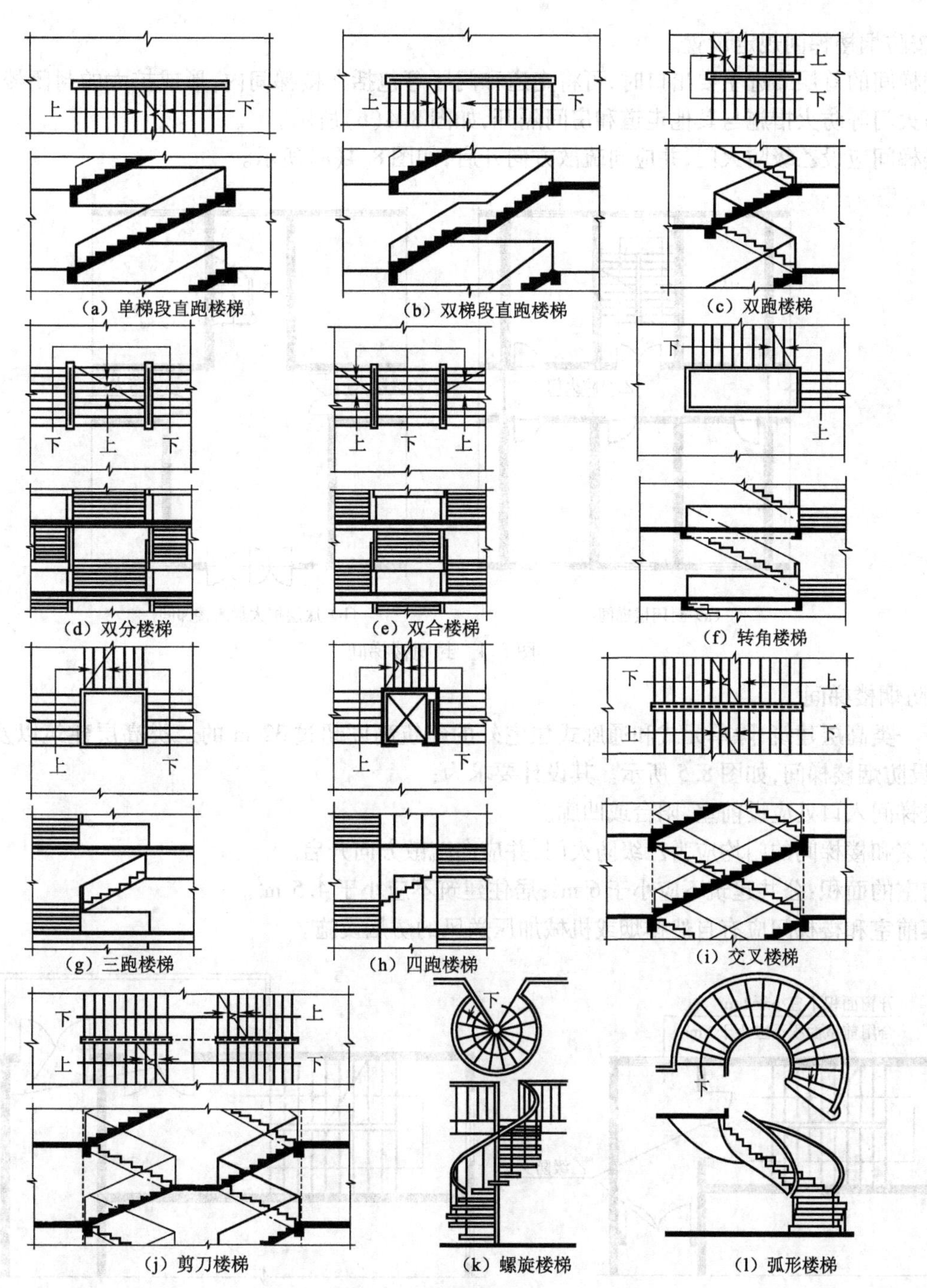

图 8.2　楼梯的平面形式

4. 按楼梯间形式划分

设置楼梯的房间称为楼梯间。由于防火的要求不同,楼梯间有以下三种形式。

(1)开敞式楼梯间

开敞式楼梯间主要用于五层以下的公共建筑以及其他普通多层建筑,如图 8.3 所示。

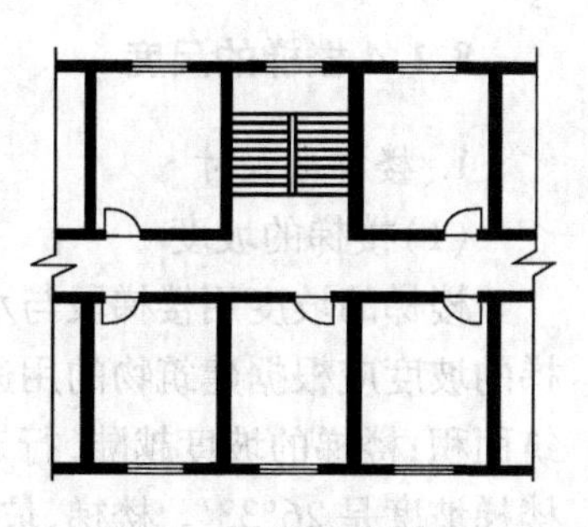

图 8.3　开敞式楼梯间

(2)封闭式楼梯间

封闭式楼梯间主要适用于五层以上的其他公共医院,疗养院的病房楼,设有空气调节系统的多层宾馆、建筑,高层建筑中 24 m 以下的裙房,除单元式和通廊式住宅外的建筑高度不超过 32 m 的二类高层建筑,以及部分高层住宅,其设计要求为:

①楼梯间应靠近外墙并应有直接采光和通风。当不能直接采光和自然通

风时,应按防烟楼梯间规定设置。

②楼梯间的首层靠近主要出口时,可将走道和门厅等包括在楼梯间内,形成扩大的封闭楼梯间,但应采用乙级防火门等防火措施与其他走道和房间隔开,如图8.4(b)所示。

③楼梯间应设乙级防火门,并应向疏散方向开启,如图8.4(a)所示。

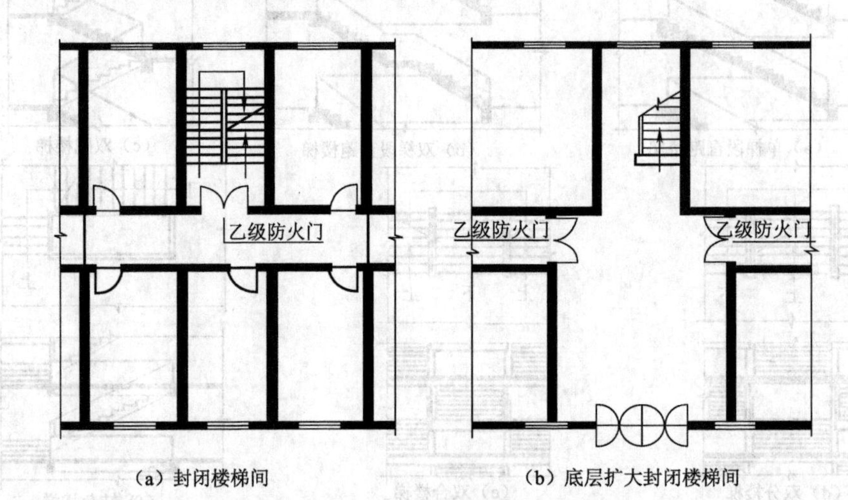

图8.4 封闭楼梯间

(3)防烟楼梯间

对于一类高层建筑、除单元式和通廊式住宅外的建筑高度超过32 m的二类高层建筑以及塔式高层住宅,均应设防烟楼梯间,如图8.5所示。其设计要求为:

①楼梯间入口处应设前室、阳台或凹廊。

②前室和楼梯间的门均应为乙级防火门,并应向疏散方向开启。

③前室的面积:公共建筑不应小于6 m^2;居住建筑不应小于4.5 m^2。

④其前室和楼梯间应有自然排烟或机械加压送风的防烟设施。

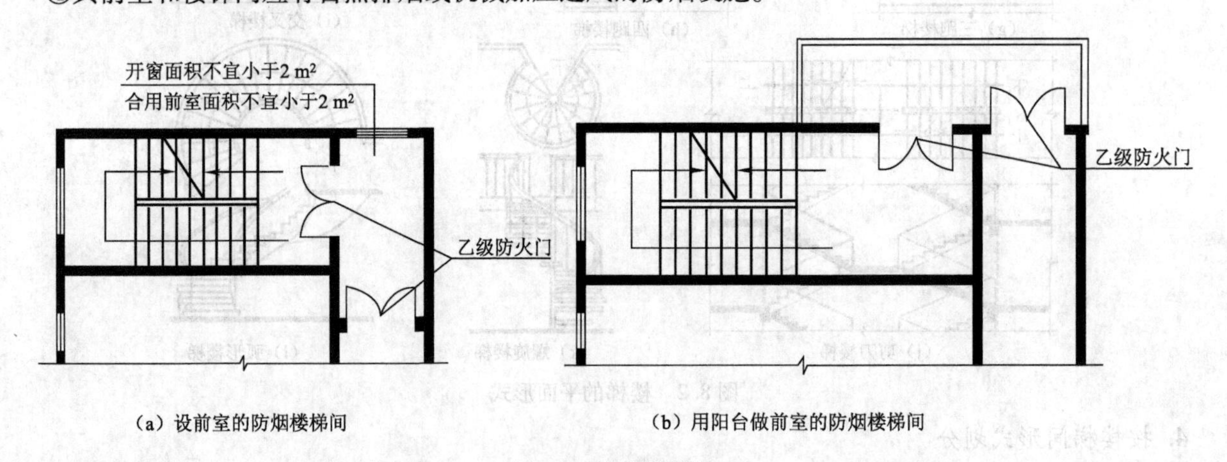

图8.5 防烟楼梯间

8.1.4 楼梯的尺度

1. 楼梯的尺寸

(1)楼梯的坡度

楼梯的坡度用楼梯段与水平面的夹角来表示,即用楼梯踏步面宽与踏步面高的投影长度之比表示。楼梯的坡度应根据建筑物的用途合理选择。楼梯的坡度越小,行走越舒适,但加大了楼梯间的进深,增加了建筑面积;楼梯的坡度越陡,行走越吃力,但楼梯间的面积可减小。一般来说,楼梯常见坡度为23°~45°,最佳楼梯坡度是26°33′。楼梯、坡道、爬梯的坡度范围如图8.6所示。

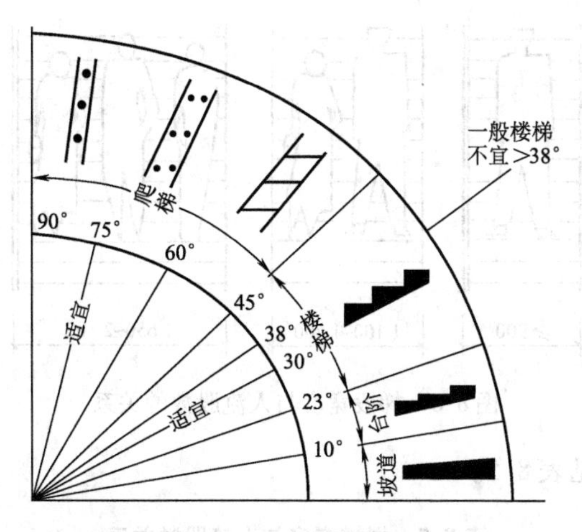

图 8.6 楼梯、坡道、爬梯的坡度范围

(2)楼梯的踏步尺寸

楼梯梯段由($n-1$)个踏步面组成,通常踏步面高的数目用 n 表示,踏面宽的数目用($n-1$)表示,每个踏步由踏面和踢面组成,如图 8.7(a)所示。

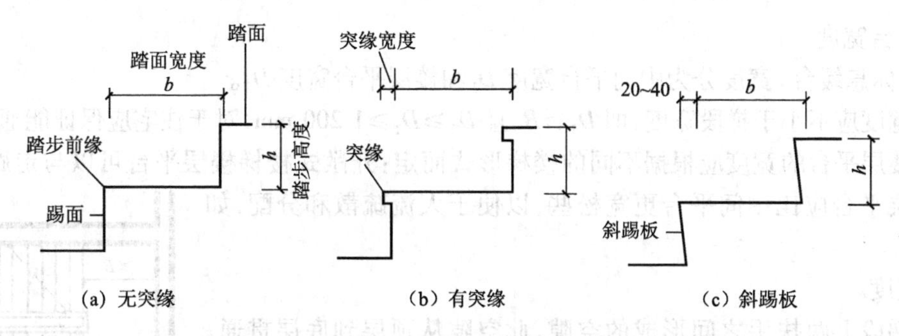

图 8.7 踏步形式和尺寸

当踏面宽 300 mm 时,人的脚可以完全落在踏面上,行走舒适,当踏面宽度减小时,人行走时脚跟部分悬空,行走危险,故踏面宽不宜小于 250 mm。

踢面高度与踏面宽度之和与人的步距有关,在设计中常用下列经验公式:

$$2h+b=600\sim620\ \text{mm}\ 或\ h+b=450\ \text{mm}$$

式中 h——踏步高度;

b——踏步宽度。

楼梯踏步尺寸还应符合表 8.4 的规定。

表 8.4 常用楼梯踏步尺寸

名 称	住宅	学校、办公楼	剧院、会堂	医院(病人用)	幼儿园
踏步高/mm	156~175	140~160	120~150	150	120~150
踏面宽/mm	260~300	280~340	300~350	300	260~300

楼梯段的长度 L:每一梯段的水平投影长度,其值为 $L=b\times(n-1)$,其中 b 为踏面水平投影宽,n 为踏步高的数。

(3)梯段宽度

楼梯宽度(b):梯间墙内侧到梯段扶手内侧的水平之距。楼梯必须具有足够的通行能力,楼梯的梯段净宽应根据建筑物的使用特征按人流股数确定,并不应少于两股人流,每股人流宽度为0.55 m+(0~0.15)m,其中0~0.15 m 为人流在行进中的摆幅,人流较多的公共建筑应取上限,如图 8.8 所示。

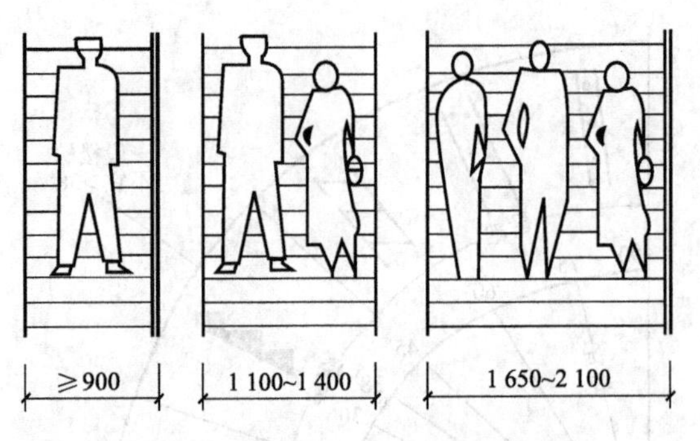

图 8.8 梯段宽度与人流股数的关系

楼梯宽度与人流股数关系见表 8.5。

表 8.5 楼梯宽度与人流股数关系

类 别	梯段宽度/mm	备 注
单人通过	>900	满足单人携物通过
双人通过	1100～1400	
三人通过	1650～2100	

(4)楼梯平台宽度

楼梯平台(休息缓台)宽度分为中间平台宽度 D_1 和楼层平台宽度 D_2。

中间平台宽度应不小于梯段宽度,即 $D_1 \geqslant B$,且 $D_2 \geqslant D_1 \geqslant 1\ 200$ mm,对于住宅应保证能通行和梯段同样股数的人流。楼层平台的宽度应根据不同的楼梯形式而定:开敞式楼梯楼层平台可以与走廊合并使用;封闭式楼梯间楼层平台应比中间平台更宽松些,以便于人流疏散和分配,如图 8.9所示。

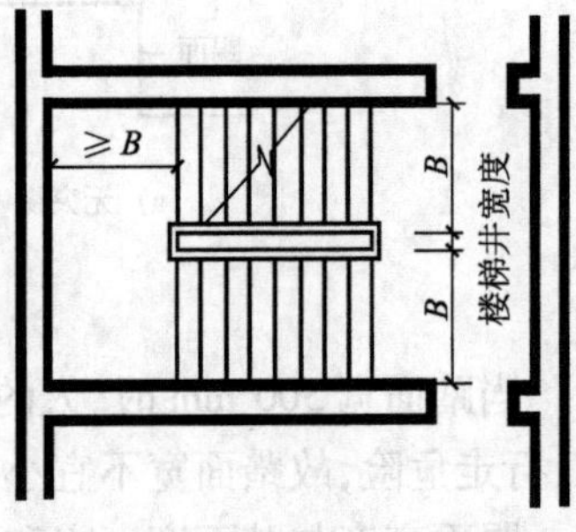

图 8.9 楼梯平台宽度与梯段宽度

(5)梯井宽度

梯井是指梯段上两扶手之间形成的空隙,此空隙从顶层到底层贯通。梯井宽度 C=60～200 mm,当梯井超过 200 mm 时,应在梯井部位设水平防护措施。

(6)净空高度

楼梯净空高度是指梯段下和平台下通行人时的竖向净高,简称净高。梯段净高是指踏步前缘线到梯段下表面的垂直距离,这个净高应保证人行走不碰头、搬家具不受影响,一般不小于 2 200 mm;楼梯平台下的结构下缘至人行通道的垂直高度不应小于 2 000 mm,且楼层上跑第一步前缘与本层结构顶部突出物的外缘线应不小于 300 mm,如图 8.10 所示。

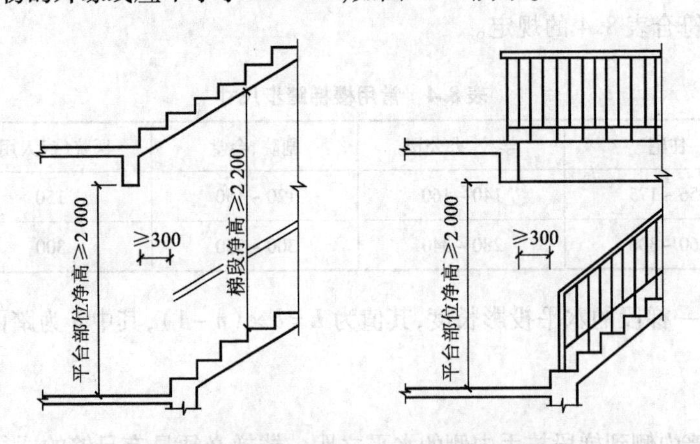

图 8.10 楼梯及楼梯平台下的净空高度

当底层平台下设通道或出入口时,平台下净高不能满足 2 000 mm 的要求时,一般应采用以下方法解决。

①在底层,将等跑梯段做成不等长梯段,如图 8.11(a)所示。起步第一跑为长跑,以提高中间平台标高,这种方式会使楼梯间进深加大。

②降低楼梯中间平台下的地面标高,即将部分室外台阶移至室内,降低楼梯间入口处的地面标高。为防止雨水倒灌,梯间入口处的地面必须高于室外地面 100 ~ 150 mm,如图 8.11(b)所示。

③将以上两种方法并用,在建筑工程中应用广泛,如图 8.11(c)所示。

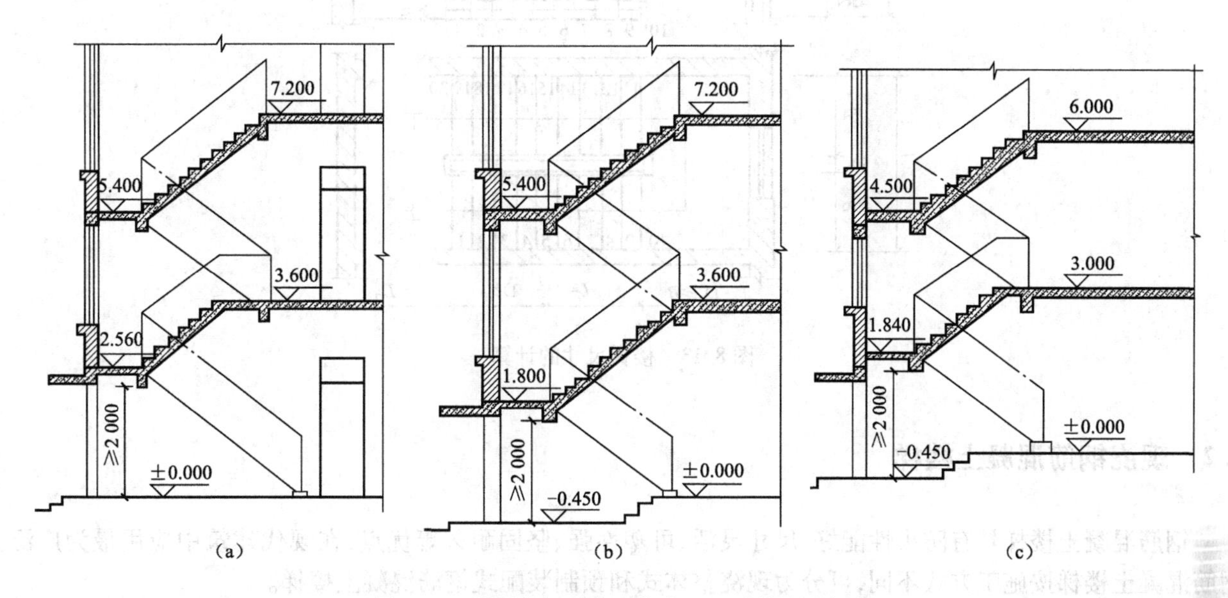

图 8.11 首层中间平台下作出入口时的处理方法

(7)栏杆扶手的高度

栏杆扶手的高度是指踏步的前缘线至扶手顶面之间的垂直距离。一般高度为 900 mm;幼儿园扶手高为 600 mm;室外楼梯扶手高度为 1 100 mm;高层建筑室外栏杆高度为1 200 mm,如图 8.12 所示。

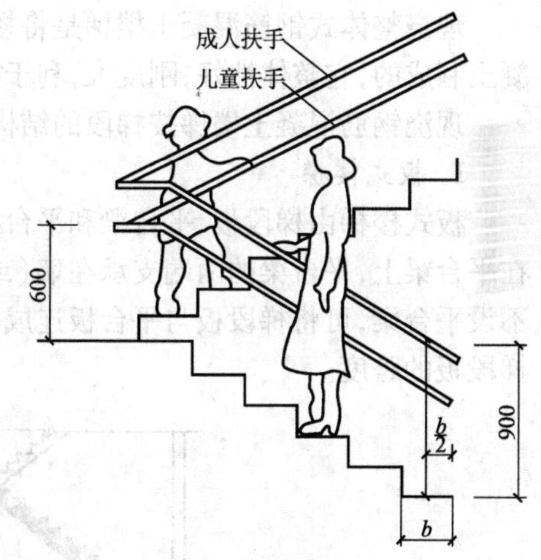

图 8.12 楼梯扶手的高度尺寸

2. 楼梯的设计及绘制

以双跑楼梯为例,在已知楼梯间的层高、开间和进深尺寸的前提下进行的楼梯设计。

楼梯设计的方法与步骤:首先根据建筑物的使用要求和人流情况,以及建筑防火规范,确定楼梯的总宽度及数量;其次根据楼梯的重要性,恰当布置楼梯的平面位置,并选择合适的楼梯形式,计算确定楼梯间的开间、进深尺寸。

①根据建筑物的使用性质,初选踏步高为 h,确定两跑踏步数为 N,N = 层高/h。通常设踏步高数为(n),踏步宽数为($n-1$),一般尽量采用等跑楼梯,因此 N 宜为偶数,由此可知,单跑踏步数 $n=1/2N$。如所求出的为奇数或非整数,取为偶数,反过来调整步高。再根据公式 $2h+b=600\sim620$ mm,确定踏步宽度 b。

②根据步数 N 和踏步宽 b,计算梯段水平投影长度,$L=(n-1)b$

③根据已知楼梯间的开间尺寸,梯井宽 $C=60\sim200$ mm,确定梯段宽度 B,B =(开间 − C − 墙厚)。

④确定中间平台宽 D_1,$D_1 \geq$ 梯段宽 B。

⑤根据中间平台宽度 D_1 及梯段长度 L,计算楼层平台宽度 D_2,D_2 = 进深 − L − D_1。对于封闭平面的楼梯间,$D_2 \geq$ 梯段宽 B;对于开敞式楼梯,当楼梯间外为走廊时,$D_2 < B$。

⑥进行楼梯净高的验算,有时也会重新调整楼梯的踏步数及踏步的高、宽。

⑦绘出楼梯的平面图及剖面图,如图 8.13 所示。

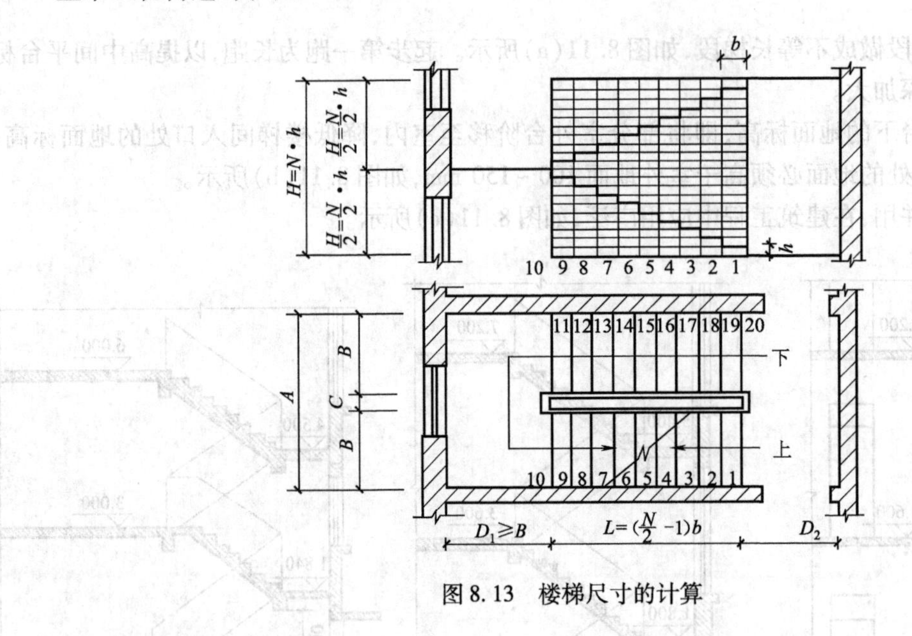

图 8.13　楼梯尺寸的计算

8.2　现浇钢筋混凝土楼梯

钢筋混凝土楼梯具有防火性能好、尺寸灵活、可塑性强、坚固耐久等优点，在现代建筑中应用最为广泛。钢筋混凝土楼梯按施工方式不同，可分为现浇整体式和预制装配式钢筋混凝土楼梯。

8.2.1　现浇整体式钢筋混凝土楼梯

现浇整体式钢筋混凝土楼梯是将楼梯段、楼梯(休息)平台等构件，在施工现场支模、绑扎钢筋、浇注混凝土制成的，它整体性好，刚度大，利于抗震设防。

现浇钢筋混凝土楼梯按梯段的结构形式不同，分为板式楼梯和梁式楼梯。

1. 板式楼梯

板式楼梯由梯段板、平台梁和平台板组成。梯段板要承受梯段上的全部荷载，即将梯段板的两端支承在平台梁上，平台梁的两端支承在墙(或柱)上，如图 8.14 所示。为提高楼梯平台下的净空高度，梯段板下不设平台梁，可将梯段板与平台板连成一块折板，荷载直接传给墙体，如图 8.15 所示。平台梁间的距离即为梯段板的跨度。

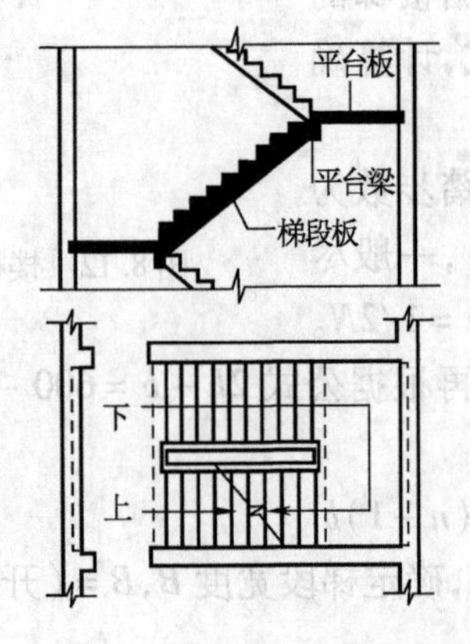

图 8.14　有平台梁的板式楼梯图

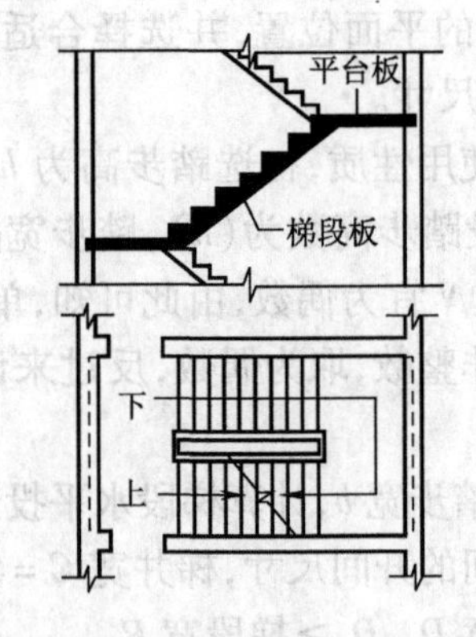

图 8.15　无平台梁的板式楼梯

板式楼梯底面平整，便于支模施工，外形美观，便于装修，常用于梯段跨度较小建筑中。

板式楼梯梯段板的水平投影长度小于等于 3 000 mm。

2. 梁式楼梯

梁式楼梯由梯段板、楼梯斜梁、平台梁和平台板组成。

梯段上的荷载由梯段板传给楼梯斜梁，楼梯斜梁的两端支承在平台梁上，再由平台梁将荷载传给墙体。

斜梁的结构布置有单斜梁和双斜梁之分。单斜梁是在梯段板靠墙的一边不设斜梁，用承重墙代替，而梯段板另一端搁在斜梁上，如图 8.16(a)所示；通常梯段斜梁一般为两根，即双斜梁布置在梯段板的两端设两根梯段斜梁，如图 8.16(b)所示。

梁式楼梯按斜梁所在的位置有明步，即梯梁在梯段板下方，踏步外露，如图 8.16(a)、(b)所示。梯梁在梯段板上方，踏步包在梁内，称为暗步，如图 8.16(c)所示。

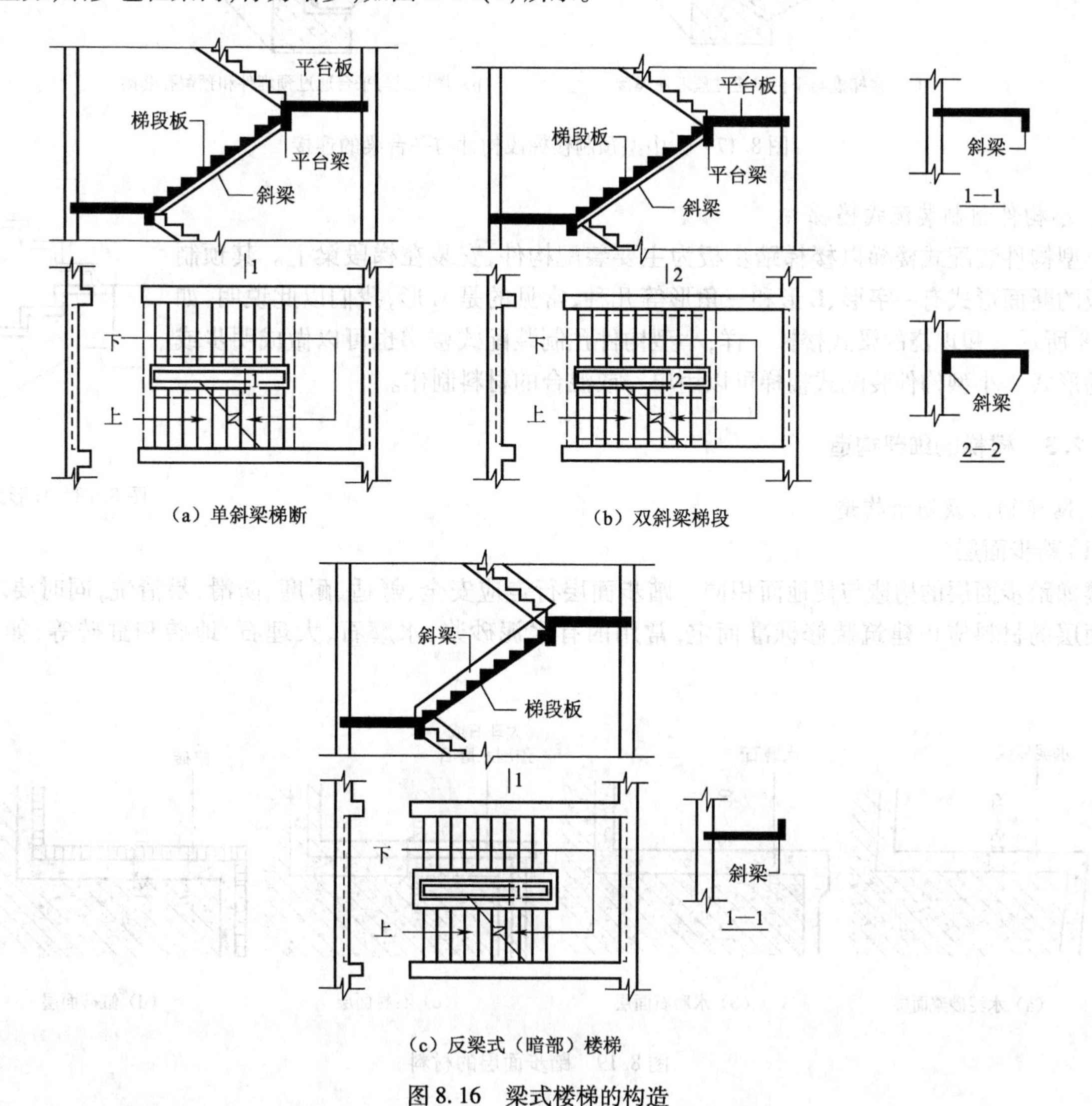

(a) 单斜梁梯断　(b) 双斜梁梯段

(c) 反梁式（暗部）楼梯

图 8.16　梁式楼梯的构造

梁式楼梯受力合理，传力路线明确，适用于楼梯跨度或荷载较大的建筑中。

8.2.2　预制装配式钢筋混凝土楼梯

预制装配式钢筋混凝土楼梯是在预制构件厂生产或施工现场制作的大型构件，运到施工现场进行安装的楼梯。其构造形式较多，根据组成楼梯的构件尺寸及装配程度，可分为大中型构件预制装配式楼梯和小构件预制装配式楼梯两种。

1. 大中型构件预制装配式楼梯

大型构件主要以整个梯段以及整个平台为单独的构件单元，在工厂预制好后运到现场安装。中型构件沿平行于梯段或平台构件的跨度方向将构件划分成几块，以减少对大型运输和起吊设备的要求。钢构件在现场一般采用焊接工艺拼装，钢筋混凝土的构件在现场可通过预埋件焊接，也可通过构件上的预埋件和预埋孔相互套接，如图 8.17 所示。

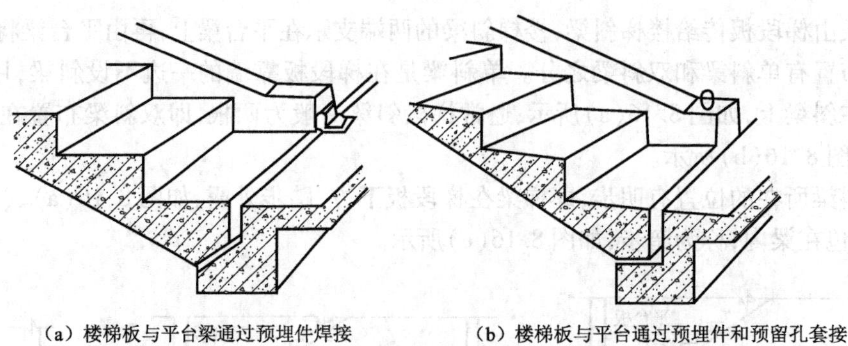

（a）楼梯板与平台梁通过预埋件焊接　　（b）楼梯板与平台通过预埋件和预留孔套接

图 8.17　大中型预制楼梯段构件与平台梁的连接

2. 小构件预制装配式楼梯

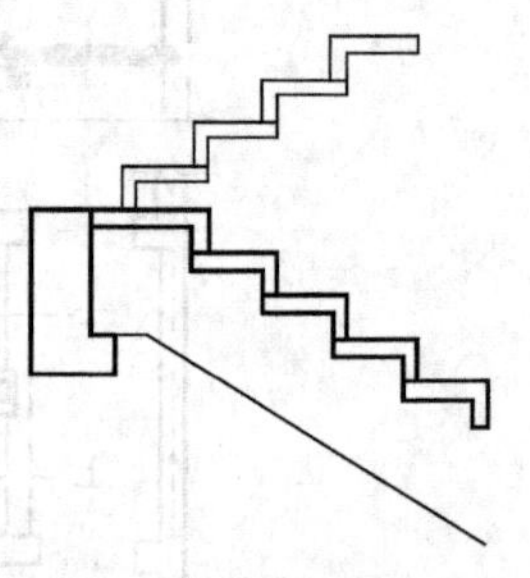

图 8.18　L 形踏步板

小型构件装配式楼梯以楼梯踏步板为主要装配构件，安装在梯段梁上。其预制踏步板的断面形式有一字形、L 形和三角形等几种，常见的是 L 形，我们以此说明，如图 8.18 所示。和现浇的梁式楼梯一样，小型构件预制装配式楼梯也可以做成明步或暗步的形式。小型构件装配式楼梯可以用单一或混合的材料制作。

8.2.3　楼梯的细部构造

1. 踏步面层及防滑构造

(1)踏步面层

楼梯踏步面层的构造与楼地面相同。踏步面层行走应安全、舒适、耐磨、防滑，易清洗，同时要求美观。踏步面层的材料应由建筑装修标准而定，常用的有水泥砂浆、水磨石、大理石、地砖和缸砖等，如图 8.19 所示。

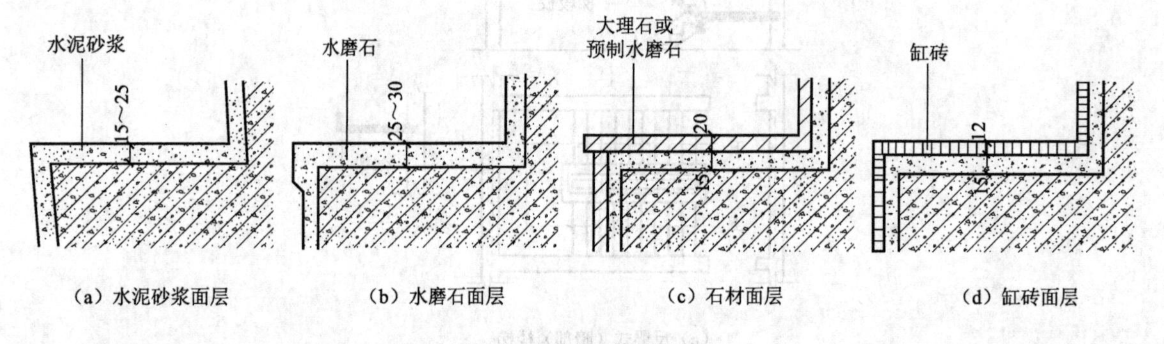

（a）水泥砂浆面层　（b）水磨石面层　（c）石材面层　（d）缸砖面层

图 8.19　踏步面层的材料

(2)踏面防滑构造

为防止人在踏面上行走时滑倒，踏步表面应采取防滑和耐磨措施。通常防滑处理有两种方法：一种是设防滑条，在距踏步前缘 40 mm 的踏口处，用金刚砂、塑料条、橡胶条、金属条、马赛克等做防滑条，防滑条长度一般按踏步长度每边减去 150 mm；另一种是设防滑包口，采用缸砖、铸铁等耐磨防滑材料，既防滑又起保护作用。标准较高的建筑，可铺地毯、防滑塑料或橡胶贴面，这种处理有一定弹性，行走舒适。踏步防滑构造如图 8.20 所示。

目前，踏面除防滑外，在建筑施工中规定，踏面与踢面相交处必做护角筋，护角筋可采用等边∟ 20 mm × 20 mm 或 Φ10 ~ 12 钢筋，如图 8.21 所示。

2. 栏杆、栏板与踏步面的构造

(1)栏杆、栏板的形式

栏杆、栏板的形式有空花栏杆、实心栏板和组合式三种。

①空花栏杆。空花栏杆多用方钢、圆钢、扁钢等型材焊接或铆接成各种图案，具有防护安全和装饰效

果。常见楼梯的栏杆形式如图 8.22 所示。栏杆断面尺寸：圆钢 16～25 mm，方钢 15 mm×15 mm～25 mm×25 mm，扁钢(30～50)mm×(3～6)mm，钢管 20 mm～50 mm。

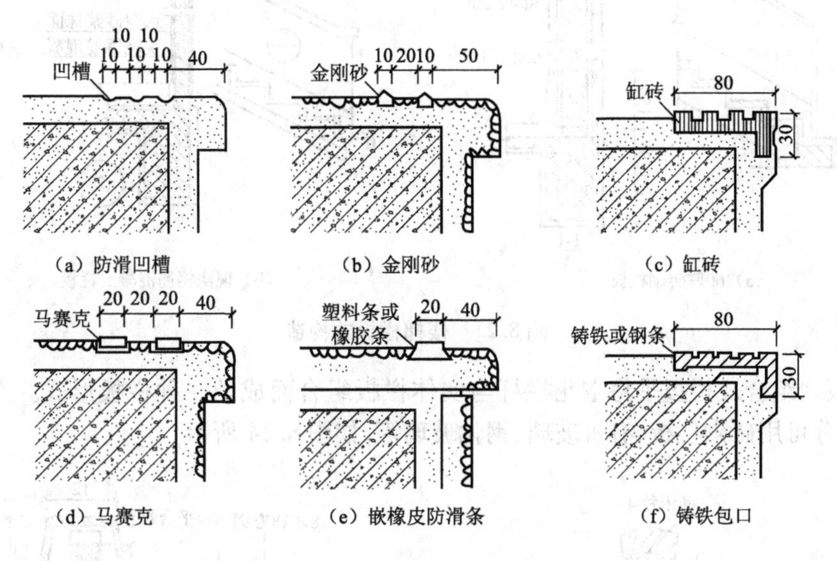

图 8.20 踏步防滑构造

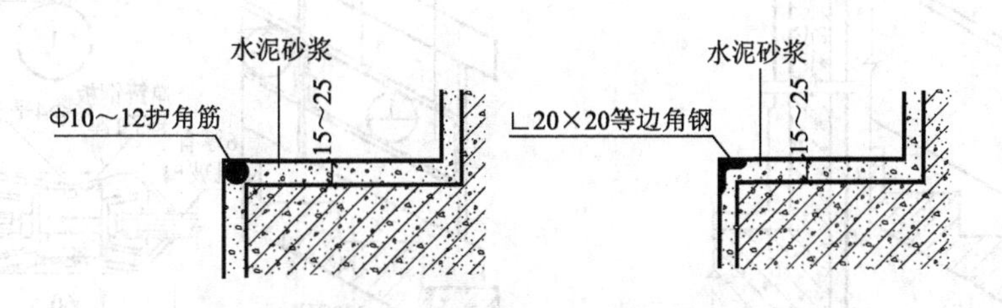

图 8.21 踏面与踢面交界处的构造

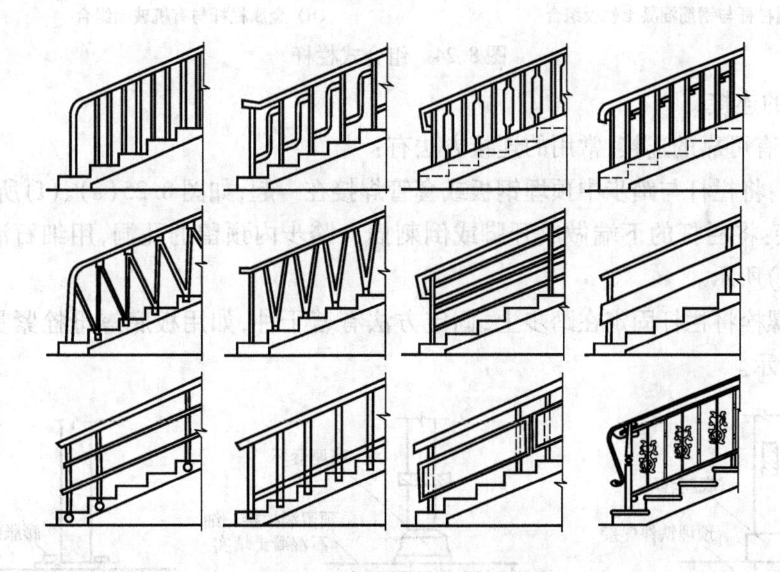

图 8.22 常见楼梯的栏杆形式

②栏板构造。栏板多由钢筋混凝土、加筋砖砌体、有机玻璃、钢化玻璃等制作。砖砌栏板，当栏板厚度为 60 mm 时，外侧要用Φ6@100 mm 的钢筋网加固，再用 C20 钢筋混凝土扶手与栏板连成整体，如图 8.23(a)所示。现浇钢筋混凝土楼梯栏板经支模、绑筋后与楼梯段整浇，如图 8.23(b)所示。预制钢筋混凝土楼梯栏板则用预埋钢板焊接。

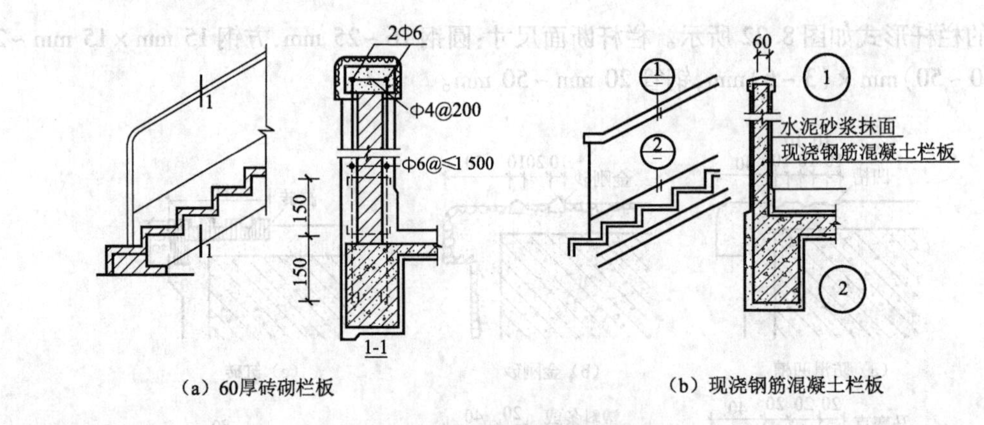

（a）60厚砖砌栏板　　（b）现浇钢筋混凝土栏板

图 8.23　楼梯栏板的构造

③组合式栏板。组合式栏板是将空花栏杆与实体栏板组合而成的一种栏板形式。空花部分多用金属材料制成，栏板部分可用砖砌栏板、有机玻璃、钢化玻璃等，如图 8.24 所示。

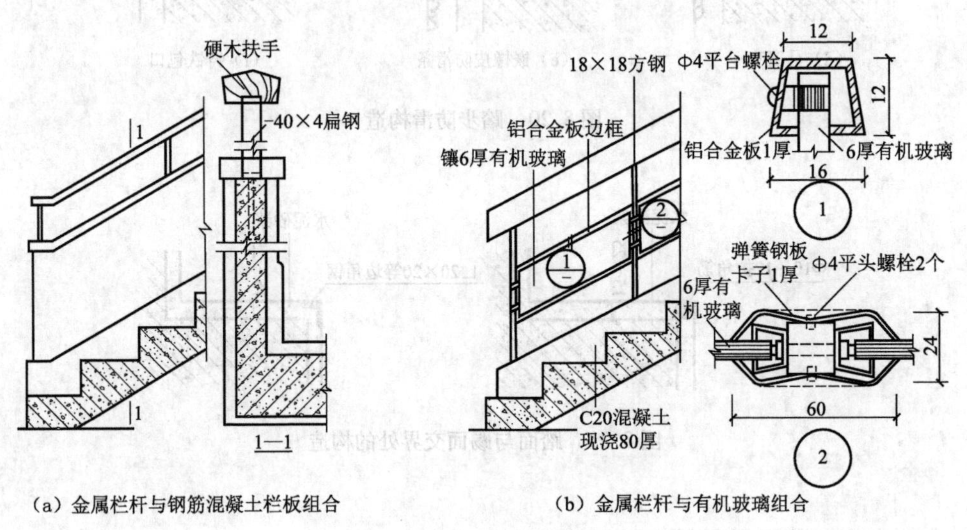

（a）金属栏杆与钢筋混凝土栏板组合　　（b）金属栏杆与有机玻璃组合

图 8.24　组合式栏杆

(2)栏杆与踏步的连接

栏杆与踏步面应有可靠的连接，常用的连接方法有：

①预埋铁件焊接：将栏杆与踏步中预埋钢板或套管焊接在一起，如图 8.25(a)、(f)所示。

②预留孔洞焊接：将栏杆的下端做成开脚或倒刺插入踏步内预留的孔洞，用细石混凝土、水泥砂浆填实，如图 8.25(b)、(e)所示。

③螺栓固定：用螺栓将栏杆固定在踏步上，固定方法有若干种，如用板底螺母栓紧贯穿踏板的栏杆等，如图 8.25(c)、(d)所示。

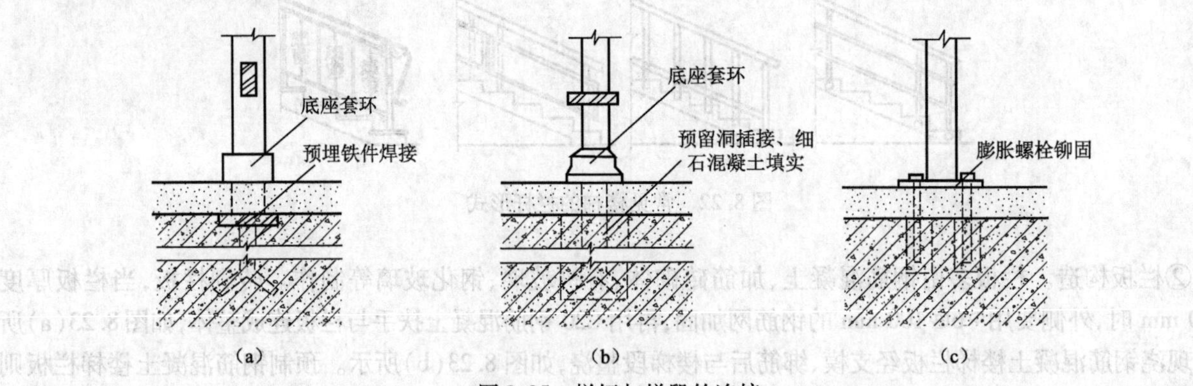

图 8.25　栏杆与梯段的连接

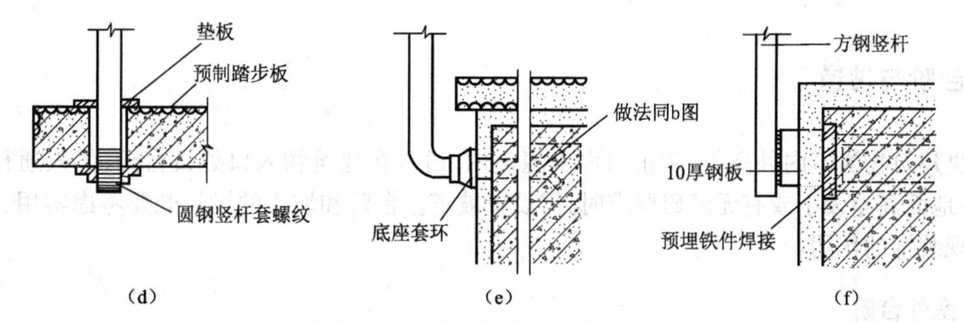

图 8.25 栏杆与梯段的连接(续)

3. 栏杆与扶手连接构造

扶手位于栏杆的上端,一般采用硬木、塑料或金属材料制作。

(1)栏杆与扶手的连接

①采用金属栏杆和钢管扶手时,扶手和栏杆之间用焊接,如图 8.26(b)所示。

②采用硬木扶手与金属栏杆的连接,通常是在金属栏杆的顶部先焊接一根通长扁钢,在扁钢上每隔 300 mm左右钻一小孔,用木螺钉通过扁铁上预留小孔,将木扶手和栏杆连接成整体,如图 8.26(a)所示。

③采用塑料扶手与金属栏杆的连接是通过预留的卡口直接卡在扁铁上,如图 8.26(e)所示。

④天然石扶手,用水泥砂浆粘结即可如图 8.26(c)、(d)所示。

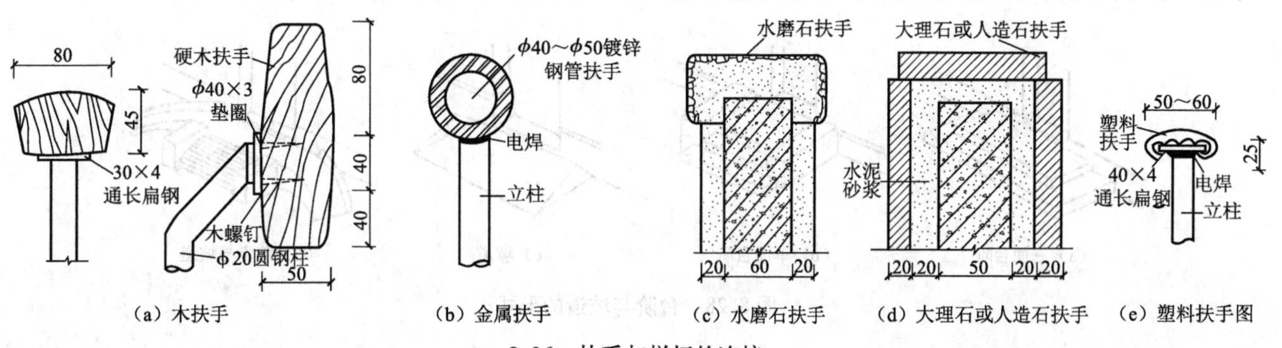

8.26 扶手与栏杆的连接

(2)栏杆扶手与墙或柱的连接

栏杆扶手有时必须固定侧面的砖墙或混凝土柱上,如楼梯顶层的水平栏杆及靠墙扶手,其连接做法有两种,如图 8.27(c)、(d)所示。

①扶手与砖墙连接的方法:在砖墙上预留 120 mm × 120 mm × 120 mm 的孔洞,将扶手或扶手铁件伸入洞内,用细石混凝土或水泥砂浆填实固牢,如图 8.27(a)所示。

②扶手与混凝土墙或柱连接:一般在混凝土墙或柱上预埋铁件,与扶手铁件焊接,也可用膨胀螺栓连接,或预留孔洞插接,如图 8.27(b)所示。

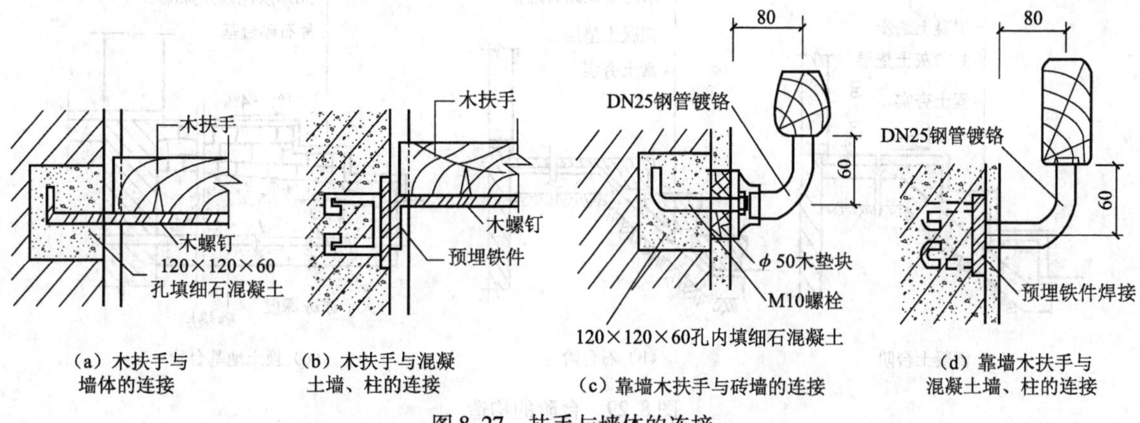

图 8.27 扶手与墙体的连接

8.3 室外台阶与坡道

为了解决建筑物的室内外高差，防止雨水倒灌室内，通常在建筑物入口处设台阶，供人通行，当有车辆通行、室内外地面高差较小或有无障碍要求时，需设置坡道。台阶和坡道的设计既要考虑实用，还要注重对建筑物起美观装饰的作用。

8.3.1 室外台阶

1. 室外台阶的组成

台阶由踏步和平台两部分组成。

2. 室外台阶的尺寸

通常踏步高度为 100 ~ 150 mm，踏步宽度为 300 ~ 400 mm，平台位于出入口与踏步之间，起缓冲作用。平台深度一般不小于 900 mm，为防止雨水积聚或溢水，平台表面宜比室内地面低 20 ~ 50 mm，并向外找坡 1% ~4%，以利排水。

3. 室外台阶的形式

形式有三面踏步式，单面踏步带垂带石、方形石、花池等形式，大型公共建筑还常将可通行汽车的坡道与踏步结合，形成壮观的大台阶。台阶与坡道形式如图 8.28 所示。

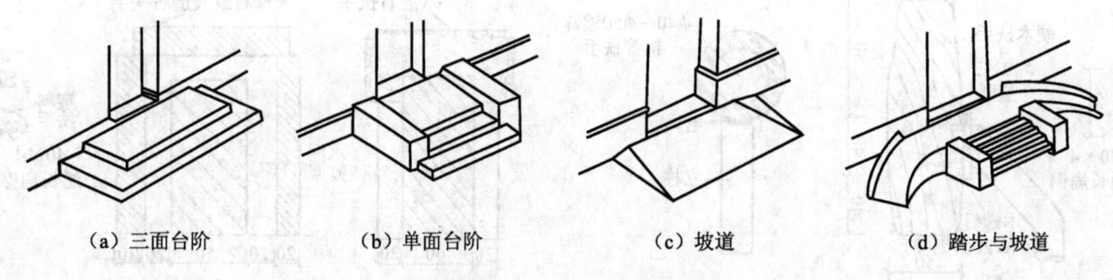

图 8.28 台阶与坡道的形式

4. 室外台阶的类型

按结构层材料不同，室外台阶分为混凝土台阶、石台阶、钢筋混凝土台阶、砖台阶等，其中混凝土台阶应用最普遍。

5. 室外台阶的材料

室外台阶应坚固耐磨，具有较好的耐久性、抗冻性和抗水性。台阶面层可采用水泥砂浆、水磨石面层或缸砖、马赛克、天然石及人造石等块材面层，垫层可采用灰土、三合土或碎石等，如图 8.29 所示。台阶也可采用毛石或条石砌筑，条石台阶不须另做面层。

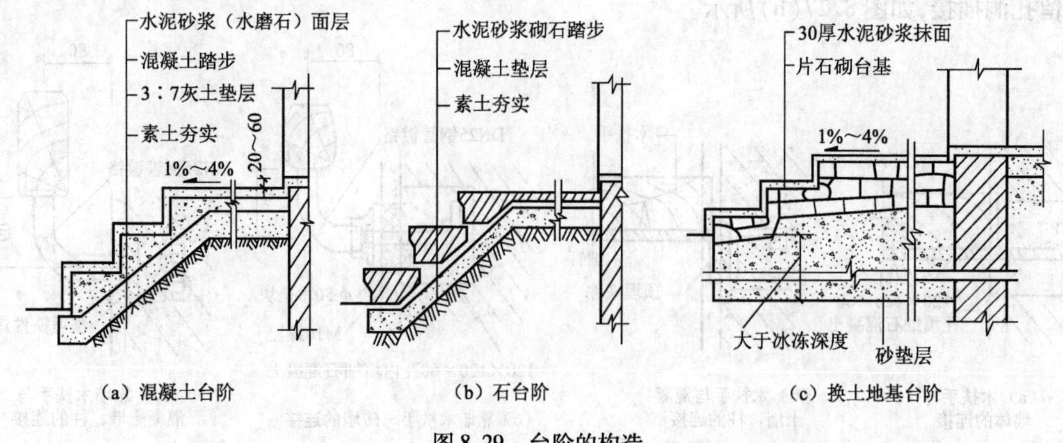

图 8.29 台阶的构造

6. 室外台阶的构造

室外台阶的构造如图 8.29 所示。

在严寒地区，若台阶地基为冻胀土（如黏土、亚黏土），则容易使台阶出现开裂等破坏，对于实铺的台阶，为保证其稳定，可以采用换土法，即在北方寒冷地区，台阶下应设置厚度为 300～500 mm 松散的材料，砂或炉渣防冻层，如图 8.29（c）所示，或做成架空式台阶，以防冻胀，如图 8.30（a）所示。

台阶在构造上要注意变形的影响，房屋主体沉降、热胀冷缩、冰冻等因素，都有可能造成台阶的变形，平台向主体倾斜，甚至某些部位开裂等。

解决方法有如下：

①加强房屋主体与台阶之间的联系，以形成整体沉降。

②将台阶和主体完全分离，中间设置沉降缝，以保证主体与台阶相互自由沉降变形，如图 8.30 所示。

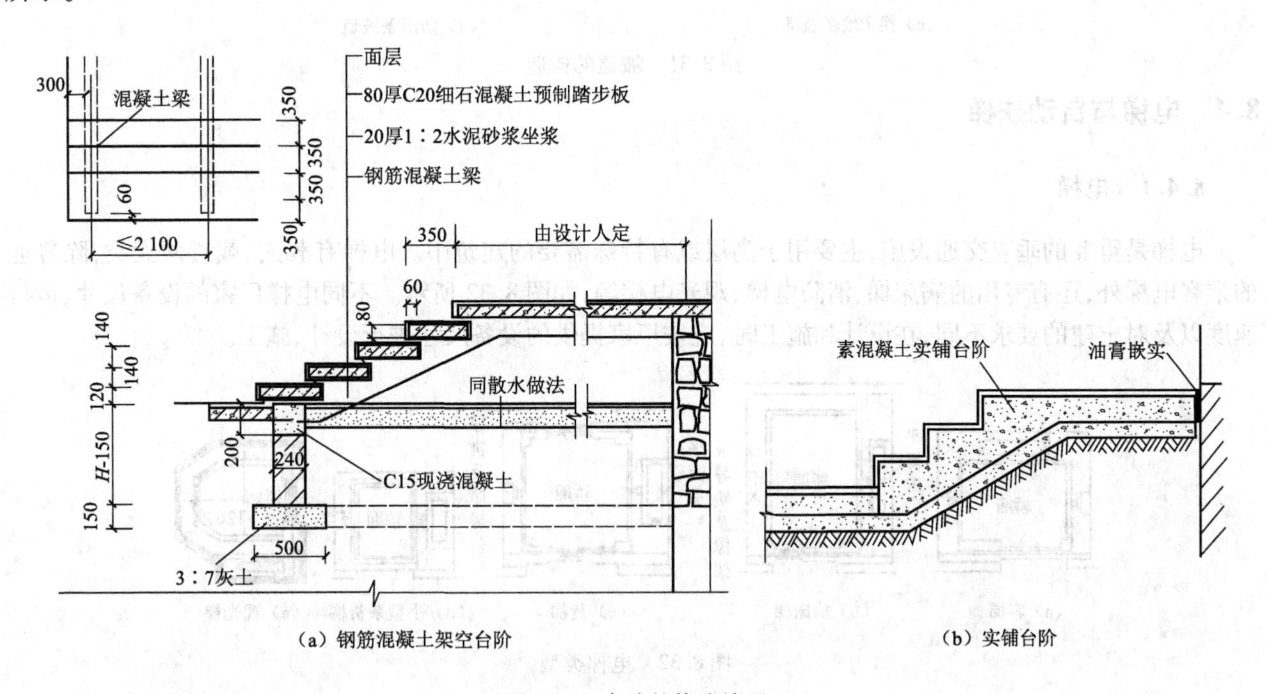

（a）钢筋混凝土架空台阶　　（b）实铺台阶

图 8.30　台阶的构造处理

8.3.2　坡道

在公共建筑的出入口处，为方便车辆的出入通行需设坡道。

1. 坡道的坡度

坡道的坡度与建筑物的使用要求、面层材料和做法有关。

坡道的坡度一般为 1/6～1/12，坡度为 1/10 的坡道较为舒适。面层光滑的坡道，坡度不宜大于 1/10；粗糙材料和设防滑条的坡道，坡度不应大于 1/6；锯齿形坡道的坡度可加大至 1/4；对于残疾人通行的坡道，其坡度不大于 1/12。

2. 坡道的构造

坡道与台阶材料一样，应采用耐久、耐磨和抗冻性好的材料，一般宜采用混凝土坡道，也可采用天然石坡道等。坡道的构造要求和做法与台阶相似，也要注意变形的处理。由于坡道是倾斜的面，故对防滑要求较高，大于 1/8 的坡道需做防滑设施，可设防滑条，或做成锯齿形；天然石坡道可对表面做粗糙处理。坡道的构造如图 8.31 所示。

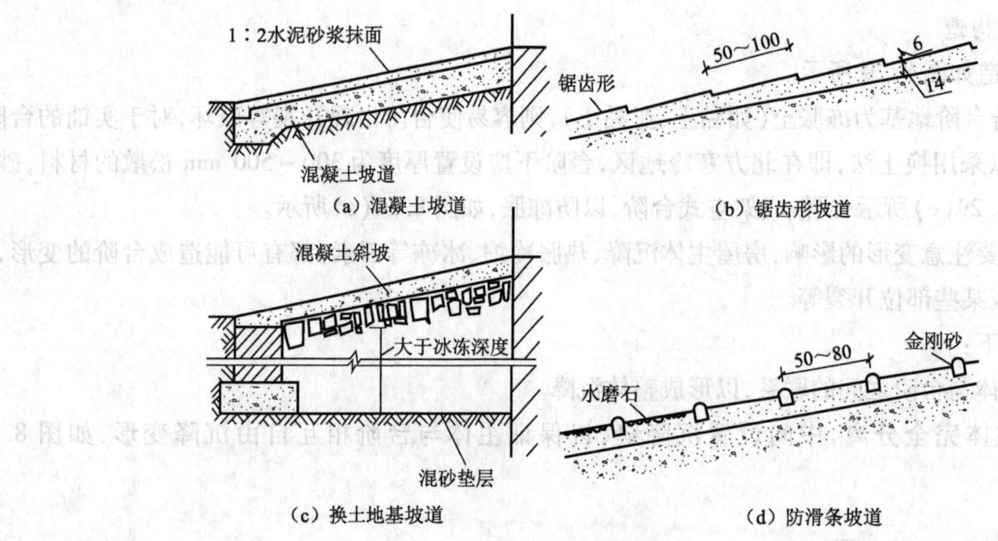

图 8.31　坡道的构造

8.4　电梯与自动扶梯

8.4.1　电梯

电梯是重要的垂直交通设施，主要用于高层或有特殊需要的建筑中。电梯有载人、载货两大类，除普通的乘客电梯外，还有专用的病床梯、消防电梯、观光电梯等，如图 8.32 所示。不同电梯厂家的设备尺寸、运行速度以及对土建的要求不同，在设计和施工时，应按厂家提供的设备尺寸进行设计、施工。

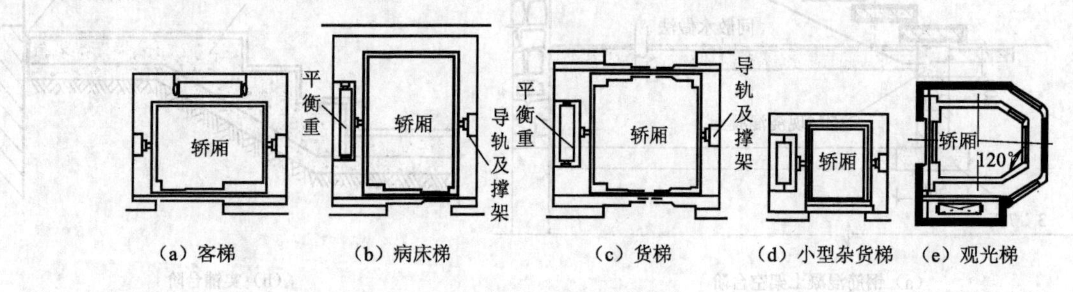

图 8.32　电梯类型

电梯设备主要包括轿厢、平衡重及它们各自的垂直轨道与支架、提升机械和一些相关的其他设施，在土建方面与之配合的设施为电梯井道、机房和地坑等。

1. 电梯井道

电梯井道是电梯运行的通道，内部安装有轿厢、导轨、平衡重、缓冲器等，如图 8.33 所示。

电梯井道要求必须保证所需的垂直度和规定的内径，一般高层建筑的电梯井道都采用整体现浇式，与其他交通枢纽一起形成内核。多层建筑的电梯井道除了现浇外，也有采取框架结构的，在这种情况下，电梯井道内壁可能会有突出物，这时，应将井道的内径适当放大，以保证设备安装及运行不受妨碍。

(1)井道的防火

井道是高层建筑穿通各层的垂直通道，火灾事故中火焰及烟气容易从中蔓延，因此井道的围护构件应根据有关防火规定进行设计，多采用钢筋混凝土墙。井道内严禁铺设可燃气、液体管道；消防电梯的电梯井道及机房与相邻的电梯井道及机房之间应用耐火极限不低于 2.5 h 的隔墙隔开；高层建筑的电梯井道内，超过两部电梯时应用墙隔开。

(2)井道隔声、隔振

为了减轻机器运行时对建筑物产生振动和噪声，应采取适当的隔声和隔振措施。一般情况下，只在机房机座下设置弹性垫层来达到隔声和隔振目的，电梯运行速度超过1.5 m/s者，除弹性垫层外，还应在机房和井道间设隔声层，高度为 1.5 ~ 1.8 m，如图 8.34 所示。

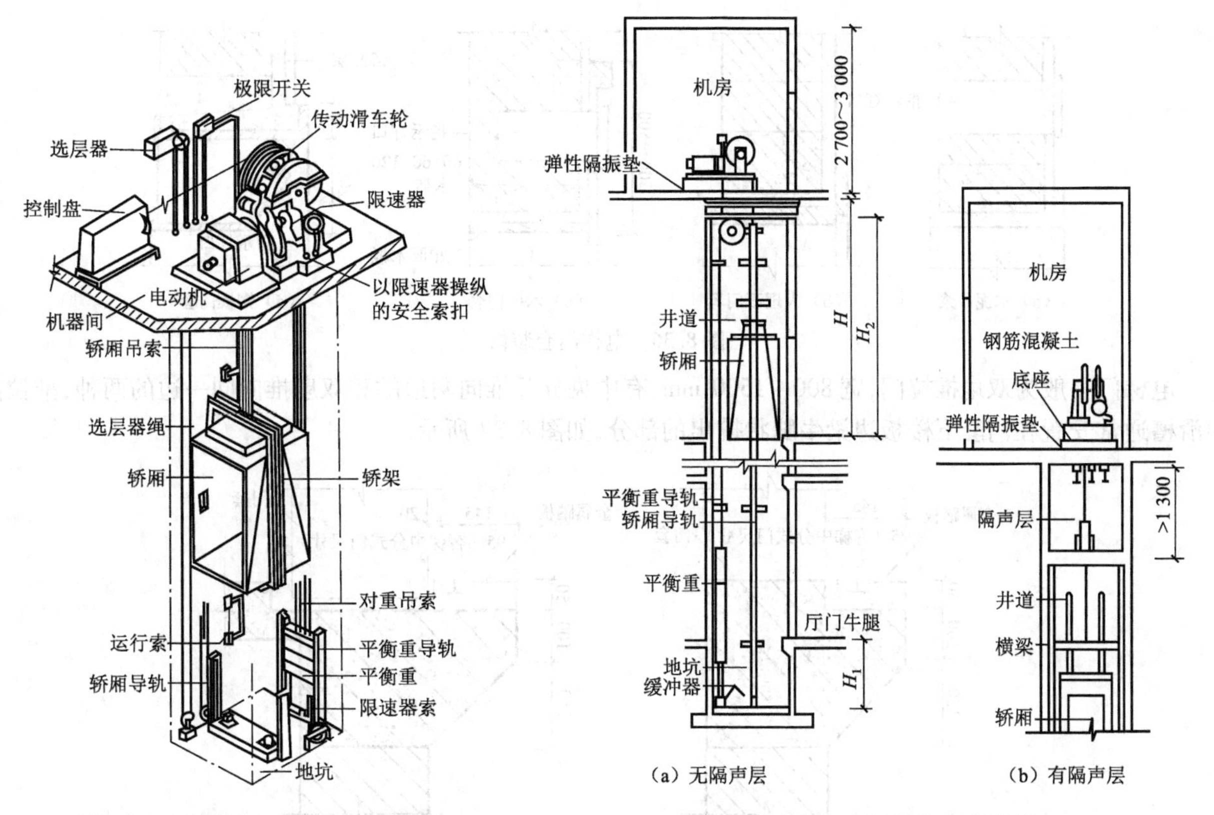

图 8.33　电梯井道内部透视示意图　　图 8.34　电梯机房隔声、防振处理

(3)井道的通风

井道设排烟口的同时,还要考虑电梯运行中井道内空气流动问题。一般运行速度在 2 m/s 以上的乘客电梯在井道的顶部和地坑应有不小于 300 mm × 600 mm 的通风孔,上部可以和排烟口结合,排烟口面积不小于井道面积的 3.5%。层数较多的建筑,中间也可酌情增加通风孔。

(4)井道的检修

井道内为了安装、检修和缓冲,上下均应留有必要的空间,其尺寸与运行速度有关,井道顶层高度一般为 3.8 ~ 5.6 m,地坑深度为 1.4 ~ 3.0 m。

井道地坑的地面设有缓冲器,以减轻电梯轿厢停靠时与坑底的冲撞。坑底一般采用混凝土垫层,厚度按缓冲器反力确定,地坑壁及地坑底均需做防水处理。消防电梯的井道地坑还应有排水设施。为便于检修,须在坑壁设置爬梯和检修灯槽。坑底位于地下室时,宜从侧面开一检修用小门,坑内预埋件按电梯厂要求确定。

2. 电梯机房

电梯机房一般设置在电梯井道的顶部,少数设在顶层、底层或地下,如液压电梯的机房位于井道的底层或地下。机房尺寸须根据机械设备尺寸及管理、维修等需要来确定,可向两个方向扩大,一般至少有两个方向每边扩出 600 mm 以上的宽度,高度多为 2.5 ~ 3.5 m。机房应有良好的采光和通风,其围护结构应具有一定的防火、防水和保温、隔热性能。为了便于安装和检修,机房和楼板应按机器设备要求的部位预留孔洞,如图 8.35所示。

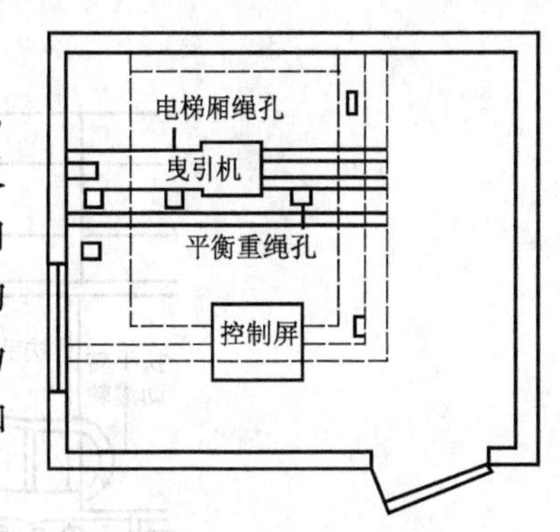

图 8.35　机房平面留孔示意图

3. 电梯门套

电梯门套装修的构造做法应与电梯厅的装修统一考虑,可用水泥砂浆抹灰,水磨石或木板装修,高级的还可采用大理石或金属装修,如图 8.36 所示。

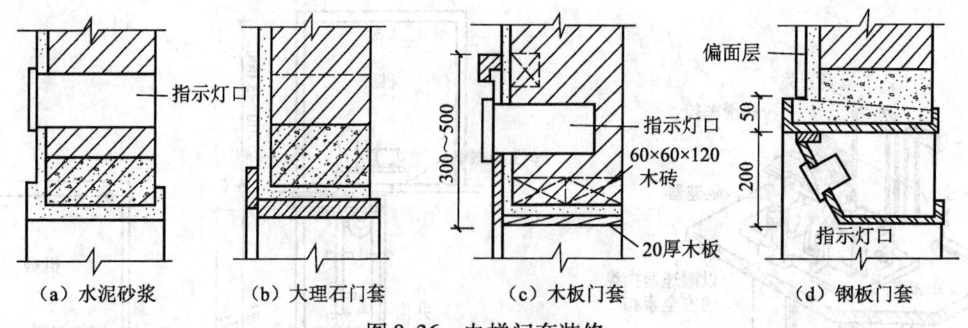

图 8.36 电梯门套装修

电梯门一般为双扇推拉门,宽 800 ~ 1500 mm,有中央分开推向两边的和双扇推向同一边的两种,推拉门的滑槽通常安置在门套下楼板边梁牛腿状挑出的部分,如图 8.37 所示。

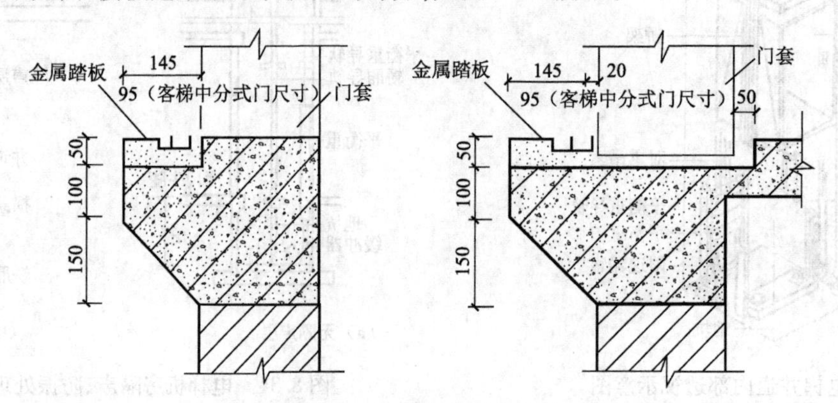

图 8.37 厅门牛腿部位构造

8.4.2 自动扶梯

自动扶梯适用于有大量人流上下的公共建筑中,如车站、商场等。自动扶梯是建筑物楼层间连系效率最高的载客设备。一般自动扶梯均可逆两个方向运行,可作提升及下降使用,机器停转时可作普通楼梯使用。平面布置可单台设置或双台并列,当双台并列时,两者之间应留有足够的间距,以保证装修方便及使用安全。

自动扶梯的坡度比较平缓,一般为 30°左右,运行速度为 0.5 ~ 0.7 m/s,宽度按输送能力有单人和双人两种。自动扶梯由电动机械牵动梯段、踏步连同栏杆扶手带一起运转,机房悬挂在楼板下面,楼层下做装饰外壳处理,底层做地坑。在其机房上部自动扶梯的入口处,应做活动地板,以利检修。地坑也应做防水处理。图 8.38 和图 8.39 所示为自动扶梯的组成及基本尺寸。

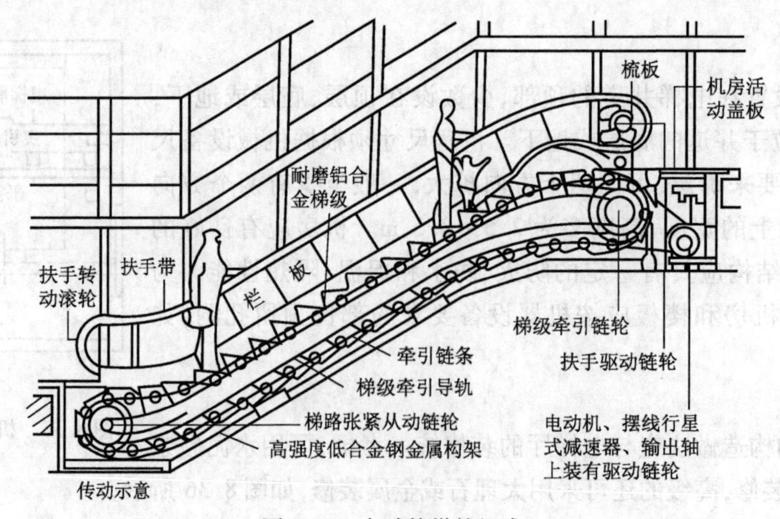

图 8.38 自动扶梯的组成

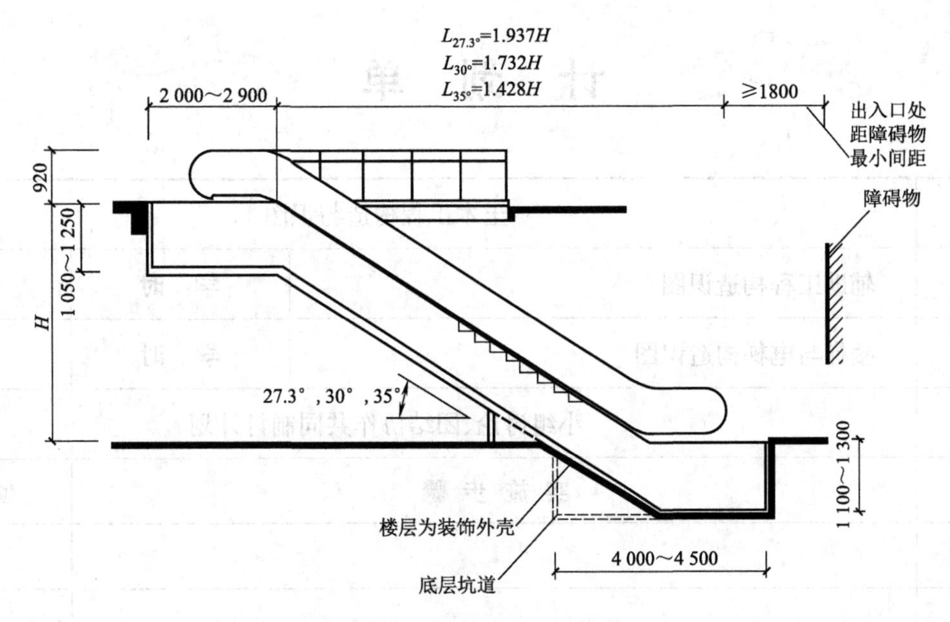

图 8.39　自动扶梯的基本尺寸

建筑物设置自动扶梯，当上下层面积总和超过防火分区面积时，应按防火要求设置防火隔断或复合式防火卷帘封闭自动扶梯井，如图 8.40 所示。

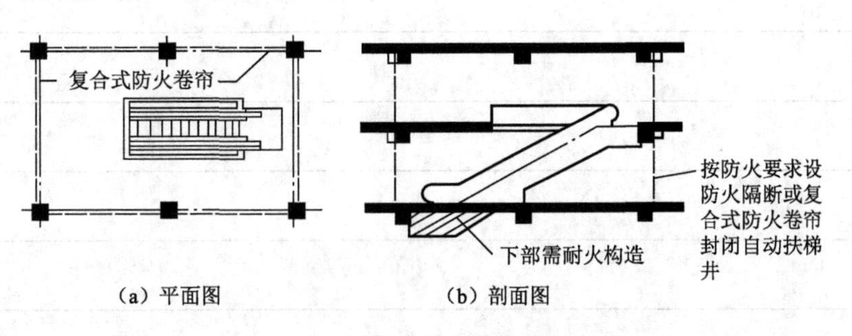

图 8.40　自动扶梯防火卷帘设置示意

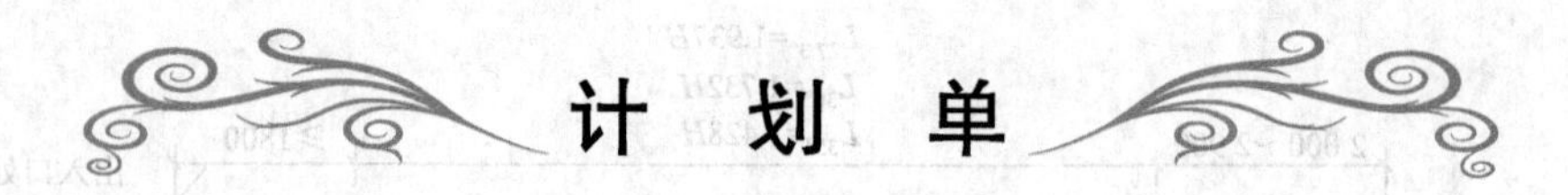

计 划 单

<table>
<tr><td>学习领域</td><td colspan="5">土木工程构造与识图</td></tr>
<tr><td>学习情境</td><td colspan="3">辅助工程构造识图</td><td>学 时</td><td>24</td></tr>
<tr><td>工作任务</td><td colspan="3">楼梯与电梯构造识图</td><td>学 时</td><td>8</td></tr>
<tr><td>计划方式</td><td colspan="5">小组讨论、团结协作共同制订计划</td></tr>
<tr><td>序 号</td><td colspan="4">实 施 步 骤</td><td>使用资源</td></tr>
<tr><td>1</td><td colspan="4"></td><td></td></tr>
<tr><td>2</td><td colspan="4"></td><td></td></tr>
<tr><td>3</td><td colspan="4"></td><td></td></tr>
<tr><td>4</td><td colspan="4"></td><td></td></tr>
<tr><td>5</td><td colspan="4"></td><td></td></tr>
<tr><td>6</td><td colspan="4"></td><td></td></tr>
<tr><td>7</td><td colspan="4"></td><td></td></tr>
<tr><td>8</td><td colspan="4"></td><td></td></tr>
<tr><td>9</td><td colspan="4"></td><td></td></tr>
<tr><td>10</td><td colspan="4"></td><td></td></tr>
<tr><td>制订计划说明</td><td colspan="5">（写出制订计划中人员为完成任务的主要建议或可以借鉴的建议、需要解释的某一方面）</td></tr>
<tr><td rowspan="3">计划评价</td><td>班 级</td><td></td><td>第 组</td><td>组长签字</td><td></td></tr>
<tr><td>教师签字</td><td colspan="2"></td><td>日 期</td><td></td></tr>
<tr><td colspan="5">评语：</td></tr>
</table>

决 策 单

<table>
<tr><td>学习领域</td><td colspan="5">土木工程构造与识图</td></tr>
<tr><td>学习情境</td><td colspan="3">辅助工程构造识图</td><td>学 时</td><td>24</td></tr>
<tr><td>工作任务</td><td colspan="3">楼梯与电梯构造识图</td><td>学 时</td><td>8</td></tr>
<tr><td colspan="6">方 案 讨 论</td></tr>
<tr><td rowspan="11">方案对比</td><td>组号</td><td>方案合理性</td><td>实施可操作性</td><td>实施难度</td><td>综合评价</td></tr>
<tr><td>1</td><td></td><td></td><td></td><td></td></tr>
<tr><td>2</td><td></td><td></td><td></td><td></td></tr>
<tr><td>3</td><td></td><td></td><td></td><td></td></tr>
<tr><td>4</td><td></td><td></td><td></td><td></td></tr>
<tr><td>5</td><td></td><td></td><td></td><td></td></tr>
<tr><td>6</td><td></td><td></td><td></td><td></td></tr>
<tr><td>7</td><td></td><td></td><td></td><td></td></tr>
<tr><td>8</td><td></td><td></td><td></td><td></td></tr>
<tr><td>9</td><td></td><td></td><td></td><td></td></tr>
<tr><td>10</td><td></td><td></td><td></td><td></td></tr>
<tr><td>方案评价</td><td colspan="5">评语：</td></tr>
</table>

班 级		组长签字		教师签字		年 月 日

实 施 单

<table>
<tr><td>学习领域</td><td colspan="4">土木工程构造与识图</td></tr>
<tr><td>学习情境</td><td colspan="2">辅助工程构造识图</td><td>学 时</td><td>24</td></tr>
<tr><td>工作任务</td><td colspan="2">楼梯与电梯构造识图</td><td>学 时</td><td>8</td></tr>
<tr><td>实施方式</td><td colspan="4">小组成员合作，动手实践</td></tr>
<tr><td>序 号</td><td colspan="2">实 施 步 骤</td><td colspan="2">使 用 资 源</td></tr>
<tr><td>1</td><td colspan="2"></td><td colspan="2"></td></tr>
<tr><td>2</td><td colspan="2"></td><td colspan="2"></td></tr>
<tr><td>3</td><td colspan="2"></td><td colspan="2"></td></tr>
<tr><td>4</td><td colspan="2"></td><td colspan="2"></td></tr>
<tr><td>5</td><td colspan="2"></td><td colspan="2"></td></tr>
<tr><td>6</td><td colspan="2"></td><td colspan="2"></td></tr>
<tr><td>7</td><td colspan="2"></td><td colspan="2"></td></tr>
<tr><td>8</td><td colspan="2"></td><td colspan="2"></td></tr>
<tr><td colspan="5">实施说明：</td></tr>
</table>

<table>
<tr><td>班 级</td><td></td><td>第 组</td><td>组长签字</td><td></td></tr>
<tr><td>教师签字</td><td colspan="2"></td><td>日 期</td><td></td></tr>
<tr><td>评 语</td><td colspan="4"></td></tr>
</table>

工作任务9 门和窗构造识图

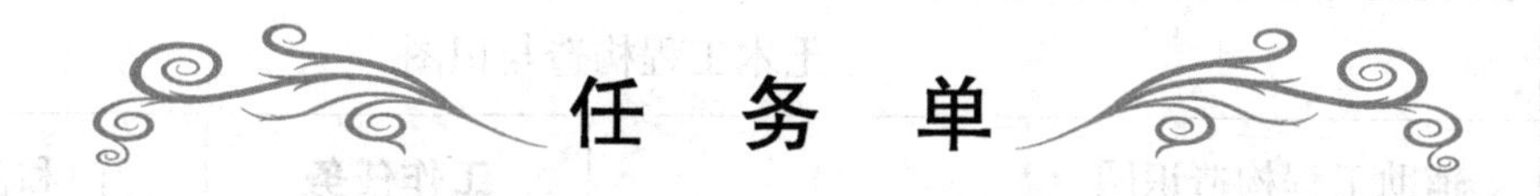

<table>
<tr><td>学习领域</td><td colspan="6">土木工程构造与识图</td></tr>
<tr><td>学习情境</td><td colspan="3">辅助工程构造识图</td><td colspan="2">工作任务</td><td>门和窗构造识图</td></tr>
<tr><td>任务学时</td><td colspan="6">8</td></tr>
<tr><td colspan="7">布置任务</td></tr>
<tr><td>工作目标</td><td colspan="6">1. 学习木门和窗的构造；
2. 学习塑钢门窗的构造；
3. 识读墙体的构造图；
4. 掌握常用的建筑专业名词；
5. 掌握房屋建筑施工图的有关规定。
6. 能够在完成任务过程中锻炼职业素质，做到“严谨认真、吃苦耐劳、诚实守信”。</td></tr>
<tr><td>任务描述</td><td colspan="6">在识读工程图纸前，掌握门和窗工程构造组成、设计要求、构造要点和施工工艺。其工作如下：
1. 门窗的规格和类型；
2. 木门窗的构造；
3. 铝合金门窗的构造；
4. 塑钢门窗的构造。</td></tr>
<tr><td rowspan="2">学时安排</td><td>资 讯</td><td>计 划</td><td>决 策</td><td>实 施</td><td>检 查</td><td>评 价</td></tr>
<tr><td>3</td><td>0.5</td><td>0.5</td><td>3</td><td>0.5</td><td>0.5</td></tr>
<tr><td>提供资料</td><td colspan="6">1. 房屋建筑制图统一标准：GB/T 50001—2010；
2. 工程制图相关规范；
3. 造价员、技术员岗位技术相关标准。</td></tr>
<tr><td>对学生的要求</td><td colspan="6">1. 具备几何的基本知识；
2. 具备对建筑物的基本了解；
3. 具备对建筑制图工具使用的一般了解；
4. 具备一定的自学能力、数据计算能力、沟通协调能力、语言表达能力和团队意识；
5. 每位同学必须积极参与小组讨论；
6. 严格遵守课堂纪律和工作纪律，不迟到，不早退，不旷课；
7. 树立职业意识，按照企业的岗位职责要求自己。</td></tr>
</table>

资 讯 单

<table>
<tr><td>学习领域</td><td colspan="3">土木工程构造与识图</td></tr>
<tr><td>学习情境</td><td>辅助工程构造识图</td><td>工作任务</td><td>门和窗构造识图</td></tr>
<tr><td>资讯学时</td><td colspan="3">3</td></tr>
<tr><td>资讯方式</td><td colspan="3">1. 通过信息单、教材、互联网及图书馆查询完成任务资讯；
2. 通过咨询任课教师完成任务资讯。</td></tr>
<tr><td rowspan="11">资讯问题</td><td colspan="3">1. 门和窗分别由哪些构件组成？门、窗有何作用？</td></tr>
<tr><td colspan="3">2. 悬窗根据悬转轴的位置不同分为哪几种？</td></tr>
<tr><td colspan="3">3. 门和窗按开启方式有哪几种？</td></tr>
<tr><td colspan="3">4. 窗按使用材料可以分为哪几种？</td></tr>
<tr><td colspan="3">5. 平开木窗与墙体如何进行构造连接？</td></tr>
<tr><td colspan="3">6. 塑钢窗与墙体如何进行构造连接？</td></tr>
<tr><td colspan="3">7. 试绘制木门、窗简图，并标注构件名称。</td></tr>
<tr><td colspan="3">8. 门窗的五金附件有哪些？</td></tr>
<tr><td colspan="3">9. 试述铝合金门窗的构造。</td></tr>
<tr><td colspan="3">10. 试述塑钢门窗的构造。</td></tr>
<tr><td colspan="3">学生需要单独资讯的问题……</td></tr>
<tr><td>资讯要求</td><td colspan="3">1. 根据专业目标和任务描述正确理解完成任务需要的咨询内容；
2. 按照上述资讯内容进行咨询；
3. 写出资讯报告。</td></tr>
<tr><td rowspan="3">资讯评价</td><td>班　　级</td><td></td><td>学生姓名</td></tr>
<tr><td>教师签字</td><td></td><td>日　　期</td></tr>
<tr><td colspan="3"></td></tr>
</table>

9.1 门窗的规格和类型

门和窗是建筑中两个重要的维护构件。门的主要作用是供人通行及防火疏散,以及采光和通风、分隔联系建筑空间等;窗的主要作用是采光、通风及眺望,同时门窗是建筑立面造型和装饰效果的有机组成部分。作为维护构件,门和窗应具体有一定的保温、隔热、隔声、防水、防火、防风沙及防盗等作用。因此,在门窗设计时,应坚固耐用、造型美观,开启灵活、关闭严密,功能合理,便于维修和擦洗,规格应尽量统一,以适应建筑工业化生产的需要。

9.1.1 门窗的设计尺寸

1. 门洞口尺寸

建筑物内一个房间门的位置、数量、洞口尺寸及开启方式的确定应根据建筑物的性质、使用人数、防火疏散的要求来确定。一般公共建筑安全出入口不少于两个;当房间面积大于60㎡、使用人数超过50人时,出入口设置不少于两个。

门洞口尺度是指门洞口的高度和宽度尺寸。为保证一般人正常通过和搬运家具、设备的需要,通常单扇门的洞口宽度为700~1 000 mm;双扇门为1 200~1 800 mm;当洞口宽度大于3 000 mm时,应设四扇门。门的洞口高度一般为2 000~2 100 mm,当洞口高度大于或等于2 400 mm时,应设亮子窗,亮子窗的高度一般为300~600 mm。

在住宅中,卫生间门的洞口宽度不小于700 mm,厨房门的洞口宽不小于800 mm,居室门宽不小900 mm,门洞口高度不小于2 000 mm。

2. 窗洞口尺寸

窗洞口尺寸主要取决于建筑物的性质及房间室内采光要求。通常用采光系数来确定窗口面积(采光系数即窗地面积比,是指窗口透光面积与房间地面面积之比),采光系数在规范中规定:教室、阅览室为1/4~1/6;居室、办公室、客房为1/6~1/8;厨房、盥洗室为1/8~1/10等。窗洞口面积确定后,根据建筑层高确定窗洞口高度,根据窗面积确定窗洞口宽度尺寸。

窗洞口的高度与宽度尺寸通常采用扩大模数3M数列作为洞口的标志尺寸,一般洞口高度为900~2 100 mm。门窗在使用中,为满足其强度、刚度、构造、安全和开关方便,洞口高度大于1 500 mm时,需设亮子窗,亮子窗的高度一般为300~600 mm,洞口高度大于或等于2 400 mm时,可将窗组合成上下扇窗,窗洞口宽度一般为600~2 400 mm,根据建筑立面造型需要甚至更宽。

门和窗构件各地区均有定型图集和标准,设计时可按所需类型及尺寸大小直接选用。

9.1.2 门窗的类型

1. 门的类型

(1)按所用材料分

按所用材料的不同,门可分为下面几种。

①木门:由于木门较轻便、密封性能好、较经济,应用较广泛。

②钢门:强度高,刚度大,耐久防火性能好,多用于有防盗要求的门。

③铝合金门:自重轻,强度高,密闭性好,耐腐蚀,目前应用较多,一般用于公共建筑门洞较大的入口处。

④塑钢门:是一种新型门,密闭性好,保温隔热性高,耐腐蚀,耐老化,装饰性强,目前建筑物内门使用较多。

⑤玻璃钢门、无框玻璃门:多用于大型建筑和商业建筑的出入口,美观、大方,但成本较高。

(2)按开启方式分

按开启方式不同,门可以分为下面几种,如图 9.1 所示。

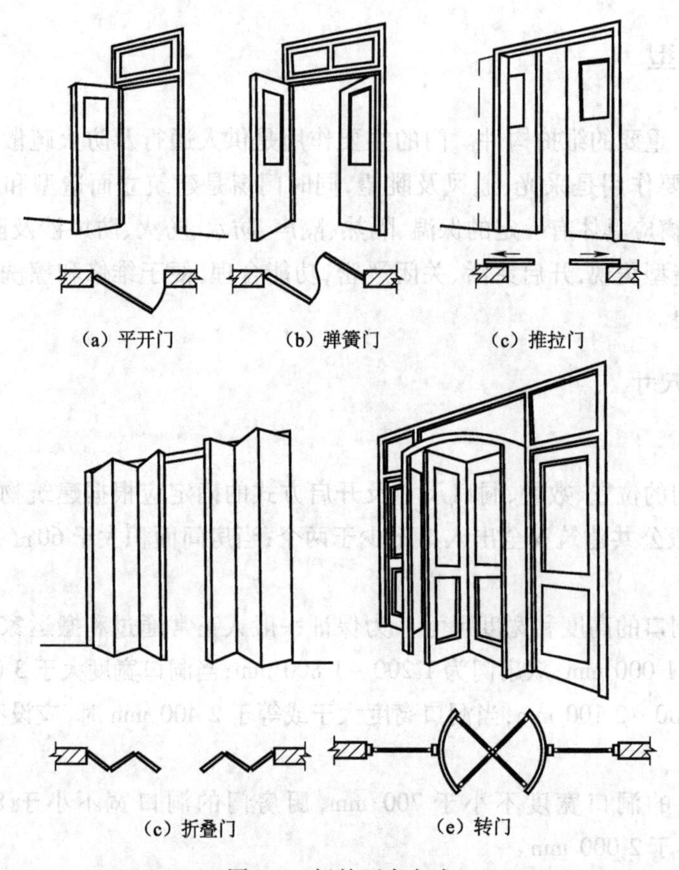

图 9.1 门的开启方式

①平开门:有内开和外开、单扇和双扇之分。其构造简单,开启灵活,密封性能好,制作和安装较方便,是目前最常见、使用最广泛的门,但开启时占用空间较大。

②推拉门:分单扇和双扇,能左右推拉且不占空间,但密封性能较差。自动推拉门多用于办公、商业,住宅中的卫生间、储藏间建筑中,在公共建筑还可以采用触动式自动启闭推拉门。

③弹簧门:是水平开启的门,在门扇侧边用地弹簧代替普通铰链,开启后可自动关闭,多用于人流多的公共建筑的出入口,密封性能差。

④折叠门:由几个较窄的门扇相互间用合页连接而成,多用于尺寸较大的洞口,开启后门扇相互折叠,占用空间较少。

⑤转门:由三或四扇门相互垂直组成十字形,绕中竖轴旋转的门。其密封性能好,保温、隔热好,卫生方便,多用于宾馆、饭店、公寓等大型公共建筑。

⑥卷帘门:门扇由一片片的连锁金属片条组成,有手动和自动、正卷和反卷之分,开启时不占用空间。

⑦翻板门:外表平整,不占空间,多用于仓库、车库。

(3)按所在位置分

按所在位置不同,门可分为内门和外门。

(4)按门的层数分

按层数不同,门可分为单层门、双层门。

2. 窗的类型

(1) 按窗的开启方式分

按开启方式不同,窗可以分为下面几种,如图 9.2 所示。

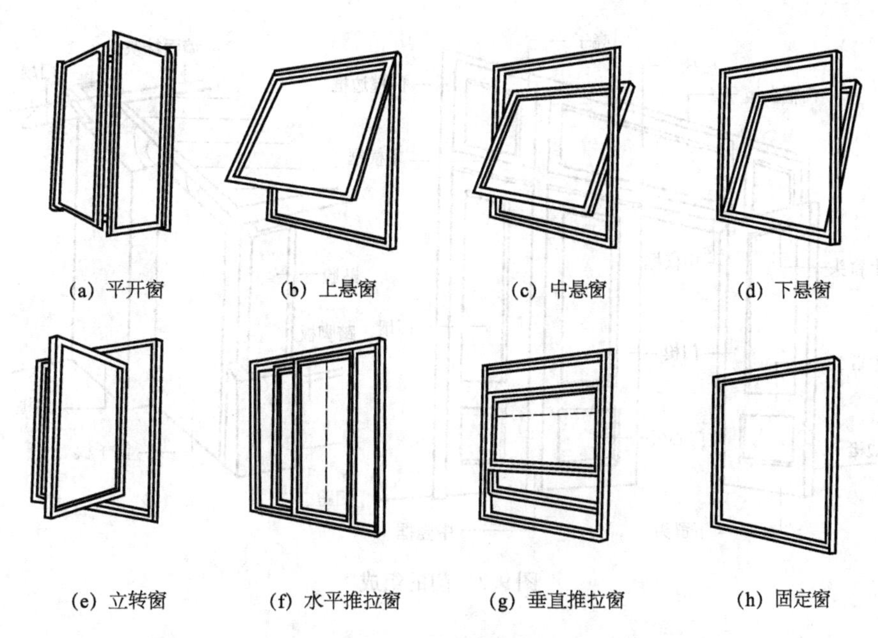

图 9.2 窗的开启方式

①平开窗:是将窗扇用铰链固定在窗樘侧边,可水平开启的窗,有内开、外开之分,构造简单、制作、安装、维修等都比较方便,是常用的一种窗。

②推拉窗:可分为水平推拉窗和垂直推拉窗。窗扇沿导轨槽可左右水平推拉或上下竖向推拉,不占空间,但通风面积小,目前铝合金窗和塑钢窗普遍采用这一种开启方式。

③悬窗:根据悬转轴的位置不同分为上悬窗、中悬窗和下悬窗三种。为防雨水飘入室内,上悬窗必须向外开启;中悬窗上半部内开、下半部外开,有利通风,开启方便,适于高窗;下悬窗一般向内开启,有利通风。

④立转窗:在窗扇上下两边设竖向转轴,转轴可设在窗扇中心或略偏于窗扇一侧,通风效果较好。

⑤固定窗:无开启的窗扇,将玻璃直接安装在窗框上,仅用于采光、眺望。

(2) 按所使用的材料分

①木窗:用松、杉木制作而成,具有制作简单,经济,密封性能、保温性能好等优点,但相对透光面积小,防火性能差,耗用木材,耐久性能低,易变形、损坏等。

②钢窗:由型钢经焊接而成。钢窗与木窗相比较,具有坚固、不易变形、透光率大、防火性能高、便于拼接组合等优点,但密封性能差,保温性能低,耐久性差,易生锈,维修费用高。

③铝合金窗:由铝合金型材用拼接件装配而成,具有轻质高强、美观耐久、耐腐蚀、刚度大、变形小、开启方便等优点,但成本较高。

④塑钢窗:由塑钢型材拼接而成,具有密闭性能好,保温、隔热、隔声,表面光洁,便于开启等优点,但成本较高。

⑤玻璃钢窗:由玻璃钢型材装配而成,具有耐腐蚀性强、重量轻等优点,但表面粗糙度较大,通常用于化工类工业建筑。

9.2 木门窗的构造

9.2.1 木门

1. 门的组成

无论用何材料制成的门,都由门框、门扇、亮子和五金附件组成,如图 9.3 所示。

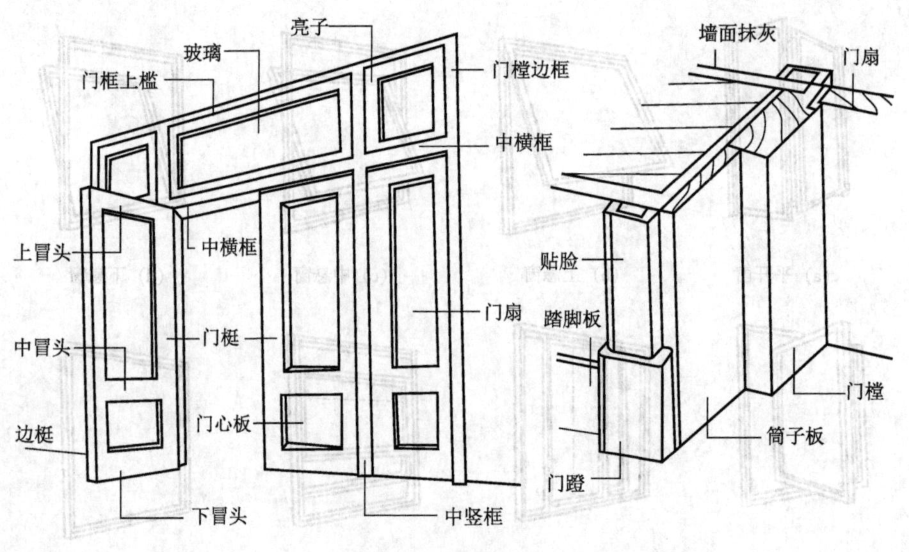

图 9.3　门的组成

(1)门框

门框由上框、边框、中横框(有亮子时需设)、中竖框(三扇以上时加设)等榫接而成,如图 9.3 所示,不设门槛时,在门框下端应设临时固定拉条,待门框固定后取消。

(2)门扇

门扇由骨架和面层(或门芯板)组成,如图 9.3 所示。

骨架是由上冒头、下冒头、中冒头、边梃等组成,如图 9.3 所示。

面层:有胶合板、纤维板、实心木板等。

(3)五金附件

五金附件有铰链(合页)、拉手、插锁、门锁、铁三角、门碰头等,如图 9.4 所示。

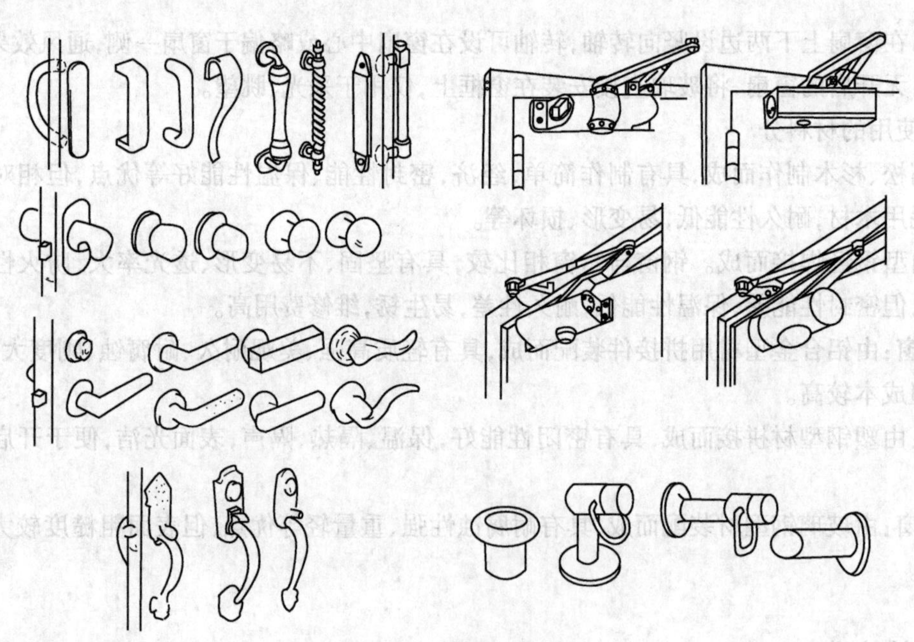

图 9.4　门的五金附件

2. 门与墙体的构造

(1)门框与墙体的连接

门框与墙体的连接方式有先立套、后塞套两种,如图 9.5 所示。

①先立套(先立口),即先立门框再砌墙,适用于木门与墙体的连接。

②后塞套:在砌墙时留出门洞口,待建筑主体工程结束后,再安装门框,适用于钢门、铝合金门、塑钢门等。

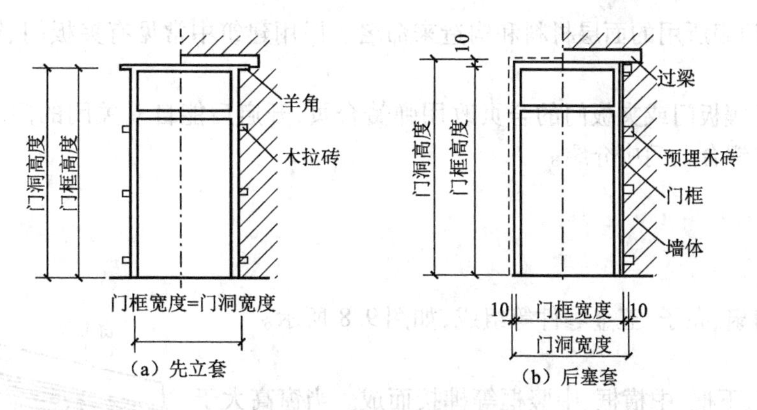

图 9.5 门框与墙体的连接方式

(2)门框与门扇的连接

根据门所用材料,选择相应的金属合页将门框与门扇连接牢固。

(3)门的构造

①平开门的构造。为防止门框靠墙面受潮产生翘曲变形,影响门扇的开启,门框有单裁口和双裁口之分,一般裁口深度为 4 ~ 10 mm,单层门门框断面约为 42 mm × 95 mm,双层门门框断面约为 60 mm × 120 mm,门框断面的截面尺寸和形状取决于开启方向、裁口的大小等。平开门门框断面形状与尺寸如图 9.6 所示。

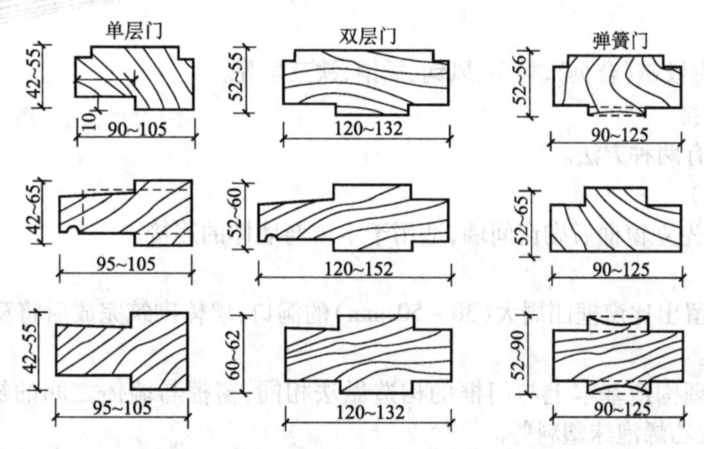

图 9.6 平开门门框断面形状与尺寸

先将木门框涂防腐油做防腐处理,在其上钉毛毡,按平面尺寸将木门定位,校核,先立框,为使门框连接牢固,门框的上下框两端各伸 40 mm 槛头,即“羊角”,并在边框两侧沿门高 500 ~ 800 mm 在墙中预埋防腐木砖(木砖 40 mm × 40 mm × 60 mm),用钉将门框钉在木砖上,或在门框上固定铁脚,用膨胀螺栓固定,每边的固定点不少于两个,门框与墙提之间的缝隙一般用水泥砂浆填塞,寒冷地区缝内应塞毛毡或矿棉、聚乙烯泡沫塑料等。

门框安装与接缝处理构造如图 9.7 所示。

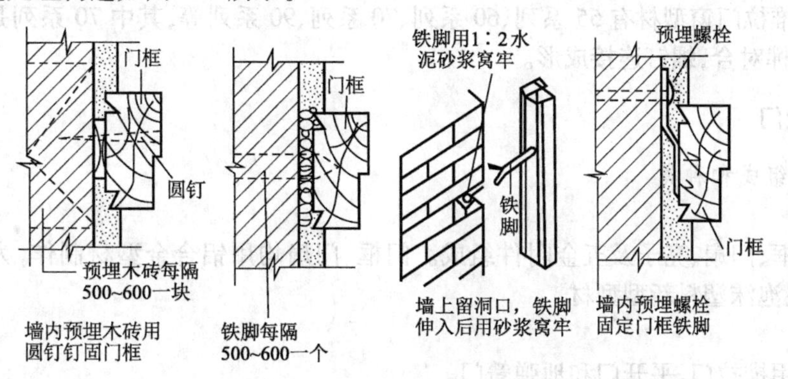

图 9.7 门框安装与接缝处理构造

门框与门扇用金属合页连接。

门的命名一般以门扇所用的面层材料和构造来命名。民用建筑中常见有夹板门、镶板门、拼板门、百页门等形式。

②弹簧门:将普通镶板门或夹板门的合页改用弹簧合页,开启后能自动关闭的门。目前所使用的弹簧门为铝合金弹簧门,在铝合金门中介绍。

9.2.2 木窗

1. 窗的组成

窗主要由窗框、窗扇、亮子、五金零件等组成,如图 9.8 所示。

(1)窗框

窗框由边框、上框、下框、中横框、中竖框等榫接而成。当窗高大于等于 1 500 mm 时,需设中横框,若有三扇以上的窗扇,则加设中竖框。

(2)窗扇

窗扇由边梃、上冒头、下冒头、窗芯等榫接而成,它们的厚度一致(一般为 35 ~42 mm)。

(3)亮子

亮子又称腰窗。当窗高大于等于 1 500 mm 时,窗需设亮子,高度 300 ~600 mm。

(4)五金附件

窗常用的五金附件有铰链(合页)、拉手、风钩、插销、铁三角等。

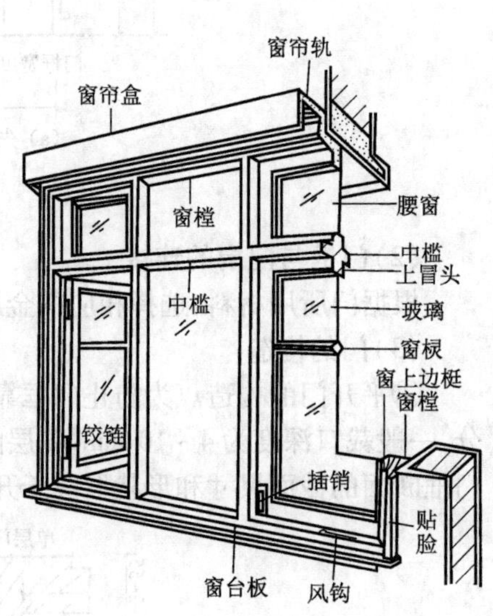

图 9.8 窗的组成

2. 窗框与墙体的连接

窗框与墙体的连接有两种方法。

(1)先立套(先立口)

先立套(先立口)即先立窗框后砌窗间墙,适用于木窗与墙体的连接。

(2)后塞套

后塞套即在砌墙时留出比窗框四周大(30 ~50 mm)的洞口,墙体砌筑完成后将窗框塞墙体中,适用于钢窗、铝合金窗、塑钢窗等。

窗框安装与接缝处理构造基本上与门框的构造做法相同,窗框与墙体之间的缝隙一般用水泥砂浆填塞,寒冷地区缝内应塞聚乙烯泡沫塑料等。

9.3 铝合金门窗的构造

铝合金门窗重量轻,强度高,密闭性好,耐腐蚀,便于加工,在建筑工程中被广泛采用。

9.3.1 铝合金门窗的型材

常用的铝合金推拉门窗型材有 55 系列、60 系列、70 系列、90 系列等,其中 70 系列是目前广泛采用的窗用型材,采用 90°开榫对合,螺钉连接成形。

9.3.2 铝合金门

1. 铝合金门的组成和种类

(1)组成

铝合金门由门框、门扇、亮子及五金附件组成。门框、门扇均用铝合金型材制作,为改善铝合金门冷桥散热,可在其内部夹泡沫塑料新型型材。

(2)种类

铝合金门常采用推拉门、平开门和地弹簧门。

2. 铝合金门框与墙体的连接

铝合金门框的安装多采用塞口做法。安装时,为防止碱对门、窗框的腐蚀,不得将门框直接埋入墙体。

当墙体为砖墙结构时，多采用燕尾形铁脚灌浆连接或射钉连接；当墙体为钢筋混凝土结构时，多采用预埋件焊接或膨胀螺栓锚接，如图 9.9 所示。

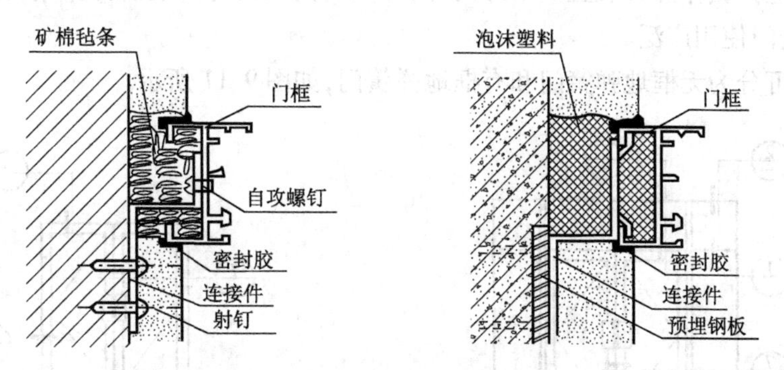

图 9.9　铝合金门框与墙体的连接

门框与墙体等的连接固定点，每边不得少于两点，且间距不得大于 700 mm。在基本风压大于等于 0.7 kPa的地区，不得大于 500 mm，边框端部的第一固定点距上下边缘不得大于 200 mm。

3. 门框与墙缝的构造

门框固定好后与门洞四周的缝隙一般采用软质保温材料，如泡沫塑料条、泡沫聚氨酯条、矿棉毡条或玻璃丝毡条等分层填实，外表留 5 ~ 8 mm 深的槽口用密封膏密封。这种做法主要是为了防止门框四周形成冷热交换区产生结露，也有利于隔声、保温，同时还可避免门框与混凝土、水泥砂浆接触，消除碱对门框的腐蚀。

4. 铝合金门上亮子窗的玻璃安装

当铝合金门上有亮子窗时，亮子窗选用玻璃应满足采光面积大小、隔声、保温和隔热等要求，可选择 3 ~ 8 mm 厚的普通平板玻璃、热反射玻璃、钢化玻璃、夹层玻璃或中空玻璃等。玻璃安装采用橡胶压条或硅硐密封胶密封，窗框与窗扇中梃、边梃相接处，设置塑料垫块或密封毛条，使框扇结合部密封。

铝合金门的构造如图 9.10 所示。

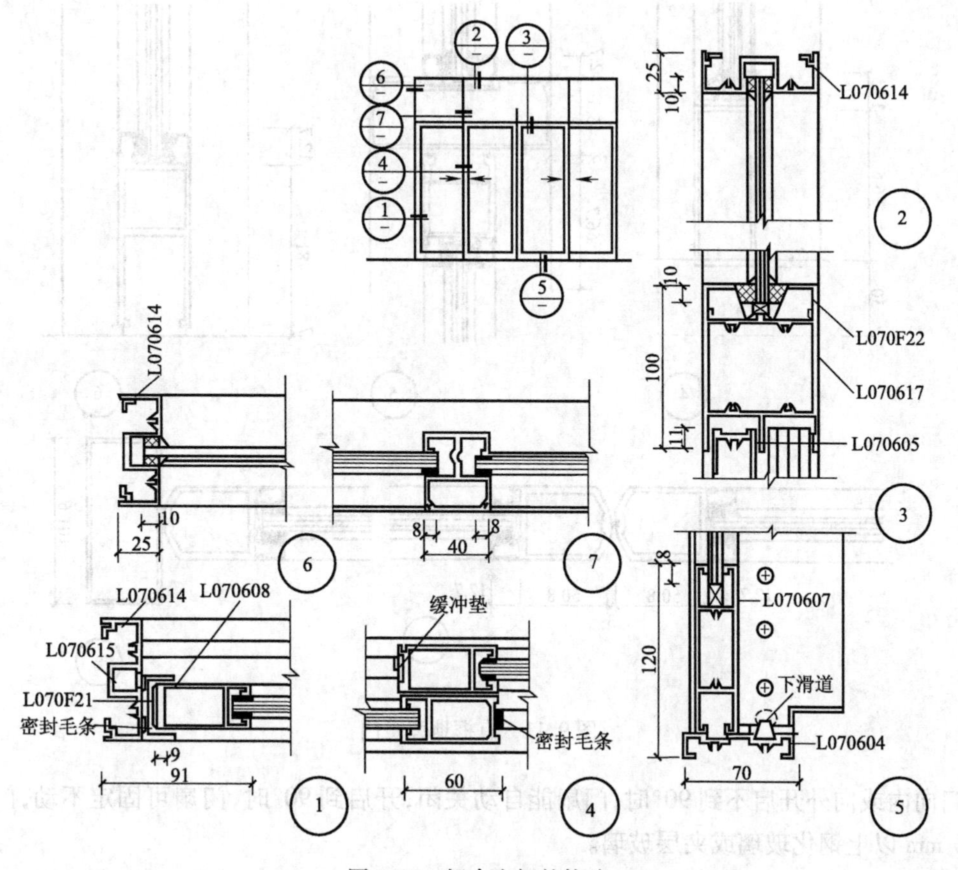

图 9.10　铝合金门的构造

5. 铝合金地弹簧门

地弹簧门系使用地弹簧作开关装置的平开门，门可以向内或向外开启。弹簧门可分为木弹簧门和铝合金弹簧门，目前铝合金门使用广泛。

铝合金地弹簧门可分为无框地弹簧门和有框地弹簧门，如图 9.11 所示。

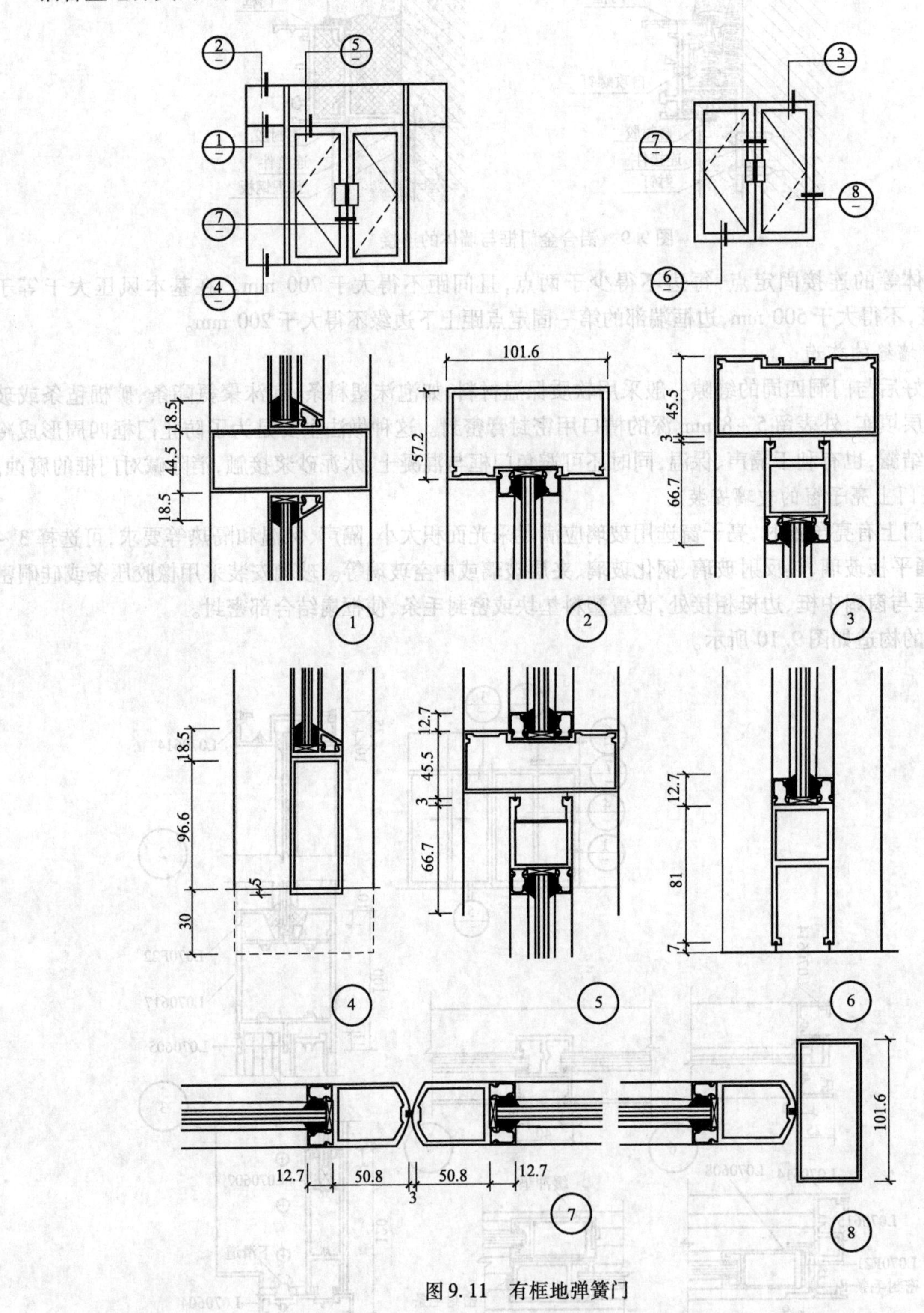

图 9.11　有框地弹簧门

地弹簧门向内或向外开启不到 90°时，门扇能自动关闭，开启到 90°时，门扇可固定不动，门扇玻璃应采用 6 mm 或 6 mm 以上钢化玻璃或夹层玻璃。

地弹簧门通常采用 70 系列和 100 系列门用铝合金型材。

9.3.3　铝合金窗

1. 窗扇

窗扇由上横、下横、边框、带钩边框及密封条等组成，如图 9.12 所示。

窗扇连接时，先将边框、带钩边框（与上、下横连接）的端处进行切口处理，以便把上下横插入切口内固定，如图 9.13 所示。

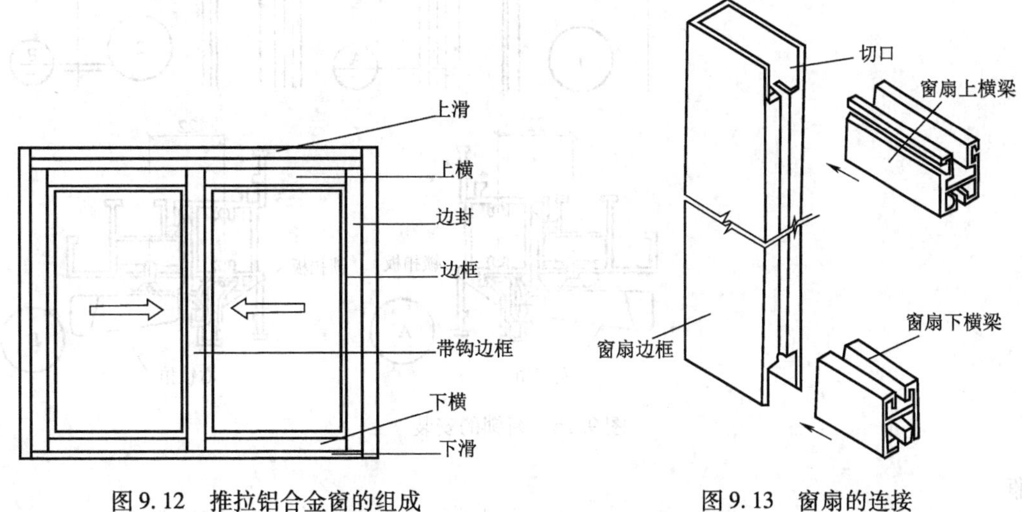

图 9.12　推拉铝合金窗的组成　　　　图 9.13　窗扇的连接

(1)下横、滑轮及边框的拼装

在每条下横的两端各安装一只滑轮，滑轮框上有调节螺钉的一面向外，并与下横的端头平齐，用滑轮配套螺钉将滑轮固定在下横内。在边框、带钩边框与下横衔接端打三个孔，上下两孔应与下横内的滑轮框上的孔位对应，中间孔为调整螺钉的工艺孔，边框和带钩边框下端与下横底边相平齐，并在其下端中线处锉出一个直径为 8 mm 的半圆凹槽，以防止边框与窗框下滑道的滑轨相碰，如图 9.14 所示。

(2)窗扇边框、带钩边框与上横的拼装

通过角码及配套螺钉连接如图 9.15 所示。

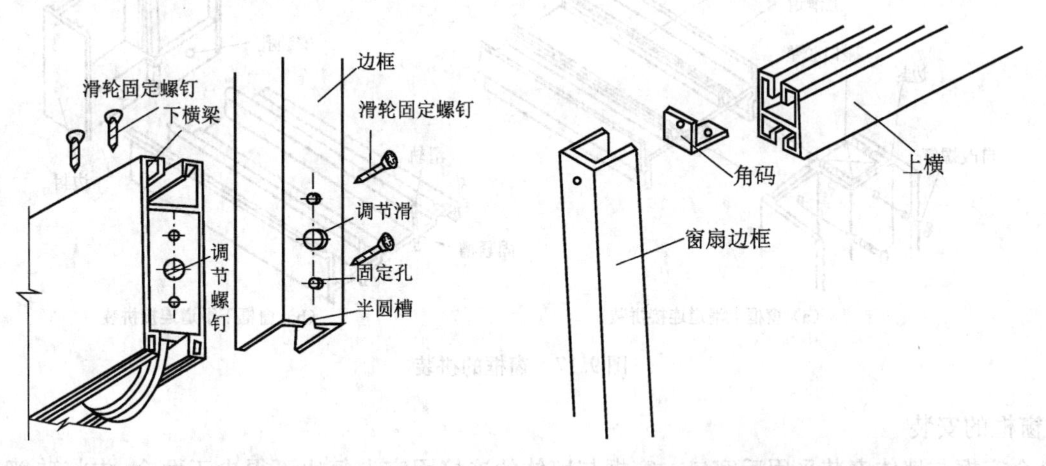

图 9.14　窗扇下横的安装　　　　图 9.15　窗扇上横的安装

在窗扇边框中间高度处安装窗锁，如图 9.16 所示，在上下横的槽内安装长密封毛条，在边框和带钩边框的钩部槽内安装短密封毛条。

(3)窗扇玻璃的安装

一般玻璃长宽方向尺寸要比窗扇内侧尺寸大 25 mm，从窗扇一侧将玻璃装入内侧，并将边框连接紧固，最后在玻璃与窗扇槽之间用橡胶条或玻璃胶密封。

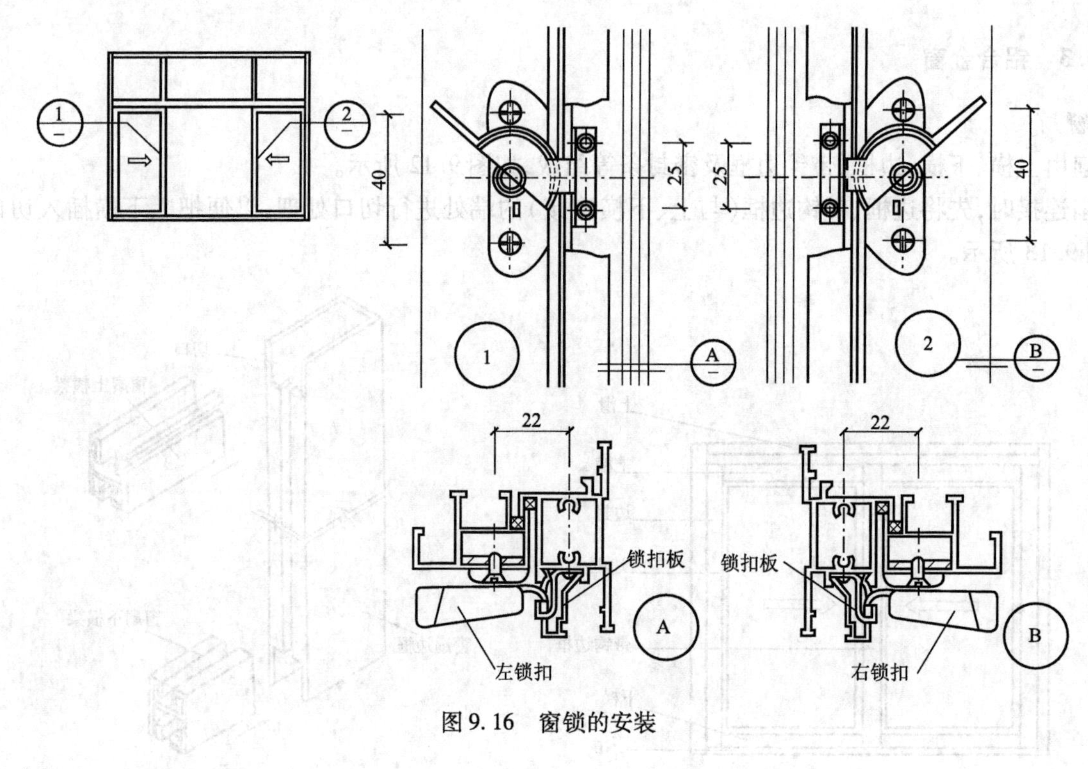

图 9.16 窗锁的安装

2. 窗框

窗框由上滑道、下滑道及两侧的边封组成。

(1)窗框的拼接

先将碰口胶垫安放在边封槽内，再用 M4 ×35 mm 的自攻螺钉穿过边封上的孔和碰口胶垫上的孔，旋进上下滑道的固紧槽孔内，并保证滑道与边封对齐，各槽对正。窗框四角校正成直角后，上紧各角的衔接自攻螺钉，如图 9.17 所示。

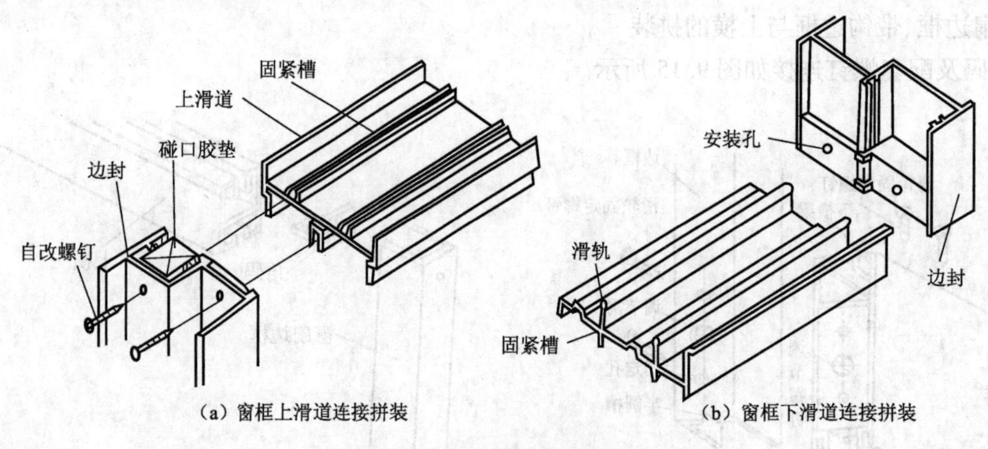

图 9.17 窗框的拼装

(2)窗框的安装

铝合金窗框与墙体安装采用后塞口。窗框与墙体的连接固定点每边不得少于两个，先将砖墙窗洞口用水泥砂浆抹平，窗洞口尺寸比窗框尺寸每边均大 25 ~ 35 mm。在窗框的外侧安装固定片(厚度不小于 1.5 mm、宽度不小于 15 mm 的 Q235—A 冷轧镀锌钢板)，离中竖框、横框的档头不小于 150 mm 的距离，每条边不少于两个，且间距不大于 600 mm，一般用射钉或膨胀螺栓固定在墙上，如图 9.18 所示。窗框固定好后，再将窗洞四周的缝隙分层填实(一般采用泡沫塑料条、泡沫聚氨酯条、矿棉毡条或玻璃丝毡条软质保温材料)，外表留 5 ~8 mm 深的槽口用密封膏密封。

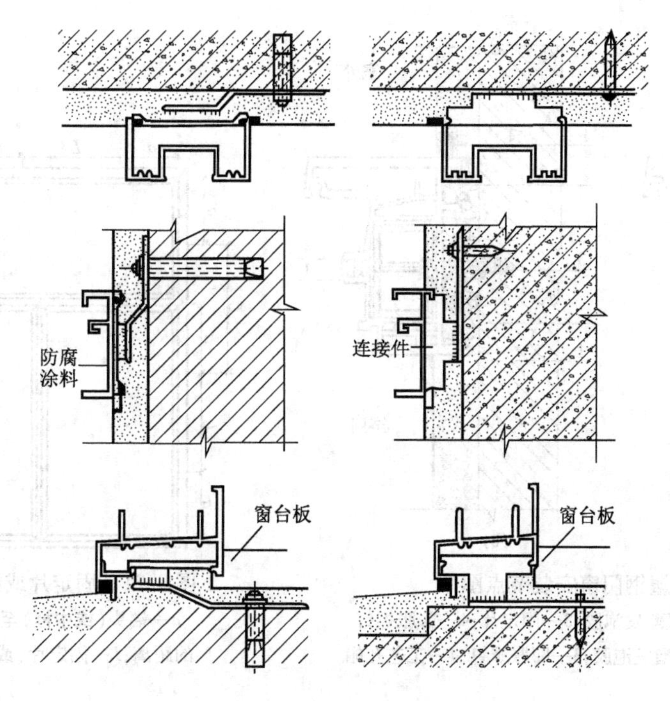

图 9.18　窗框与墙体的连接

9.4　塑钢门窗

塑钢门窗是一种新型建筑维护构件,它以聚氯乙烯(PVC)为主要原料,添加适量助剂和改性剂,挤压成各种截面的空腹异型材组装而成。塑钢门窗密封性、保温隔热性好,耐腐蚀,耐老化,装饰性强,在建筑工程中,它替代了钢、铝门被广泛应用。由于塑料的变形大,刚度差,一般在型材内腔加入钢衬,以增强型材抗弯曲变形能力,如图 9.19 所示。

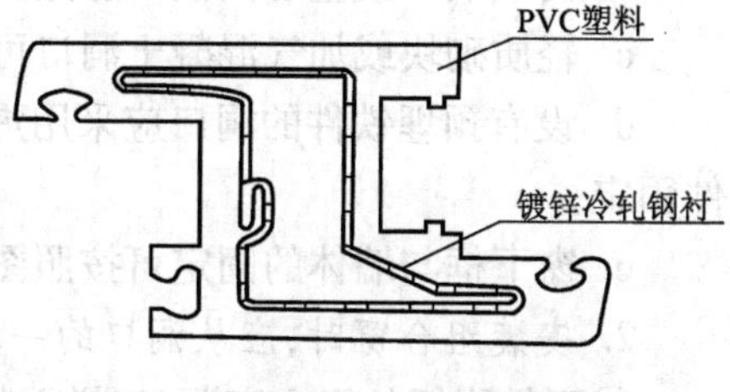

图 9.19　塑钢共挤型材的断面

9.4.1　塑钢门窗的构造

《塑钢门窗工程技术规程》JGJ 103—2008 规定,塑钢门窗应采用固定片法安装,规范规定如下:

1. 门窗框与墙体、框与扇、玻璃、五金的连接构造

塑钢门窗应采用后塞口安装。门窗在安装时应确保门窗框上下边位置及内外朝向准确,安装应符合下列要求:

①当门窗框与墙体间采用固定片固定时,应使用单向固定片,固定片应双向交叉安装。与外保温墙体固定的边框固定片宜朝向室内。固定片与窗框连接应采用十字槽盘头自钻自攻螺钉直接钻入固定,不得直接锤击钉入或仅靠卡紧方式固定。

②当门窗框与墙体间采用膨胀螺钉直接固定时,应按膨胀螺钉规格先在窗框上打好基孔,安装膨胀螺钉时应在伸缩缝中膨胀螺钉位置两边加支撑块。膨胀螺钉端头应加盖工艺孔帽 如图 9.20 所示,并应用密封胶进行密封。

③固定片或膨胀螺钉的位置应距门窗端角、中竖梃、中横梃 150 ~ 200 mm,固定片或膨胀螺钉之间的间距应符合设计要求,并不得大于 600 mm,如图 9.21 所示,不得将固定片直接装在中横梃、中竖梃的端头上,平开门安装铰链的相应位置宜安装固定片或采用直接固定法固定。

④建筑外窗的安装必须牢固可靠,在砖砌体上安装时,严禁用射钉固定。

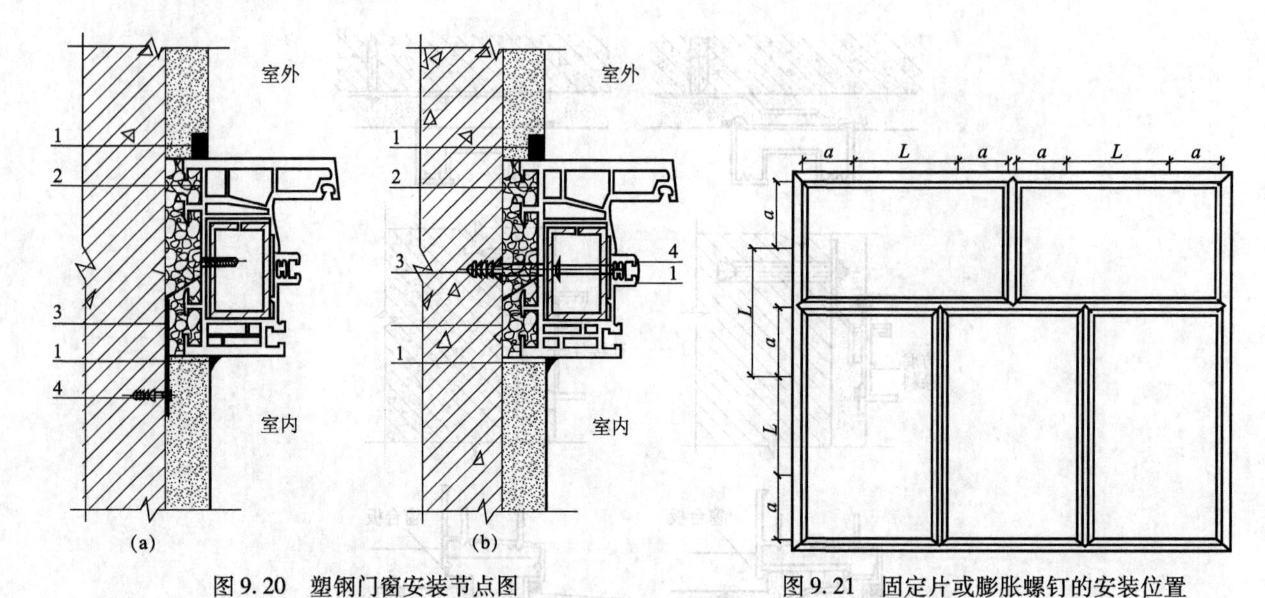

图 9.20 塑钢门窗安装节点图

(a)1—密封胶;2—聚氨酯发泡胶;3—固定片;4—膨胀螺钉

(b)1—密封胶;2—聚氨酯发泡胶;3—膨胀螺钉;4—工艺孔帽

图 9.21 固定片或膨胀螺钉的安装位置

a—端头(或中框)至固定片(或膨胀螺钉)的距离;L—固定片(或膨胀螺钉)之间的间距

⑤门窗与墙体固定时,应先固定上框,后固定边框。固定片形状应预先弯曲至贴近洞口固定面,不得直接锤打固定片使其弯曲。固定片固定方法应符合下列要求:

a. 混凝土墙洞口应采用射钉或膨胀螺钉固定。

b. 砖墙洞口或空心砖洞口应用膨胀螺钉固定,并不得固定在砖缝处。

c. 轻质砌块或加气混凝土洞口可在预埋混凝土块上用射钉或膨胀螺钉固定。

d. 设有预埋铁件的洞口应采用焊接的方法固定,也可先在预埋件上按紧固件规格打基孔,然后用紧固件固定。

e. 窗下框与墙体的固定可按照图 9.22 所示进行。

2. 安装组合窗时,应从洞口的一端按顺序安装,拼樘料与洞口的连接应符合下列要求:

①不带附框的组合窗洞口,拼樘料连接件与混凝土过梁或柱的连接应采用焊接的方法固定,也可先在预埋件上按紧固件规格打基孔,然后用紧固件固定。拼樘料可与连接件搭接,如图 9.23 所示。

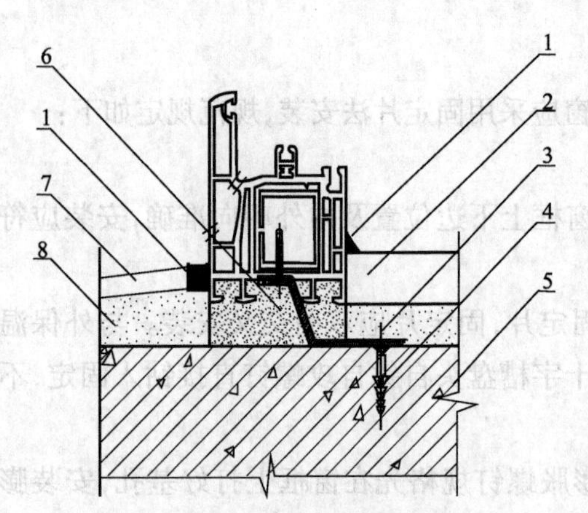

图 9.22 窗下框与墙体固定节点

1—密封胶;2—内窗台板;3—固定片;4—膨胀螺钉;5—墙体;6—防水砂浆;7—装饰面;8—抹灰层

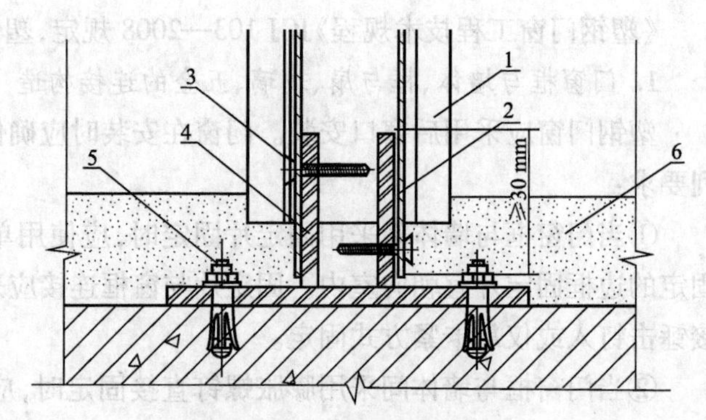

图 9.23 拼樘料安装节点图

1—拼樘料;2—增强型钢;3—自攻螺钉;4—连接件;5—膨胀螺钉或射钉;6—伸缩缝填充物

拼樘料与连接件的搭接量不应小于 30 mm,如图 9.24 所示。

②当拼樘料与砖墙连接时,应采用预留洞口法安装。拼樘料两端应插入预留洞中,插入深度不应小于 30 mm,插入后应用水泥砂浆填充固定,如图 9.25 所示。

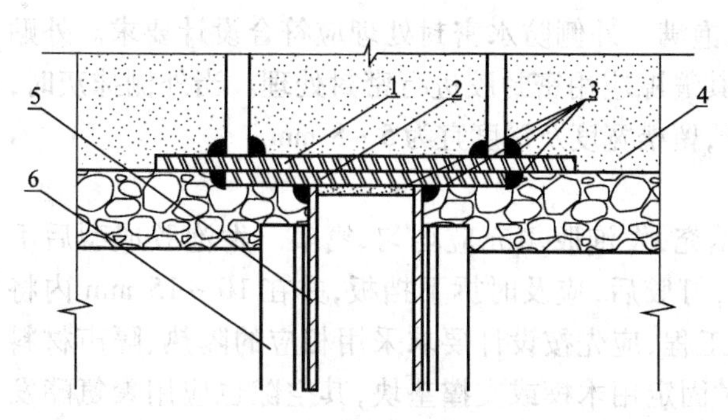

图 9.24 拼樘料安装节点图

1 —钢衬板;2 —钢垫板;3 —密封胶;4 —拼樘料;5—增强型钢;6—拼樘料

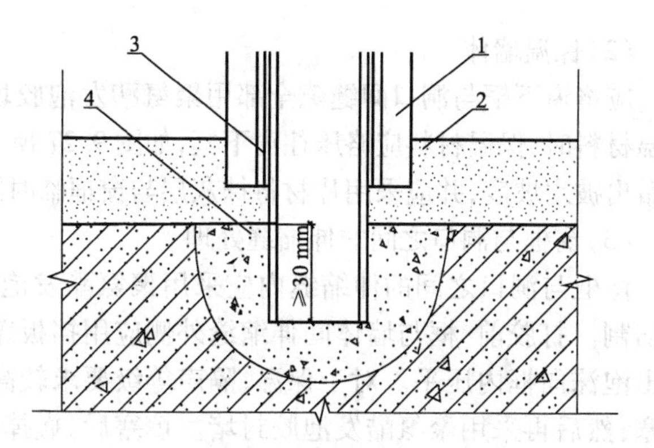

图 9.25 预留洞口法拼樘料与墙体的固定

1—拼樘料;2—伸缩缝填充物;3—增强型钢;4—水泥砂浆

③当门窗与拼樘料连接时,应先将两窗框与拼樘料卡接,然后用自钻自攻螺钉拧紧,其间距应符合设计要求并不得大于 600 mm,紧固件端头应加盖工艺孔帽,如图 9.26 所示,并用密封胶进行密封处理,拼樘料与窗框间的缝隙也应采用密封胶进行密封处理。

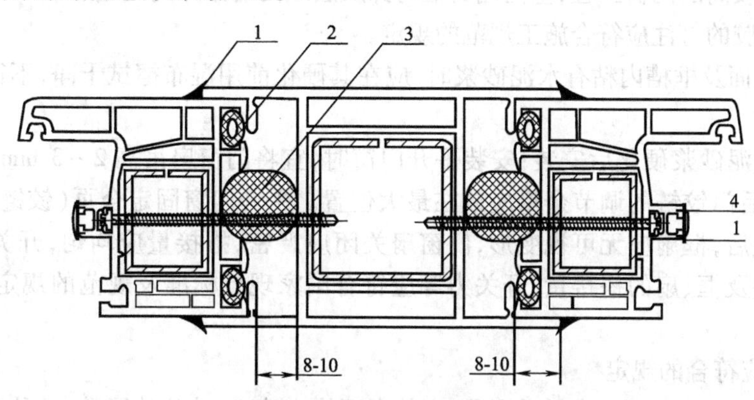

图 9.26 拼樘料连接节点图

1—密封胶;2—密封条;3—泡沫棒;4—工艺孔帽

④当门连窗的安装需要门与窗拼接时,应采用拼樘料,其安装方法应符合第 6 条及第 7 条的规定。拼樘料下端应固定在窗台上。

3. 窗下框与洞口缝隙的处理应符合的规定

(1)普通墙体

应先将窗下框与洞口间缝隙用防水砂浆填实,填实后撤掉临时固定用木楔或垫块,其空隙也应用防水砂浆填实,并在窗框外侧做相应的防水处理。当外侧抹灰时,应做出披水坡度,并应采用片材将抹灰层与窗框临时隔开,留槽宽度及深度宜为 5 ~ 8 mm,抹灰面应超出窗框,但厚度不应影响窗扇的开启,并不得盖住排水孔,待外侧抹灰层硬化后,应撤去片材,然后将密封胶挤入沟槽内填实抹平。打胶前应将窗框表面清理干净,打胶部位两侧的窗框及墙面均应用遮蔽条遮盖严密,密封胶的打注应饱满,表面应平整光滑,刮胶缝的余胶不得重复使用。密封胶抹平后,应立即揭去两侧的遮蔽条。内侧抹灰应略高于外侧,且内侧与窗框之间也应采用密封胶密封。当需要安装窗台板时,将窗台板顶住窗下框下边缘 5 ~ 10 mm,不得影响窗扇的开启,窗台板安装的水平精度应与窗框一致。

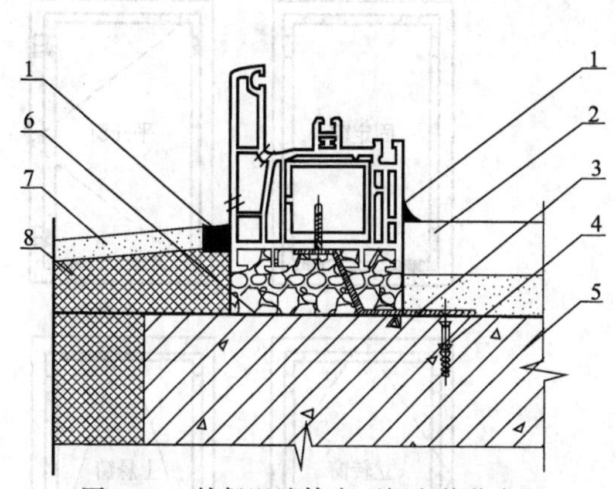

图 9.27 外保温墙体窗下框安装节点图

1—密封胶;2—内窗台板;3—固定片;4—膨胀螺钉;5—墙体;6—聚氨酯发泡胶;7—防水砂浆;8—保温材料

(2)保温墙体

应将窗下框与洞口间缝隙全部用聚氨酯发泡胶填塞饱满。外侧防水密封处理应符合设计要求。外贴保温材料时,保温材料应略压住窗下框,如图9.27所示,其缝隙应用密封胶进行密封处理。当外侧抹灰时,应做出披水坡度,并应采用片材将抹灰层与窗框临时隔开,留槽宽度及深度宜为5~8 mm。

(3)窗框与洞口之间的伸缩缝处理

窗框与洞口之间的伸缩缝内应采用聚氨酯发泡胶填充,发泡胶填充应均匀、密实。发泡胶成型后不宜切割。打胶前,框与墙体间伸缩缝外侧应用挡板盖住;打胶后,应及时拆下挡板,并在10~15 min内将溢出泡沫向框内压平。对于保温、隔声等级要求较高的工程,应先按设计要求采用相应的隔热、隔声材料填塞,然后再采用聚氨酯发泡胶封堵。填塞后,撤掉临时固定用木楔或支撑垫块,其空隙也应用聚氨酯发泡胶填塞。

(4)门窗洞口内外侧与门窗框之间缝隙的处理

门、窗洞口内外侧与门、窗框之间缝隙的处理应在聚氨酯发泡胶固化后进行,处理过程应符合下列要求:

①普通门窗工程——其洞口内外侧与窗框之间均应采用普通水泥填实抹平,抹灰及密封胶的打注应符合施工规范的规定。

②装修质量要求较高的门窗工程,室内侧窗框与抹灰层之间宜采用与门窗材料一致的塑料盖板掩盖接缝。外侧抹灰及密封胶的打注应符合施工规范的规定。

③门窗(框)扇表面及框槽内粘有水泥砂浆时,应在其硬化前用湿布擦拭干净,不得使用硬质材料铲刮门窗(框)扇表面。

④门窗扇应待水泥砂浆硬化后安装;安装平开门窗时,宜将门窗扇吊高2~3 mm,门扇的安装宜采用可调节门铰链,安装后门铰链的调节余量应放在最大位置。平开门窗固定合页(铰链)的螺钉宜采用自钻自攻螺钉。门窗安装后,框扇应无可视变形,门窗扇关闭应严密,搭接量应均匀,开关应灵活。铰链部位配合间隙的允许偏差及框、扇的搭接量、开关力等应符合国家现行标准及规范的规定。门窗合页(铰链)螺钉不得外露。

(5)玻璃的安装应符合的规定

①玻璃应平整,安装牢固,不得有松动现象,内外表面均应洁净,玻璃的层数、品种及规格应符合设计要求,单片镀膜玻璃的镀膜层及磨砂玻璃的磨砂层应朝向室内。

②镀膜中空玻璃的镀膜层应朝向中空气体层。

③安装好的玻璃不得直接接触型材,应在玻璃四边垫上不同作用的垫块,中空玻璃的垫块宽度应与中空玻璃的厚度相匹配,其垫块位置宜按图9.28所示放置。

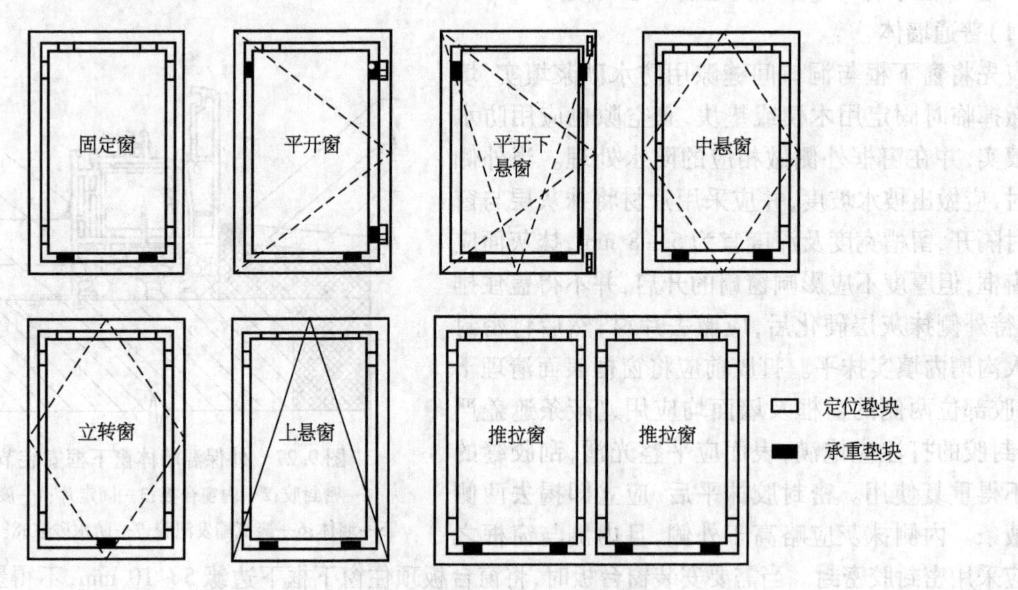

图9.28　承重垫块和定位垫块位置示意

④竖框(扇)上的垫块,应用胶固定。

⑤当安装玻璃密封条时,密封条应比压条略长,密封条与玻璃及玻璃槽口的接触应平整,不得卷边、脱槽,密封条断口接缝应粘接。

⑥玻璃装入框、扇后,应用玻璃压条将其固定,玻璃压条必须与玻璃全部贴紧,压条与型材的接缝处应无明显缝隙,压条角部对接缝隙应小于1 mm,不得在一边使用2根(含2根)以上压条,且压条应在室内侧。

4. 门窗框与墙洞口缝隙的处理

门窗框与洞口的缝隙内应采用闭孔泡沫塑料、发泡聚苯乙烯或毛毡等弹性材料分层填塞,填塞不宜过紧,以适应塑钢门窗的自由胀缩。对于保温、隔声要求较高的工程,应采用相应的隔热、隔声材料填塞。墙体面层与门窗框之间的接缝用密封胶进行密封处理,如图9.29所示。

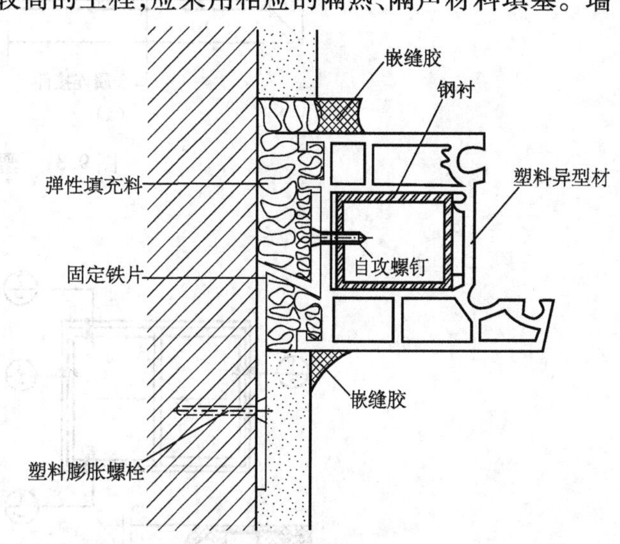

图9.29 塑钢门窗框与墙体的连接

9.4.2 塑钢门窗的组装

塑钢窗的开启方式有平开窗、推拉窗、立转窗、固定窗及平开推拉综合窗等。塑钢门窗的组装多用组角与榫接工艺。考虑到PVC塑料与钢衬的收缩率不同,钢衬的长度应比塑料型材长度短1~2 mm,且能使钢衬较宽松地插入塑料型材空腔中,以适应温度变形。组角和榫接时,在钢衬型材的内腔插入金属连接件,用自攻螺钉直接锁紧形成闭合钢衬结构,使整窗的强度和整体刚度大大提高。

1. 塑钢窗型材

塑钢推拉窗的型材截面如图9.30所示。

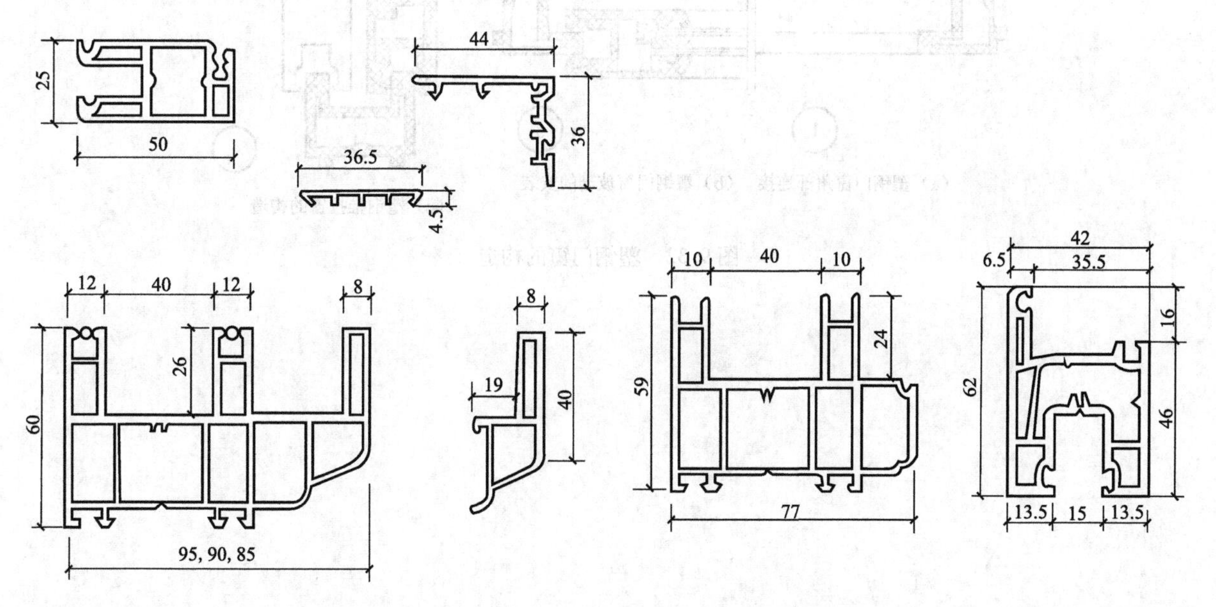

图9.30 95、90、85塑钢推拉窗的型材截面

2. 塑钢门窗的构造

门窗框与墙体固定应先固定上框,而后固定边框。门框每边的固定点不得少于三个,且间距小于等于600 mm,门窗框与混凝土墙应用射钉、塑料膨胀螺栓或预埋铁件焊接固定;与砖墙多采用塑料膨胀螺栓或水泥钉固定,且不得固定在砖缝处;与加气混凝土墙采用木螺钉将固定片固定在已预埋的胶粘木块上。

玻璃的选择和安装与铝合金门窗基本相同。目前按规范的规定,窗扇的玻璃必须采用三层玻璃,形成密闭的中空层,隔声和防震效果较好,如图9.31和图9.32所示。

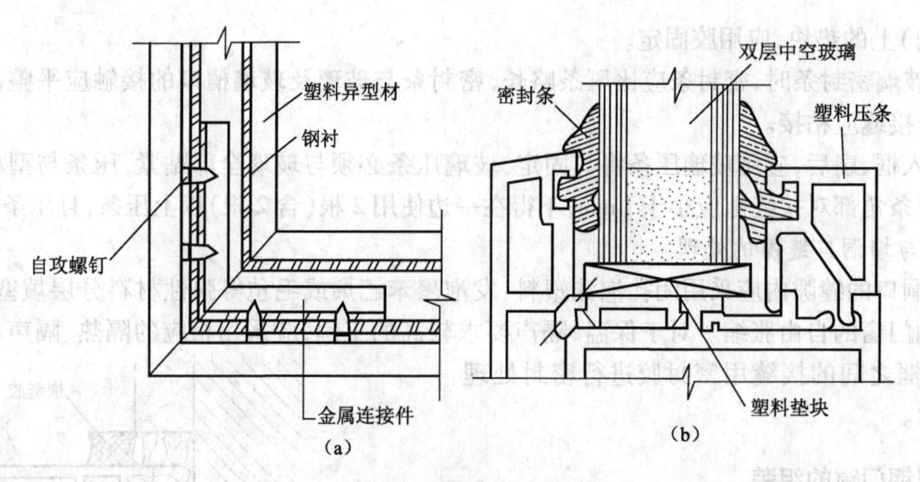

图 9.31 塑钢门窗的构造

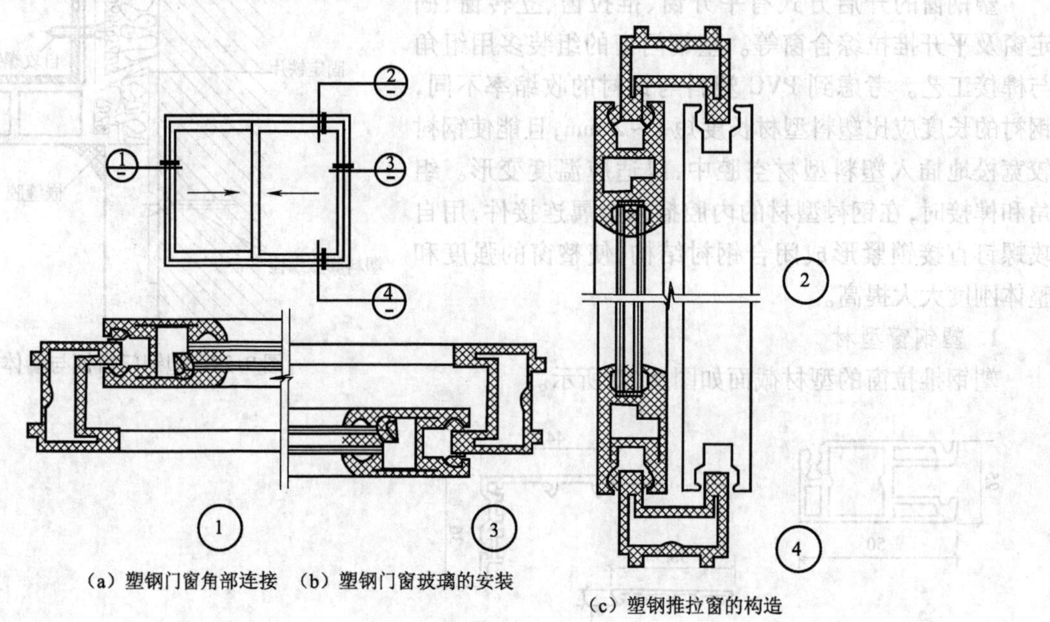

(a) 塑钢门窗角部连接 (b) 塑钢门窗玻璃的安装

图 9.32 塑钢门窗的构造

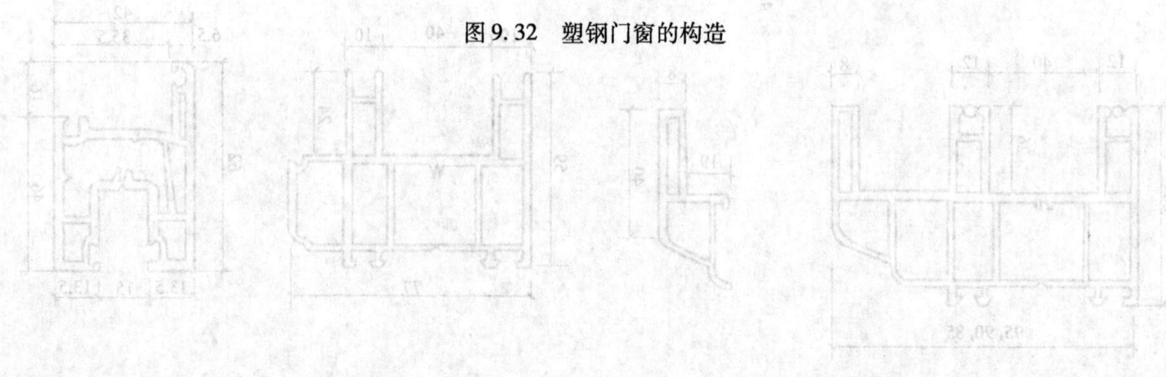

计 划 单

<table>
<tr><td>学习领域</td><td colspan="5">土木工程构造与识图</td></tr>
<tr><td>学习情境</td><td colspan="3">辅助工程构造识图</td><td>学 时</td><td>24</td></tr>
<tr><td>工作任务</td><td colspan="3">门和窗构造识图</td><td>学 时</td><td>8</td></tr>
<tr><td>计划方式</td><td colspan="5">小组讨论、团结协作共同制订计划</td></tr>
<tr><td>序 号</td><td colspan="4">实 施 步 骤</td><td>使用资源</td></tr>
<tr><td>1</td><td colspan="4"></td><td></td></tr>
<tr><td>2</td><td colspan="4"></td><td></td></tr>
<tr><td>3</td><td colspan="4"></td><td></td></tr>
<tr><td>4</td><td colspan="4"></td><td></td></tr>
<tr><td>5</td><td colspan="4"></td><td></td></tr>
<tr><td>6</td><td colspan="4"></td><td></td></tr>
<tr><td>7</td><td colspan="4"></td><td></td></tr>
<tr><td>8</td><td colspan="4"></td><td></td></tr>
<tr><td>9</td><td colspan="4"></td><td></td></tr>
<tr><td>10</td><td colspan="4"></td><td></td></tr>
<tr><td>制订计划说明</td><td colspan="5">（写出制订计划中人员为完成任务的主要建议或可以借鉴的建议、需要解释的某一方面）</td></tr>
<tr><td rowspan="3">计划评价</td><td>班 级</td><td></td><td>第 组</td><td>组长签字</td><td></td></tr>
<tr><td>教师签字</td><td colspan="2"></td><td>日 期</td><td></td></tr>
<tr><td colspan="5">评 语：</td></tr>
</table>

决 策 单

<table>
<tr><td>学习领域</td><td colspan="5">土木工程构造与识图</td></tr>
<tr><td>学习情境</td><td colspan="2">辅助工程构造识图</td><td>学　　时</td><td colspan="2">24</td></tr>
<tr><td>工作任务</td><td colspan="2">门和窗构造识图</td><td>学　　时</td><td colspan="2">8</td></tr>
<tr><td colspan="6">方案讨论</td></tr>
<tr><td rowspan="11">方案对比</td><td>组　号</td><td>方案合理性</td><td>实施可操作性</td><td>实施难度</td><td>综合评价</td></tr>
<tr><td>1</td><td></td><td></td><td></td><td></td></tr>
<tr><td>2</td><td></td><td></td><td></td><td></td></tr>
<tr><td>3</td><td></td><td></td><td></td><td></td></tr>
<tr><td>4</td><td></td><td></td><td></td><td></td></tr>
<tr><td>5</td><td></td><td></td><td></td><td></td></tr>
<tr><td>6</td><td></td><td></td><td></td><td></td></tr>
<tr><td>7</td><td></td><td></td><td></td><td></td></tr>
<tr><td>8</td><td></td><td></td><td></td><td></td></tr>
<tr><td>9</td><td></td><td></td><td></td><td></td></tr>
<tr><td>10</td><td></td><td></td><td></td><td></td></tr>
<tr><td>方案评价</td><td colspan="5">评 语：</td></tr>
</table>

班　　级		组长签字		教师签字		年 月 日

资 讯 单

<table>
<tr><td>学习领域</td><td colspan="4">土木工程构造与识图</td></tr>
<tr><td>学习情境</td><td colspan="2">辅助工程构造识图</td><td>工作任务</td><td>装饰工程与
变形缝构造识图</td></tr>
<tr><td>资讯学时</td><td colspan="4">8</td></tr>
<tr><td>资讯方式</td><td colspan="4">1. 通过信息单、教材、互联网及图书馆查询完成任务资讯；
2. 通过咨询任课教师完成任务资讯。</td></tr>
<tr><td rowspan="15">资讯问题</td><td colspan="4">1. 简述墙面装修按施工方法及构造的分类。</td></tr>
<tr><td colspan="4">2. 抹灰之前，为何对基层进行处理？</td></tr>
<tr><td colspan="4">3. 墙面抹灰的构造层次及抹灰标准是什么？</td></tr>
<tr><td colspan="4">4. 简述贴面类墙面装修的构造，并绘图说明。</td></tr>
<tr><td colspan="4">5. 用图说明水泥砂浆地面和陶瓷地砖地面的构造做法。</td></tr>
<tr><td colspan="4">6. 顶棚按构造方式分几种？直接式顶棚有哪几种做法？</td></tr>
<tr><td colspan="4">7. 吊棚有几部分组成？何时采用吊棚？绘制常用的吊棚构造简图。</td></tr>
<tr><td colspan="4">8. 何谓变形缝？其作用是什么？它有几种类型？</td></tr>
<tr><td colspan="4">9. 伸缩缝有什么作用？其构造宽度为多少？</td></tr>
<tr><td colspan="4">10. 什么条件下需设沉降缝？沉降缝宽度由何因素确定？</td></tr>
<tr><td colspan="4">11. 伸缩缝与沉降缝在构造上有何不同？绘图说明，并说明二者之间有何关系。</td></tr>
<tr><td colspan="4">12. 基础沉降缝的构造方法有几种？</td></tr>
<tr><td colspan="4">13. 刚性防水屋面与柔性防水屋面变形缝做法有何不同？</td></tr>
<tr><td colspan="4">14. 绘制变形缝的平缝、错口缝、企口缝的简图？</td></tr>
<tr><td colspan="4">学生需要单独资讯的问题……</td></tr>
<tr><td>资讯要求</td><td colspan="4">1. 根据专业目标和任务描述正确理解完成任务需要的咨询内容；
2. 按照上述资讯内容进行咨询；
3. 写出资讯报告。</td></tr>
<tr><td rowspan="3">资讯评价</td><td>班　　级</td><td></td><td>学生姓名</td><td></td></tr>
<tr><td>教师签字</td><td></td><td>日　　期</td><td></td></tr>
<tr><td colspan="4"></td></tr>
</table>

10.1 墙面装饰工程

10.1.1 墙面装修的作用与分类

1. 墙面装修的作用

(1)保护墙体,延长建筑物的使用年限

建筑物处于自然界中,墙体等外围护构件会受到风、雨、雪、太阳辐射等自然因素和人为因素的不利影响,降低建筑物的承载能力,故应将建筑物的墙面进行装修,延长墙体的使用寿命。

(2)改善墙体的热工性能,满足房屋使用要求

墙面装修增加了墙体自身的厚度和密实性,能有效减少墙体缝隙引起的空气渗透,提高了墙体的保温性能,还可以改善建筑物的室内外清洁、卫生条件,增强建筑物的隔声、采光、隔热、防水等性能,提高室内亮度。

(3)装饰和美化建筑环境

要根据单体建筑设计宜符合总体建筑规划设计的要求,运用建筑设计的构图法则,结合建筑物室内外环境的特点,合理运用不同建筑饰面材料的质地、色彩,通过有机的组合,创造出优美、和谐、统一的空间环境,给人以美的感受,来体现建筑物既是建筑产品又是建筑艺术品。

2. 墙面装修的分类

建筑墙面装修按其所处的部位不同,可分为外墙装修和内墙装修。外墙装修应选择强度高、抗冻性强、耐水性好、抗腐蚀、耐风化的建筑材料,内墙装修应根据房间的用途和建筑物的装修标准来选择材料。

按墙体材料及施工方式的不同,墙面装修可分为抹灰类、贴面类、涂料类、裱糊类和铺钉类五大类,见表10.1。

表10.1 墙面装修分类

类 别	室 外 装 修	室 内 装 修
抹灰类	水泥砂浆、混合砂浆、聚合物水泥砂浆、拉毛、水刷石、干粘石、斩假石、假面砖、喷涂、滚涂等	纸筋灰粉面、麻刀灰粉面、石膏粉面、膨胀珍珠岩砂浆、混合砂浆、拉毛、拉条等
贴面类	外墙面砖、马赛克、水磨石板、天然石板	釉面砖、人造石板、天然石板等
涂料类	石灰浆、水泥浆、溶剂型涂料、乳液涂料、彩色胶砂涂料、彩色弹涂等	大白浆、石灰浆、油漆、乳胶漆、水溶性涂料、弹涂等
裱糊类		塑料墙纸、金属面墙纸、木纹壁纸、花纹玻璃纤维布、纺织面墙布及锦锻等
铺钉类	各种金属饰面板、石棉水泥板、玻璃	各种木夹板、木纤维板、石膏板及各种装饰面板等

10.1.2 墙面装修的构造

建筑物的墙体饰面由墙基层和装饰面层组成。墙基层即支撑饰面的结构构件或骨架,面层应光滑平整,并具有一定的强度,能使建筑物起保护和美观的作用。一般情况下,墙体饰面是根据墙体面层最外表层所用的材料来命名称呼的。

1. 抹灰类墙面装修

抹灰又称粉刷,是我国传统的饰面作法,是由水泥砂浆、石灰砂浆、混合砂浆、石渣浆、纸筋灰浆为胶结材料,抹到建筑物墙体表面上的饰面层的一种装修做法。抹灰材料来源广泛,施工操作简便,造价低廉,但抹灰墙面的耐久性差,易开裂,工人的劳动强度高,作业量大,工作效率低。

墙面抹灰分为一般抹灰和装饰抹灰两类。一般抹灰有石灰砂浆抹灰、混合砂浆抹灰、水泥砂浆抹灰等。装饰抹灰有水刷石、干粘石、拉毛灰等。

由于墙面是大面积抹灰,为了避免出现裂缝和脱落,保证抹灰层与基层连接牢固和表面平整,在抹灰

在房间内，地面是人们日常生活、工作、生产、学习和家具设备直接接触的部分，也是建筑中直接承受荷载，并经常受到磨损、撞击和洗刷的部分，因此楼地面进行构造处理。

10.2.1　楼地面的设计要求与类型

1. 楼地面的设计要求

①具有足够的坚固性，在外力作用下不易磨损和破坏，且表面光洁平整，易清洗不起灰。

②具有良好的热工性能，楼地面的材料应选用导热系数小的、蓄热性好的保温材料，保证寒冷季节脚部舒适。

③具有一定的弹性，当人在房间里行走时，地面不致有过硬、不舒适的感觉，而且弹性地面是隔绝固体传声的有效措施之一。

④具有防潮、防水的功能，对于厨房、卫生间、洗衣间、浴室等地面要求耐潮湿，不透水。

⑤具有其他功能，楼地面须防火、耐燃，对有酸、碱及有害物质的房间地面应做相应的建筑构造处理。

2. 楼地面的类型

根据楼地面的面层材料和施工方法不同，可以分为整体地面、块材地面、卷材地面、涂料地面、木地面。

10.2.2　楼地面的构造

1. 整体地面

整体地面又称现浇地面，包括水泥砂浆地面、细石混凝土地面、水磨石地面等。

(1)水泥砂浆地面

水泥砂浆地面又称水泥地面，它以普通硅酸盐水泥为胶结材料，以中砂或粗砂作骨料，在现场配置抹压而成。水泥砂浆是最普遍的一种地面，构造简单、施工方便，造价低，导热系数大，比较耐磨。水泥砂浆地面有单层做法和双层做法。

单层做法：先将基层(楼板结构层)用清水清洗干净，在基层上先抹一道素水泥浆作结合层，然后抹15～20 mm厚1∶2或1∶2.5水泥砂浆，抹平后待终凝前用铁抹子压光。双层做法在基层上先用15～20 mm厚1∶3水泥砂浆打底找平，再用5～10 mm厚1∶2或1∶1.5水泥砂浆抹面。抹平后待终凝前用铁抹子压光。

双层做法：增加了施工程序，保证了地面的质量，减少了由于材料干缩产生裂纹的可能性。目前地面应用双层做法，如图10.12所示。

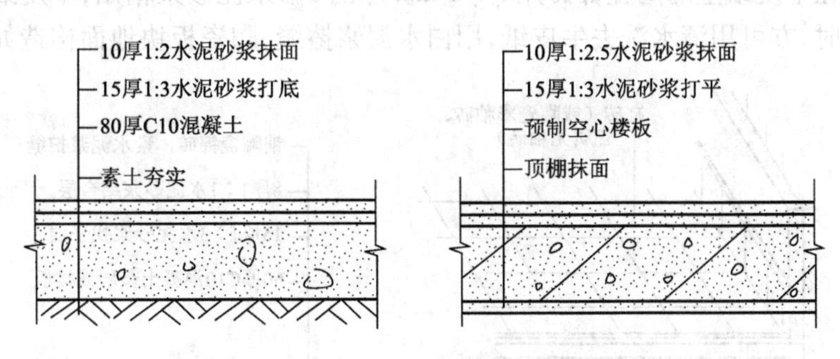

图10.12　水泥砂浆楼地面

(2)细石混凝土地面

构造：在基层上浇30～40 mm厚的等级不低于C20的细石混凝土，内配ϕ4@200 mm的钢筋网，待混凝土初凝后用铁滚滚压出浆，待终凝前撒少量干水泥，用铁抹子压光不少于两次，其效果同水泥砂浆地面，目前采用较多。

(3)现浇水磨石地面

水磨石地面是在水泥砂浆或细石混凝土找平层上按设计要求进行分格，用水泥作胶结材料、大理石或白云石等中等硬度石料的石屑做骨料而形成的水泥石渣浆浇抹硬结后，经磨石露出石粒，并经补浆、细磨、打蜡后制成。水磨石地面平整光洁,整体性好,不起灰,耐水、耐磨、易清洗,造价高,常用于卫生间,公共建筑的门厅、走廊、楼梯及标准较高的房间,如图10.13所示。

构造:在基层用10~15 mm厚1:3水泥砂浆打底、找平,按设计图采用1:1水泥砂浆嵌固玻璃条或铜条,再用按设计配置好的1:2.5~1:1.5各种颜色(经调制样品选择最后的配合比)的水泥石渣浆浇入设置的分格内,水泥石渣浆厚度为12~15 mm(高于分格条1~2 mm),并均匀撒一层石渣,用滚筒压实,直至水泥浆被压出为止,在浇水养护一周后,用磨石机磨光,经过三次打磨,采用草酸清洗、修补,最后打蜡上光,进行保护。

水磨石地面分格条的作用是将地面划分成面积较小的区域小格,从而减少地面开裂的可能,同时分格条形成的图案也增加了地面的美观,便于维修。

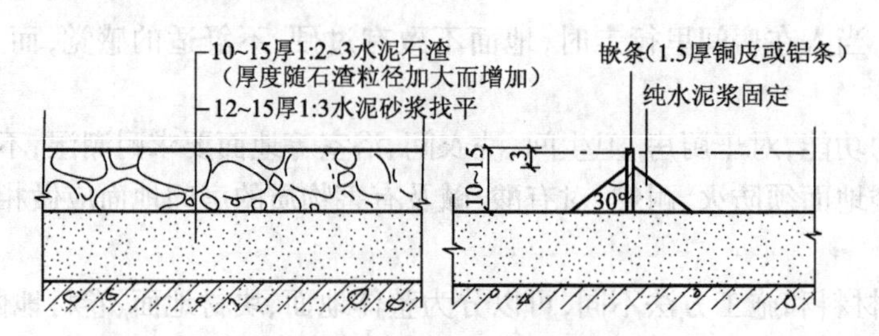

图10.13 现浇水磨石地面

2. 块材地面

块材地面又称镶铺地面,是利用胶结材料,将各种预制块材或板材镶铺在基层上的地面。按面层材料不同有陶瓷板块地面,水磨石、大理石、花岗岩、水磨石板等石板地面,该地面品种繁多,经久耐用,易保持清洁,主要用于人流量大、耐磨损、有水和潮湿的房间地面。

(1)陶瓷板块地面——小块地砖

用于地面的陶瓷板块地面有缸砖、陶瓷锦砖(马赛克)、陶瓷彩釉砖、瓷质无釉砖等。该类地面表面质密光洁耐磨、防水、耐酸碱,一般用于有防水要求的房间,如卫、浴室、厨房、实验室等。

陶瓷板块地面构造:首先将缸砖、陶瓷彩釉砖、瓷质无釉砖用水浸泡至少0.5 h,沥干待用,吊线、在踢脚上弹线,将地砖在地面上试排尺寸,显示其效果,而后在混凝土垫层或钢筋混凝土楼板上用15~20 mm厚1:3水泥砂浆打底、找平,灰浆应在砖背面满铺,再用5 mm厚的1:1水泥砂浆(掺适量107胶)粘贴缸砖、陶瓷彩釉砖、瓷质无釉砖,用橡胶锤锤击,以保证粘结牢固,避免空鼓;最后用素水泥擦缝。

对于陶瓷锦砖(马赛克)地面铺贴时,在混凝土垫层或钢筋混凝土楼板上用15~20 mm厚1:3水泥砂浆打底、找平,再将拼贴在牛皮纸上的陶瓷锦砖用5~8 mm厚的1:1水泥砂浆粘贴,牛皮纸应朝外,待锦砖与基层粘接牢固达到强度时,方可用清水洗去牛皮纸,用白水泥浆擦缝,陶瓷板块地面构造如图10.14所示。

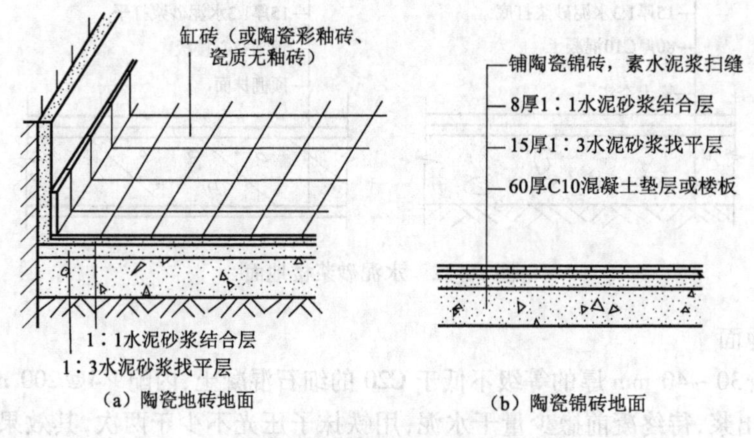

图10.14 陶瓷板块地面构造

(2)石板地面——大块地面

石板地面有两种:

①天然石板地面:有花岗石板、大理石板等。

②人造石板地面:有预制水磨石板、人造大理石板、人造花岗岩板等。

天然大理石色泽艳丽,具有各种纹理,装饰效果好,但块材自重较大。一般用于装修标准较高的公共建筑的门厅、大厅。大理石板的规格一般为500 mm×500 mm~1000 mm×1000 mm,厚度为20~30 mm。

构造:在基层上洒水润湿,铺20~30 mm厚1:3干硬性水泥砂浆找平,用5~10 mm厚的1:1素水泥浆将石板均匀粘贴,随即用橡胶锤锤击块材,以保证粘结牢固,待能上人后撒干水泥粉擦缝。另外还可利用大理石碎块拼接,形成碎石大理石地面,它可利用边角废料降低地面造价,也能取得较好的装饰效果。

石板地面构造如图10.15所示。

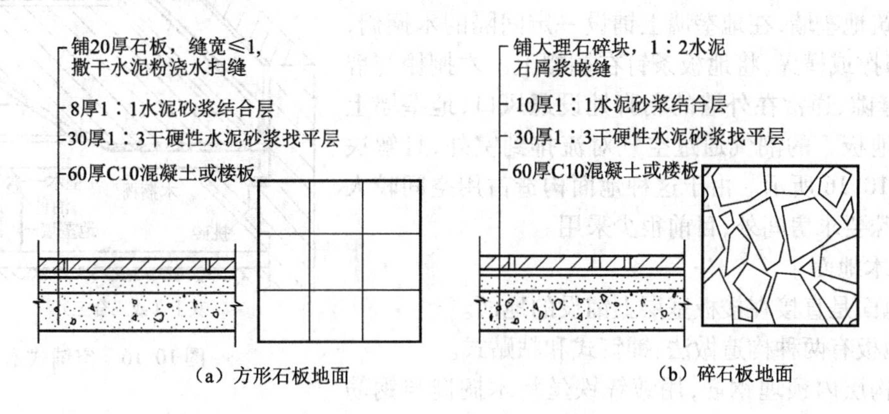

(a)方形石板地面　(b)碎石板地面

图10.15　石板楼地面构造

3. 卷材地面

卷材地面是指用成卷的卷材直接铺在平整的基层楼板上的地面。常见的有软质聚氯乙烯塑料地毡、橡胶地毡、化纤地毯、纯毛地毯、麻纤维地毯等,卷材可满铺、局部铺,可干铺、粘贴等,用于公共建筑和居住建筑。

(1)软质聚氯乙烯塑料地毡

软质聚氯乙烯塑料地毡具有一定的弹性,隔声性能好,防滑耐腐蚀性能好,绝缘性能好,易于清洗,多用于医院、实验室地面、化验室地面等。

软质聚氯乙烯塑料地毡的规格:宽700~2000 mm,长10~20 m,厚1~8 mm,可用胶粘剂粘贴水泥砂浆找平层,也可干铺。

(2)地毯

地毯是房屋地面的一种高级装饰材料,其种类繁多,按地毯面层材料不同有纯毛地毯、麻纤维地毯、化纤地毯等,其中纯毛地毯、化纤地毯应用较多,可满铺、局部铺,用于住宅、商务会馆、客房、工业建筑中洁净度要求较高的房间。

(3)橡胶地毡

橡胶地毡是在天然橡胶或合成橡胶中掺入填充料、防老剂、硫化剂等制成的卷材。它具有良好的弹性、耐磨性、绝缘性、保温性,适用于疗养院、展览馆、车间、实训室的绝缘地面及泳池边运动场的防滑地面。橡胶地毡可以干铺,也可用胶粘剂粘贴在水泥砂浆找平层上。

4. 涂料地面

涂料地面是由合成树脂代替水泥或部分代替水泥,再加入填料、颜料拌合而成的地面材料,在现场涂刷或涂刮,硬结后形成的整体地面。它具有无缝、易清洁和良好的物理性能。它改善了水泥地面和混凝土地面易开裂、易起尘和不美观的不足,是一种新型地面处理方法。

涂料地面按胶结材料有两种类型:

①单纯以合成树脂作胶结材料的合成树脂涂料地面,耐磨、弹性、韧性、抗渗、耐腐蚀等性能良好,如环氧树脂、聚氨酯等。

②水溶性树脂与水泥复合为胶结材料的聚合物水泥涂料地面,具有耐水性好、无毒、施工简便、造价低的特点,如聚乙烯醇缩甲醛水泥,适用于一般建筑的水泥砂浆地面装修。

5. 木地面

木地面是指用实木板材铺钉或用复合地板粘贴而成的地面。木地面具有弹性,蓄热系数小,不起灰,易清洁,纹理美观,隔声、保温性能好,但防火性能差,造价高,一般用于装修标准较高民用建筑的主要使用房间地面,是目前广泛采用的一种地面做法。

木地面按构造方式分三种:空铺式、实铺式、粘贴式。

木地面按材质分为两种:普通实木地板块、复合(复合实木)地板块。

(1)空铺式木地面

空铺式木地面是将支承木地板的龙骨(格栅)架空搁置,用于室内地面。

构造:先砌筑地垄墙,在地垄墙上铺设一定间隔的木搁栅,搁栅间加钉剪刀撑或横撑,将地板条钉在搁栅上。木搁栅与墙间留 30 mm 的缝隙,通常在外墙的勒脚处设通风口,地垄墙上也留通风口,使地板下的潮气通过空气对流排到室外,且解决通风问题,如图 10.16 所示。由于这种地面构造占用空间较大浪费材料,除特殊要求房间外,目前很少采用。

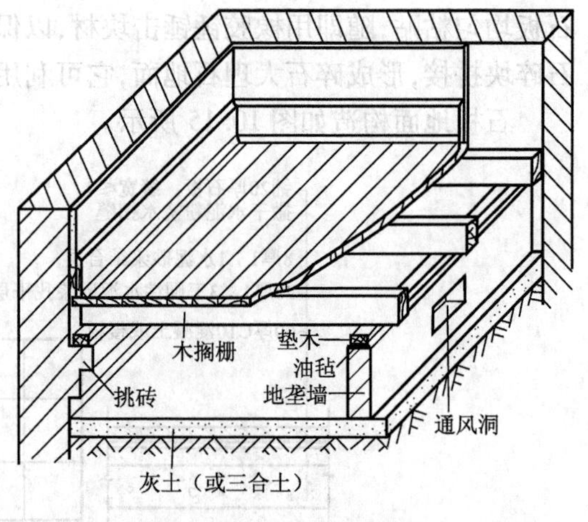

图 10.16 空铺式木地面

(2)实铺式木地面

实铺式木地面是直接在楼板基层上铺设的地面。

实铺式木地板有两种构造做法:铺钉式和粘贴式。

构造:在结构层内预埋钢筋,用镀锌铁丝将木搁栅与钢筋绑牢,或在结构层内预埋 U 形铁件嵌固木搁栅,也可用钢钉直接木搁栅钉在结构层上,即在结构层上固定木搁栅。为防止木地板受潮变形,常在结构层上涂刷一道冷底子油或热沥青,在踢脚处设通风口。木搁栅的断面尺寸 30 mm×50 mm,间距为 300~400 mm。在木搁栅上铺钉 20~25 mm 厚的木板条。

铺钉式木地面可做单层、双层木地面。单层木地面通常采用普通木地板或硬木条形地板,双层木地板底层为松木毛板,与搁栅呈 30°或 45°方向铺设,面板则采用硬木拼花板,底板和面板之间做一防潮层,如图 10.17所示。

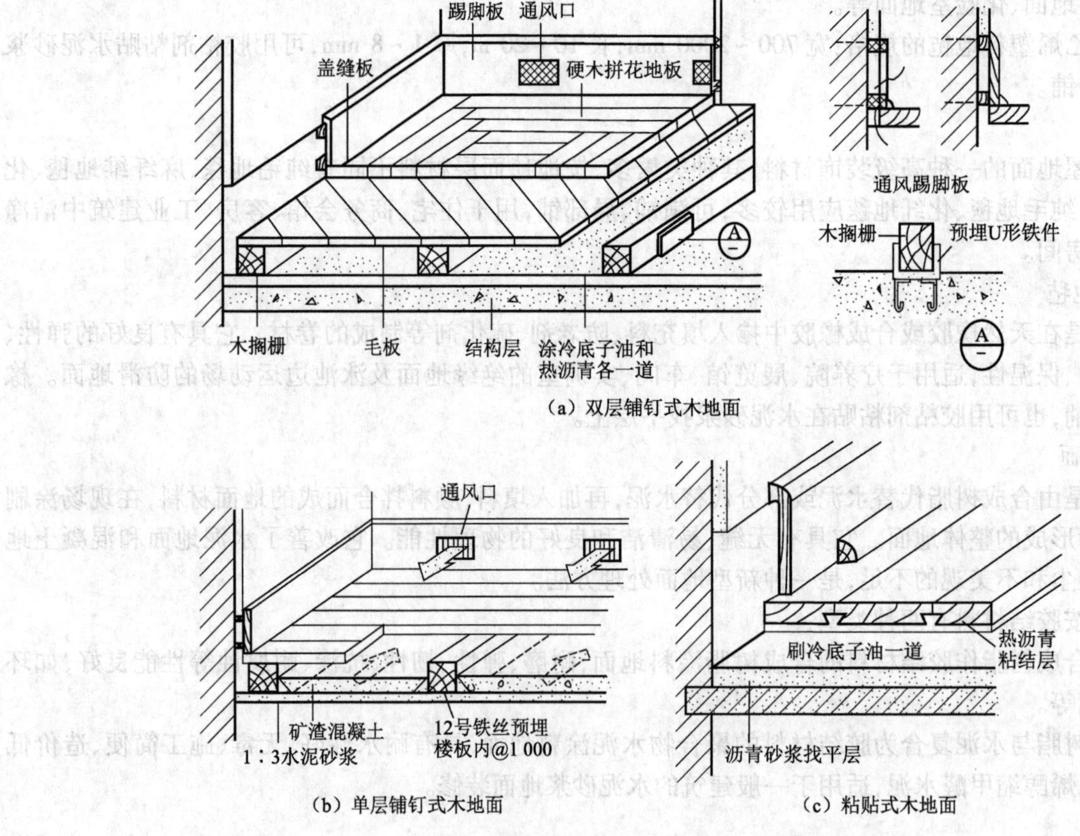

图 10.17 实铺实木地面

(3)粘贴式木地面

粘贴式木地面是将木地板用沥青胶或环氧树脂等粘接材料直接粘贴在找平层上,或直接用沥青砂浆找平。若为底层地面,应先在找平层上作防潮层。

粘贴式地面节省了龙骨,比实铺式节约木料,施工简便,较经济,目前使用较为广泛。

粘贴式地面适用于实木地板、复合底板、复合实木地板。

复合地板有两面插口、三面插口,安装时,板与板之间能严丝无缝,可采用粘贴式和无粘贴式,该地板具有耐磨、防火、防水等性能。地板块的拼缝形式如图 10.18 所示。

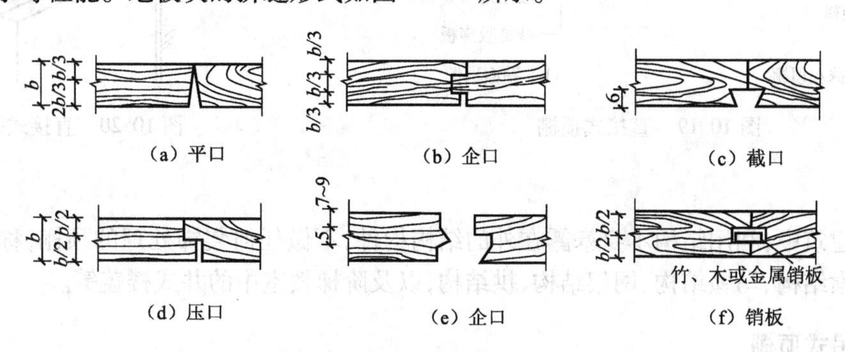

图 10.18 地板块的拼接形式

构造:

无粘贴式木地面:无粘贴式复合地板应直接在楼板基层上,干铺 4 ~ 5 mm 厚阻燃发泡型软泡沫塑料垫层,而后在其上铺复合地板块。

粘贴式木地面:在结构层做 15 ~ 20 mm 厚 1∶3水泥砂浆找平层,或 30 mm 厚沥青砂浆,找平层上刷冷底子油或热沥青一道,将木板条直接粘贴在沥青上,如图 10.18(c)所示。

10.3 顶棚装饰工程

顶棚又称天花板或天棚,是楼板层下面的装修层。作为建筑物室内三大面装饰部位之一,顶棚应表面光洁、美观,且能起反射光照的作用,增加室内的亮度。对于有特殊要求的房间,还要求顶棚具有隔声、保温、隔热、防火等功能。

顶棚按构造做法可分为直接式顶棚和悬吊式顶棚两种。

10.3.1 直接式顶棚

直接式顶棚是直接在钢筋混凝土楼板下表面喷刷涂料、抹灰或粘贴装修材料而形成的顶棚。直接式顶棚不占房间的净高、构造简单,施工方便,造价低、效果好,适用于多数建筑房间。

1. 直接喷、刷涂料顶棚

直接喷、刷涂料顶棚是在楼板底面填缝刮平后,直接在板下喷或刷石灰浆、大白浆等涂料,以增加顶棚的反光作用,改善室内卫生状况,用于建筑物室内装修标准不高的房屋。

2. 抹灰顶棚

当楼板底面不够平整,天棚装修标准较高时,可在板底抹灰后再喷刷涂料。

顶棚抹灰分为水泥砂浆抹灰和纸筋灰抹灰。

水泥砂浆抹灰:先将板底处理干净,打毛或刷素水泥浆一道,抹 10 mm 厚 1∶3∶9混合砂浆找平,用 3 mm 厚麻刀灰罩面,再喷涂料,如图 10.19(a)所示。

纸筋灰抹灰:先用 6 mm 厚混合砂浆打底,再用 3 mm 厚纸筋灰罩面,喷、刷涂料。

3. 贴面顶棚

贴面顶棚是在楼板底面用砂浆打底找平后,用胶粘剂直接在板底粘贴墙纸、泡沫塑胶板、装饰吸声板[见图 10.19(b)]等装饰材料,一般用于板底平整,不需在顶棚敷设管线,装修标准要求较高的房间。直接式顶棚抹灰总厚度 10 ~ 15 mm。直接式贴面顶棚构造如图 10.20 所示。

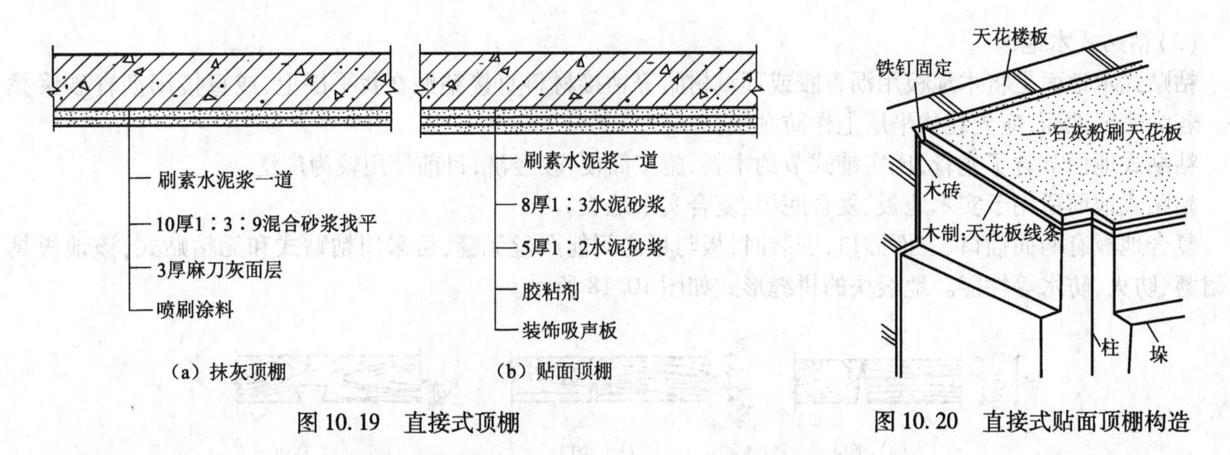

图 10.19　直接式顶棚　　图 10.20　直接式贴面顶棚构造

4. 结构顶棚

在大型公共建筑中，利用结构本身暴露在外的结构构件，不做任何装饰处理的顶棚，称为结构顶棚。如体育场馆中的悬索结构、马鞍结构、网架结构、拱结构，以及阶梯教室中的井式楼盖等。

10.3.2　悬吊式顶棚

悬吊式顶棚又称悬挂式顶棚，简称吊顶。当房屋装修标准要求较高，楼板底部不平整或需要在楼板下敷设管线、作设备夹层时，将天棚悬吊于楼板结构层下一定距离，形成吊顶。吊顶结构复杂，施工麻烦，造价较高。吊顶构造如图 10.21 所示。

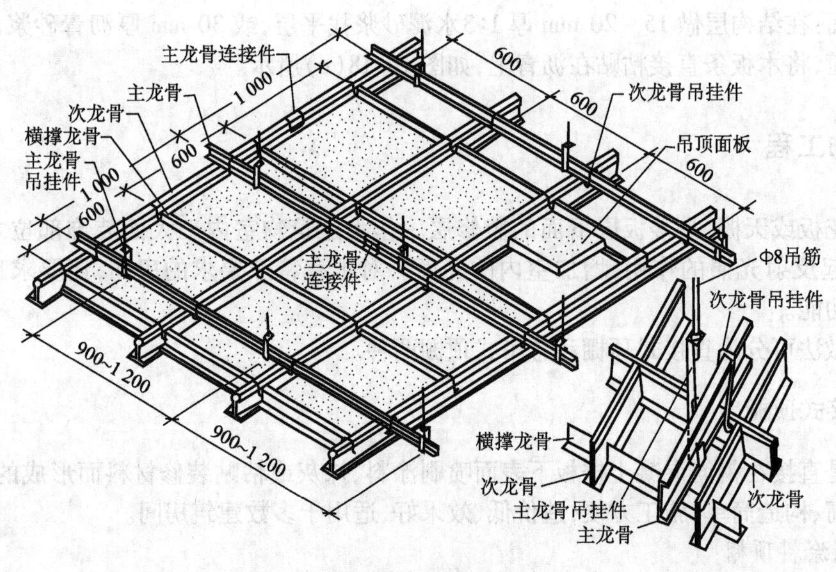

图 10.21　吊顶构造

吊顶由悬吊构件（吊筋）、骨架（搁栅）、面层三部分组成。

1. 悬吊构件

通常悬吊构件是指吊筋，又称吊杆。它是吊顶棚的主要受力构件，顶棚通常是借助于吊筋吊在楼板结构层上。吊筋主要承受吊顶棚和搁栅的荷载，并将该荷载传给屋面板、楼板、屋架等；同时吊筋用来调整、确定吊棚空间的高度，适应建筑室内空间不同的需要。吊筋有金属吊筋和木吊筋两种。一般吊筋为Φ6～Φ8钢筋，吊筋间距为 900～1 200 mm，一端固定在钢筋混凝土楼板上。

2. 骨架

骨架有主龙骨和次龙骨（主搁栅、次搁栅）组成。主龙骨与吊筋连接。通常主龙骨单向布置；次龙骨固定在主龙骨上。龙骨按所材料可分为金属龙骨和木龙骨。为节省木材和防火要求，现只用薄壁型钢和铝合金制作的轻钢龙骨。

金属龙骨中，主龙骨断面为[形、U形，主龙骨借助于螺栓、钩挂、焊接等方法与吊筋连接，主龙骨的间距与吊筋相同，为900～1 200 mm；次龙骨断面有U形、倒T形和L形等，间距为400～1 200 mm，也可根据面层板材的规格尺寸确定。龙骨之间用配套的吊挂件或连接件连接。

3. 面层

吊棚面层是体现吊棚功能的重要组成部分，可分为抹灰类顶棚、板材类顶棚、搁栅类顶棚。

（1）抹灰类顶棚

抹灰类顶棚在木龙骨上（木质次龙骨）铺钉木条板，在其上抹纸筋石灰浆或麻刀灰，其构造造价低，抹灰面易出现龟裂、破损脱皮，且防火性能极差，故目前顶棚面层不宜使用。

（2）板材类顶棚

板材类顶棚是将面层板固定在龙骨上，龙骨可外露也可不外露，如图10.21所示。

不外露龙骨构造是将板材用自攻螺钉或胶粘剂固定在次龙骨上，形成整片顶棚。

外露龙骨构造是将板材直接搁置在倒T形次龙骨的翼缘上，所有的次龙骨外露，形成网格状顶棚。

板材类金属龙骨的面层材料有石膏板、矿棉板、铝塑板等人造板材，以及铝板、铝合金板、彩钢板、不锈钢板等金属板材。

（3）搁栅类顶棚

搁栅类顶棚通过单体构件组合而成，表面开敞，又称开敞式吊顶。单体构件有木搁栅构件、金属搁栅构件、灯饰构件等，如图10.22所示。

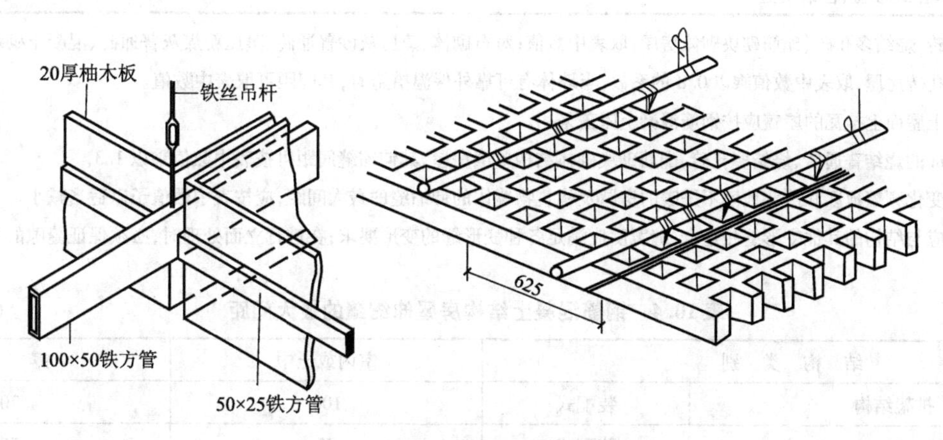

图10.22　搁栅吊顶棚构造

10.4　变形缝工程

由于受温度变化、地基不均匀沉降以及地震等因素的影响，建筑物的结构内部将产生附加应力和变形，应力集中在建筑物变形敏感部位就会产生裂缝，甚至会使建筑物倒塌，影响使用与安全，造成严重破坏。为此，可采取"阻"和"让"的构造措施。"阻"就是阻止建筑物的破坏，在多层混合建筑物中，需设置圈梁、构造柱、拉结钢筋等措施，加强建筑物的整体性；"让"就是在建筑物的变形敏感部位将其结构构件断开（墙体、楼板、屋面、基础），将建筑物分成若干独立的单元而预留缝隙，使建筑物各部分自由变形，不受约束，避免破坏。

变形缝是为防止建筑物在外界因素的作用下产生变形，导致开裂，甚至破坏，预先在建筑物的变形敏感部位，沿整个建筑物的高度设置预留的构造缝。

变形缝按其功能分为三种类型，即伸缩缝、沉降缝和防震缝。

10.4.1　伸缩缝

建筑物处于自然界中，由于受外界温度变化的影响，在建筑物结构内部会产生温度应力和应变，当建筑物长度超过一定限度或结构类型变化较大时，建筑物会因构件材料的热胀冷缩变形而开裂。为防止这种情况发生,可沿建筑物长度方向每隔一定距离预留缝隙,将建筑物基础以上部分全部断开。这种为适应温度变化而设置的缝隙称为伸缩缝,也叫温度缝。

1. 伸缩缝设置的间距

建筑物是否需要设伸缩缝,主要根据建筑物允许连续长度、结构类型、屋盖刚度,以及屋顶是否设保温层来决定。有关结构设计规范对于建筑物伸缩缝的设置间距有明确规定。砌体结构房屋伸缩缝的最大间距见表10.3。

钢筋混凝土结构房屋伸缩缝的最大间距见表10.4。

表10.3 砌体结构房屋伸缩缝的最大间距 (单位:m)

砌体房屋屋盖或楼盖类别		间距
整体式或装配整体式钢筋混凝土结构	有保温层或隔热层的屋盖、楼盖	50
	无保温层或隔热层的屋盖	40
装配式无檩体系钢筋混凝土结构	有保温层或隔热层的屋盖、楼盖	60
	无保温层或隔热层的屋盖	50
装配式有檩体系钢筋混凝土结构	有保温层或隔热层的屋盖	75
	无保温层或隔热层的屋盖	60
瓦材屋盖、木屋盖或楼盖、轻钢屋盖		100

注:①对烧结普通砖、烧结多孔砖、配筋砌块砌体房屋,取表中数值;对石砌体、蒸压灰砂普通砖、蒸压粉煤灰普通砖、混凝土砌块、混凝土普通砖和混凝土多孔砖房屋,取表中数值乘以0.8的系数,当墙体有可靠外保温措施时,其间距可取表中数值。

②在钢筋混凝土屋面上挂瓦的屋盖应按钢筋混凝土屋盖采用。

③层高大于5 m的烧结普通砖、烧结多孔砖、配筋砌块砌体结构单层房屋,其伸缩缝间距可按表中数值乘以1.3。

④温差较大且变化频繁地区和严寒地区不采暖的房屋及构筑物墙体的伸缩缝的最大间距,应按表中数值予以适当减小。

⑤墙体伸缩缝应与结构的其他变形缝相重合,缝宽度应满足各种变形缝的变形要求;在进行立面处理时,必须保证缝隙的变形作用。

表10.4 钢筋混凝土结构房屋伸缩缝的最大间距 (单位:m)

结构类别		室内或土中	露天
排架结构	装配式	100	70
框架结构	装配式	75	50
	现浇式	55	35
剪力墙结构	装配式	65	40
	现浇式	45	30
挡土墙、地下室墙壁等类结构	装配式	40	30
	现浇式	30	20

注:①装配整体式结构的伸缩缝间距,可根据结构的具体情况取表中装配式结构与现浇式结构之间的数值。

②框架-剪力墙结构或框架-核心筒结构房屋的伸缩缝间距,可根据结构的具体情况取表中框架结构与剪力墙结构之间的数值。

③当屋面无保温或隔热措施时,框架结构、剪力墙结构的伸缩缝间距宜按表中露天栏的数值取用。

④现浇挑檐、雨罩等外露结构的局部伸缩缝间距不宜大于12 m。

本表参见《混凝土结构设计规范》GB 50010—2010。

2. 伸缩缝的做法及尺寸

(1)伸缩缝的做法

伸缩缝应从基础顶面开始将建筑物的墙体、楼板层、屋顶等地面以上构件全部断开,基础因埋于地下,受温度变化影响较小,可不必断开。

(2)伸缩缝的尺寸

伸缩缝缝宽20~30 mm,用沥青麻丝填塞。

10.4.2 沉降缝

沉降缝是为了防止建筑物各部分由于地基不均匀沉降引起的破坏而设置的变形缝。

1. 沉降缝的设置原则

当建筑物只要具有下列条件之一时,就应考虑设置沉降缝。

①建筑物建造在不同地基上,且难于保证均匀沉降时。

②建筑物平面形式复杂,连接部位又比较薄弱时,如图 10.23 所示。

③同一建筑物相邻部分的高差较大、荷载相差悬殊或结构形式不同,造成基础底部压力有很大差异,易形成不均匀沉降时。

④建筑物相邻两部分基础的形式、宽度及埋深相差较大,造成基础底部压力有很大差异,易形成不均匀沉降时。

⑤新建、扩建建筑物与原有建筑物相毗连时。

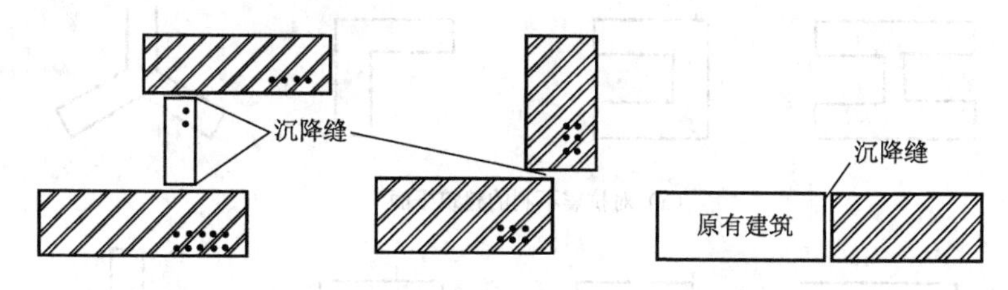

图 10.23 建筑物沉降缝设置位置示意

2. 沉降缝的做法及尺寸

(1)沉降缝的做法

为保证沉降缝两侧建筑物各部分自由沉降变形,不受约束,沉降缝必须从基础到屋顶沿建筑物全高设置,即沉降缝应从基础底面开始断开至屋顶,包括建筑物的基础、墙体、楼板层、屋顶构件全部断开。

(2)沉降缝的尺寸

沉降缝缝宽 30 ~ 120 mm,用沥青麻丝填塞。

沉降缝的宽度与地基的性质和建筑物的高度有关。由于地基的不均匀沉陷,会引起沉降缝两侧的结构倾斜,为保证沉降缝两侧建筑物变形各自独立、互不影响,沉降缝宽度应遵照表 10.5 中的规定。

表 10.5 建筑物的沉降缝宽度

地 基 情 况	建筑物高度	沉降缝宽度/mm
一般地基	$H<5$ m $H=5\sim10$ m $H=10\sim15$ m	30 50 70
软弱地基	2 ~3 层 4 ~5 层 5 层以上	50 ~ 80 80 ~ 120 大于 120
湿陷性黄土地基		不小于 30 ~ 70

沉降缝和伸缩缝的最大区别在于伸缩缝只需保证建筑物在水平方向的自由伸缩变形,而沉降缝应满足建筑物各部分在竖直方向的自由变形,故应将建筑物从基础到屋顶全部断开。同时,沉降缝能兼起伸缩缝的作用,在构造上应满足伸缩与沉降的双重要求。

在房屋的高层与低层之间,可采用以下一些措施,将两部分连成整体而不必设沉降缝。

①裙房等低层部分不设基础,由高层伸出悬臂梁来支撑,以保证其同步沉降。

②采用后浇带。近年来,许多建筑用后浇带代替沉降缝,即在高层和裙房之间留出 800 ~ 1 000 mm 的后浇带,待两部分主体施工完成一段时间,沉降基本稳定后,再浇筑后浇带,使两部分连成整体。

10.4.3 防震缝

防震缝是在震区抗震设计烈度6~9度地区,为防止地震破坏,将建筑物分成若干体型简单、结构刚度均匀的独立单元,防止建筑物的各部分在地震时相互拉伸、挤压或扭转,造成变形和破坏,可在建筑物变形敏感部位沿建筑物全高设置构造缝,将建筑物分成若干规整的结构单元,以防止和减少建筑物在地震波作用下的变形和破坏。

1. 防震缝设置原则

对多层砌体建筑,有下列情况之一时,宜设防震缝:

①建筑物立面高差在6 m以上。

②建筑物错层,且楼层错开距离较大。

③建筑物相邻各部分的结构刚度、重量相差悬殊。

④建筑平面形体复杂,L形、T形、U形、山形等,使各部分平面形成简单规整的独立单元,如图10.24所示。

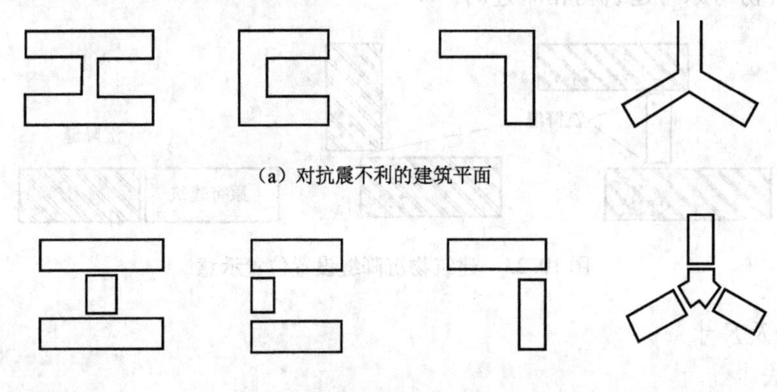

(a) 对抗震不利的建筑平面

(b) 用防震缝分割成独立建筑单元

图10.24 抗震缝设置部位

2. 防震缝的做法及尺寸

(1)防震缝的做法

为保证防震缝两侧建筑物各部分自由沉降变形,不受约束,对于复杂工程,防震缝宜从基础到屋顶沿建筑物全高设置,即沉降缝应从基础底面开始断开至屋顶,包括建筑物的基础、墙体、楼板层、屋顶构件全部断开;对于简单工程,防震缝的基础可以不断开。

防震缝的两侧应布置墙或柱,形成双墙、双柱或一墙一柱,使各部分结构封闭,有较好的刚度,如图10.25所示。

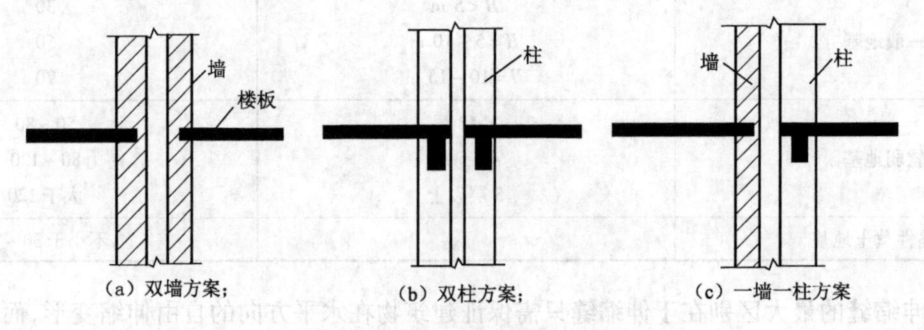

(a) 双墙方案; (b) 双柱方案; (c) 一墙一柱方案

图10.25 防震缝两侧结构布置

(2)防震缝的尺寸

防震缝的宽度根据建筑物高度和抗震设防烈度来确定。

一般多层砌体建筑的缝宽取50~100 mm,用沥青麻丝填塞。多层钢筋混凝土框架结构建筑,高度在15 m及15 m以下时,缝宽为70 mm;当建筑高度超过15 m时,缝宽以70 mm为基础,按抗震设防烈度的提高而加大缝宽,见表10.6。

表 10.6　建筑物的防震缝宽度

设 防 烈 度	建 筑 高 度	缝 宽
6 度	建筑每增高 5 m	在 70 mm 基础上缝宽增加 20 mm
7 度	建筑每增高 4 m	在 70 mm 基础上缝宽增加 20 mm
8 度	建筑每增高 3 m	在 70 mm 基础上缝宽增加 20 mm
9 度	建筑每增高 2 m	在 70 mm 基础上缝宽增加 20 mm

在实际工程中,为简化构造,设计时以上三种变形缝应统一考虑。

伸缩缝、沉降缝、防震缝在建筑构造上有一定的区别,但也有一定的联系,三种变形缝之间的比较见表 10.7。

表 10.7　三种变形缝的比较

缝 的 类 型	伸缩缝	沉降缝	防震缝
对应变形原因	温度变化	不均匀沉降	地震作用
墙体缝的形式	平缝、错口缝、企口缝	平缝	平缝
缝 的 宽 度	20 ~ 30	见表 10.5	见表 10.6
盖缝板的允许变形方向	水平方向自由变形	垂直方向自由变形	水平与垂直方向自由变形
基础是否断开	可不断开	必须断开	宜断开

在一栋建筑物中,当伸缩缝、沉降缝、防震缝同时出现时,沉降缝可代替伸缩缝和防震缝使用。

10.5　变形缝的构造识图

为防止风、雨、冷热空气等通过建筑物变形缝处的缝隙进入室内,影响建筑物的使用和耐久性,构造上必须对变形缝进行盖缝和装饰处理,但不得影响变形缝两侧结构单元之间的水平或竖向相对位移。

10.5.1　墙体变形缝构造

根据墙体的厚度,墙体变形缝可做成平缝、错口缝和企口缝,错口缝和企口缝有利于保温与防水,但抗震缝应选择平缝,以适应地震时的水平相对位移。

墙体伸缩缝一般做成平缝、错口缝、企口缝,如图 10.26 所示,也可做成凹缝。

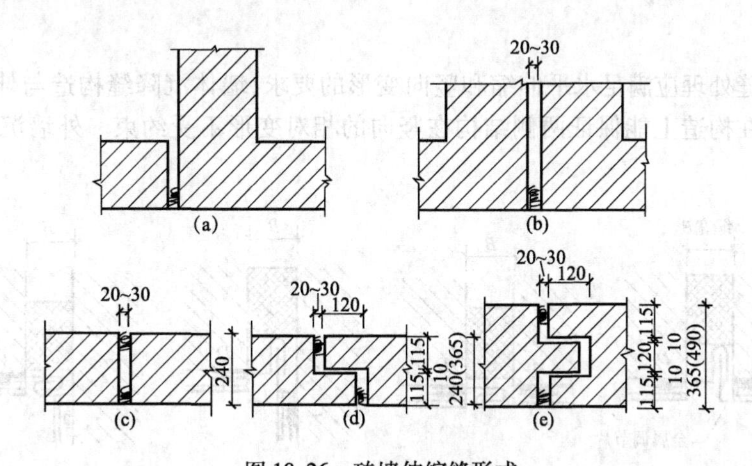

图 10.26　砖墙伸缩缝形式

注:(a)、(b)、(c)为平缝;(d)为错口缝;(e)为企口缝

1. 伸缩缝

为避免外界自然因素通过伸缩缝对墙体及对室内环境的侵袭,需对伸缩缝进行构造处理,以达到防水、

保温、防风等要求。外墙伸缩缝应填塞沥青麻丝、泡沫塑料条、橡胶条、油膏等具有防水、保温和防腐性能的弹性材料,外侧常用镀锌铁皮、铝板等金属调节片覆盖,如图 10.27 所示。如墙面做抹灰处理,为防止抹灰脱落,可在金属片上加钉钢丝网后再抹灰。考虑到缝隙对建筑立面的影响,可将水落管布置在缝隙处,做隐蔽处理。内墙伸缩缝通常用具有一定装饰效果的木质盖缝板遮盖,或金属装饰板盖缝,如图 10.28 所示,内、外墙伸缩缝填缝及盖缝材料和构造应保证其结构在水平方向自由伸缩而不破坏。

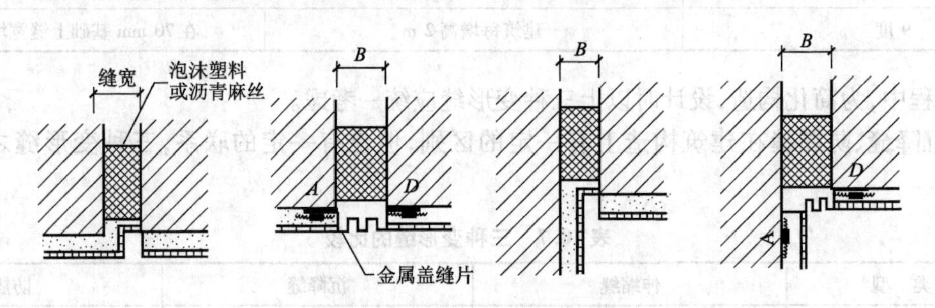

图 10.27 外墙伸缩缝的构造

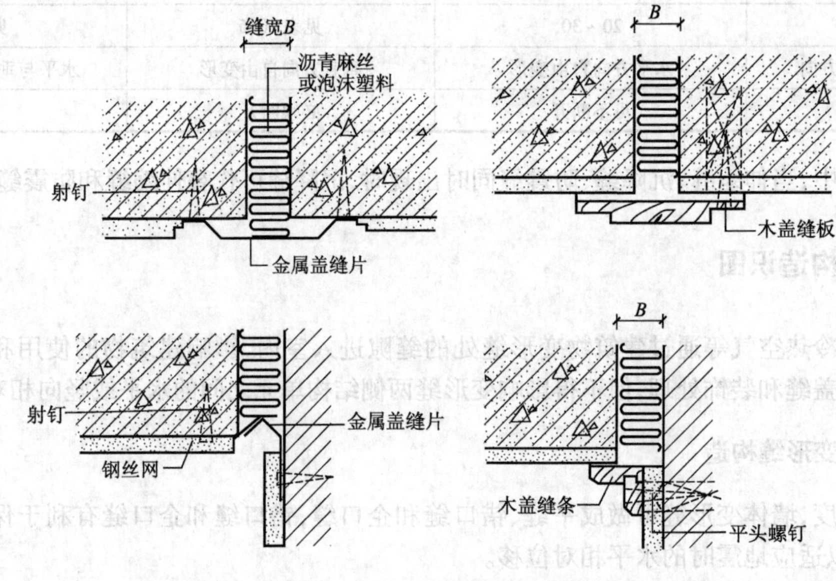

图 10.28 内墙伸缩缝的构造

2. 沉降缝

墙体沉降缝的盖缝处理应满足水平伸缩和竖向变形的要求,墙体沉降缝构造与伸缩缝构造基本相同,只是调节片或盖缝板在构造上能保证两侧结构在竖向的相对变形不受约束。外墙沉降缝构造如图 10.29 所示。

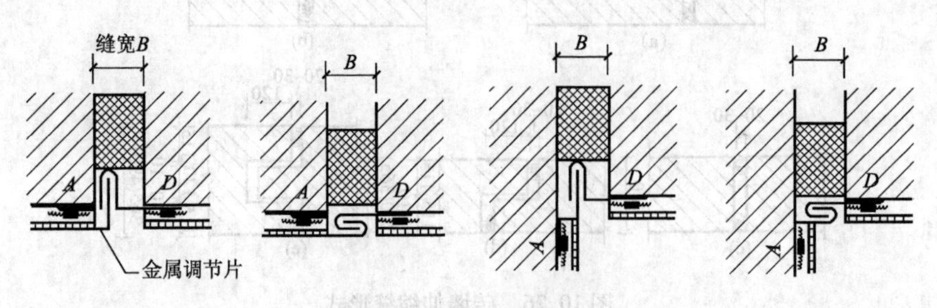

图 10.29 外墙沉降缝构造

3. 防震缝

墙体防震缝构造与伸缩缝、沉降缝构造基本相同,只是防震缝一般较宽,寒冷地区应采用具有弹性的软质聚氯乙烯泡沫塑料、聚苯乙烯泡沫塑料等保温材料填缝。

防震缝的构造如图 10. 30 所示。

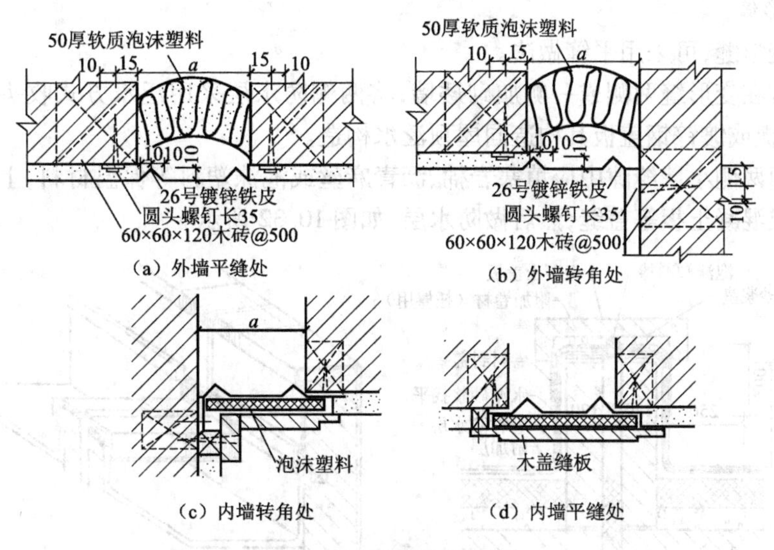

图 10. 30　防震缝的构造

10. 5. 2　楼地层变形缝构造

楼地面变形缝的位置与墙体变形缝位置应一致,应贯通楼板层和地坪层。

楼地面的伸缩缝、沉降缝、防震缝的构造做法相同,只不过伸缩缝、沉降缝、防震缝的构造尺寸不同,构造处理位置为地面和天棚。

对采用沥青类材料的整体楼地面和铺在砂、沥青胶体结合层上的板块楼地面,可只在楼板层、顶棚层或混凝土垫层中设变形缝。

变形缝内一般采用沥青麻丝,金属调节片等弹性材料做填缝或封缝处理,上铺与地面材料相同的活动盖板或橡胶条等,以满足地面耐磨、防水及防尘等要求,地面处也可用沥青胶嵌缝。顶棚一般用木质盖板、金属板或吊顶覆盖,盖缝板一侧固定另一侧自由,以保证缝两侧结构构件能自由变形和沉降变形,顶棚处应用木板、金属调节片等做盖缝处理,盖缝板应保证缝两侧结构构件能自由变形。楼地面变形缝的构造如图 10. 31所示。

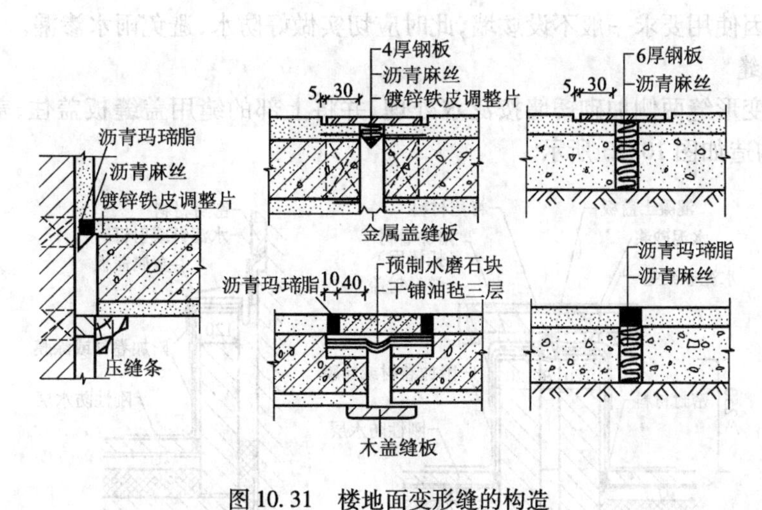

图 10. 31　楼地面变形缝的构造

10. 5. 3　屋顶变形缝构造

屋顶变形缝常见的位置有同一标高屋顶处变形缝,又称等高屋面变形缝;高低错落屋顶处变形缝,又称高低屋面变形缝。

屋面的变形缝即伸缩缝、沉降缝、防震缝的构造做法相同，只不过伸缩缝、沉降缝、防震缝的构造尺寸不同。

1. 卷材屋面变形缝

等高屋面处的变形缝，可采用平缝做法。

不上人屋顶通常在变形缝两侧或一侧加砌矮墙，将两侧防水层采用泛水方式收头在墙顶，用卷材封盖后，顶部加混凝土盖板或镀锌钢盖板其构造同屋顶泛水构造。

寒冷地区在屋面两侧小墙缝隙中应填塞岩棉、沥青麻丝或泡沫塑料等保温材料，上部填放衬垫材料，顶部缝隙用镀锌铁皮或混凝土板等盖缝，然后做防水层，如图 10.32 所示。

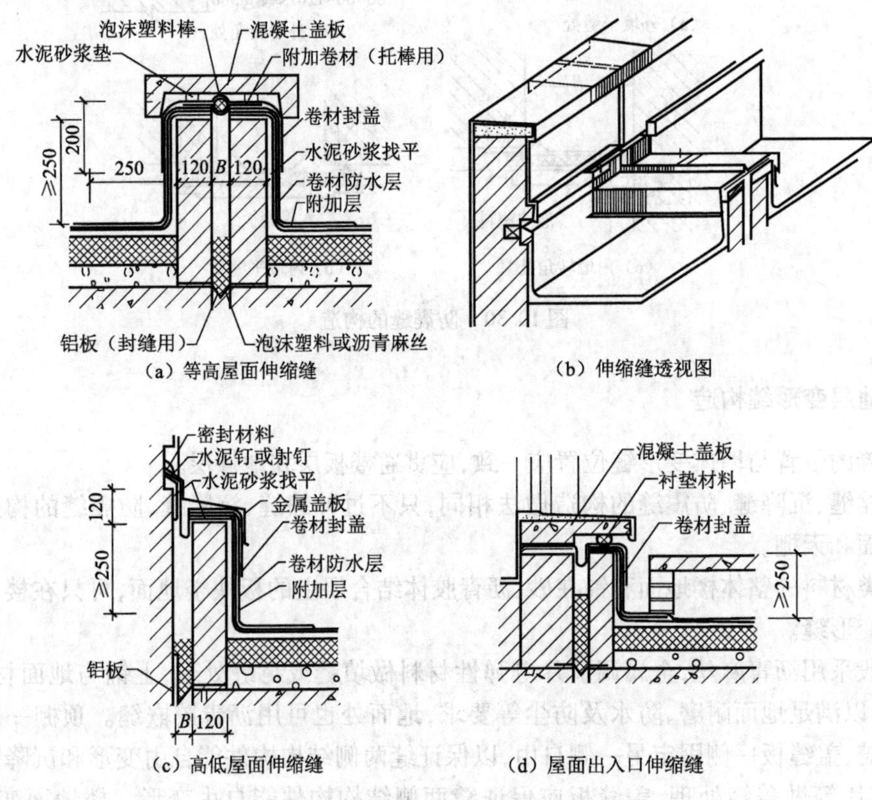

图 10.32 卷材防水屋面伸缩缝构造

上人屋顶变形缝因使用要求一般不设矮墙，此时应切实做好防水，避免雨水渗漏。

2. 刚性屋面变形缝

刚性屋面一般在变形缝两侧加砌矮墙按泛水处理，并将上部的缝用盖缝板盖住，盖缝板要能自由变形并不造成渗漏，常见构造如图 10.33 所示。

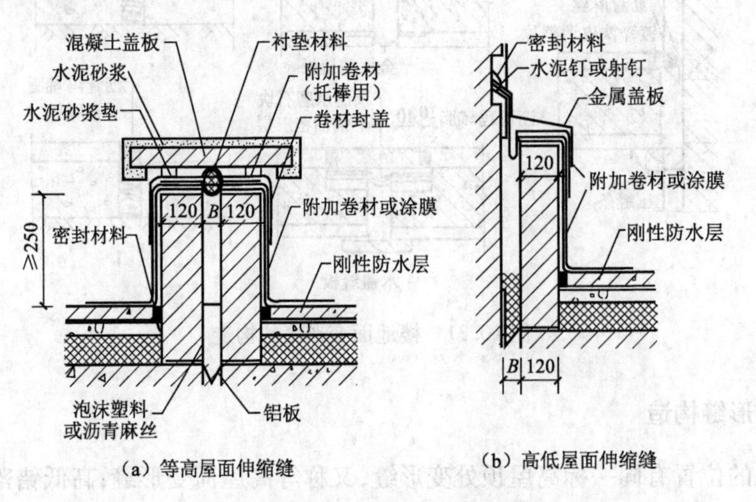

图 10.33 刚性防水屋面伸缩缝构造

10.5.4 基础变形缝构造

基础变形缝即为基础沉降缝,以适应建筑物各部分在垂直方向的自由沉降变形,避免因不均匀沉降造成建筑物相互干扰。因此,基础需设沉降缝,从建筑物基础底面到屋顶全部断开,沉降缝两侧多设双墙,墙下基础通常采取双墙式基础、交错式基础和悬挑式基础三种做法。

1. 双墙式基础

双墙式基础又称双基础方案,是将建筑物基础平行设置,沉降缝两侧的墙下有各自的基础,沉降缝两侧的墙体均位于基础的中心,两墙之间有较大的距离,如图10.34(a)所示。若两墙间距小,基础则受偏心荷载,适用于荷载较小的建筑,如图10.34(b)所示。双墙式基础构造简单、结构整体刚度大,但基础偏心受力,在沉降变形时相互影响。

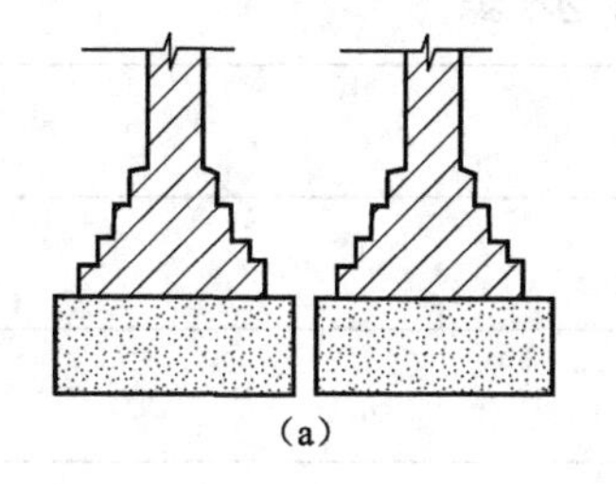

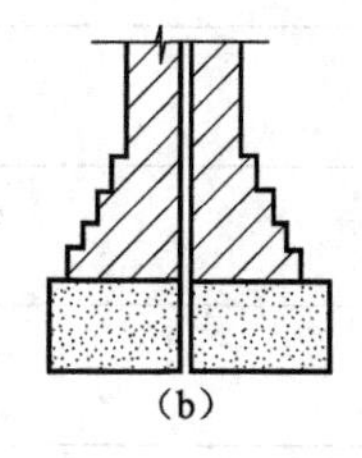

图10.34 基础沉降缝处双墙式方案

2. 悬挑式基础

为保证沉降缝两侧的结构单元自由沉降又互不影响,在沉降缝一侧的墙下做基础,另一侧墙利用悬挑梁上设钢筋混凝土基础(进深)梁支承,如图10.35所示。悬挑式基础在基础梁上用轻质材料砌墙,以减轻基础梁上荷载,多用于沉降缝两侧基础埋深相差较大及新旧建筑物交接处的基础沉降缝处理。

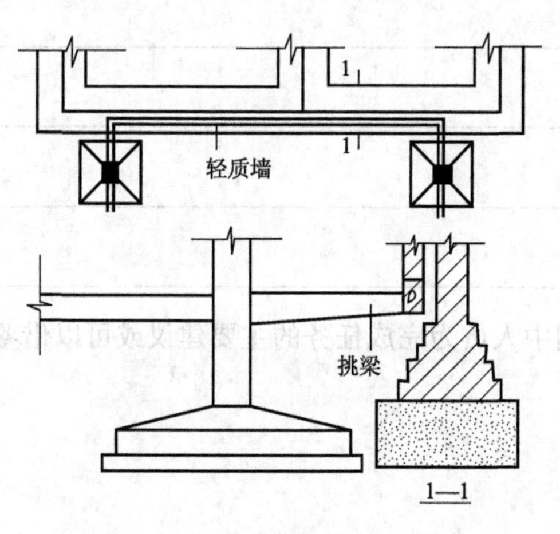

图10.35 基础沉降缝处悬挑式方案

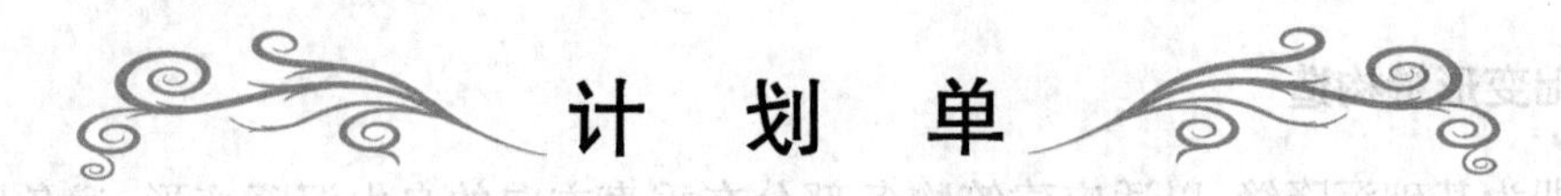

计 划 单

<table>
<tr><td>学习领域</td><td colspan="4">土木工程构造与识图</td></tr>
<tr><td>学习情境</td><td colspan="2">辅助工程构造识图</td><td>学 时</td><td>24</td></tr>
<tr><td>工作任务</td><td colspan="2">装饰工程与变形缝构造识图</td><td>学 时</td><td>8</td></tr>
<tr><td>计划方式</td><td colspan="4">小组讨论、团结协作共同制订计划</td></tr>
<tr><td>序 号</td><td colspan="3">实 施 步 骤</td><td>使用资源</td></tr>
<tr><td>1</td><td colspan="3"></td><td></td></tr>
<tr><td>2</td><td colspan="3"></td><td></td></tr>
<tr><td>3</td><td colspan="3"></td><td></td></tr>
<tr><td>4</td><td colspan="3"></td><td></td></tr>
<tr><td>5</td><td colspan="3"></td><td></td></tr>
<tr><td>6</td><td colspan="3"></td><td></td></tr>
<tr><td>7</td><td colspan="3"></td><td></td></tr>
<tr><td>8</td><td colspan="3"></td><td></td></tr>
<tr><td>9</td><td colspan="3"></td><td></td></tr>
<tr><td>10</td><td colspan="3"></td><td></td></tr>
<tr><td>制订计划说明</td><td colspan="4">（写出制订计划中人员为完成任务的主要建议或可以借鉴的建议、需要解释的某一方面）</td></tr>
<tr><td rowspan="3">计划评价</td><td>班 级</td><td>第 组</td><td>组长签字</td><td></td></tr>
<tr><td>教师签字</td><td></td><td>日 期</td><td></td></tr>
<tr><td colspan="4">评语：</td></tr>
</table>

决 策 单

<table>
<tr><td>学习领域</td><td colspan="5">土木工程构造与识图</td></tr>
<tr><td>学习情境</td><td colspan="3">辅助工程构造识图</td><td>学　时</td><td>24</td></tr>
<tr><td>工作任务</td><td colspan="3">装饰工程与变形缝构造识图</td><td>学　时</td><td>8</td></tr>
<tr><td colspan="6">方 案 讨 论</td></tr>
<tr><td rowspan="11">方案对比</td><td>组　号</td><td>方案合理性</td><td>实施可操作性</td><td>实施难度</td><td>综合评价</td></tr>
<tr><td>1</td><td></td><td></td><td></td><td></td></tr>
<tr><td>2</td><td></td><td></td><td></td><td></td></tr>
<tr><td>3</td><td></td><td></td><td></td><td></td></tr>
<tr><td>4</td><td></td><td></td><td></td><td></td></tr>
<tr><td>5</td><td></td><td></td><td></td><td></td></tr>
<tr><td>6</td><td></td><td></td><td></td><td></td></tr>
<tr><td>7</td><td></td><td></td><td></td><td></td></tr>
<tr><td>8</td><td></td><td></td><td></td><td></td></tr>
<tr><td>9</td><td></td><td></td><td></td><td></td></tr>
<tr><td>10</td><td></td><td></td><td></td><td></td></tr>
<tr><td>方案评价</td><td colspan="5">评语：</td></tr>
</table>

班　级		组长签字		教师签字		年 月 日

实 施 单

学习领域	土木工程构造与识图		
学习情境	辅助工程构造识图	学　时	24
工作任务	装饰工程与变形缝构造识图	学　时	8
实施方式	小组成员合作,动手实践		
序　号	实 施 步 骤	使 用 资 源	
1			
2			
3			
4			
5			
6			
7			
8			

实施说明：

班　级		第　组	组长签字	
教师签字			日　期	
评　语				

资 讯 单

<table>
<tr><td>学习领域</td><td colspan="4">土木工程构造与识图</td></tr>
<tr><td>学习情境</td><td colspan="2">工程施工图的识读</td><td>工作任务</td><td>建筑施工图的识读</td></tr>
<tr><td>资讯学时</td><td colspan="4">6</td></tr>
<tr><td>资讯方式</td><td colspan="4">1. 通过信息单、教材、互联网及图书馆查询完成任务资讯；
2. 通过咨询任课教师完成任务资讯。</td></tr>
<tr><td rowspan="14">资讯问题</td><td colspan="4">1. 工程施工图是怎样产生的？是怎样进行分类的？</td></tr>
<tr><td colspan="4">2. 何谓建筑总平面图？它包括哪些内容？具有什么作用？</td></tr>
<tr><td colspan="4">3. 何谓建筑平面图？它包括哪些内容？在建筑施工中有何用途？</td></tr>
<tr><td colspan="4">4. 建筑施工图中，底层、标准层、顶层平面图有何区别？如何命名？</td></tr>
<tr><td colspan="4">5. 建筑平面图与索引符号之间的关系如何？为何说建筑平面图也是剖面图的一种？</td></tr>
<tr><td colspan="4">6. 叙述本栋楼平面图的工程概况。</td></tr>
<tr><td colspan="4">7. 何谓建筑立面图？它包括哪些内容？在建筑施工中有何用途？如何命名？</td></tr>
<tr><td colspan="4">8. 为何说建筑立面图也是形体视图的一种？</td></tr>
<tr><td colspan="4">9. 建筑施工图中，正立面图、侧立面图、背立面图有何区别？</td></tr>
<tr><td colspan="4">10. 何谓建筑剖面图？它包括哪些内容？在建筑施工中有何用途？</td></tr>
<tr><td colspan="4">11. 何谓建筑详图？它包括哪些内容？在建筑施工中有何用途？</td></tr>
<tr><td colspan="4">12. 单元放大图与建筑平面图之间的关系如何？单元放大图包括哪些图示的内容？</td></tr>
<tr><td colspan="4">13. 试将本工作任务中建筑施工图的总平面图、平面图、立面图、剖面图、详图的实例进行识读，总结归纳读图方法，掌握读图的技巧。</td></tr>
<tr><td colspan="4">学生需要单独资讯的问题……</td></tr>
<tr><td>资讯要求</td><td colspan="4">1. 根据专业目标和任务描述正确理解完成任务需要的咨询内容；
2. 按照上述资讯内容进行咨询；
3. 写出资讯报告。</td></tr>
<tr><td rowspan="3">资讯评价</td><td>班 级</td><td></td><td>学生姓名</td><td></td></tr>
<tr><td>教师签字</td><td></td><td>日 期</td><td></td></tr>
<tr><td colspan="4"></td></tr>
</table>

11.1 施工图的产生与分类

11.1.1 施工图的产生

建筑是人们为满足生产、生活及从事社会活动的各种需要而创造的有组织的物质空间环境,它是建筑产品,又是艺术品。将一幢房屋的内外形状和大小,房屋的各部分结构、构造、装修、设备等内容,按照国家标准的规定,用正投影的方法准确地表达出建筑、结构和构造要求的图样,就称为房屋建筑工程图,它是用来指导工程施工的图纸,所以又称建筑施工图。

建造一幢房屋是一个复杂的工程,需要经历设计和施工两个主要阶段。设计工作是保证完成工程质量的重要环节。设计人员要认真进行调研,收集设计资料,进行最优化的设计。对于一般的简单工程,房屋的设计过程分两个阶段,即初步设计阶段和施工图设计阶段。对于大型的、复杂工程,应采用三个设计阶段,即在两个设计阶段之间增加一个技术设计阶段(又称扩大初步设计阶段),来解决各专业之间的协调等技术问题。

1. 初步设计阶段

设计人员接受任务书后,首先要根据业主建造要求和有关政策文件、地质条件等进行初步设计,画出比较简单的初步设计图,简称方案图纸。它包括简略的平面、立面、剖面等图样,文字说明及工程概算。有时还要向业主提供建筑效果图、建筑模型及计算机动画效果图,以便于直观地反应建筑的真实情况方案图,报业主征求意见,并报规划、消防、卫生、交通、人防等部门审批。

2. 技术设计阶段

在已批准的初步设计方案图的基础上,进一步确定各专业、各工种之间的技术问题,为各专业绘制施工图打基础,经送审并批准的技术设计是编制施工图的依据。

3. 施工图设计阶段

在已经批准的方案图纸的基础上,综合建筑、结构、设备等公众之间的相互配合、协调和调整。从施工要求的角度对设计方案予以具体化,为施工企业提供完整的、正确的施工图和必要的有关计算的技术资料。

11.1.2 施工图的分类

房屋施工图由于专业分工的不同,一般分为:建筑施工图,简称建施;结构施工图,简称结施;给排水施工图,简称水施;采暖通风施工图,简称暖施;电气施工图,简称电施。也有的把水施、暖施、电施统称为设施(即设备施工图)。

一套完整的房屋施工图应按专业顺序编排。一般应为:图纸目录、建筑设计总说明、总平面图、建施、结施、水施、暖施、电施等。各专业的图纸,应该按图纸内容的主次关系、逻辑关系有序排列。

11.2 建筑施工图首页

首页是建筑施工图的第一页,它的内容包括:图纸目录、设计(施工)说明、建筑总平面图、工程做法列表和门窗表。

11.2.1 图纸目录

图纸目录是用表格的形式,将该工程建施图、结施图、设施图按顺序编号,以便查找图纸及对整套图纸有一个全面的了解。看图前应首先检查整套施工图图纸与目录是否一致,以防止给施工造成不必要的损失。表11.1所示为某工程图纸目录。

表 11.1　某工程图纸目录

序号	图号	图名	张数	图纸规格	备注
1	建施-01	建筑设计说明及图纸目录	1	2 号加长	
2	建施-02	室内装修表	1	2 号	
3	建施-03	一层平面图	1	2 号加长	
4	建施-04	二层平面图	1	2 号加长	
5	建施-05	三-五层平面图	1	2 号加长	
6	建施-06	六层平面图	1	2 号加长	
7	建施-07	屋顶平面图	1	2 号加长	
8	建施-08	①-㉜立面图	1	2 号加长	
9	建施-09	㉜-①立面图	1	2 号加长	
10	建施-10	Ⓓ－Ⓐ立面图　Ⓐ－Ⓓ立面图	1	2 号加长	
11	建施-11	1-1 剖面图　2-2 剖面图	1	2 号加长	
12	建施-12	墙身节点详图(一)	1	2 号加长	
13	建施-13	墙身节点详图(二)	1	1 号	
14	建施-14	门窗大样及门窗表	1	2 号加长	

11.2.2　设计说明

设计说明主要是对建筑施工图纸上不易详细清楚表达的内容,如工程概况、建筑设计依据、所用标准图集的代号、建筑装修及构造的做法等,用文字加以说明。此外,还包括防火专篇等一些有关部门要求明确说明的内容。设计说明一般放在一套施工图的首页。

例如,某单位住宅楼建筑设计说明见附录图 A.1。

11.2.3　工程做法列表

工程做法列表将建筑各部位构造做法用列表格的形式加以详细说明。表 11.2 所示为某住宅楼工程做法列表。在表中对各施工部位的名称、做法等详细表达,如采用标准图集中的做法,应注明该标准图集的代号,做法编号,如有改变,应在备注中加以说明。

表 11.2　某住宅楼工程做法列表

编号	名　称		施工部位	做　法	备　注
1	外墙面	干粘石墙面	见立面图	98J1 外 10-A	内抹 30 mm 厚保温砂浆
		瓷砖墙面	见立面图	98J1 外 22	
		涂料墙面	见立面图	98J1 外 14	
2	内墙面	乳胶漆墙面	用于砖墙	98J1 内 17	楼梯间墙面抹 30 mm 厚保温砂浆
		乳胶漆墙面	用于加气混凝土墙	98J1 内 19	
		瓷砖墙面	仅用于厨房、卫生间阳台	98J1 内 43	规格及颜色由甲方定
3	踢脚	水泥砂浆踢脚	厨房及卫生间不做	98J1 踢 2	
4	地面	水泥砂浆地面	用于地下室	98J1 地 4-C	
5	楼面	水泥砂浆楼面	仅用于楼梯间	98J1 楼 1	
		铺地砖楼面	仅用于厨房及卫生间	98J1 楼 14	规格及颜色由甲方定
		铺地砖楼面	用于客厅、餐厅、卧室	98J1 楼 12	规格及颜色由甲方定
6	顶棚	乳胶漆顶棚	所有顶棚	98J1 棚 7	
7	油漆		用于木件	98J1 油 6	
			用于铁件	98J1 油 22	

续表

编号	名　称	施工部位	做　法	备　注
8	散水		98J1 散 3-C	宽度 1 000 mm
9	台阶	用于楼梯入口处	98J1 台 2-C	
10	屋面		98J1 屋 13(A. 80)	

11.2.4　门窗表

在建筑设计中,将建筑物上所有不同类型的门窗进行统计后列成表格,用于建筑施工、预算需要的数量。表 11.3 所示为某住宅楼门窗表,从中能反映出门窗的类型、大小,所选用的标准图集及其类型编号,如有特殊要求,应在备注中加以说明。

表 11.3　某住宅楼门窗表

门窗名称		洞口尺寸	门　窗　数　量							类　型	备注	所在图纸或选用标准图
			总数	1F	2F	3F	4F	5F	6F			
塑钢窗	C1209	1200×900	3		3					无色玻璃白色塑钢平开窗		详见本图
	C1815	1800×1500	60		12	12	12	12	12	无色玻璃白色塑钢平开窗		详见本图
	C1515	1500×1500	30		6	6	6	6	6	无色玻璃白色塑钢平开窗		详见本图
	C0915	900×1500	10		2	2	2	2	2	无色玻璃白色塑钢平开窗		详见本图
	C1215	1200×1500	9			3	3	3		无色玻璃白色塑钢平开窗		详见本图
	C1230	1200×3000	3						3	无色玻璃白色塑钢门开窗		详见本图
门连窗	MC1224	1200×2400	30		6	6	6	6	6	无色玻璃白色塑钢门连窗		详见本图
	CM1224	1200×2400	30		6	6	6	6	6	无色玻璃白色塑钢门连窗		详见本图
电子门	DM1220	1200×2000	3	3						电子对讲单元门		选购成品
入户门	FDM0921	900×2100	60		12	12	12	12	12	入户三防门		选购成品
推拉门	TM1224	1200×2400	30		6	6	6	6	6	无色玻璃白色塑钢推拉门		详见本图
	M2424	2400×2400	30		6	6	6	6	6	无色玻璃白色塑钢推拉门		详见本图
户内门	M0920	900×2 000	120		24	24	24	24	24	木内门		用户自理
	M0820	750×2 000	60		12	12	12	12	12	木内门(卫生间门)		用户自理
车库门	KM4524	4500×2400	6	6						车库上翻门		选购成品
	KM3024	3000×2400	6	6						车库上翻门		选购成品
	KM2424	2400×2400	18	18						车库上翻门		选购成品

11.3　建筑总平面图的识读

11.3.1　总平面图的形成

总平面图是用来表明新建工程所在的建设地段的地理位置及周围环境的水平投影图。图 11.1 所示为某住宅楼所在区域总平面图。

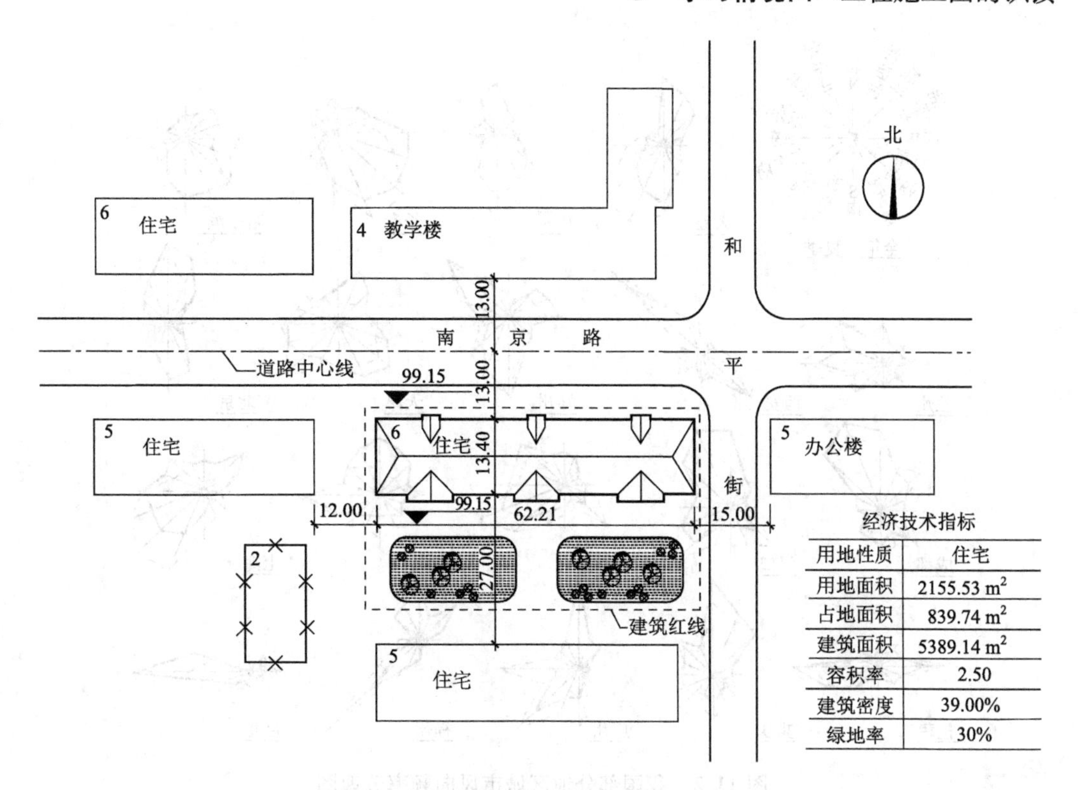

用地性质	住宅
用地面积	2155.53 m^2
占地面积	839.74 m^2
建筑面积	5389.14 m^2
容积率	2.50
建筑密度	39.00%
绿地率	30%

图 11.1　某住宅楼所在区域总平面图(1∶500)

11.3.2　总平面图的用途

总平面图主要反映新建房屋的位置、平面形状、建筑朝向、标高、与原有建筑物的关系,以及占地面积、周围道路、停车场、建筑小品、绿化和给水、排水、供电条件等方面的情况。总平面图是新建房屋定位、施工放线、土方施工、设备管网平面布置,及施工总平面布置的依据,也是设施管线总平面图的依据。

11.3.3　总平面图的内容及阅读方法

①看图名、比例、文字说明。因总平面图所反映范围较大,故绘图时用较小比例。常用比例为 1∶500、1∶1 000、1∶2 000 等。

②明确新建区域的建筑总体布局,用图例表示各种建筑物、构筑物等形状,并在图例内注明房屋名称、在图形的右上角用阿拉伯数字表示其层数。

③确定新建(改建、扩建)工程的定位尺寸。一般参照原有房屋或道路定位。修建大片住宅或公共建筑、厂房或地形复杂时,用坐标确定房屋和道路转折的位置。

④注明建筑物首层地面的绝对标高,室外地坪、道路的绝对标高,建筑物室内地坪的相对标高规定为 ±0.000,在其上为正值,反之为负值。

⑤用指北针或风向频率玫瑰图表示建筑物朝向和该地区的常年风向频率。

⑥根据工程的需要,还可有设备管线总平面图、各种管线系统图等,以及道路的纵横剖面图及绿化布置等。

⑦建筑红线是指城市沿街建筑物的外墙、台阶、橱窗等不得超过的临街界线,规划给出。

在总平面图中,为了合理规划建筑,还需要画出表示风向和风向的风向频率玫瑰图,简称“风玫瑰图”。它是根据某一地区多年平均统计的各个方向吹风次数的百分数,按一定比例绘制的,风的吹向是指从外吹向地区的中心。实线表示全年风向频率,虚线表示夏季 6、7、8 三个月的风向频率。明确风向对建筑构造的选用及材料的堆场有利,再如有粉尘污染的材料、易燃烧的材料应堆放在下风位。我国部分地区城市风向频率玫瑰图如图 11.2 所示。

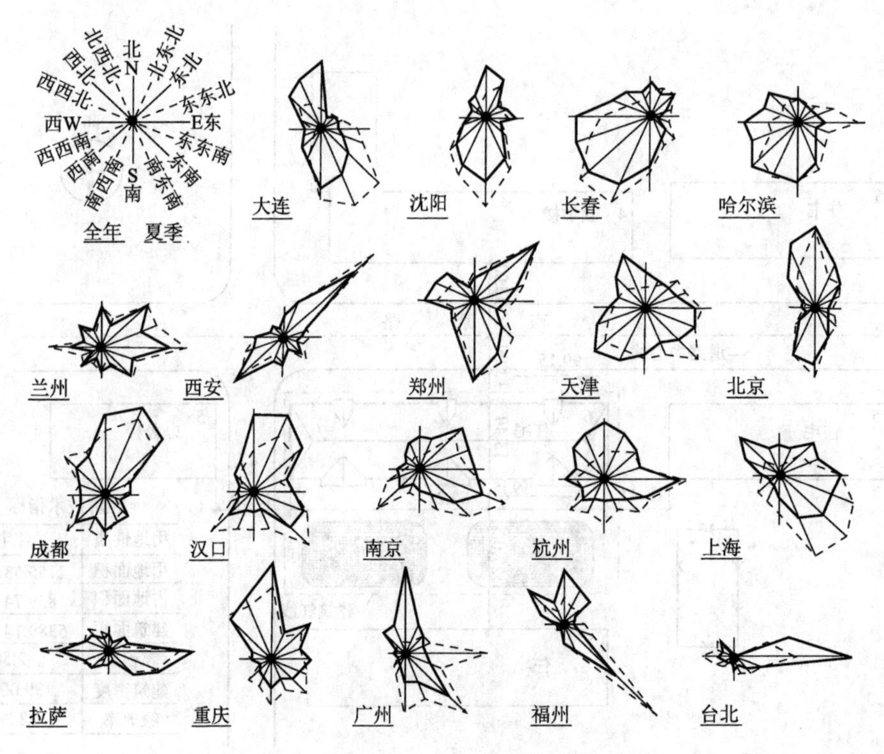

图 11.2 我国部分地区城市风向频率玫瑰图

11.3.4 总平面图的图示方法

总平面图用正投影的原理绘制而成，以图例的形式表达建设地段上的各形体的图形。《总图制图标准》GB/T 50103—2010 规定了图例，《房屋建筑制图统一标准》GB/T 50001—2010 规定了图线的有关规定。总平面图上的坐标、标高、距离尺寸以米为单位，小数点后保留两位。

11.3.5 建筑总平面图的识读

现以某已建成的住宅楼总平面图为例，如图 11.1 所示，说明总平面图的识读方法。

1. 了解图名、比例

该施工图为总平面图，比例为 1:500。

2. 了解工程性质、用地范围、地形地貌和周围环境情况

从图中可知，本次新建某住宅楼（粗实线表示），位于南京路与和平街交汇处。建造层数都为 6 层。新建建筑右面是 5 层的办公楼（已建建筑，细实线表示），左面是 5 层的住宅楼（已建建筑，细实线表示），上面是 4 层的教学楼（已建建筑，细实线表示），下面是 5 层的住宅楼（已建建筑，细实线表示），旁边 2 层为待拆建筑。

3. 了解建筑的朝向和风向

图 11.1 的右上方是指北针。从图 11.1 中可知，新建建筑的方向坐北朝南。

4. 了解新建建筑的准确位置

如图 11.1 中新建建筑其平面形状为矩形，长为 41.50 m，宽为 13.40 m，入口朝北，采用已有建筑为参照点进行定位，新建建筑北侧距南京路道路中心线为 13 m，南侧距原有 5 层住宅建筑为 27 m，西侧距原有 5 层住宅建筑为 12 m，东侧距原有 5 层办公建筑为 15 m。

11.3.6 总平面图常用图例

房屋建筑图需要将建筑物或构筑物按比例缩小绘制在图纸上，许多物体不能按原状画出，为了便于制图和识图，制图标准中规定了各种图例，见表 11.4。

表 11.4　总平面图图例(GB/T 50103—2010)

序号	名称	案例	备注
1	新建建筑物	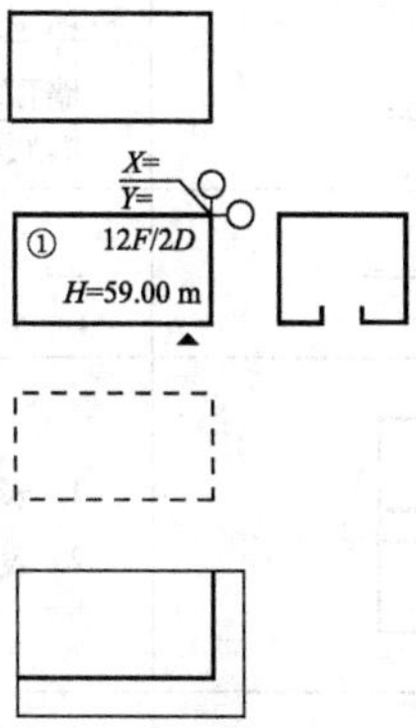 X= Y= ① 12F/2D H=59.00 m	新建建筑物以粗实线表示与室外地坪相接处 ±0.00 外墙定位轮廓线 建筑物一般以 ±0.00 高度处的外墙定位轴线交叉点坐标定位。轴线用细实线表示,并标明轴线号 根据不同设计阶段标注建筑编号,地上、地下层数,建筑高度,建筑出入口位置(两种表示方法均可,但同一图纸采用一种表示方法) 地下建筑物以粗虚线表示其轮廓 建筑上部(±0.00 以上)外挑建筑用细实线表示 建筑物上部连廊用细虚线表示并标注位置
2	原有建筑物	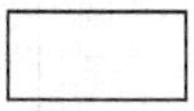	用细实线表示
3	计划扩建的预留地或建筑物		用中虚线表示
4	拆除的建筑物		用细实线表示
5	建筑物下面的通道	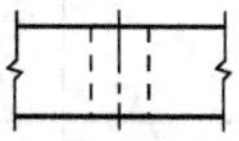	—
6	散状材料露天堆场	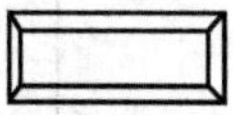	需要时可注明材料名称
7	其他材料露天堆场或露天作业场	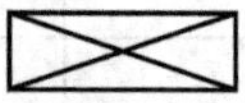	需要时可注明材料名称
8	铺砌场地	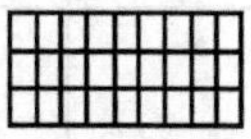	—
9	敞棚或敞廊	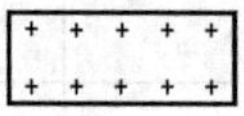	—
10	漏斗式仓储		左、右图为底卸式 中图为侧卸式
11	冷却塔(池)	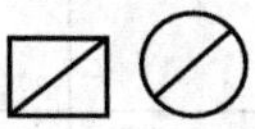	应注明冷却塔或冷却池
12	水塔、储罐	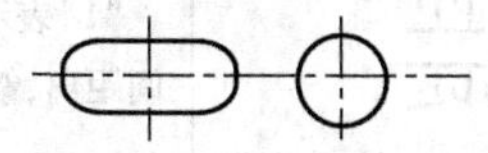	左图为卧式贮罐 右图为水塔或立式贮罐
13	水池、坑槽		也可以不涂黑
14	烟囱		实线为烟囱下部直径,虚线为基础,必要时可注写烟囱高度和上、下口直径
15	围墙及大门		—

续表

序号	名称	案例	备注
16	挡土墙	 5.00 1.50	挡土墙根据不同设计阶段的需要标注 墙顶标高 墙底标高
17	挡土墙上设围墙		—
18	台阶及无障碍坡道	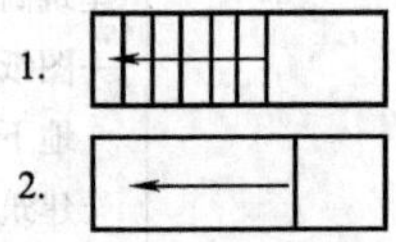 1. 2.	1. 表示台阶(级数仅为示意) 2. 表示无障碍坡道
19	坐标	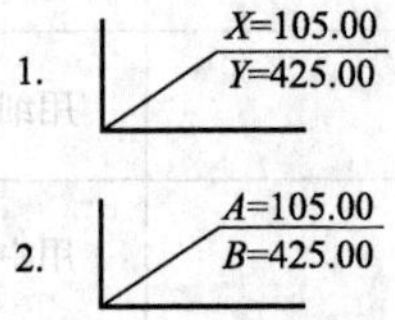 1. X=105.00 Y=425.00 2. A=105.00 B=425.00	1. 表示地形测量坐标系 2. 表示自设坐标系 坐标数字平行于建筑坐标
20	方格网交叉点坐标	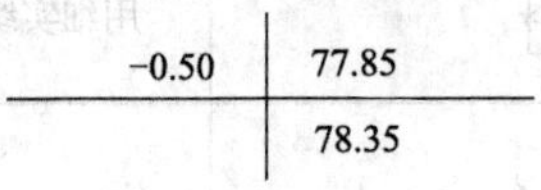 −0.50 77.85 78.35	"78.35"为原地面标高 "77.85"为设计标高 "−0.50"为施工高度 "−"表示挖方("+"表示填方)
21	填方区、挖方区、未整平区及零线	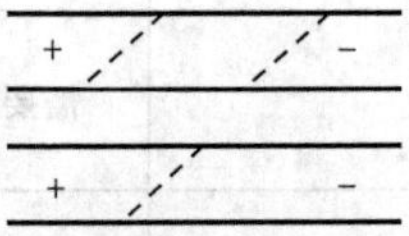 + − + −	"+"表示填方区 "−"表示挖方区 中间为未整平区 点画线为零点线
22	填挖边坡		—
23	分水脊线与谷线		上图表示脊线 下图表示谷线
24	洪水淹没线		洪水最高水位以文字标注
25	地表排水方向		—
26	截水沟	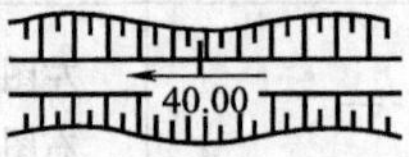 1 40.00	"1"表示1%的沟底纵向坡度,"40.00"表示变坡点间距离,箭头表示水流方向
27	排水明沟	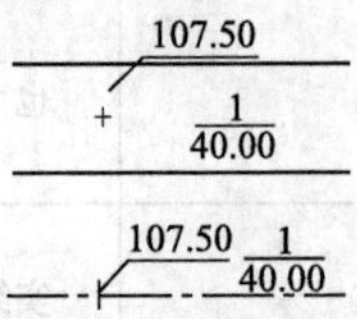 107.50 + 1/40.00 107.50 1/40.00	上图用于比例较大的图面 下图用于比例较小的图面 "1"表示1%的沟底纵向坡度,"40.00"表示变坡点间距离,箭头表示水流方向 "107.50"表示沟底变坡点标高(变坡点以"+"表示)
28	有盖的排水沟	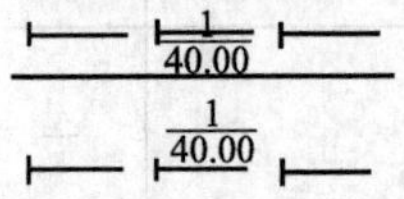 1/40.00 1/40.00	—

续表

序号	名称	案例	备注
29	有盖的排水沟	1. 2. 3.	1. 雨水口 2. 原有雨水口 3. 双落式雨水口
30	消火栓井		—
31	急流槽		箭头表示水流方向
32	跌水		
33	拦水(闸)坝		—
34	透水路堤		边坡较长时,可在一端或两端局部表示
35	过水路面		—
36	室内地坪标高	151.00 (±0.00)	数字平行于建筑物书写
37	室外地坪标高	143.00	室外标高也可以采用等高线
38	盲道		—
39	地下车库入口		机动车停车场
40	地面露天停车场		—
41	露天机械停车场		露天机械停车场
42	新建的道路	0.30% 100.00 R=6.00 107.50	“$R=6.00$”表示道路转弯半径;“107.50”为道路中心线交叉点设计标高,两种表示方式均可,同一图纸采用一种方式表示;“100.00”为变坡点之间距离,“0.30%”表示道路坡度,→表示坡向

续表

序号	名称	案例	备注
43	道路断面	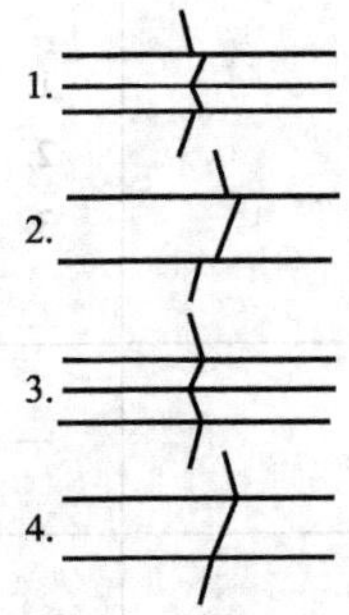 1. 2. 3. 4.	1. 为双坡立道牙 2. 为单坡立道牙 3. 为双坡平道牙 4. 为单坡立道牙
44	原有道路		—
45	计划扩建的道路		—
46	拆除的道路		—
47	人行道	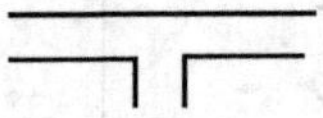	—
48	桥梁	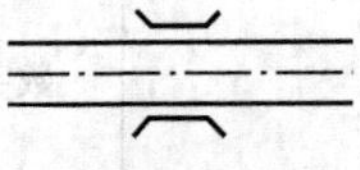 	用于旱桥时应注明 上图为公路桥，下图为铁路桥
49	草坪	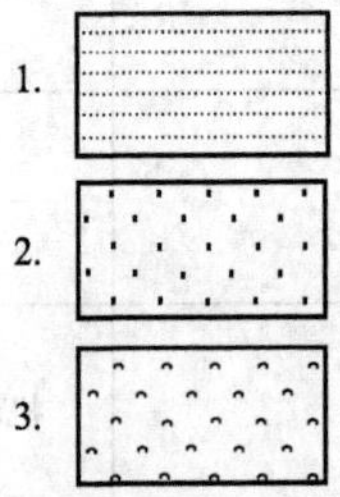 1. 2. 3.	1. 表示草坪 2. 表示自然草坪 3. 表示人工草坪
50	常绿针叶乔木	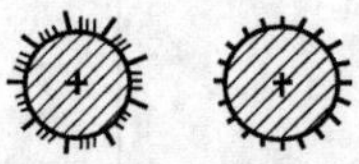	—
51	落叶针叶乔木	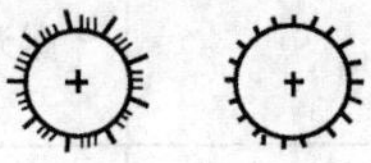	—
52	常绿阔叶乔木	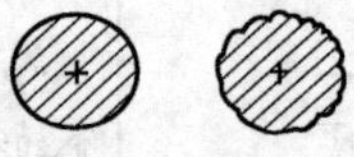	—
53	落叶阔叶乔木	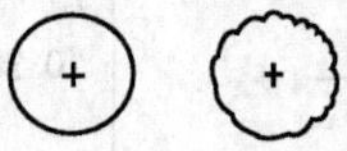	—

11.4 建筑平面图的识读

11.4.1 建筑平面图的形成

在建筑物的高度方向窗台与窗洞口上沿之间的位置，用一个假想的水平剖切平面剖切房屋，移走剖切平面以上部分的形体，将剩余部的形体向水平面做正投影，所得的水平剖面图，称为建筑平面图，简称平面图。

11.4.2 建筑平面图的作用

建筑平面图主要用来表示新建建筑的平面形状、朝向，房间的名称、内部布置、位置、大小，门窗的位置及开启方向，墙体的厚度、材料，柱的截面形状与尺寸大小等。建筑平面图是建筑施工中的重要图纸之一，是施工放线、砌墙、安装门窗、室内外装修及编制工程预算的重要依据。

11.4.3 建筑平面图的组成和内容

1. 建筑平面图的组成

在建筑设计中，多层建筑的平面图一般由底层平面图、标准层平面图、顶层平面图、屋顶平面图组成，并在图的下方注写相应的图名。

2. 建筑平面图的内容

(1)底层平面图

底层平面图也称首层平面层、一层平面图，是指在 ±0.000 地坪楼层上，在门窗洞口中水平剖切所得到的平面图。主要表示建筑物的底层形状、入口、房间、走道、门窗、楼梯等平面位置和数量，墙、柱的平面形状和材料，以及室外台阶、散水、明沟的尺寸。为了表示建筑物的朝向和建筑图的剖切位置，在底层平面图上绘指北针和剖切符号。附录图 A.2 所示为底层平面图示例。

(2)标准层平面图

如果房屋中间几层布置情况、构造基本相同，则只画出一个平面图即可，将这种平面图称为中间层(或标准层)平面图。若中间有个别楼层平面布置不同，可单独补画平面图。

标准层平面图除要表达中间几层室内布置外，还要画出室外雨篷、遮阳板等，如附录图 A.3 和附录图 A.4 所示。

(3)顶层平面图

顶层平面图表示房屋最高层的平面布置图。其内容与标准层平面图基本相同，如附录图 A.5 所示。

一般情况下，底层、标准层、顶层平面图上的楼梯间水平投影图有区别。

(4)屋顶平面图

屋顶平面图是由建筑物上方向下所做的平面投影，即屋顶外观的俯视图。主要用来表示建筑物屋顶上的形式、排水坡度和方向，雨水管的间距，通风口、变形缝出的屋面构造及其他设施布置的图纸，见附录图 A.6 所示。

平面图实质上是剖面图，因此应按剖面图的图示方法绘制，即被剖切平面剖切到的墙、柱等轮廓线用粗实线表示，未被剖切到的部分如室外台阶、散水、楼梯以及尺寸线等用细实线表示，门的开启线用中粗实线表示。

建筑平面图常用的比例是 1∶100 或 1∶200，其中 1∶100 使用最多。

11.4.4 建筑平面图的图示内容

①标注建筑物所有的定位轴线及编号、承重、围护构件——墙、柱、墩的位置、尺寸。

②标注建筑物所有房间的名称及门窗的位置、编号、尺寸。

③标注建筑物室内、外的有关尺寸及室内楼地面的标高。

④标注电梯、楼梯的位置及楼梯上下两梯段的方向和尺寸。

⑤标注建筑物的阳台、雨篷、台阶、坡道、通风道、管井、消防梯、雨水管、散水、花池等位置和尺寸。

⑥标注建筑物的室内卫生设备、水池、工作台、隔断等的位置、形状。

⑦标注建筑物的地下室、地沟、高窗、预留洞等的位置、尺寸。

⑧在底层平面图上应画出剖面图的剖切符号，在其左下角画出指北针。

⑨标注有关部位的详图索引符号。

⑩在建筑物的屋顶平面图上一般应标注女儿墙、檐沟、屋面坡度、分水线与雨水口、变形缝、出屋面、天窗、消防梯及其他构筑物、索引符号等。

11.4.5　建筑平面图的识读

1. 底层平面图的识读

下面以某住宅楼底层平面图为例说明平面图的读图方法，如附录图 A.2 所示。

(1)了解平面图的图名、比例

从图中可知该图为底层平面图，比例为 1∶100。

(2)了解建筑的朝向

从指北针得知该住宅楼是坐北朝南的方向。

(3)了解建筑的平面布置

该建筑底层为楼梯间和车库，其中车库的使用面积不同，又分有双车车库和单车车库。楼梯间有两个管道井，D1 和 D2、D3。

(4)了解建筑平面图上的尺寸

建筑平面图上标注的尺寸均为未经装饰的结构表面尺寸，通过这些尺寸可以了解房屋的占地面积、建筑面积、房间的使用面积。建筑占地面积为建筑物的首层与土地接触的面积。如该建筑占地面积为 839.74 m^2。

(5)了解建筑剖面图的剖切位置、索引符号

在底层平面图结构构件有代表性的位置将建筑物剖切并编号，以明确剖面图的剖切位置、剖切方法和剖视方向。如⑥～⑦轴线间的 1—1 剖切符号和⑨～⑩轴线间的 2—2 剖切符号，表示建筑剖面图的剖切位置，剖面图类型为全剖面图，剖视方向向左。有时图中还标注出索引符号，注明该部位所采用的标准图集的代号、页码和图号，以便施工人员查阅标准图集，便于施工。

2. 标准层平面图和顶层平面图的识读

标准层平面图和顶层平面图的形成与底层平面图的形成相同，如附录图 A.4 和附录图 A.5 所示。为了简化作图，已在底层平面图上表示过的内容，在标准层平面图和顶层平面图上不再表示，如不再画散水、明沟、室外台阶等；顶层平面图上不再画二层平面图上表示过的雨篷等。识读标准层平面图和顶层平面图重点应与底层平面图对照异同，如平面布置如何变化、墙体厚度有无变化；楼面标高的变化，楼梯图例的变化等。

(1)了解平面图的图名、比例

从图中可知附录图 A.4 为标准层平面图，比例为 1∶100。

(2)了解建筑的平面布置

该住宅楼横向定位轴线 21 根，纵向定位轴线 5 根，共有两个单元，每单元四户。其中户型有大小两种，大户型住宅有南、北两个卧室，一个客厅(北面)、一间厨房、一个卫生间，一个阳台；小户型住宅有一个卧室(南面)、一个客厅(暗厅)、一间厨房、一个卫生间、一个阳台。

(3)了解建筑平面图上的尺寸

内部尺寸：注明房间的净空大小和室内的门窗洞、孔洞、墙厚和固定卫生设备的大小位置。

外部尺寸：在平面图下方及左侧应注写三道尺寸，如有不同时，其他方向也应标注。

第一道尺寸为洞口尺寸，表示建筑物外墙上门窗洞口等各细部位置的大小及定位尺寸。如Ⓐ轴线墙上 C1815 的洞宽是 1 800 mm，两窗洞间的距离为(600 + 600) mm = 1 200 mm。

第二道尺寸为定位轴线尺寸,即开间、进深尺寸。在建筑物的长度方向上,两条相邻的横向定位轴线之距称为开间;在建筑物的宽度方向上,两条相邻的纵向定位轴线之距称为进深。本图中客厅的开间为3 600 mm,进深为5 800 mm,阳面卧室的开间为3 000 mm,进深为6 300 mm,阴面厨房的开间均为2 250 mm,进深为3 600 mm,阳台进深为1 200 mm。

第三道尺寸为建筑物外墙轮廓的总尺寸,即从建筑物外墙的一端到另一端外墙的总长和总宽,如图中建筑总长是41 500 mm,总宽为13 400 mm。第三道尺寸能反映出建筑的占地面积。

(4)了解门窗的位置及编号

为了便于读图,在建筑平面图中门采用代号 M 表示、窗采用代号 C 表示,并加编号以便区分。如图中的C-1、M-1、M-2 等。在读图时应注意每类型门窗的位置、形式、大小和编号,并与门窗表对应,了解门窗采用标准图集的代号、门窗型号和是否有备注。

(5)了解各专业设备的布置情况

如附录图 A. 4 所示标准层平面图,从图中可见该建筑物平面布置基本未变,而楼层标高分别为 3. 000、6. 000、9. 000、12 000 与 15. 000,表示该楼的层高为 3. 000 m。在底层平面图的单元楼门上方有雨篷,雨篷上排水坡度为 2% ,楼梯图例发生变化。

3. 屋顶平面图的识读

屋顶平面图主要反映屋面上天窗、水箱、铁爬梯、通风道、女儿墙、变形缝等的位置以及采用标准图集的代号、屋面排水分区、排水方向、坡度、雨水口的位置、尺寸等内容。如附录图 A. 6 所示,该屋顶为有组织的四坡挑檐排水形式,水从屋面向檐沟汇集,檐沟排水坡度为 1% ,雨水管设在Ⓐ、Ⓒ轴线墙上①、⑪、㉑轴线处,雨水管构造作法见图下说明,采用标准图集 03J930-1,第 306 页 1 图的做法。出屋面通风道采用标准图集 03J930-1,第 408 页 2 图的做法。

11. 5 建筑立面图的识读

11. 5. 1 建筑立面图的形成

将建筑物的外立面向与其平行的投影面作正投影,所得图形称为建筑立面图,简称立面图。一幢建筑物不但要自身单体美观,还要与周围群体的建筑物环境协调,因而建筑物立面上的艺术处理(包括建筑造型与尺度、装饰材料的选用、色彩的选用等)要符合建筑美学构图规律。

11. 5. 2 建筑立面图的种类

建筑立面图有两种

将建筑物的正、背立面向与其平行的(V 面)投影面作正投影,所得图形称为建筑正、背立面图。

将建筑物的左、右立面向与其平行的(W 面)投影面作正投影,所得图形称为建筑侧立面图。

11. 5. 3 立面图的用途

建筑立面图主要用来表示建筑物的形体和外貌及装修要求,表示立面各部分配件形状及相互关系,反映房屋总高及各部位的高度尺寸和构造做法,是建筑施工外装修的主要依据。

11. 5. 4 立面图的命名

由于每幢建筑的立面至少有三个,每个立面都应有自己的名称。立面图命名方式有三种。

1. 按建筑平面图中的定位轴线编号命名

按照观察者面向建筑物从左到右的轴线顺序命名,如① ~ ⑦轴立面图、⑦ ~ ①轴立面图等,如图 11. 3 所示。

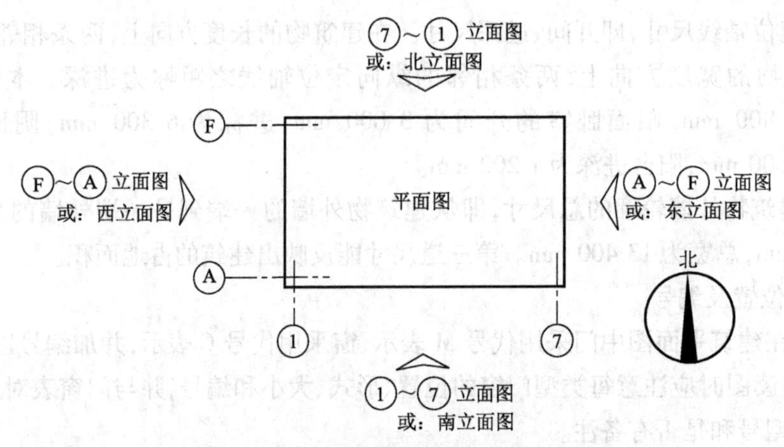

图 11.3　建筑立面图的投影方向和名称

2. 按建筑物的朝向命名

建筑物的某个立面面向哪个方向,就称为哪个方向的立面图,如建筑物的立面面向南面,该立面称为南立面图;面向北面,就称为北立面图等。

3. 按建筑物立面的主次命名

将建筑物反映主要出入口或比较显著地反映外貌特征的立面称为正立面图,次之的立面图为背立面图、左立面图和右立面图。

在建筑立面中这三种命名方式都可使用,但每套施工图只能采用其中的一种方式命名,最常用的是按定位轴线命名方法。

11.5.5　建筑立面图的图示内容

建筑立面图的图示内容如下:

①建筑物外形,可见的室外地面线、房屋的勒脚、台阶、花池、门、窗、雨篷、阳台、室外楼梯、墙体外边线、檐口、屋顶、雨水管、墙面分格线等内容。

②标注建筑物立面上的总高度(屋檐或屋顶)、室外地面的标高、各楼层的标高、门窗洞口的标高、阳台、雨篷、女儿墙顶、楼梯间屋顶的标高。

③标注建筑物两端的定位轴线及其编号。

④用文字说明外墙面装修的材料及做法。

⑤标注出需要详图表示的索引符号。

11.5.6　建筑立面图识读

以附录图 A.7 所示某住宅楼正立面图为例说明其读图方法。

①从正立面图上了解该建筑的外貌形状,并与平面图对照深入了解屋面、名称、雨篷、台阶等细部形状及位置。从图中可知,该住宅楼为六层,相邻两户客厅的窗下墙间装有空调室外机的搁板。

②从立面图上了解建筑的高度。从图中看到,在立面图的左侧注有标高,从左侧标高可知室外地面标高为 -0.450 m,室内标高为 ±0.000 m,一层车库地面标高 -0.300 m,室内外高差为 0.150 m, 二层标高为 3.000 m, 三层标高为 6.000 m,依此类推。由此可见, 一层层高为 3.300 m,二至六层层高为 3.000 m,该建筑的总高为(18.5 +0.45)m = 18.95 m,即建筑物的地面高度至建筑物顶的檐口顶的高度。

③了解建筑物的装修做法。从图中可知建筑以浅褐色外墙面砖为主,只在各层窗下及一层车库处贴深棕色外墙面砖。

④建立建筑物的空间立体形象。读了平面图和立面图,二者应有机结合,建立该住宅楼的形状、高度,装修的颜色、质地等内容。

11.6　建筑剖面图的识读

在形体的投影图中,制图规范规定:可见的轮廓线用实线表示,不可见的轮廓线用虚线表示。因此对内部结构比较复杂一个形体来说,势必在投影图出现较多的虚线,使得实线与虚线混淆不清,不利读图和尺寸的标注,故在绘图时采用“剖切”的表达方法让内部结构形状呈现,使不可见部分变成可见。

11.6.1　建筑剖面图的形成

假想用一个(或一个以上)平行于投影面的铅垂剖切平面(P),在建筑物的建筑、结构构件变化处将房屋铅垂剖切,移去观察者与剖切平面之间的房屋部分,将剩余部分投影到与剖切平面平行投影面上,所得的投影图称为建筑剖面图,简称剖面图。

11.6.2　建筑剖面图的用途

建筑剖面图用来表示在垂直方向上建筑物内部的结构构造、楼层分层、各层楼地面、屋顶的相关尺寸、标高及构造做法等内容。

11.6.3　建筑剖面图的剖切位置、种类与数量

1. 横剖面图

用一个平行于建筑物宽度方向的铅垂剖切平面,在建筑物的楼梯间或门窗洞口处剖开,移去观察者与剖切平面之间的房屋部分,将剩余部分的房屋做正立投影,所得的投影图成为横向剖面图,简称横剖面图。

2. 纵剖面图

用一个平行于建筑物长度方向的铅垂剖切平面,在建筑物的结构构件的变化处(楼梯间或门窗洞口处)剖开,移去观察者与剖切平面之间的房屋部分,将剩余部分的房屋做正立投影,所得的投影图成为纵向剖面图,简称纵剖面图。

11.6.4　建筑剖面图的图示内容

①表示被剖切到的承重构件梁、板、柱、墙的关系及其定位轴线。

②表示室内底层地面,各层楼面、屋顶、门窗、楼梯、阳台、雨篷、防潮层、踢脚板、室外地面、散水、明沟及室内外装修等剖切到和可见的内容。

③表示建筑物的各部分高度。剖面图中应标注相应的标高与尺寸。

标高:应标注被剖切到的外墙门窗口的标高,室外地面的标高,檐口、女儿墙顶的标高,以及各层楼地面的标高。

尺寸:应标注门窗洞口高度、各层间的高度和建筑总高三道尺寸,室内还应注出内墙体上门窗洞口的高度以及内部设施的尺寸。

④在剖面图中因比例小,故一般用索引符号的索引另画节点详图来说明楼地面、屋顶的构造做法。

剖面图的比例应与平面图、立面图的比例一致,因此在剖面图中一般不画材料图例符号,被剖切平面剖切到的墙、梁、板等轮廓线用粗实线表示,没有被剖切到但可见的部分用细实线表示,被剖切断的钢筋混凝土梁、板涂黑。

11.6.5　建筑剖面图的识读

以图 11.4 所示 2—2 剖面图为例,说明剖面图的识读方法。

1. 了解剖面图的剖切位置与编号

从底层平面图(附录图 A.2)可以看到 2—2 剖面图的剖切位置在⑨~⑩轴线之间,断开位置从客厅、卫生间到卧室,切断了客厅的阳台和卧室的外窗。

2. 了解被剖切到的墙体、楼板和屋顶

被剖切到墙体有Ⓐ轴线墙体、Ⓑ轴线墙体和Ⓒ轴线的墙体。屋面为坡屋顶,并且可看出挑檐的形状。

3. 了解可见的部分

2—2 剖面图中可见部分主要是入户门,门高 2100 mm,门宽在平面图上表示,为 900 mm。

4. 了解剖面图上的尺寸标注

从左侧的标高可知外窗的高度,从右侧的标高可知客厅门和阳台窗的高度。建筑物的层高除一层 3300 mm以外,其余各层均为 3000 mm。

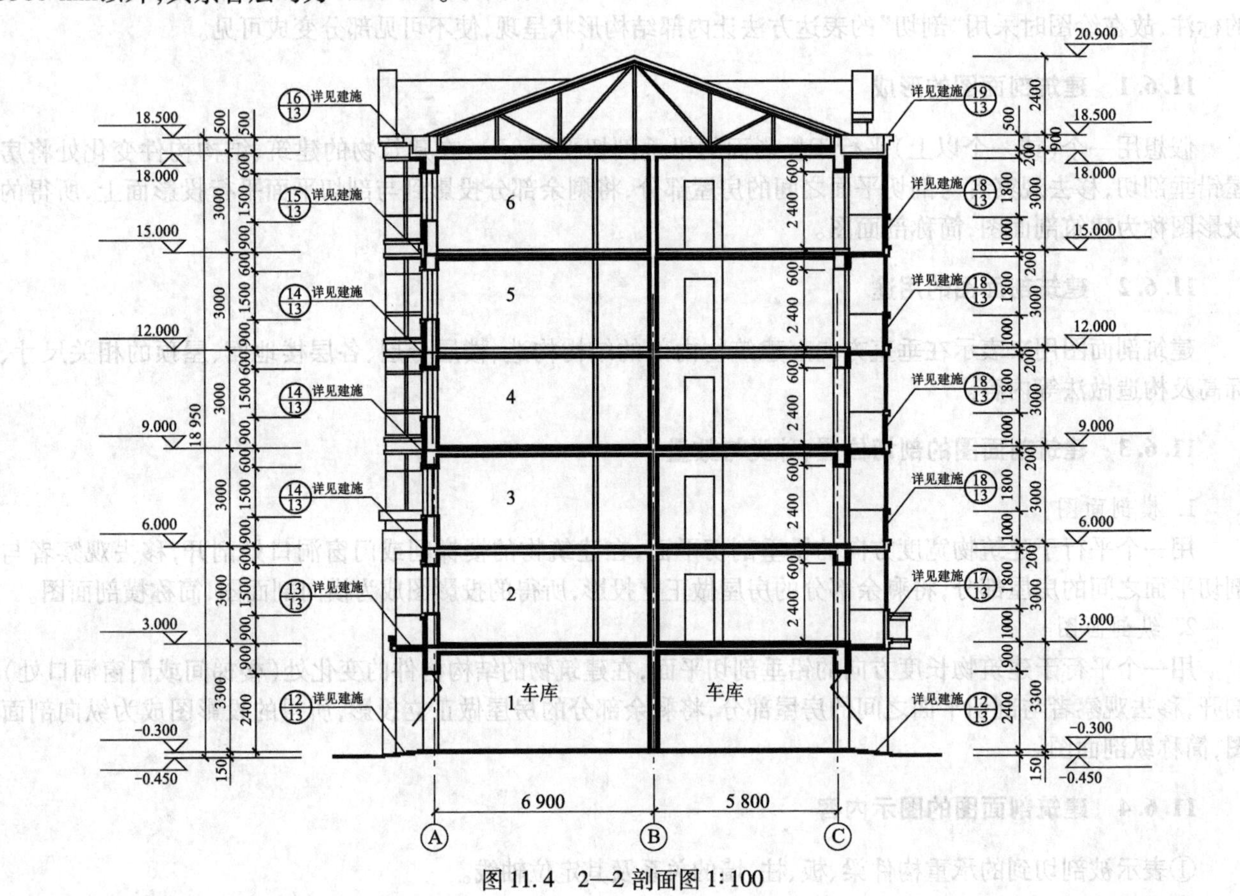

图 11.4 2—2 剖面图 1:100

11.7 建筑详图的识读

11.7.1 建筑详图

1. 建筑详图的形成

在建筑施工中,建筑平面图、立面图、剖面图是建造房屋的主要图纸,由于其比例小,只能表达出建筑物的平面布置、外部形状和主要尺寸,而对房屋的详细构造、尺寸等无法注写清楚。为了满足建筑施工需要,对建筑的细部构造用较大的比例详细地绘制出来,这样的图称为建筑详图,也称节点图。

2. 建筑详图的作用

建筑详图可以是平、立、剖面图中某一局部的放大剖面图。对于建筑构造或构件的通用做法,可采用国家或地方制定的标准图集,一般在图中通过索引符号注明,不必另画详图。

3. 建筑详图的种类

①局部构造详图,如墙身详图、楼梯详图等。

②构件详图,如雨篷、阳台详图等。

③装饰构造详图,如吊顶详图、门窗套装饰构造详图。

4. 建筑详图的比例

建筑详图采用比例大,能反映建筑物的详细内容及构造做法,常用的比例有 1:50、1:20、1:10、1:5、1:2、1:1几种。

11.7.2 墙身剖面详图的识读

1. 墙身剖面详图的形成

墙身剖面详图也叫墙身大样图,它实际是建筑外墙剖面图的局部放大图,由几个墙身节点详图组合而成,主要用以表达外墙与地面、楼面、屋面的构造,楼板与墙的连接,檐口、门窗洞口、踢脚板、防潮层、散水、明沟的尺寸、材料等构造做法。

2. 墙身剖面详图的用途

墙身剖面详图与平面图配合作为施工砌墙、室内外装修、安装门窗、编制施工组织设计、预算等的重要依据。在多层房屋中,各层构造情况基本相同,可只画底层、顶层和中间层三个部分的节点。

3. 墙身剖面详图的内容及阅读方法

①看图名,了解所画墙身的位置。

②看墙身与定位轴线的关系及外墙身详图的内容。底层墙脚主要是指一层窗台及以下部分,包括散水(或明沟)、防潮层、踢脚、一层地面、勒脚等部分的形状、大小材料及其构造情况。

③看各层楼中梁、板的位置及与墙身的关系。中间层主要包括楼板层、门窗过梁、圈梁形状、大小材料及其构造情况。还应表示出楼板与外墙的关系。

④看各层地面、楼面、屋面的构造做法。顶层应表示出屋顶、檐口、女儿墙、屋顶圈梁的形状、大小、材料及其构造情况。

⑤看门窗立口与墙的关系。

⑥看各部位的细部装修及防水、防潮做法(散水、防潮层、窗台、窗檐)。

⑦看各主要部位的标高、高度尺寸及墙体突出部分的细部尺寸。

墙身大样图一般用1:20的比例绘制。由于比例较大,各部分构造如结构层、面层的构造均应详细表达出来,并画出相应的图例符号。

4. 外墙身详图的识读

①看墙身详图的图名和比例,见附录图A.8和图11.5。该图为住宅楼Ⓐ、Ⓒ轴线的大样图,比例为1:20。

②看墙脚构造,如图11.5所示墙身大样图。

11.7.3 楼梯详图的识读

1. 楼梯详图的组成

楼梯是多层建筑中供人上下楼层,解决垂直交通的设施,目前使用的是现浇钢筋混凝土楼梯。楼梯是由楼梯段、休息平台、栏杆和扶手三部分组成。

2. 楼梯详图的内容

楼梯详图包括楼梯平面图、楼梯剖面图和楼梯节点详图三部分内容。

3. 楼梯详图的用途

楼梯详图主要表示楼梯的结构形式、构造做法、各部分的详细尺寸、材料,是楼梯施工放线的主要依据。

4. 楼梯平面图

(1)楼梯平面图的形成与比例

用一个假想的水平剖切平面,站在楼层平台上的上行楼梯段中水平剖开,移去剖切平面及其以上部分,将剩余的部分梯段向水平面做正投影,所得到的图形就称为梯间平面图。实际上,梯间平面图就是建筑平面图中的楼梯间部分的局部放大图。绘图常用比例为1:50。

(2)楼梯平面图的组成

梯间平面图一般有底层楼梯平面图、标准层楼梯平面图和顶层楼梯平面图。

底层平面图是人站在一层楼层平台上,用一个水平剖切平面将上行第一跑梯段剖切,第一跑楼梯段断开(用倾斜45°的折断线表示),因此只画半跑楼梯,用箭头表示上的方向,表明从该层楼(地)面往上或往下走几步可到达上(或下)一层的楼(地)面。在底层平面图中还应注明楼梯剖面图的剖切位置和投影方向。如上20,表示一层至二层有20个踏步。

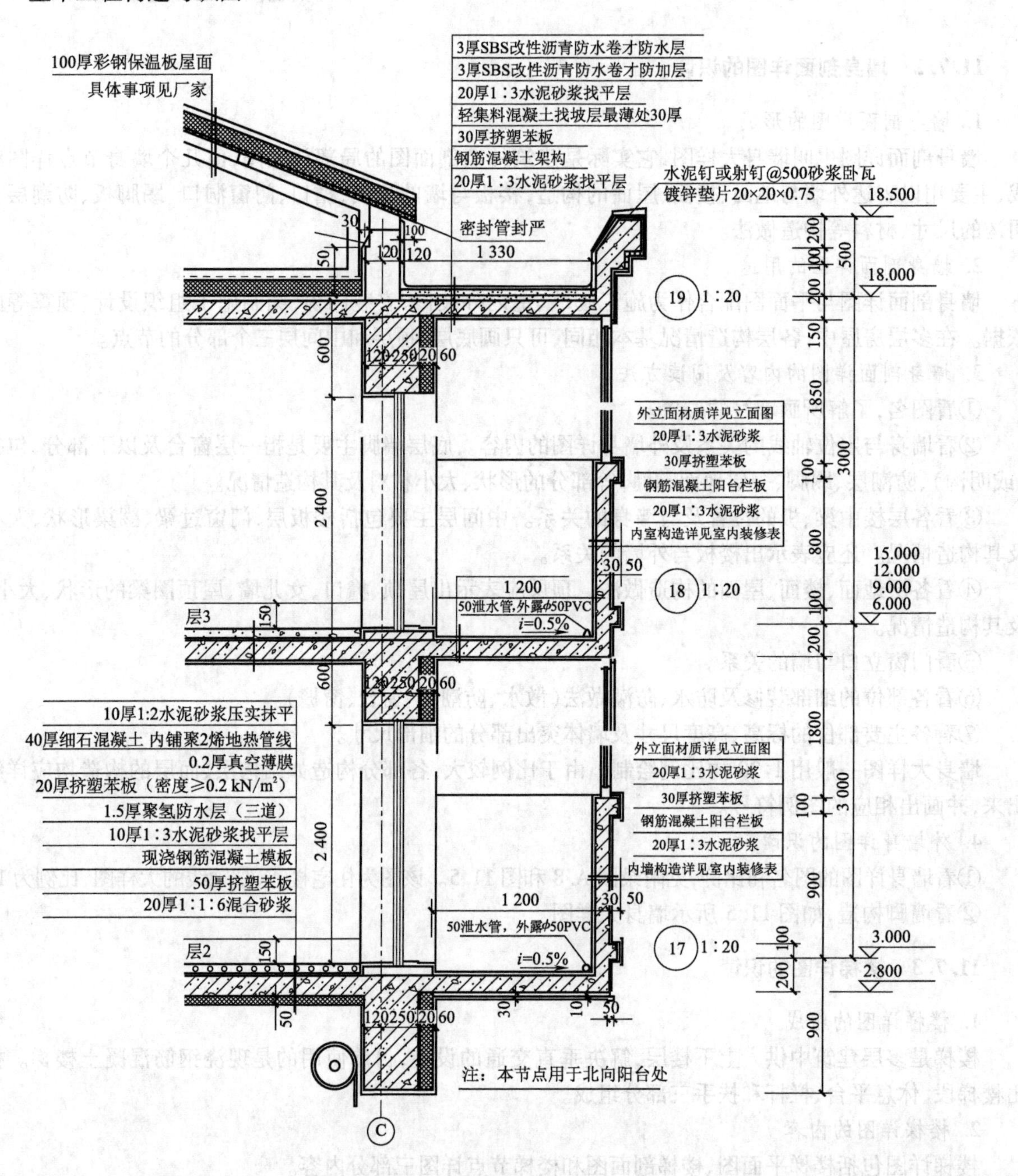

图 11.5 Ⓒ轴墙身详图(1∶20)

楼梯标准层平面图是中间相同的几层楼梯,可用一个图表示。楼梯标准层平面图是人站在标准层楼层平台上,用一个水平剖切平面将本层上行梯段剖切,移去剖切平面及其以上部分,将剩余的部分梯段向水平面做正投影,既应画出被剖切的上行部分梯段(即画有“上”字长箭头),还要画出由该层下行走的完整梯段(画有“下”字的长箭头)、楼梯平台。这部分梯段与被剖切的梯段的投影重合,以45°折断线为分界。

楼梯顶层平面图是人站在顶层楼层平台上,用一个水平剖切平面在顶层房间窗台上将本层上行梯段剖切,移去剖切平面及其以上部分,将剩余的部分梯段向水平面做正投影,由于剖切平面在安全栏杆之上,在图中画有两段完整的梯段和楼梯平台,在楼梯口处只有一个注有“下”字的长箭头。

(3)楼梯平面图表达的内容

①楼梯间的位置,用定位轴线表示。

②楼梯间的开间、进深、墙体的厚度。

③梯段的长度、宽度以及楼梯段上踏步的宽度和数量。通常把梯段长度尺寸和每个踏步宽度尺寸合并写在一起，如 10 × 300 mm = 3000 mm，表示该梯段上有 10 个踏面，每个踏面的宽度为 300 mm，梯段的水平投影长度为 3000 mm。需要说明，楼梯踏步高的数为 n；楼梯踏步宽的数为 $(n-1)$。

④休息平台的形状和位置。

⑤楼梯井的宽度。

⑥各层楼梯段的起步尺寸。

⑦各楼层的标高、各平台的标高。

⑧在底层平面图中还应标注出楼梯剖面图的剖切符号。

(4)楼梯平面图的识读

以图 11.6 为例，说明住宅楼楼梯平面图识读方法。

① 了解楼梯间在建筑物中的位置。

②了解楼梯间的开间、进深、墙体的厚度、门窗的位置。

③了解楼梯段、楼梯井和休息平台的平面形式、位置、踏步的宽度和数量。

④了解楼梯的走向以及上下行的起步位置，该楼梯走向如图中箭头所示。

⑤了解楼梯段各层平台的标高。

⑥在首层平面图中了解楼梯剖面图的剖切位置及剖视方向。

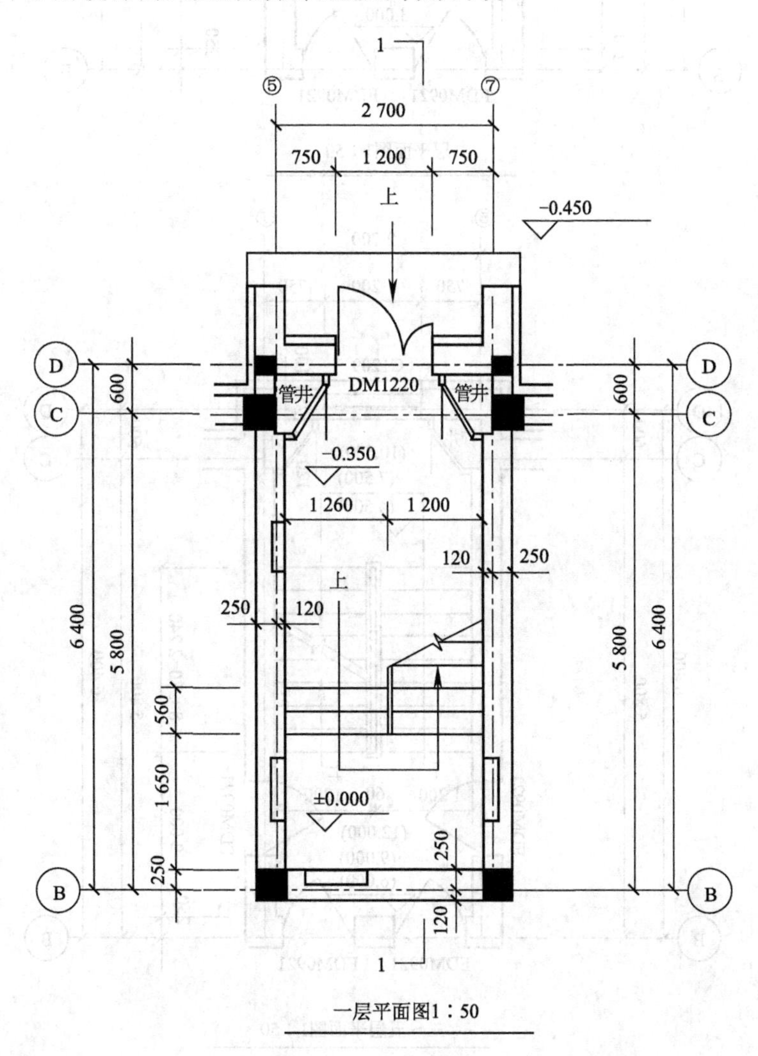

图 11.6　梯间平面图 1:50

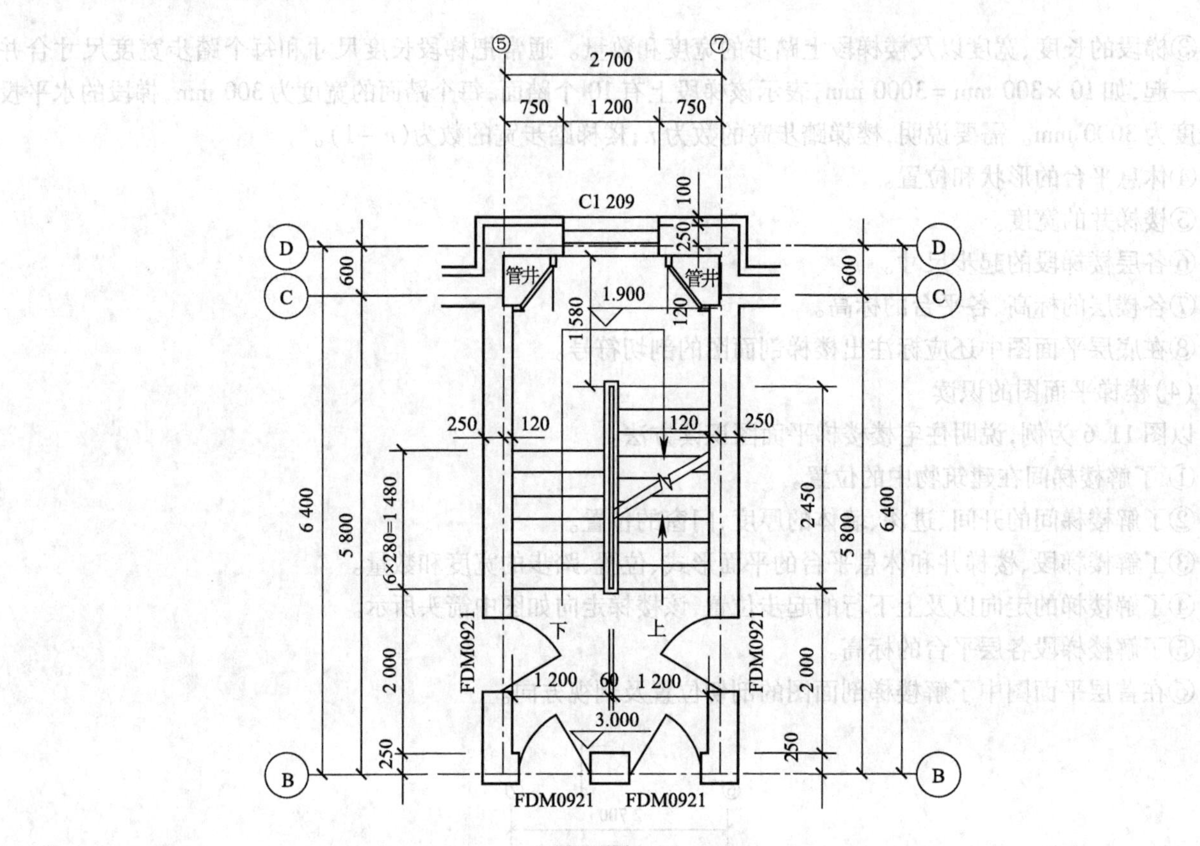

二层平面图1∶50

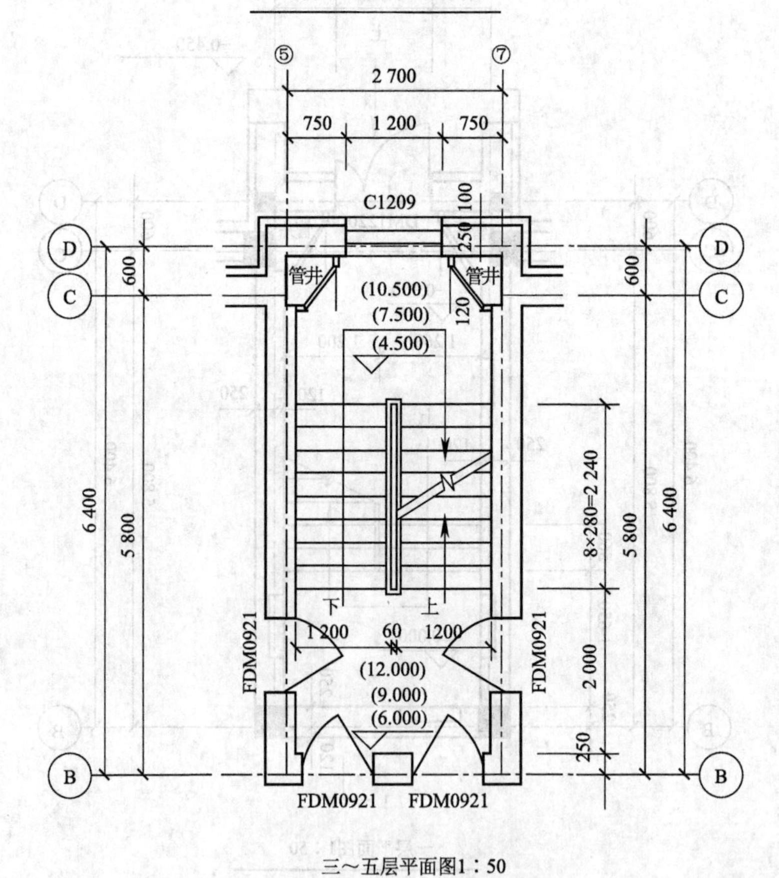

三～五层平面图1∶50

图 11.6 梯间平面图 1∶50(续)

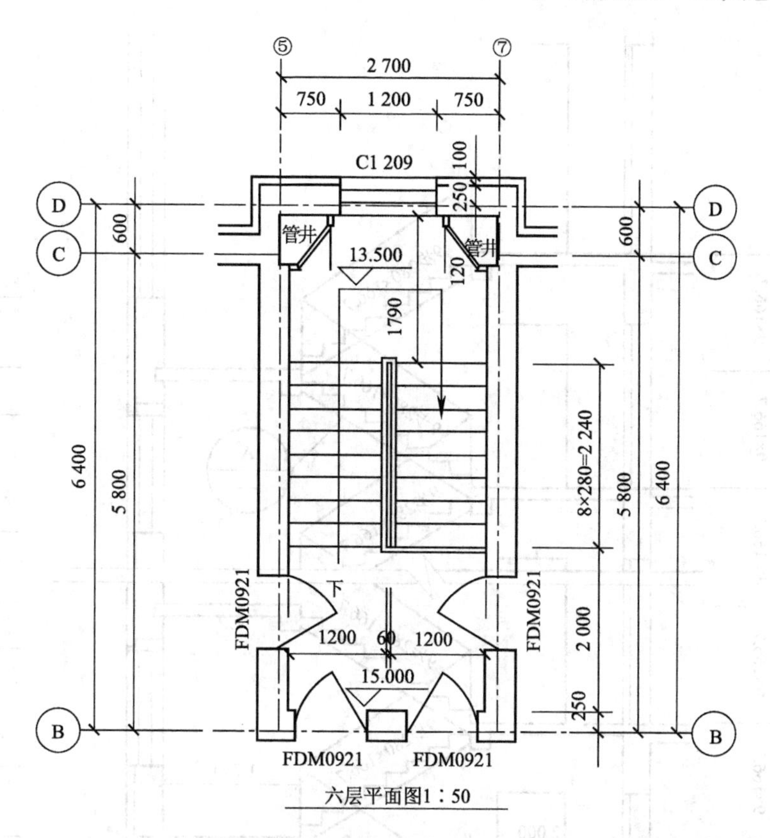

图 11.6 梯间平面图 1∶50(续)

5. 楼梯剖面图

(1)楼梯剖面图的形成与比例

用一个假想的铅垂剖切平面在梯间的门窗洞口处,通过各层的同一位置上的一梯段将楼梯垂直剖切,移走剖切平面及剖切部分,将剩余的剖切部分梯段向侧面或立面做正投影所得投影图称为楼梯剖面图。常用比例为1∶50。若各层楼梯构造相同,且踏步尺寸与数量相同,楼梯间剖面图可只画底层、标准层、顶层剖面图,其余部分用折断线将其省略。

(2)楼梯剖面图的用途及表达内容

楼梯剖面图清楚地表达梯间各楼层、窗洞口及休息平台的标高,楼梯踏步步数、踏面宽度和面的高度、梯段的水平投影长度,平台的构造、栏杆的高度尺寸和形式。

(3)楼梯剖面图的识读

以图 11.7 为例,说明某住宅楼梯剖面图的识读方法。

①了解楼梯的构造形式,从图中可知该双跑楼梯为板式楼梯。

②了解楼梯在竖向和进深方向的有关尺寸,楼层标高及层高为 3.000 m,定位轴线间的距离可知进深为 6 400 mm。

③了解楼梯段、平台、栏杆、扶手等的构造和所用材料。

④了解被剖切梯段的踏步级数。

⑤了解图中的索引符号,从而知道楼梯细部做法。

6. 楼梯节点详图

(1)楼梯节点详图的形成

楼梯节点详图一般用较大的比例更清楚地表明其尺寸、材料和构造做法。

(2)楼梯节点详图的用途

楼梯节点详图主要表明楼梯踏步的断面形状、材料、面层构造,栏杆、扶手的形式、尺寸材料和构造连接。

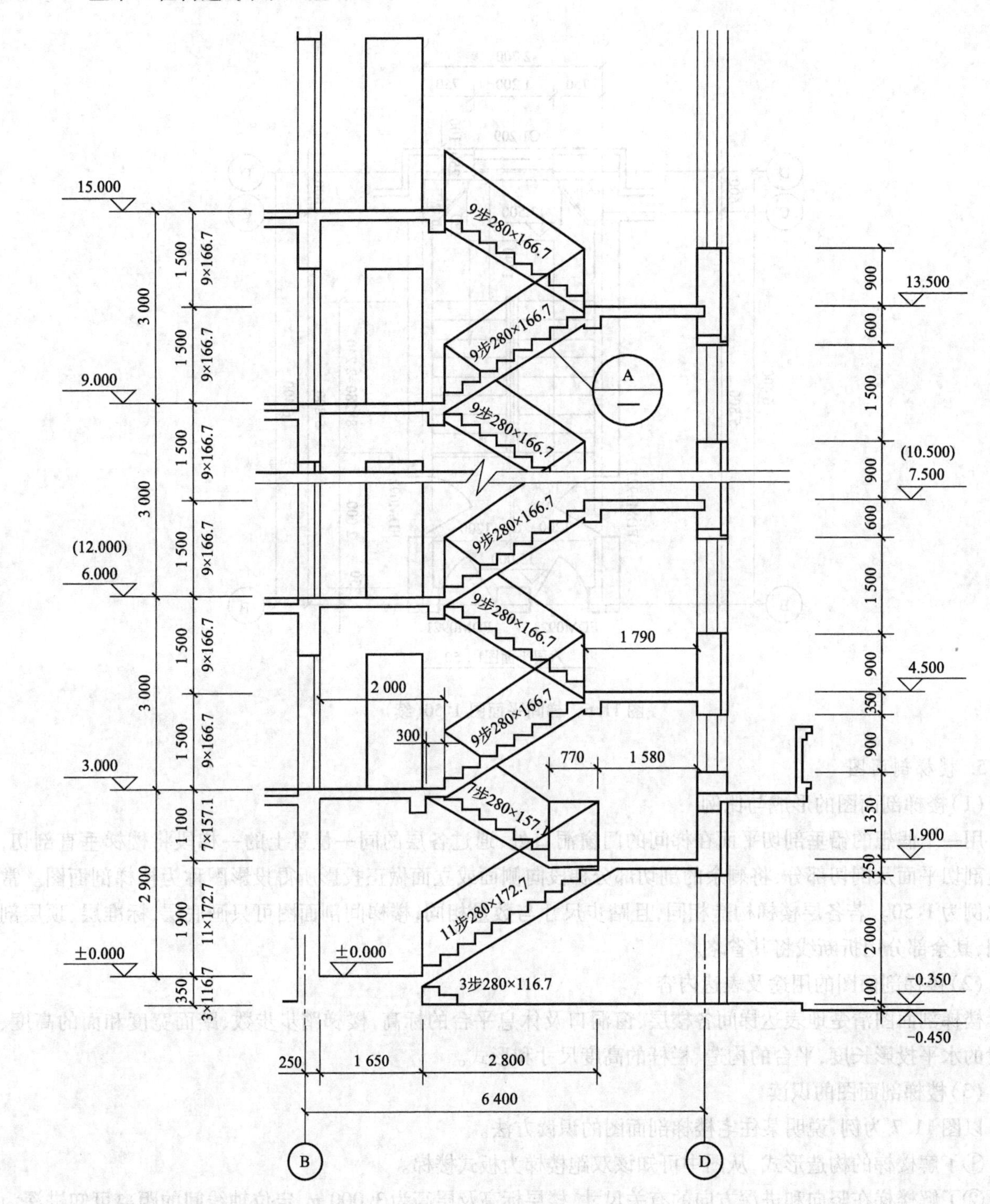

图 11.7 1—1 剖面图 1:50

(3)楼梯节点详图的比例与索引

在楼梯剖视详图中的相应位置标注详图索引符号。如采用标准图集，则直接引注标准图集代号；如采用的形式特殊，则用 1:10、1:5、1:2 或 1:1 的比例详细表示其形状、大小、所采用材料以及具体做法。

(4)楼梯节点详图

以图 11.8 为例，说明该楼梯的两个节点详图。该详图主要表示踏步防滑条的做法，即防滑条的具体位置和采用的材料。

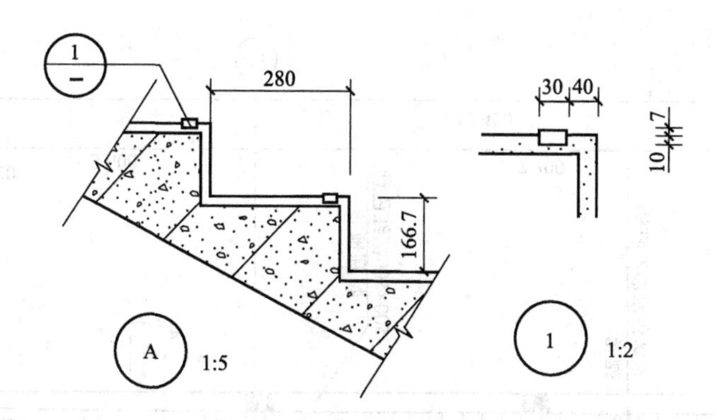

图 11.8　楼梯节点详图 1:20

11.7.4　单元平面图的识读

1. 单元平面图的形成

通常由于建筑平面图的比例都比较小，因而对建筑物的细部构造表达不清楚，如房间内电器预留洞的位置、卫生间、厨房内设备的布置位置等。故应将建筑平面图的局部进行放大，就是单元平面图。

2. 单元平面图的比例

常用的单元平面图的比例为 1:50 或 1:30。

住宅楼中的建筑详图有墙身大样图和楼梯详图和单元平面图。

3. 单元平面图表达的内容

①该单元在建筑平面图中的位置。

②门窗的详细位置。

③卫生间、厨房内设备的详细位置。

④房间内家具的摆放。

⑤墙上预留的孔洞等的详细位置。如电器预留洞、水暖井道等。

4. 单元平面图的识读

以附录图 A.9 为例，说明单元平面图的识读方法。

①了解图名、比例。与相应的建筑平面图对照，了解其在建筑中的准确位置，该图为底层单元平面图。从轴线编号上可知为左面单元。

②了解墙体厚度。

③了解房间的用途、位置、相互关系。

④了解每一房间内家具、设备的位置及预留洞的大小和位置。

⑤了解各房间门窗洞的准确位置。

⑥图中不同类型的门窗洞口都标有详细的尺寸阅读。

图 11.9 所示为某招待所二层室内装修图，以此为例，掌握建筑物室内常用的装修图例。

从图中看到，招待所为框架结构，有一楼梯间、两个标准客房、一个套间和小餐厅。休息平台设服务台，服务台上有一部电话。标准间中布置两张单人床，一个床头柜，床头柜上有一部电话，一张写字台，写字台上有台灯、电视，还有直径 700 的茶几和两把椅子，地面铺 500 mm×500 mm 灰绿地砖，门后有衣柜。卫生间内有三件。套间内客厅有牌桌、一套沙发、茶几、电视柜、冰箱和两盆花，地面铺桃红色地毯，卧室内有一双人床、茶几和两把椅子，书桌、电视、台灯、凳子、衣柜等。卫生间内有浴盆、坐便器和洗面池，且标高为 -0.02。走廊为橙黄色水磨石地面，用 5 mm 铜条作分隔条。小餐厅放有 1 400 mm 的圆形餐桌和椅子，有沙发、茶几和电视。

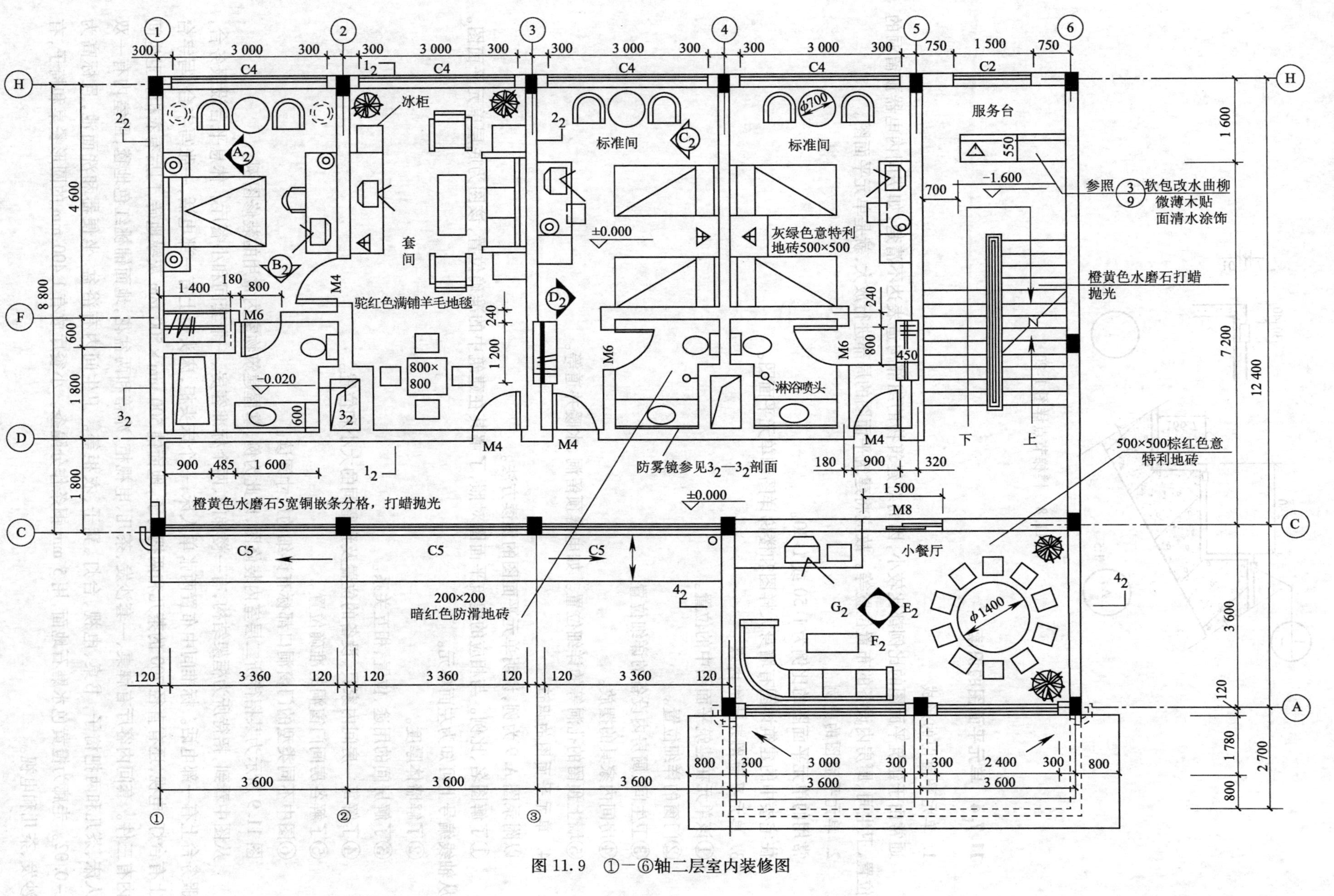

图 11.9 ①—⑥轴二层室内装修图

计 划 单

<table>
<tr><td>学习领域</td><td colspan="4">土木工程构造与识图</td></tr>
<tr><td>学习情境</td><td colspan="2">工程施工图的识读</td><td>学　　时</td><td>36</td></tr>
<tr><td>工作任务</td><td colspan="2">建筑施工图的识读</td><td>学　　时</td><td>14</td></tr>
<tr><td>计划方式</td><td colspan="4">小组讨论、团结协作共同制订计划</td></tr>
<tr><td>序　号</td><td colspan="3">实 施 步 骤</td><td>使用资源</td></tr>
<tr><td>1</td><td colspan="3"></td><td></td></tr>
<tr><td>2</td><td colspan="3"></td><td></td></tr>
<tr><td>3</td><td colspan="3"></td><td></td></tr>
<tr><td>4</td><td colspan="3"></td><td></td></tr>
<tr><td>5</td><td colspan="3"></td><td></td></tr>
<tr><td>6</td><td colspan="3"></td><td></td></tr>
<tr><td>7</td><td colspan="3"></td><td></td></tr>
<tr><td>8</td><td colspan="3"></td><td></td></tr>
<tr><td>制订计划说明</td><td colspan="4">（写出制订计划中人员为完成任务的主要建议或可以借鉴的建议、需要解释的某一方面）</td></tr>
<tr><td rowspan="3">计划评价</td><td>班　　级</td><td></td><td>第　　组</td><td>组长签字</td></tr>
<tr><td>教师签字</td><td colspan="2"></td><td>日　　期</td></tr>
<tr><td colspan="4">评语：</td></tr>
</table>

决 策 单

<table>
<tr><td>学习领域</td><td colspan="5">土木工程构造与识图</td></tr>
<tr><td>学习情境</td><td colspan="3">工程施工图的识读</td><td>学 时</td><td>36</td></tr>
<tr><td>工作任务</td><td colspan="3">建筑施工图的识读</td><td>学 时</td><td>14</td></tr>
<tr><td colspan="6">方案讨论</td></tr>
<tr><td rowspan="11">方案对比</td><td>组号</td><td>方案合理性</td><td>实施可操作性</td><td>实施难度</td><td>综合评价</td></tr>
<tr><td>1</td><td></td><td></td><td></td><td></td></tr>
<tr><td>2</td><td></td><td></td><td></td><td></td></tr>
<tr><td>3</td><td></td><td></td><td></td><td></td></tr>
<tr><td>4</td><td></td><td></td><td></td><td></td></tr>
<tr><td>5</td><td></td><td></td><td></td><td></td></tr>
<tr><td>6</td><td></td><td></td><td></td><td></td></tr>
<tr><td>7</td><td></td><td></td><td></td><td></td></tr>
<tr><td>8</td><td></td><td></td><td></td><td></td></tr>
<tr><td>9</td><td></td><td></td><td></td><td></td></tr>
<tr><td>10</td><td></td><td></td><td></td><td></td></tr>
<tr><td>方案评价</td><td colspan="5">评语：</td></tr>
</table>

班 级		组长签字		教师签字		年 月 日

实 施 单

<table>
<tr><td>学习领域</td><td colspan="3">土木工程构造与识图</td></tr>
<tr><td>学习情境</td><td>工程施工图的识读</td><td>学　　时</td><td>36</td></tr>
<tr><td>工作任务</td><td>建筑施工图的识读</td><td>学　　时</td><td>14</td></tr>
<tr><td>实施方式</td><td colspan="3">小组成员合作,动手实践</td></tr>
<tr><td>序　　号</td><td>实 施 步 骤</td><td colspan="2">使 用 资 源</td></tr>
<tr><td>1</td><td></td><td colspan="2"></td></tr>
<tr><td>2</td><td></td><td colspan="2"></td></tr>
<tr><td>3</td><td></td><td colspan="2"></td></tr>
<tr><td>4</td><td></td><td colspan="2"></td></tr>
<tr><td>5</td><td></td><td colspan="2"></td></tr>
<tr><td>6</td><td></td><td colspan="2"></td></tr>
<tr><td>7</td><td></td><td colspan="2"></td></tr>
<tr><td>8</td><td></td><td colspan="2"></td></tr>
<tr><td colspan="4">实施说明：</td></tr>
</table>

<table>
<tr><td>班　　级</td><td></td><td>第　　组</td><td>组长签字</td><td></td></tr>
<tr><td>教师签字</td><td colspan="2"></td><td>日　　期</td><td></td></tr>
<tr><td>评　　语</td><td colspan="4"></td></tr>
</table>

作 业 单

学习领域	土木工程构造与识图		
学习情境	工程施工图的识读	学 时	36
工作任务	建筑施工图的识读	学 时	14
作业方式	资料查询，现场操作		
识读本工作任务中建筑施工图的总平面图、平面图、立面图、剖面图、详图的实例，总结归纳读图方法，掌握读图的技巧。			
班 级		第 组	组长签字	
教师签字		日 期	
教师评分			

检 查 单

学习领域	土木工程构造与识图			
学习情境	工程施工图的识读		学 时	36
工作任务	建筑施工图的识读		学 时	14
序 号	检查项目	检查标准	学生自查	教师检查
1				
2				
3				
4				
5				
6				
7				
8				
9				
10				

检查评价	班 级		第 组	组长签字	
	教师签字		日 期		

评 价 单

<table>
<tr><td>学习领域</td><td colspan="8">土木工程构造与识图</td></tr>
<tr><td>学习情境</td><td colspan="4">工程施工图的识读</td><td colspan="2">学 时</td><td colspan="2">36</td></tr>
<tr><td>工作任务</td><td colspan="4">建筑施工图的识读</td><td colspan="2">学 时</td><td colspan="2">14</td></tr>
<tr><td>评价类别</td><td>项 目</td><td colspan="2">子项目</td><td colspan="2">个人评价</td><td colspan="2">组内自评</td><td>教师评价</td></tr>
<tr><td rowspan="7">专业能力</td><td rowspan="2">资讯（10%）</td><td colspan="2">搜集信息（5%）</td><td colspan="2"></td><td colspan="2"></td><td></td></tr>
<tr><td colspan="2">引导问题回答（5%）</td><td colspan="2"></td><td colspan="2"></td><td></td></tr>
<tr><td>计划（5%）</td><td colspan="2"></td><td colspan="2"></td><td colspan="2"></td><td></td></tr>
<tr><td>实施（20%）</td><td colspan="2"></td><td colspan="2"></td><td colspan="2"></td><td></td></tr>
<tr><td>检查（10%）</td><td colspan="2"></td><td colspan="2"></td><td colspan="2"></td><td></td></tr>
<tr><td>过程（5%）</td><td colspan="2"></td><td colspan="2"></td><td colspan="2"></td><td></td></tr>
<tr><td>结果（10%）</td><td colspan="2"></td><td colspan="2"></td><td colspan="2"></td><td></td></tr>
<tr><td rowspan="2">社会能力</td><td>团结协作（10%）</td><td colspan="2"></td><td colspan="2"></td><td colspan="2"></td><td></td></tr>
<tr><td>敬业精神（10%）</td><td colspan="2"></td><td colspan="2"></td><td colspan="2"></td><td></td></tr>
<tr><td rowspan="2">方法能力</td><td>计划能力（10%）</td><td colspan="2"></td><td colspan="2"></td><td colspan="2"></td><td></td></tr>
<tr><td>决策能力（10%）</td><td colspan="2"></td><td colspan="2"></td><td colspan="2"></td><td></td></tr>
<tr><td rowspan="3">评价评语</td><td>班 级</td><td></td><td>姓 名</td><td colspan="2"></td><td>学 号</td><td></td><td>总 评</td></tr>
<tr><td>教师签字</td><td></td><td>第 组</td><td>组长签字</td><td colspan="2"></td><td>日 期</td><td></td></tr>
<tr><td colspan="8"></td></tr>
</table>

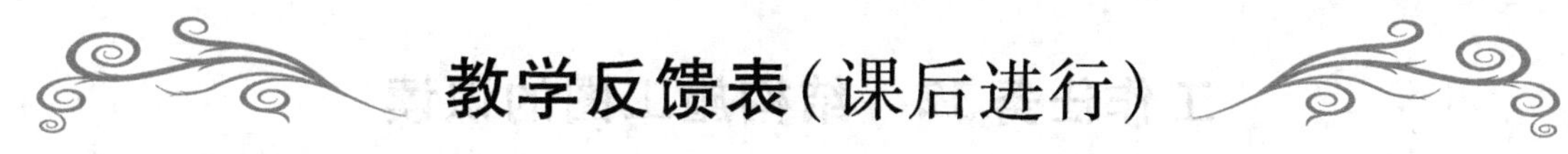

教学反馈表(课后进行)

<table>
<tr><td>学习领域</td><td colspan="4">土木工程构造与识图</td></tr>
<tr><td>学习情境</td><td colspan="2">工程施工图的识读</td><td>工作任务</td><td>建筑施工图的识读</td></tr>
<tr><td>学　　时</td><td colspan="4">0.5</td></tr>
<tr><td>序　　号</td><td>调 查 内 容</td><td>是</td><td>否</td><td>理由陈述</td></tr>
<tr><td>1</td><td>你是否喜欢这种上课方式?</td><td></td><td></td><td></td></tr>
<tr><td>2</td><td>与传统教学方式比较你认为哪种方式学到的知识更适用?</td><td></td><td></td><td></td></tr>
<tr><td>3</td><td>针对每个工作任务你是否学会如何进行资讯?</td><td></td><td></td><td></td></tr>
<tr><td>4</td><td>你对于计划和决策感到困难吗?</td><td></td><td></td><td></td></tr>
<tr><td>5</td><td>你认为本工作任务对你将来的工作有帮助吗?</td><td></td><td></td><td></td></tr>
<tr><td>6</td><td>通过本工作任务的学习,你学会建筑施工图的识读了吗?在今后的实习或顶岗实习过程中遇到建筑施工图的识读常见问题你可以解决吗?</td><td></td><td></td><td></td></tr>
<tr><td>7</td><td>通过几天来的工作和学习,你对自己的表现是否满意?</td><td></td><td></td><td></td></tr>
<tr><td>8</td><td>你对小组成员之间的合作是否满意?</td><td></td><td></td><td></td></tr>
<tr><td>9</td><td>你认为本学习情境还应学习哪些方面的内容?(请在下面空白处填写)</td><td></td><td></td><td></td></tr>
<tr><td colspan="5">你的意见对改进教学非常重要,请写出你的建议和意见:</td></tr>
</table>

<table>
<tr><td colspan="5">被调查人信息</td></tr>
<tr><td>专　　业</td><td>年　　级</td><td>班　　级</td><td>姓　　名</td><td>日　　期</td></tr>
<tr><td></td><td></td><td></td><td></td><td></td></tr>
</table>

工作任务12 结构施工图的识读

任务单

<table>
<tr><td>学习领域</td><td colspan="6">土木工程构造与识图</td></tr>
<tr><td>学习情境</td><td colspan="2">工程施工图的识读</td><td colspan="2">工作任务</td><td colspan="2">结构施工图的识读</td></tr>
<tr><td>任务学时</td><td colspan="6">12</td></tr>
<tr><td colspan="7">布置任务</td></tr>
<tr><td>工作目标</td><td colspan="6">1. 掌握结构施工图的内容,掌握房屋结构施工图的有关规定;
2. 掌握钢筋混凝土梁、板、柱内钢筋的名称、保护层、钢筋的位置,掌握钢筋混凝土结构构件的代号的表示方法及图例;
3. 掌握结构详图与结构剖面图的关系,正确识读现浇钢筋混凝土构件施工图;
4. 掌握建筑物基础图的内容,正确识读条基、独立基础、满堂基础结构施工图;
5. 掌握平法读图,熟练识读柱平法施工图、梁平法施工图的内容;
6. 掌握现浇楼板结构施工图的内容,钢筋混凝土现浇板内钢筋的名称、保护层、钢筋的位置,正确识读现浇钢筋构件图;
7. 能够在完成任务过程中锻炼职业素质,做到“严谨认真、吃苦耐劳、诚实守信”。</td></tr>
<tr><td>任务描述</td><td colspan="6">通过结构施工图的识读,掌握结构专业的读图要点,掌握结构专业相关制图标准与规范。其工作如下:
1. 结构施工图的认知;
2. 钢筋混凝土构件图;
3. 基础图的识读;
4. 钢筋混凝土构件的平面整体表示法;
5. 楼层结构平面图的识读;
6. 楼梯结构施工图的识读。</td></tr>
<tr><td rowspan="2">学时安排</td><td>资 讯</td><td>计 划</td><td>决 策</td><td>实 施</td><td>检 查</td><td>评 价</td></tr>
<tr><td>5</td><td>0.5</td><td>0.5</td><td>5</td><td>0.5</td><td>0.5</td></tr>
<tr><td>提供资料</td><td colspan="6">1. 房屋建筑制图统一标准:GB/T 50001—2010;
2. 工程制图相关规范;
3. 造价员、技术员岗位技术相关标准。</td></tr>
<tr><td>对学生的要求</td><td colspan="6">1. 具备几何的基本知识;
2. 具备对建筑物的基本了解;
3. 具备对建筑制图工具使用的一般了解;
4. 具备一定的自学能力、数据计算能力、沟通协调能力、语言表达能力和团队意识;
5. 每位同学必须积极参与小组讨论;
6. 严格遵守课堂纪律和工作纪律,不迟到,不早退,不旷课;
7. 树立职业意识,按照企业的岗位职责要求自己。</td></tr>
</table>

资 讯 单

<table>
<tr><td>学习领域</td><td colspan="3">土木工程构造与识图</td></tr>
<tr><td>学习情境</td><td>工程施工图的识读</td><td>工作任务</td><td>结构施工图的识读</td></tr>
<tr><td>资讯学时</td><td colspan="3">5</td></tr>
<tr><td>资讯方式</td><td colspan="3">1. 通过信息单、教材、互联网及图书馆查询完成任务资讯；
2. 通过咨询任课教师完成任务资讯。</td></tr>
<tr><td rowspan="14">资讯问题</td><td colspan="3">1. 结构施工图包括哪些内容？其有何作用？</td></tr>
<tr><td colspan="3">2. 在钢筋混凝土构件中，梁、板、柱内钢筋的名称及作用如何？</td></tr>
<tr><td colspan="3">3. 在钢筋混凝土梁中，其配筋图包括哪些内容？</td></tr>
<tr><td colspan="3">4. 找出教材中 L5、L6、L7 在本工程标准层梁板布置图中的具体位置？</td></tr>
<tr><td colspan="3">5. 现浇板中受力钢筋的上下层的位置在板布置图中如何规定？</td></tr>
<tr><td colspan="3">6. 何谓基础图？它包括哪些内容？钢筋混凝土条型基础的构造要求如何？</td></tr>
<tr><td colspan="3">7. 基础平面图与基础详图的关系是什么？</td></tr>
<tr><td colspan="3">8. 何谓钢筋混凝土构件的平面整体表示法？其特点如何？</td></tr>
<tr><td colspan="3">9. 何谓梁的集中标注的原位标注？熟记柱、墙、梁、板的构件代号。</td></tr>
<tr><td colspan="3">10. 柱平法施工图中采用哪种注写方式？</td></tr>
<tr><td colspan="3">11. 梁的平法施工图平面注写有几种表示方法？</td></tr>
<tr><td colspan="3">12. 以 10G101-1 图集中柱、梁为例，自己熟读练习钢筋混凝土柱、梁、板等构件的平法施工图。</td></tr>
<tr><td colspan="3">13. 将本工作任务中结构施工图的实例进行识读，总结归纳读图方法，掌握读图的技巧。</td></tr>
<tr><td colspan="3">学生需要单独资讯的问题……</td></tr>
<tr><td>资讯要求</td><td colspan="3">1. 根据专业目标和任务描述正确理解完成任务需要的咨询内容；
2. 按照上述资讯内容进行咨询；
3. 写出资讯报告。</td></tr>
<tr><td rowspan="3">资讯评价</td><td>班　级</td><td>学生姓名</td><td></td></tr>
<tr><td>教师签字</td><td>日　期</td><td></td></tr>
<tr><td colspan="3"></td></tr>
</table>

信 息 单

12.1 结构施工图的制图标准

建筑物为人们提供生产、生活及从事社会活动的建筑空间,必须满足建筑的使用功能、美观、防火等设计要求,建筑施工图可以表明建筑物的外部形状、内部平面布置、房屋的细部构造和建筑装修等内容。为了满足建筑物使用的安全,还应按建筑承重结构各方面要求进行力学和结构计算,确定建筑承重构件(基础、墙、梁、板、柱、楼梯等)的布置、形状、尺寸和结构构造要求,并将其结构计算结果绘制成图样,称为结构施工图,简称"结施"。

结构施工图是施工放线、挖基坑、支模板、绑扎钢筋、设置预埋件、浇捣混凝土、安装预制构件、编制预算和施工组织设计的重要依据。

12.1.1 结构施工图的内容

结构施工图一般包括结构设计说明、结构布置平面图和构件详图三部分内容。

1. 结构设计说明

结构设计说明以文字来说明结构设计的依据,如地基情况、风雪荷载、抗震要求情况,选用结构材料的质量、类型、规格及构件的要求,有关的工程地质概况及施工要求,采用的国家标准图或通用图的使用依据等。

2. 结构布置平面图

结构布置平面图是房屋承重结构的整体布置图纸,主要表示结构构件的位置、数量、型号及结构构件之间的相互连接。常用的结构平面布置图有基础平面图、楼层结构平面图、屋面结构平面图、柱网平面图等。

3. 构件详图

构件详图属于局部性图纸,表示单个承重构件的形状、尺寸、构造、所用材料的强度等级,其主要内容有:

①梁、板、柱、基础等详图。

②楼梯结构详图。

③其他构件详图。

12.1.2 建筑结构制图国家标准

1. 图线

结构施工图的图线、线型、线宽应符合表12.1所示的规定。

表12.1 结构施工图中的图线

名 称	线 型	线 宽	一 般 用 途
粗实线	————————	b	螺栓、钢筋线,结构平面布置图中单线结构构件线及钢、木支撑线
中实线	————————	$0.5b$	结构平面图中及详图中剖到或可见墙身轮廓线、钢木构件轮廓线
细实线	————————	$0.25b$	钢筋混凝土构件的轮廓线、尺寸线,基础平面图中的基础轮廓线
粗虚线	- - - - - - - -	b	不可见的钢筋、螺栓线,结构平面布置图中不可见的钢、木支撑线及单线结构构件线
中虚线	- - - - - - - -	$0.5b$	结构平面图中不可见的墙身轮廓线及钢、木构件轮廓线
细虚线	- - - - - - - -	$0.25b$	基础平面图中管沟轮廓线,不可见的钢筋混凝土构件轮廓线
粗单点长画线	—·—·—·—	b	垂直支撑、柱间支撑线
细单点长画线	—·—·—·—	$0.25b$	中心线、对称线、定位轴线
粗双点长画线	—··—··—··—	b	预应力钢筋线

续表

名 称	线 型	线 宽	一 般 用 途
折断线		0.25b	断开界线
波浪线		0.25b	断开界线

2. 比例

绘制结构施工图时,针对图样的用途和复杂程度,选用表 12.2 中的常用比例,特殊情况下,也可选用可用比例。当结构的纵横向断面尺寸相差悬殊时,也可在同一详图中选用不同比例。

表 12.2 结构图常用比例

图 名	常 用 比 例	可 用 比 例
结构平面布置、基础平面图	1:50,1:100,1:200	1:150
圈梁平面图、管沟平面图等	1:200,1:500	1:300
详图	1:10,1:20,1:50	1:5,1:25,1:30,1:40

3. 构件代号

结构施工图中构件的名称宜用代号表示,代号后应用阿拉伯数字标注该构件的型号或编号也可为构件的顺序号,常用构件代号见表 12.3。

表 12.3 常用结构构件的代号

序号	名 称	代号	序号	名 称	代号	序号	名 称	代号
1	板	B	9	屋面梁	WL	17	框架	KJ
2	屋面板	WB	10	吊车梁	DL	18	柱	Z
3	空心板	KB	11	圈梁	QL	19	基础	J
4	密肋板	MB	12	过梁	GL	20	梯	T
5	楼梯板	TB	13	连系梁	LL	21	雨篷	YP
6	盖板或沟盖板	GB	14	基础梁	JL	22	阳台	YT
7	墙板	QB	15	楼梯梁	TL	23	预埋件	M
8	梁	L	16	屋架	WJ	24	钢筋网	W

4. 定位轴线

结构施工图上的定位轴线及编号应与建筑施工图或总平面图一致。

5. 尺寸标注

结构施工图上的尺寸标注应与建筑施工图相符合,但结构图所注尺寸是结构的实际尺寸,即不包括结构表层粉刷或面层的厚度。在桁架式结构的单线图中,其几何尺寸可直接注写在杆件的一侧,而不需画尺寸界线,对称桁架可在左半边标注尺寸,右半边标注内力。

12.2 钢筋混凝土构件图

12.2.1 钢筋混凝土的基本知识

钢筋混凝土构件是非燃烧体,在建筑工程中是一种应用极为广泛的建筑材料,它由钢筋和混凝土两种力学性能截然不同的材料组合而成。混凝土是水泥、砂、石子和水按一定比例拌合,经凝固养护制成的,它抗压强度高,抗拉能力低,易受拉而断裂;而钢筋的抗拉、抗压能力都很高,利用钢筋这一特性,将钢筋放在混凝土构件的受拉区中使其受拉,混凝土承受压力,使混凝土和钢筋结合成一体,共同发挥作用,这将大大地提高构件的承载能力,从而减小构件的断面尺寸。这种配有钢筋的混凝土称为钢筋混凝土。

由钢筋混凝土制成的梁、板、柱、基础等构件称为钢筋混凝土构件。

钢筋混凝土构件可分为现浇钢筋混凝土构件和预制钢筋混凝土构件。现浇钢筋混凝土构件是指在施工现场支模板、绑扎钢筋、浇筑混凝土、养护、拆模生产工艺而形成的构件。预制钢筋混凝土构件是指在工厂成批加工生产，运到现场安装的钢筋混凝土构件。另外还有预应力混凝土构件，即在构件制作过程中通过张拉钢筋对混凝土预加一定的压力，以提高构件的抗拉和抗裂能力。

1. 常用的钢筋代号

常用钢筋的品种和代号见表 12.4。

表 12.4　常用钢筋的品种和代号

钢筋品种	代号	钢筋品种	代号
Ⅰ级钢筋 HPB235（Q235）	Φ	Ⅳ级钢筋 RRB400（K20MnSi 等）	$Φ^R$
Ⅱ级钢筋 HRB335（20MnSi）	Φ	冷拔低碳钢丝	$Φ^b$
Ⅲ级钢筋 HRB400（20MnSiV、20MnSib、20MnTi）	Φ	冷拉Ⅰ级钢筋	$Φ^L$

2. 混凝土的强度等级

混凝土按其立方体抗压强度不同划分等级，普通混凝土分 C7.5、C10、C15、C20、C25、C30、C35、C40、C45、C50、C55、C60、C65、C70、C75 及 C80 等 16 个强度等级。等级越高，混凝土抗压强度也越高。

3. 钢筋的名称、作用及标注方法

如图 12.1 所示，按钢筋在混凝土构件中的作用不同，钢筋可分为以下几种。

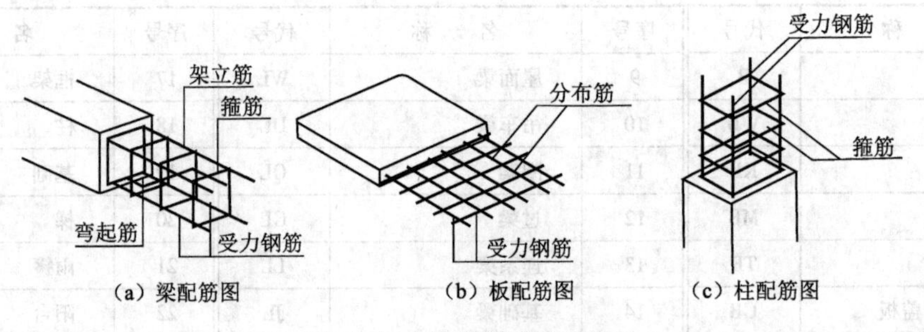

（a）梁配筋图　（b）板配筋图　（c）柱配筋图

图 12.1　钢筋混凝土配筋图

（1）受力钢筋

受力钢筋也称主筋，承受构件内的拉力或压力，钢筋面积应据其受力大小通过结构计算决定，且应满足构造要求，并配置在各种钢筋混凝土构件中，分直筋和弯起筋两种。

在梁、柱中受力筋也称纵向钢筋，应标注其数量、直径和种类，如 4 Φ22，表示配置 4 根Ⅰ级钢筋，直径为 22 mm；在板中受力筋，应标注其种类、直径、间距，如Φ10 @ 100，表示配置Ⅰ级钢筋，直径为 10 mm，间距为 100 mm（@是相等中心距符号）。

（2）架立筋

架立筋与纵向受力钢筋平行并承担部分剪力或扭矩，多用于梁和柱中。架立筋通常配置在梁的受压区即梁的上部，用于固定梁内钢筋的位置，并与受力筋、箍筋一起形成梁内钢筋骨架，须按构造配筋。

（3）分布筋

分布筋用于固定受力筋的正确位置，多配置于单向板中。分布筋与板的受力筋垂直，其作用是将承受的荷载均匀地传给受力筋，并承担抵抗热胀冷缩引起的混凝土温度的变形。

（4）箍筋

箍筋用以固定梁、柱构件中纵向受力钢筋的位置，并承受其剪力和扭矩。应标注箍筋的级别、直径、间距，如Φ8 @100。

（5）构造筋

构造筋是因构造要求或施工安装需要而配置的钢筋，如腰筋、拉结筋、吊筋等。

4. 钢筋的保护层和弯钩

在钢筋混凝土构件中，为了防止受力钢筋锈蚀，加强钢筋与混凝土的握裹力，构件都应具有足够的混凝土保护层。混凝土保护层是指钢筋外缘至构件表面的厚度。梁、柱保护层厚度为 25 mm，板保护层厚度为 10 ~ 15 mm。钢筋混凝土构件的混凝土保护层应按表 12. 5 采用。

表 12. 5 钢筋混凝土构件的混凝土保护层厚度

环境条件	构件类别	混凝土强度等级		
		≤C20	C25 及 C30	≥C35
室内正常环境	板、墙、壳	15		
	梁和柱	25		
露天或室内高温度环境	板、墙、壳	35	25	15
	梁和柱	45	35	25

5. 钢筋的弯钩

为了加强光圆钢筋与混凝土之间的粘结力(握裹力)，表面光圆的钢筋两端须做弯钩，弯钩的角度有 45°、90 °、180°，常见的钢筋弯钩形式如图 12. 2 所示。带肋钢筋与混凝土的粘结力强，两端不必加弯钩。

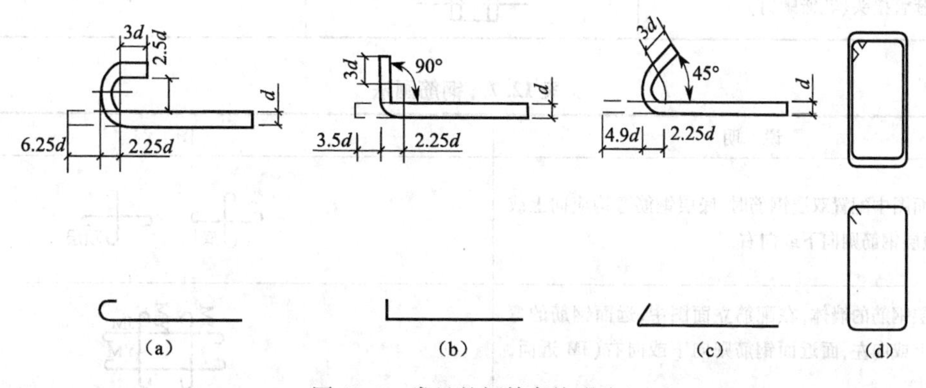

图 12. 2 常见的钢筋弯钩形式

6. 钢筋的表示方法

在钢筋混凝土构件中，钢筋配置非常重要。在结构配筋图中钢筋的纵向投影线用粗实线表示，钢筋横断面投影用黑圆点表示，见表 12. 6，在结构施工图中钢筋的常规画法见表 12. 7。

钢筋混凝土构件内的各种钢筋应采用阿拉伯数字编号，写在引出线端头的直径为 6 mm 的细实线圆中。

在编号引出线上部，应用代号写出该钢筋的等级品种、直径、根数或间距。

例如，如图 12. 3 所示，③号筋表示 1 根直径为 8 mm 的 Ⅰ 级钢筋，②号筋表示 2 根 Ⅱ 级钢筋，直径为14 mm；①号筋表示 3 根 Ⅱ 级钢筋，直径为 18 mm。

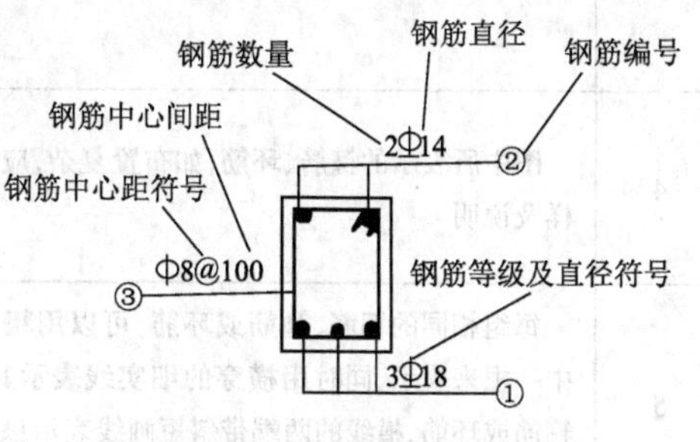

图 12. 3 钢筋的标注方式

12. 2. 2 钢筋混凝土构件详图

在钢筋混凝土构件，要用投影原理表达构件的形状和尺寸，还要表达钢筋本身及其在混凝土中的情况，包括钢筋的品种、直径、形状、位置、长度、数量及间距等。故绘制钢筋混凝土结构图时，应假想混凝土是透明体，即钢筋视为“可见”。这种能显示混凝土内部钢筋配置的投影图称为配筋图。配筋图是钢筋混凝土结构图中最主要的图样，通常由模板图、配筋简图、钢筋表和文字说明组成。

表 12.6　一般钢筋常用图例

序号	名称	图例	说明
1	钢筋横断面	•	
2	无弯钩的钢筋端部		下图表示长短钢筋投影重叠时，可在短钢筋的端部用45°短画线表示
3	带半圆形弯钩的钢筋端部		
4	带直钩的钢筋端部		
5	带丝扣的钢筋端部		
6	无弯钩的钢筋搭接		
7	带半圆弯钩的钢筋搭接		
8	带直钩的钢筋搭接		
9	套管接头（花篮螺钉）	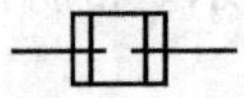	

表 12.7　钢筋画法

序号	说明	图例
1	在平面图中配置双层钢筋时，底层钢筋弯钩应向上或向左，顶层钢筋则向下或向右	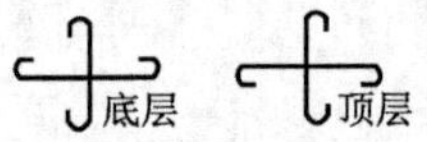 底层　顶层
2	配双层钢筋的墙体，在配筋立面图中，远面钢筋的弯钩应向上或向左，面近面钢筋则向下或向右（JM 近面，YM 远面）	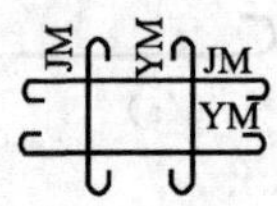 JM YM JM YM
3	如在断面图中不能表示清楚钢筋布置，应在断面图外面增加钢筋大样图	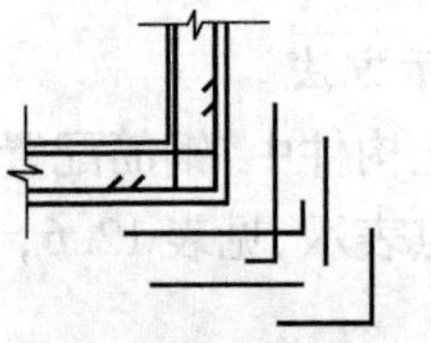
4	图中所表示的箍筋、环筋，如布置复杂，应加画钢筋大样及说明	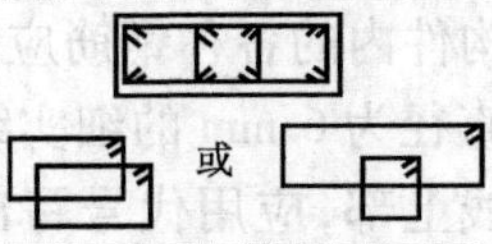 或
5	每组相同的钢筋、箍筋或环筋，可以用粗实线画出其中一根来表示，同时用横穿的细实线表示其余的钢筋、箍筋或环筋，横线的两端带斜短画线表示该号钢筋的起止范围	

1. 模板图

模板图是为了浇注现浇钢筋混凝土构件中的混凝土而绘制的，又称外形图。它主要表示构件的外形、尺寸及预埋件位置、预留孔洞的大小和位置，以及有关标高及构件与定位轴线的关系等。模板图是模板制作和安装的依据。

对于形状比较复杂的构件，或设有预埋件的构件，需画模板图。

模板图的图示方法就是按构件的外形绘制的视图，如图 12.4 所示。外形轮廓线用中粗实线绘制。

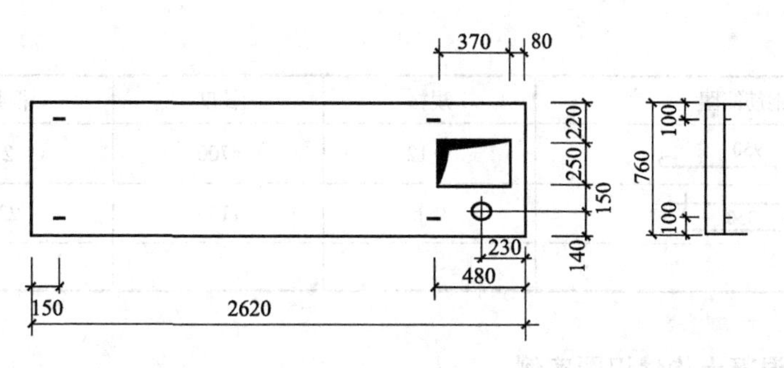

图 12.4　模板图

2. 配筋图

配筋图就是钢筋混凝土构件中的钢筋配置图。它主要表示钢筋混凝土构件内部所配置钢筋的大小、形状、数量、级别和钢筋排放位置，是构件详图中最主要的图样，是钢筋下料、绑扎钢筋骨架的重要依据。钢筋配筋图可分为立面图、断面图和钢筋详图。

(1)立面图

立面图是假定钢筋混凝土构件为一透明体而画出的一个纵向正投影图。它主要表明钢筋混凝土构件中钢筋的立面形状和上下钢筋排列的位置。通常钢筋混凝土构件外轮廓用细实线表示，钢筋用粗实线表示，如图 12.5 所示。

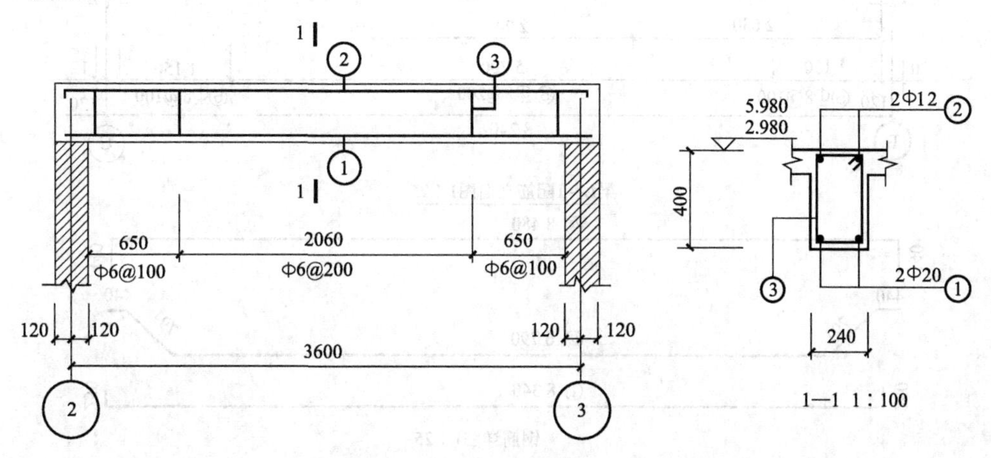

图 12.5　L—3 立面图 1∶30

(2)断面图

断面图是钢筋混凝土构件横向剖切的投影图。它主要表示钢筋的上下和前后的排列、钢筋的直径、箍筋的形状等内容。构件的断面形状、位置、钢筋数量有变化处均要画出其断面图。断面图的轮廓为细实线，钢筋横断面用黑点来表示，如 12.5 图中 L—3 的 1—1 断面图。

(3)钢筋详图

钢筋详图是按制图规定的图例画出的示意图，它主要表示钢筋的形状、长度，利于钢筋下料和加工成型。相同编号的钢筋只画一根，并注明钢筋的编号、等级、直径、数量或间距及钢筋各段的长度和总尺寸。

(4)钢筋的编号

为了防止钢筋的形状、等级、直径大小混淆，故将钢筋进行编号。用阿拉伯数字注写在直径 6 mm 细实线圆圈内，并用引出线指到对应的钢筋部位，同时在引出线的水平线段上注写钢筋标注的内容。

3. 钢筋表

为了编制施工预算，统计建筑材料用量，对配筋复杂的构件要列出钢筋表。钢筋表的内容有钢筋编号、钢筋规格、钢筋数量、钢筋简图、钢筋长度、钢筋重量等，见表 12.8。

表 12.8　钢筋混凝土简支梁的配筋

编号	钢筋简图	规格	长度	根数	质量
①	3790	Φ20	3 790	2	

续表

编号	钢筋简图	规格	长度	根数	质量
②	3950	Φ12	4700	2	
③	190 350	Φ6	1180	23	
总重					

12.2.3 常用钢筋混凝土构件识图实例

1. 钢筋混凝土梁构件配筋详图

钢筋混凝土梁构件配筋详图包括立面图、断面图，为便于下料需列钢筋表，如图 12.6 所示。

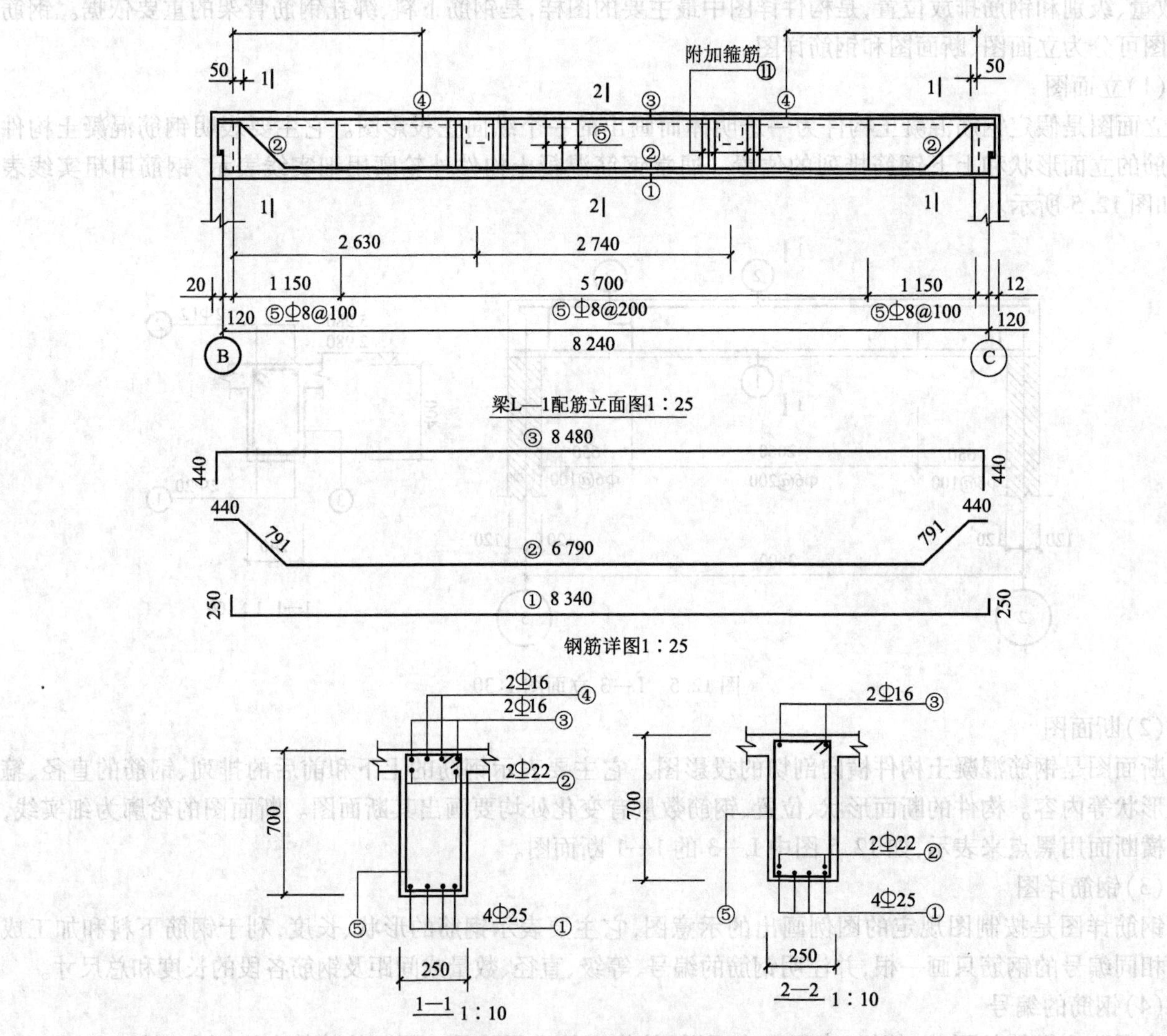

梁L—1钢筋表

编号	钢筋简图	规格	长度	根数	重量
①	250 8340 250	Φ25	8840	4	136
②	440 791 6 790 791 440	Φ22	9260	2	55
③	440 8420 440	Φ16	9300	2	29
④	440 2240	Φ16	2680	4	17
⑤	200 625	Φ8	1890	59	44

图 12.6 某现浇钢筋混凝土单跨主梁的结构配筋详图

读图时先看图名，再看立面图和断面图。图 12.6 所示是某现浇钢筋混凝土单跨主梁的结构配筋详图。图名是梁 L—1，立面图比例是 1∶25，从立面图上可以看出梁位于Ⓑ轴和Ⓒ轴之间，梁长 8480 mm，中间虚线部分表示板和两个次梁的外轮廓，两个次梁距 B 轴柱边距离分别是 2630 mm、5370 mm。②号弯起钢筋，弯起点距柱边 50 mm；④号为梁两端上部附加钢筋，长度为 2240 mm；⑤号箍筋采用的是简画法，只画出其中几个，实际在中间部位箍筋中心距是 200 mm，两端靠近 B、C 轴处其中心距为 100 mm，次梁两端加密箍筋各 3 道，一般为间距 50 mm。

断面图比例是 1∶10，从 1—1、2—2 断面图中可看出梁高 700 mm，宽 250 mm，梁上部配③号筋（2 根直径 16 的Ⅱ级钢筋）；梁两端各附加 2 根④号筋（直径 16 的Ⅱ级钢筋）；下部第一排配①号受力钢筋（4 根直径 25 的Ⅱ级钢筋），第二排配②号弯起钢筋（2 根直径 22 的Ⅱ级钢筋），1—1 断面图还表示梁端部②号钢筋弯起后的位置及④号附加钢筋的放置位置。从钢筋详图和钢筋表中可看出钢筋的实际长度、形状和数量。

图 12.7 所示是钢筋混凝土多跨连续梁配筋图。

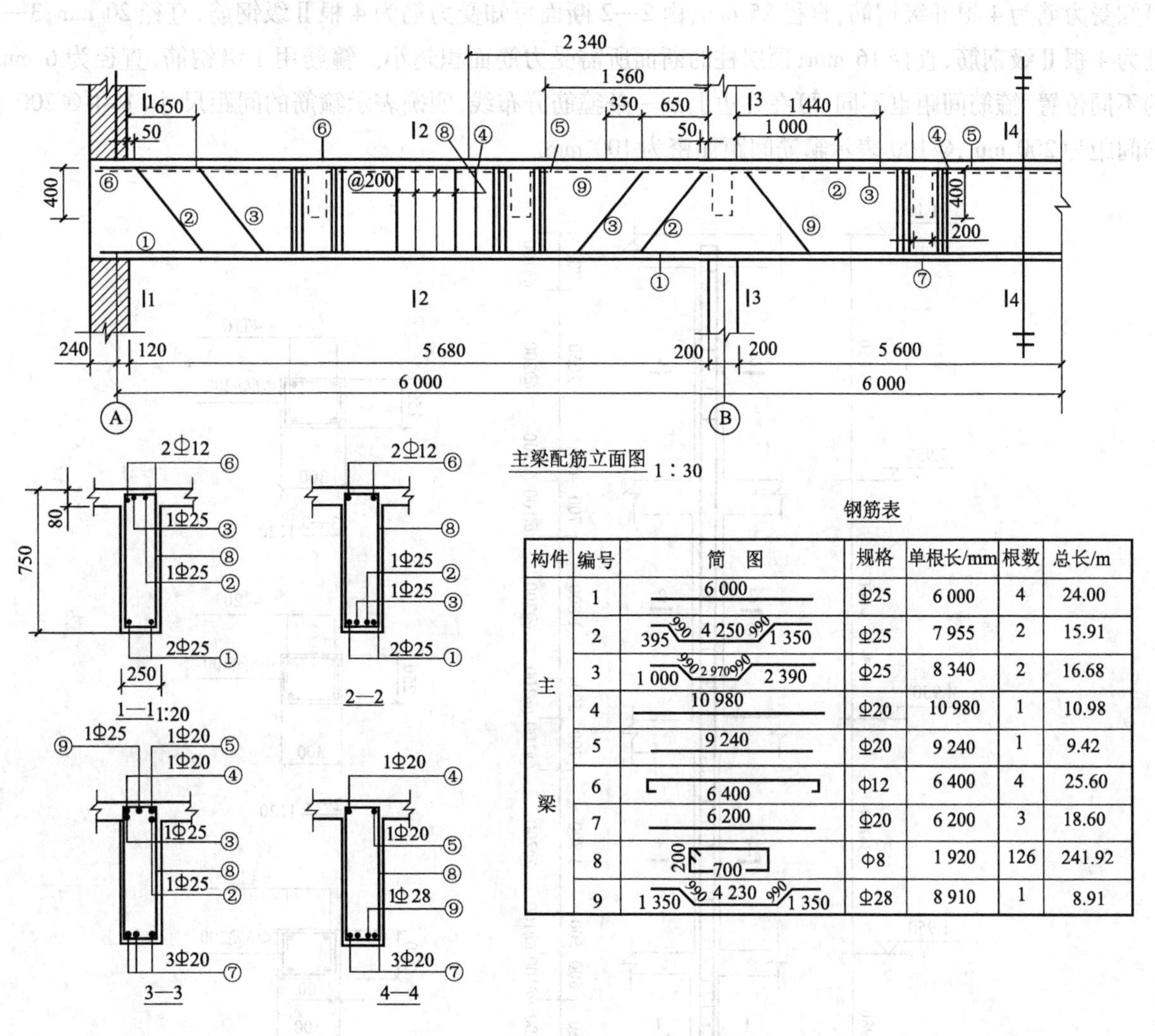

构件	编号	简图	规格	单根长/mm	根数	总长/m
主梁	1	6 000	Φ25	6 000	4	24.00
	2	395 990 4 250 990 1 350	Φ25	7 955	2	15.91
	3	1 000 990 2 970 990 2 390	Φ25	8 340	2	16.68
	4	10 980	Φ20	10 980	1	10.98
	5	9 240	Φ20	9 240	1	9.42
	6	6 400	Φ12	6 400	4	25.60
	7	6 200	Φ20	6 200	3	18.60
	8	200 700	Φ8	1 920	126	241.92
	9	1 350 990 4 230 990 1 350	Φ28	8 910	1	8.91

图 12.7 钢筋混凝土多跨连续梁配筋图

立面图的比例为 1∶30，梁高 750 mm，梁宽 250 mm，主梁是一根三跨连续梁，两端支撑在Ⓐ轴墙和Ⓓ轴墙上，中间支承在钢筋混凝土柱子上，由于连续梁左右对称，详图中只画了一半多，用对称符号表示。在立面图上用虚线表示板厚（80 mm）和次梁高和宽（高 400 mm、宽 200 mm）。立面图与断面图对照便知：⑥号筋为架立钢筋是 2 根直径为 12 mm 的Ⅰ级钢筋，钢筋两端需作半圆形弯钩，①号筋为受力筋伸入支座为两根直径为 25 mm 的Ⅱ级钢筋，弯起筋是直径为 25 mm 的Ⅱ级钢筋，一根编号为②，一根编号为③，弯起钢筋②、③

距支座外边分别为 50 mm、650 mm 处起弯，弯起钢筋与梁纵向轴线夹角为 45°。④号筋的钢筋直径为20 mm 的Ⅱ级钢筋，两端不作弯钩，④号钢筋主要是因为 B 轴支座处梁上部受拉而加的受力钢筋，从距 B 轴柱左侧 2340 mm 处加上；⑤号筋的钢筋直径为 20 mm 的Ⅱ级钢筋，作用与④相同，从距 B 柱左侧 1560 mm 处加上，④、⑤号钢筋还起了架立筋的作用。⑦号钢筋为受力钢筋即 3 根直径为 20 mm 的Ⅱ级钢筋。⑧号钢筋是箍筋，在立面图中箍筋没有全部绘出，在 2—2 剖切线附近只绘出 5 根，直径为 8 mm 的工级钢筋、间距为 200 mm，次梁左右剪力大，故各附加了 3 根间距为 50 mm 的箍筋。

2. 钢筋混凝土柱构件详图

钢筋混凝土柱构件详图主要有立面图和断面图。若钢筋混凝土柱的外形复杂或有预埋件，应增画模板图即构件的外形图，一般用细实线绘制。

图 12.8 所示是某现浇钢筋混凝土柱的结构详图。

该柱从标高为 -0. 03 m 起至顶层标高 11. 10 m 处。柱的断面为矩形，长 300 mm、宽 250 mm，由 1—1 断面可知受力筋为 4 根Ⅱ级钢筋，直径 25 mm；由 2—2 断面可知受力筋为 4 根Ⅱ级钢筋，直径 20 mm；3—3 断面处为 4 根Ⅱ级钢筋，直径 16 mm；顶层柱的断面所需受力筋面积越小。箍筋用Ⅰ级钢筋，直径为 6 mm；柱上的不同位置，箍筋间距也不同，可在柱边上画一条箍筋分布线，明确表示箍筋的间距尺寸，其中@ 200 表示箍筋间距为 200 mm，@ 100 表示箍筋间距加密为 100 mm。

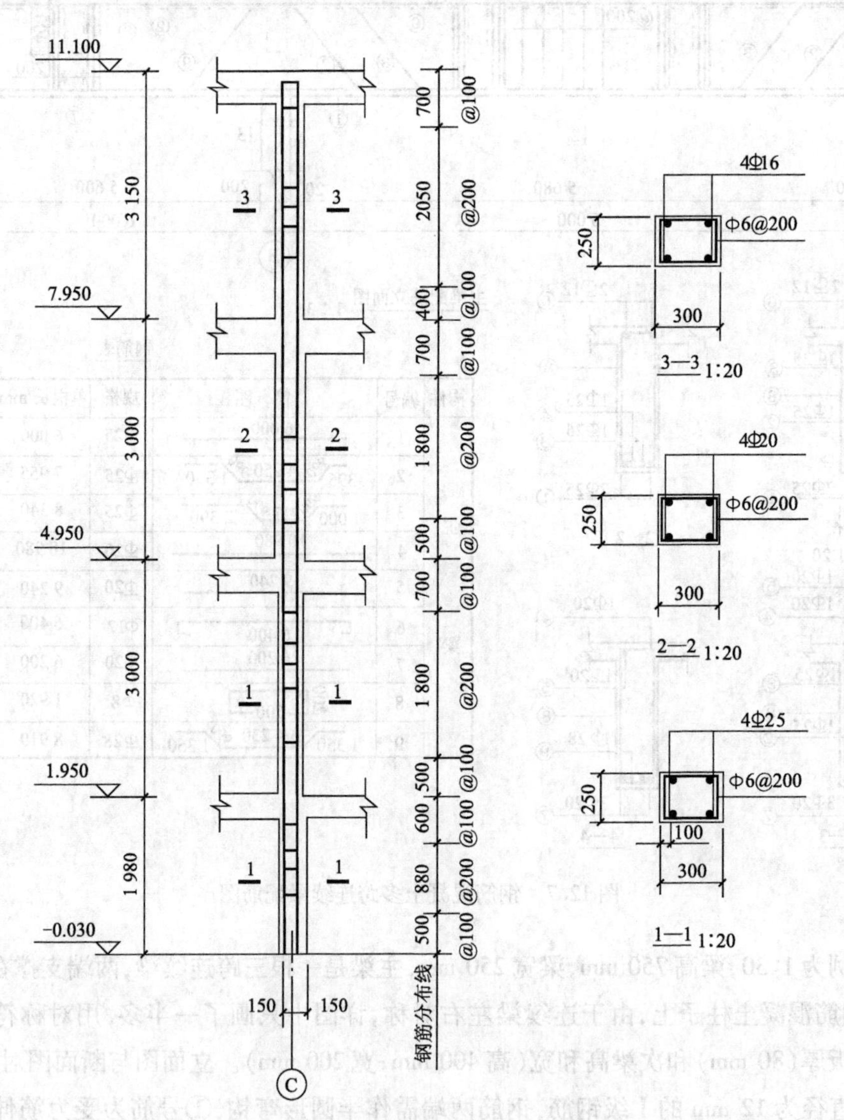

图 12.8 某现浇钢筋混凝土柱的结构详图

3. 钢筋混凝土板

图 12.9 所示是现浇钢筋混凝土楼板结构详图。从图中看出,该板支承在⑥~⑦轴的墙上和 A~B 轴墙上。板底的⑤号纵向、⑥号横向钢筋均为Φ8@200,是板的受力筋。板的四周上部沿墙配置②号和⑦号的构造筋Φ8@200。在板跨墙处的上部增设⑧号钢筋Φ8@200。在图中还画出了现浇板和圈梁的重合断面图,断面涂黑表示。板中还有两根Ⅱ级钢筋,直径 14,按规定图中的各类钢筋仅画出一根表示,从文字说明可知现浇板的厚为 100 mm,混凝土的强度等级 C20。在 12.9 图中,①号钢筋在板的底层,采用Ⅰ级钢直径Φ8,间距 200 mm;②号钢筋在板的顶层,采用Ⅰ级钢直径Φ8,间距 200 mm;③号钢筋在板的顶层,采用Ⅰ级钢直径Φ8,间距 200 mm;④号钢筋在板的顶层,采用Ⅰ级钢直径Φ8,间距 200 mm。

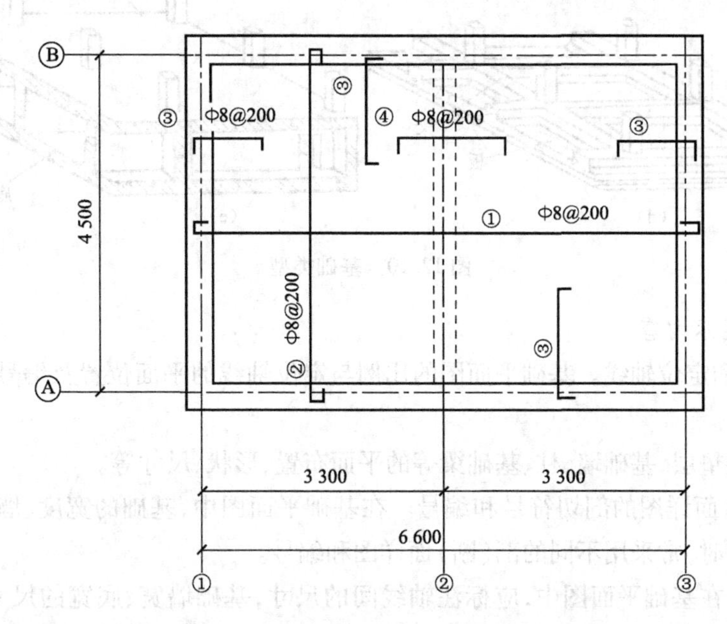

图 12.9 现浇钢筋混凝土楼板结构详图

12.3 基础图的识读

基础是建筑物的组成部分,是埋在地下的受力构件,承其建筑物上部传来的所有荷载并将该荷载传给地基。基础图是表示房屋地面以下(±0.000)基础部分的平面布置和详细构造的图样,通常它包括基础平面图和基础详图及文字说明。基础图是进行施工放线、开挖基槽(坑)和浇注(砌筑)基础的依据。基础的形式、断面尺寸的大小与上部承重结构、荷载大小及地基的承载力有关,一般有条形基础、独立基础、桩基础、筏形基础、箱形基础等形式,如图 12.10 所示。

12.3.1 基础平面图

1. 基础平面图的形成

假想用一个水平剖切平面在首层地面与基础之间将整栋建筑物剖开,移去剖切平面以上的建筑物和基础回填土,向下作正投影所得到的水平投影图称为基础平面图。

2. 基础平面图的图线要求

基础平面图主要表达基础的平面布局及位置,因此只需绘出基础墙、柱及基底平面的轮廓和尺寸,即每条定位轴线出均有四条线,两条粗实线,两条细实线,被剖到墙、柱轮廓线用粗实线,投影所得到的基础底部轮廓线用细实线表示。除此之外,其他细部(如条形基础的大放脚、独立基础的锥形轮廓线等)都不必反映在基础平面图中。

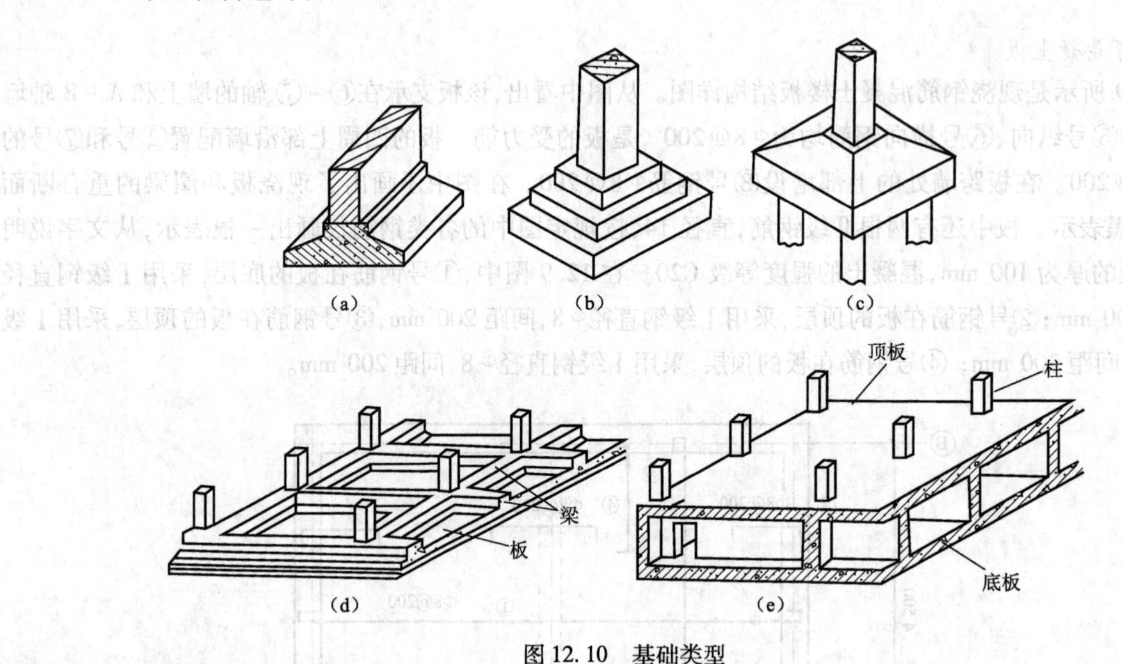

图 12.10 基础类型

3. 基础平面图的图示内容

①表示图名、比例和定位轴线。基础平面图的比例与定位轴线的平面位置及编号应与建筑施工平面图一致。

②表示基础图中的垫层、基础墙、柱、基础梁等的平面布置、形状、尺寸等。

③表示基础剖(断)面详图的剖切符号和编号。在基础平面图中,基础的宽度、墙厚、放脚形式、基础标高及尺寸等做法有不同时,常采用不同的剖(断)面详图和编号。

④表示尺寸标注。在基础平面图中,应标注轴线间的尺寸,基础墙宽、底宽的尺寸,轴线到基础墙边和基底边的尺寸。

⑤文字说明在基础平面图中,基础材料、基础埋深等均用文字加以说明。

12.3.2 基础详图

基础详图主要表达基础的断面形状、尺寸、材料、构造及基础埋深和基础的内部配筋等情况,它是建筑物基础施工放线的依据。

1. 基础详图的形成

假想用一个平行与 V 面或 W 面的剖切平面,将建筑物从上至下铅垂剖切基础,移走剖切面与观察者之间的形体部分,将剩余部分形体向投影面作正投影,用较大比例画出的基础(断)面图就称为基础详图。

2. 基础详图的图示内容

(1) 表示图名、比例与定位轴线

基础详图的比例用 1:20 或 1:10 绘制。基础详图图名要据基础平面图中的断面剖切符号的编号来命名,据断面剖切符号在基础平面图中找出其相应位置。

(2)尺寸标注和标高

在基础详图中要标注基础剖(断)面各部分尺寸和标高。如基础墙的厚度、放脚构造、垫层尺寸、基础梁基础与轴线的位置关系、基底埋深、室内外地面和基底标高。

(3)表示基础各组成部分的结构构造

如基础墙材料、防潮层的位置与做法基础梁或圈梁配筋与断面形状、放脚形式、钢筋混凝土基础内的配筋、垫层的材料。

12.3.3　基础平面图与详图阅读实例

附录图 A.10 所示为某住宅楼钢筋混凝土条形基础平面图,附录图 A.12 所示为某住宅楼条形基础表及基础详图。

附录图 A.10 比例为1∶100。基础为钢筋混凝土条形基础,共有 13 个剖面,4 种型号的条型基础,有 JQL1、JQL2 两种型号的圈梁。

类型Ⅰ中,有1—1、2—2、3—3、4—4 剖面。以 1—1 为例,1—1 剖面的基础底板总宽 A 为 2200 mm,基础墙厚 490 mm,基底标高 2500 mm,基础圈梁 JQL1 顶面标高为 410 mm,其断面为 370 mm × 370 mm,内配 8 ⌀14螺纹钢,箍筋采⌀6@200 mm,基础端头高度 H1 为 250 mm,基础根部高度 H 为 500 mm;C10 素混凝土垫层厚 100 mm,宽度为 2400 mm,基础受力①号主筋为⌀14 螺纹钢@130 mm,分布筋为⌀10 的Ⅰ级钢@250 mm。

类型Ⅱ中,有 8—8、9—9、10—10、12—12 剖面。以 8—8 为例,8—8 剖面基础底板总宽 A 为 2000 mm,基础墙厚 370 mm,基底标高 2500 mm,基础圈梁 JQL1 顶面标高为 410 mm,其断面为 370 mm × 370 mm,内配 8 ⌀14 螺纹钢,箍筋采用⌀6@200 mm,基础端头高度 H1 为 250 mm,基础根部高度 H 为 500 mm;C10 素混凝土垫层厚 100 mm,宽度为 2200 mm,基础受力①号主筋为⌀14 螺纹钢@130 mm,分布筋为⌀10 的Ⅰ级钢@250 mm。

类型Ⅲ中,只有一个 13—13 剖面。在 11—12 轴间设置伸缩缝,缝宽 70 mm,基础底板总宽 A 为 3600 mm,基础墙厚 550 mm,基底标高 2500 mm,基础圈梁 JQL2 顶面标高为 410 mm,其断面为 240 mm × 370 mm,内配 6 ⌀14 螺纹钢,箍筋采用⌀6@200 mm,基础端头高度 H1 为 250 mm,基础根部高度 H 为 700 mm;C10 素混凝土垫层厚 100 mm,宽度为 3800 mm,基础受力①号主筋为⌀16 螺纹钢@120 mm,分布筋为⌀10 的Ⅰ级钢@250 mm。

类型Ⅳ中,有 5—5、6—6、7—7、11—11 剖面。以 5—5 为例,5—5 剖面的基础底板总宽 A 为 2400 mm,基础墙厚 600 mm,基底标高 2500 mm,基础圈梁 JQL1 顶面标高为 410 mm,其断面为 370 mm × 370 mm,内配 8 ⌀14 螺纹钢,箍筋采用⌀6@200 mm,基础端头高度 H1 为 250 mm,基础根部高度 H 为 500 mm;C10 素混凝土垫层厚 100 mm,宽度为 2600 mm,基础受力①号主筋为⌀14 螺纹钢@130 mm,分布筋为⌀10 的Ⅰ级钢@250 mm,条基内设置一基础梁。

12.4　钢筋混凝土构件的平面整体表示法

平法是建筑结构施工图整体表示法的简称。它是一种新型的结构施工图表达方法,概括地说,它是将结构构件的尺寸和配筋及构造整体直接表达在各类构件的结构平面布置图上,再与标准构造详图相配合,构成一套完整的结构施工图表达方法,从而提高设计效率、简化绘图、查找方便,设计内容表达全面、准确。为此,我国推出了国家标准图集《混凝土结构施工图平面整体表示方法制图规则和构造详图》11G101—1。该标准中介绍的平面整体表示法改革了传统表示法逐个构件表达方式,是对我国目前混凝土结构施工图设计方法的重大改革。

12.4.1　柱平法施工

柱平法施工图:指在柱平面布置图上采用列表注写方式或截面注写方式来表达钢筋混凝土的施工图。

平法读图,也称钢筋混凝土结构施工图平面整体表示方法。

平法特点:缩减 1/3 的图纸量,便于施工看图、记忆和查找。

平法标准图集:《混凝土结构施工图平面整体表示方法制图规则和构造详图》。该图集包括两大部分内容:平面整体表示法制图规则和标准构造详图。平法主要用于绘制现浇钢筋混凝土结构的梁、板、柱、剪力墙等构件的配筋图。

1. 平法设计的注写方式

按平法设计绘制结构施工图时,应将所有柱、墙、梁构件进行编号,并用表格或其他方式注明各结构层楼(地)面标高、结构层高及相应的结构层号,常见柱梁的代号如下:

框架柱 KZ	剪力墙上柱 QZ	非框架梁 L
框支柱 KZZ	楼层框架梁 KL	悬挑梁 XL
芯　柱 XZ	屋面框架梁 WKL	井字梁 JZL
梁上柱 LZ	框支梁 KZL	

2. 柱平法施工图的制图规则及示例

(1)列表注写方式

列表注写方式是在柱平面布置图上,分别在同一编号的柱中个选择一个截面标注几何参数代号,在柱表中注写柱号、柱段起止标高、几何尺寸与配筋具体数值,并配以各种柱截面形状及其箍筋类型图的方式,用于表达平法施工图。

图 12.11 是柱平法施工图的列表注写方式示例。它包括柱平面布置图、柱表、箍筋类型、楼层结构标高与层高四个部分。有 KZ1(框架柱 1)、LZ1(梁上柱 1)、XZ1(芯柱 1)等三种;箍筋有 1 ~ 7 种类型,还可知箍筋类型 1(5 × 4)的箍筋肢数组合;从柱表(局部)可看出标号、标高、尺寸、配筋等情况。

以 KZ1 为例,KZ1 共分三个柱段,其中第一行 KZ1 柱段起止标高为 − 0. 03 ~ 19. 470,即 1 ~ 6 层框架柱,柱的断面尺寸 $b \times h$ 为 750 × 700,其中 $b = b_1 + b_2 = 375 + 375 = 750$, $h = h_1 + h_2 = 150 + 550 = 700$,配筋为 24 根 Ⅱ级钢直径 25 的纵筋(受力筋),箍筋类型 1(5 × 4),箍筋的表示方式Φ 10@ 100/200 为加密区间距 100,非加密区间距为 200。

(2)截面注写方式

截面注写方式是在分标准层绘制的柱平面布置图上,分别在同一编号的柱中选择一个截面,并将此截面在原位放大,以直接注写截面尺寸和配筋具体数值。以图 12. 12 为例说明采用截面注写方式表达柱平法施工图的内容。

从图中柱的编号可知:LZ1 表示梁上柱,KZ1、KZ2、KZ3 则表示框架柱。

LZ1 下的标注意义为:LZ1 表示梁上柱、编号为 1。

250 × 300 表示 LZl 的截面尺寸。

6 Φ 16 表示 LZl 周边均匀对称布置 6 根直径为 16 mm 的Ⅱ级钢筋。

Φ 8@ 200 表示 LZl 内箍筋直径为 8 mm, Ⅰ级钢筋,间距 200 mm,均匀布置。

KZ3 下的标注意义为:

KZ3 表示框架柱、编号为 3。

650 × 600 表示 KZ3 的截面尺寸。

24 Φ 22 表示沿 KZ3 周边布置的纵向受力筋为Ⅱ级钢筋,直径 22 mm,共 24 根。

Φ 10@ 100/200 表示 KZ3 内箍筋为Ⅰ级钢筋,直径为 10 mm,加密区间距为 100 mm,非加密区间距为 200 mm。

KZ1 下的标注意义为:

KZ1 表示框架柱、编号为 1。

650 × 600 表示 KZ1 的截面尺寸。

4 Φ 22 表示沿 KZ1 周边布置的纵向受力筋为Ⅱ级钢筋,直径 22 mm,共 4 根。

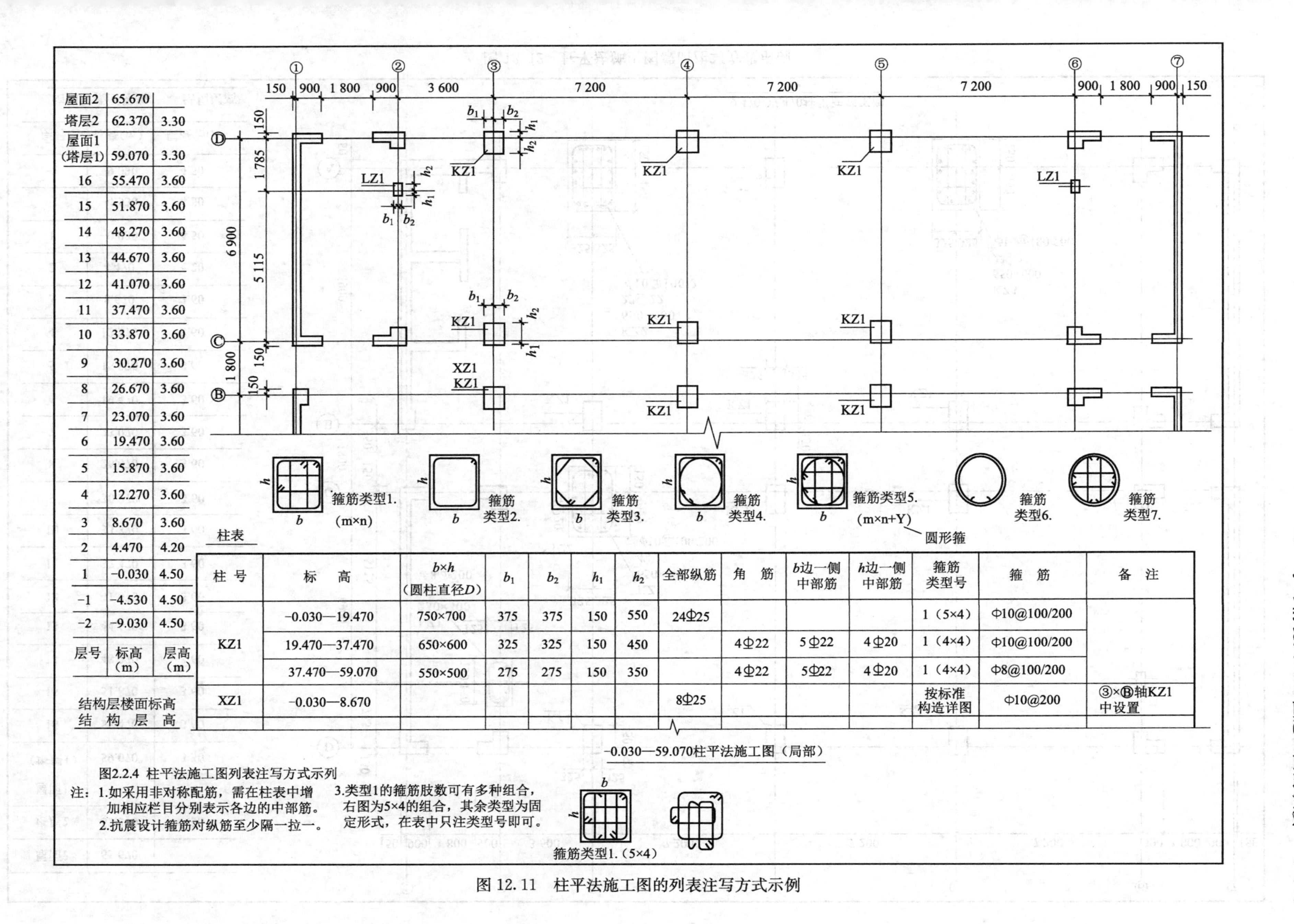

层号	标高（m）	层高（m）
屋面2	65.670	
塔层2	62.370	3.30
屋面1（塔层1）	59.070	3.30
16	55.470	3.60
15	51.870	3.60
14	48.270	3.60
13	44.670	3.60
12	41.070	3.60
11	37.470	3.60
10	33.870	3.60
9	30.270	3.60
8	26.670	3.60
7	23.070	3.60
6	19.470	3.60
5	15.870	3.60
4	12.270	3.60
3	8.670	3.60
2	4.470	4.20
1	-0.030	4.50
-1	-4.530	4.50
-2	-9.030	4.50

结构层楼面标高
结构层高

柱号	标高	b×h（圆柱直径D）	b_1	b_2	h_1	h_2	全部纵筋	角筋	b边一侧中部筋	h边一侧中部筋	箍筋类型号	箍筋	备注
KZ1	-0.030—19.470	750×700	375	375	150	550	24Φ25				1（5×4）	Φ10@100/200	
	19.470—37.470	650×600	325	325	150	450		4Φ22	5Φ22	4Φ20	1（4×4）	Φ10@100/200	
	37.470—59.070	550×500	275	275	150	350		4Φ22	5Φ22	4Φ20	1（4×4）	Φ8@100/200	
XZ1	-0.030—8.670						8Φ25				按标准构造详图	Φ10@200	③×Ⓑ轴KZ1中设置

图 12.11 柱平法施工图的列表注写方式示例

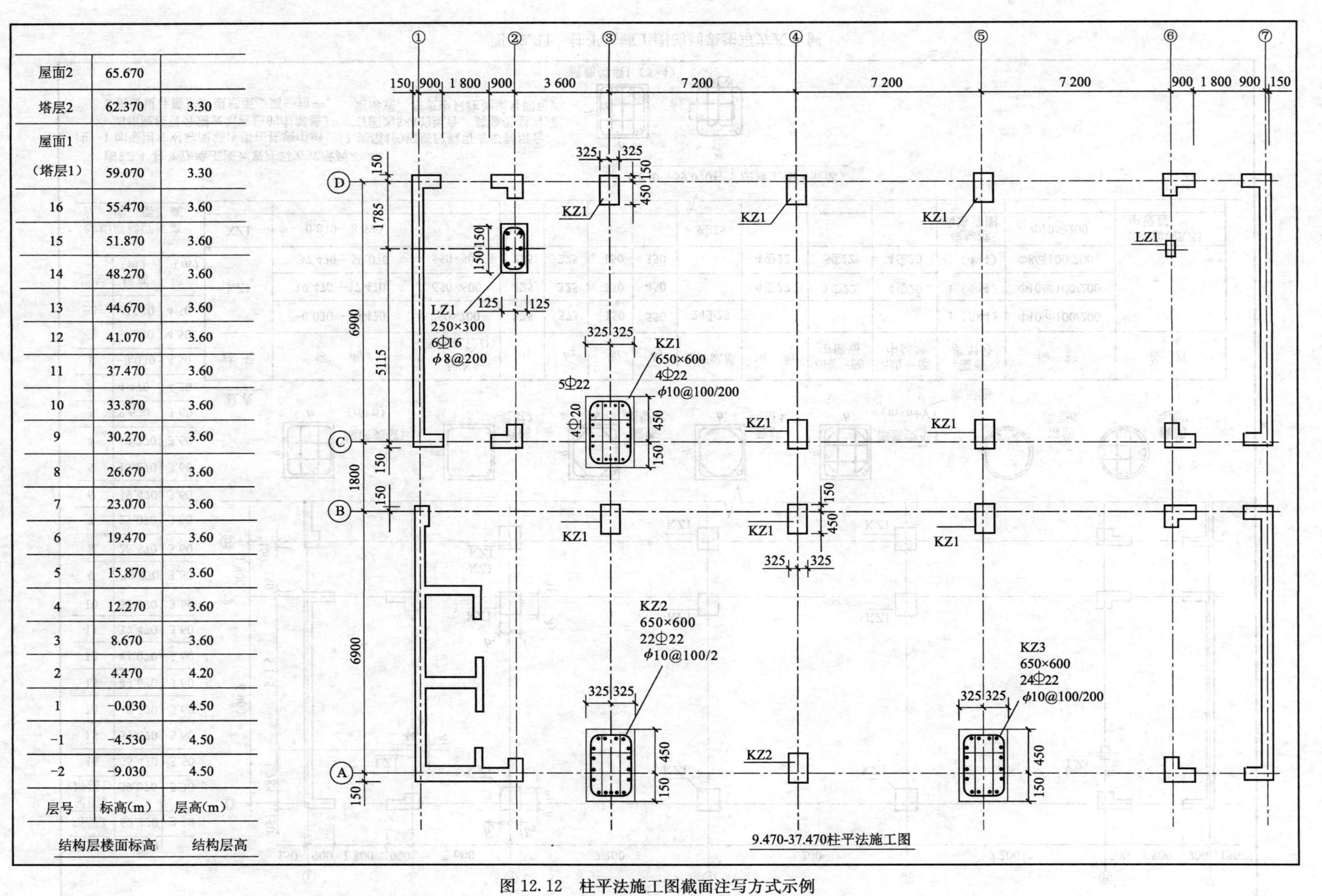

层号	标高(m)	层高(m)
屋面2	65.670	
塔层2	62.370	3.30
屋面1（塔层1）	59.070	3.30
16	55.470	3.60
15	51.870	3.60
14	48.270	3.60
13	44.670	3.60
12	41.070	3.60
11	37.470	3.60
10	33.870	3.60
9	30.270	3.60
8	26.670	3.60
7	23.070	3.60
6	19.470	3.60
5	15.870	3.60
4	12.270	3.60
3	8.670	3.60
2	4.470	4.20
1	-0.030	4.50
-1	-4.530	4.50
-2	-9.030	4.50
	结构层楼面标高	结构层高

图 12.12 柱平法施工图截面注写方式示例

Φ10@100/200 表示 KZ1 内箍筋为Ⅰ级钢筋,直径为 10 mm,加密区间距为 100 mm,非加密区间距为 200 mm。

KZ2 下的标注意义为:

KZ2 表示框架柱、编号为 2。

650×600 表示 KZ2 的截面尺寸。

22Φ22 表示沿 KZ2 周边布置的纵向受力筋为Ⅱ级钢筋,直径 22 mm,共 22 根。

Φ10@100/200 表示 KZ3 内箍筋为Ⅰ级钢筋,直径为 10 mm,加密区间距为 100 mm,非加密区间距为 200 mm。

12.4.2 梁的平法施工图

梁平法施工图是在梁平面布置图上采用平面注写方式或截面注写方式表达。

1. 梁平法施工图的制图规则及示例

平面注写方式是在梁平面布置图上,分别在不同编号的梁中各选一根梁,在其上注写截面尺寸和配筋具体数值的方式来表达梁平法施工图。

平面注写包括集中标注和原位标注,集中标注表达梁的通用数值,原位标注表达梁的特殊数值。当集中标注中的某项数值不适用于梁的某部位时,则将该项数值原位标注,施工时,原位标注取值优先,如图 12.13 所示。

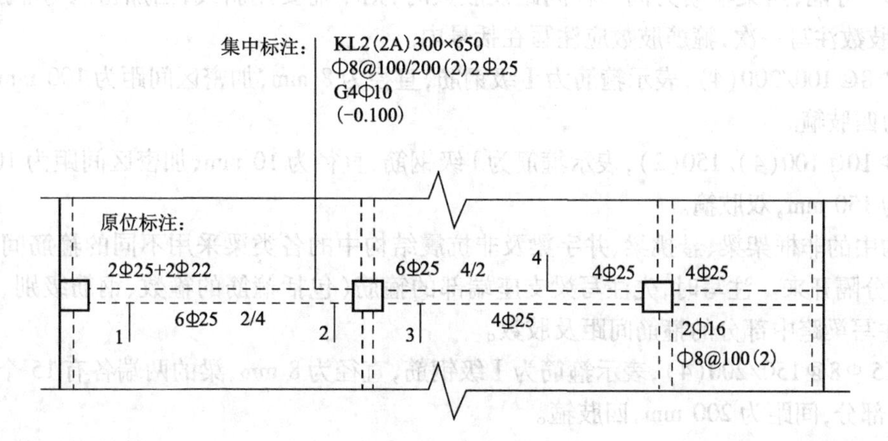

图 12.13 梁平面注写方式示例

梁编号由梁类型代号、序号、跨数及有无悬挑代号几项组成,应符合表 12.9 的规定。

表 12.9 梁编号

梁类型	代号	序号	跨数及是否带有悬挑
楼层框架梁	KL	××	(××)、(××A) 或(××B)
屋面框架梁	WKL	××	(××)、(××A) 或(××B)
框支梁	KZL	××	(××)、(××A) 或(××B)
非框架梁	L	××	(××)、(××A) 或(××B)
悬挑梁	XL	××	
井字梁	JZL	××	(××)、(××A) 或(××B)

注:(×× A)为一端有悬挑,(X X B)为两端有悬挑,悬挑不计入跨数。

图 12.14 所示四个梁截面是采用传统表示方法绘制,用于对比按平面注写方式表达的同样内容。实际采用平面注写方式时,不需绘制梁截面配筋图和图 12.13 中的相应截面号。

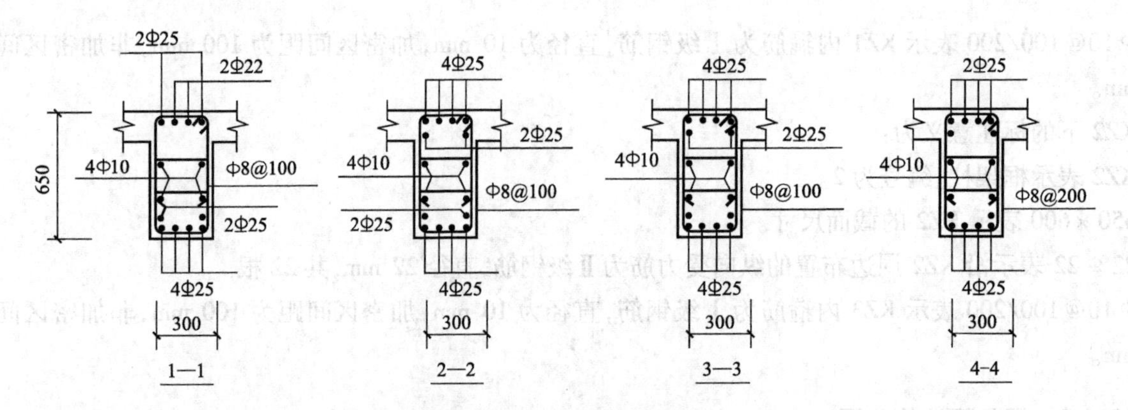

图 12.14 梁的截面配筋

[**例 12.1**]KL5(3A),表示第 5 号框架梁,3 跨,一端有悬挑。

[**例 12.2**]L7(5B),表示第 7 号非框架梁,5 跨,梁两端有悬挑。

2. 梁集中标注

梁集中标注的内容,有五项必注值及一项选注值(集中标注可以从梁的任意一跨引出),规定如下:

第一项:梁编号。

第二项:梁截面尺寸 $b \times h$(宽 × 高)。

第三项:梁箍筋,包括钢筋级别、直径、加密区与非加密区间距及肢数。加密区与非加密区的不同间距及肢数用斜线"/"分隔;当梁箍筋为同一种间距及肢数时,则不需要用斜线;当加密区与非加密区的箍筋肢数相同时,则将肢数注写一次;箍筋肢数应注写在括号内。

[**例 12.3**]Φ8@100/200(4),表示箍筋为Ⅰ级钢筋,直径为 8 mm,加密区间距为 100 mm,非加密区间距为 200 mm,均为四肢箍。

[**例 12.4**]Φ10@100(4)/150(2),表示箍筋为Ⅰ级钢筋,直径为 10 mm,加密区间距为 100 mm,四肢箍;非加密区间距为 150 mm,双肢箍。

当抗震结构中的非框架梁、悬挑梁、井字梁及非抗震结构中的各类梁采用不同的箍筋间距及肢数时,也用斜线"/"将其分隔开来。注写时,先注写梁支座端部的箍筋(包括箍筋的箍数、钢筋级别、直径、间距与肢数),在斜线后注写梁跨中部分的箍筋间距及肢数。

[**例 12.5**]15 Φ8@150/200(4),表示箍筋为Ⅰ级钢筋,直径为 8 mm,梁的两端各有 15 个四肢箍,间距为 150 mm;梁跨中部分,间距为 200 mm,四肢箍。

[**例 12.6**]16 Φ10@150(4)/200(2),表示箍筋为Ⅰ级钢筋,直径为 10 mm,梁的两端各有 16 个四肢箍,间距为 150 mm;跨中部分,间距为 200 mm,双肢箍。

第四项:梁上部通长筋或架立筋配置。所注规格与根数应根据结构受力要求及箍筋肢数等构造要求而定。当同排纵筋中既有通长筋又有架立筋时,应用"+"将通长筋和架立筋相联。注写时须将角部纵筋写在加号的前面,架立筋写在加号后面的括号内,以示不同直径及与通长筋的区别。. 当全部采用架立筋时,则将其写入括号内。

[**例 12.7**]2 Φ25+(4 Φ10),表示梁上部角部通长筋为 2 Φ25,4 Φ10 为架立筋。当梁的上部纵筋和下部纵筋为全跨相同,且多数跨配筋相同时,此项可加注下部纵筋的配筋值,用分号":"将上部与下部纵筋的配筋值分隔开来,少数跨不同者,按平面注写方式的规定进行处理。

[**例 12.8**]4 Φ20:4 Φ22,表示梁的上部配置 4 Φ20 的通长筋,梁的下部配置 4 Φ22 的通长筋。

第五项:梁侧面纵向构造钢筋或受扭钢筋配置。当梁腹板高度 $h_w \geqslant 450$ mm 时,须配置纵向构造钢筋,所注规格与根数应符合规范规定。此项注写值以大写字母 G 打头,接续注写设置在梁两个侧面的总配筋值,且对称配置。

[**例 12.9**]G4 Φ14,表示梁的两个侧面共配置 4 根直径为 14 mm 的Ⅰ级纵向构造钢筋,每侧各配置2 Φ14。

当梁侧面需配置受扭纵向钢筋时,此项注写值以大写字母 N 打头,接续注写配置在梁两个侧面的总配筋值,且对称配置。

[例12.10]N6 ⌀25,表示梁的两个侧面共配置6 ⌀25 的受扭纵向钢筋,每侧共配置3 ⌀25。

第六项:梁顶面标高高差。

梁顶面标高高差是指相对于结构层楼面标高的高差值。有高差时,必将其写入括号内,无高差时不注。当某梁的顶面高于所在结构层的楼面时,其标高高差为正值,反之为负值。

[例12.11]某结构层的楼面标高为42.950 m 和46.250 m,当某梁的梁顶面标高高差注写为(−0.050)时,即表明该梁顶面标高分别相对于42.950 m 和46.250 m,低0.050 m。

以上六项中,前五项为必注值,第六项为选注值。现以图12.16 中的集中标注为例,说明各项标注的意义:

KL2(2A)表示第2号框架梁,两跨,一端有悬挑。

300×650 表示梁的截面尺寸,宽度为300 mm,高度为650 mm。

⌀8@100/200(2)表示梁内箍筋为Ⅰ级钢筋,直径为8 mm,加密区间距为100 mm,非加密区间距为200 mm,双肢箍。.

2 ⌀25 表示梁上部通长筋有两根,直径为25 mm,Ⅱ级钢筋。

G4 ⌀10 表示梁的两个侧面共配置4 ⌀10 的纵向构造钢筋,每侧各配置2 ⌀10。

(−0.100)表示该梁顶面低于所在结构层的楼面标高0.1 m。

3. 梁原位标注

梁原位标注的内容规定如下:

(1) 梁支座上部纵筋

梁支座上部纵筋含通长筋在内的所有纵筋。

①当上部纵筋多于一排时,用斜线“/”将各排纵筋自上而下分开。

[例12.12]梁支座上部纵筋注写为6 ⌀25 4/2,则表示上一排纵筋为4 ⌀25,下一排纵筋为2 ⌀25。

② 当同排纵筋有两种直径时,用加号“+”将两种直径相连,注写时将角部纵筋写在前面。

[例12.13]梁支座上部纵筋注写为2 ⌀25 +2 ⌀22,表示梁支座上部有四根纵筋,2 ⌀25 放在角部,2 ⌀22放在中部。

③ 当梁中间支座两边的上部纵筋不同时,须在支座两边分别标注;当梁中间支座两边的上部纵筋相同时,可仅在支座的一边标注配筋值,另一边省去标注。

(2) 梁下部纵筋

① 当下部纵筋多于一排时,用斜线“/”将各排纵筋自上而下分开。

[例12.14]梁下部纵筋注写为6 ⌀25 2/4,则表示上一排纵筋为2 ⌀25,下一排纵筋为4 ⌀25,全部伸入支座。

② 当同排纵筋有两种直径时,用加号“+”将两种直径的纵筋相连,注写时角筋写在前面。

③ 当梁下部纵筋不全部伸入支座时,将梁支座下部纵筋减少的数量写在括号内。

[例12.15]梁下部纵筋注写为6 ⌀25 (−2)/4,则表示上一排纵筋为2 ⌀25,且不伸入支座;下一排纵筋为4 ⌀25,全部伸入支座。

[例12.16]梁下部纵筋注写为2 ⌀25 +3 ⌀22(−3)/5 ⌀25,则表示上一排纵筋为2 ⌀25 和3 ⌀22,其中3 ⌀22 不伸入支座;下一排纵筋为5 ⌀25,全部伸入支座。

④ 当在梁的集中标注中,已按规定注写了梁上部和下部均为通长的纵筋值时,则不需在梁下部重复做原位标注。

(3) 附加箍筋或吊筋

附加箍筋和吊筋可直接画在平面图中的主梁上,用线引注总配筋值,如图12.15 所示。当多数附加箍筋或吊筋相同时,可在梁平法施工图上统一注明,少数与统一注明值不同时,再原位引注。

(4) 当在梁上集中标注的内容不适用于某跨或某悬挑部分时,则将其不同数值原位标注在该跨或该悬挑部位,施工时应按原位标注数值取用。

梁的集中标注和原位标注的识读见图 12.14。图中第一跨梁上部原位标注代号 2 ⏀25 + 2 ⏀22，表示梁上部配有一排纵筋，角部为 2 ⏀25，中间 104 为 2 ⏀22。下部代号 6 ⏀25 2/4，表示该梁下部纵筋有两排，上一排为 2 ⏀25，下一排为 4 ⏀25。图中第一、二跨梁内箍筋配置见集中标注，第三跨梁内箍筋有所不同，见原位标注⏀8@100(2)，表示该跨箍筋间距全部为 100 mm，双肢箍。

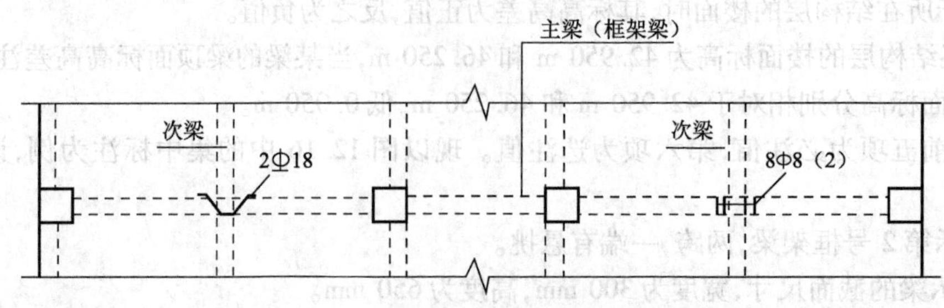

图 12.15　附加箍筋和吊筋的画法示例

12.5　楼层结构平面图的识读

12.5.1　楼层结构平面图

1. 楼层结构布置平面图的形成

假想用一个水平剖切平面，沿着每层楼板面将建筑物水平剖开，移去剖切平面上部的建筑物，将剖面下剩余部分建筑物向下作水平投影，所到的水平投影图为楼层结构平面图。

2. 楼层结构布置平面图的图线要求

在楼层结构平面图中，被剖到的墙、柱等轮廓用粗实线表示，钢筋混凝土柱可涂黑，板下墙柱轮廓用中粗虚线表示，用细实线表示预制钢筋混凝土板的平面布置情况。

3. 楼层结构布置平面图的图示内容

楼层结构平面图是表示各层楼面和屋面的承重构件，如梁、楼板、墙、柱、圈梁和门窗过梁等布置情况，是施工时布置、安装梁、板等构件的重要依据。

对于现浇板，一般要在图中反映板的配筋情况，梁的位置、编号以及板梁墙的连接或搭接情况等。另外，楼层结构平面图还反映圈梁、过梁、雨篷、阳台等的布置。对于多层建筑的构件类型、大小、数量、布置均相同时，只画一个标准层。

12.5.2　楼层结构平面图识图实例

[例 12.17]某已建成住宅楼为例，一层墙、柱定位图，标准层墙、柱、阳台定位图，如附录图 A.12 所示。

该图比例为 1∶100，图中横向定位轴线有①～㉑轴，纵向定位轴线有Ⓐ～Ⓓ轴，进深有 6900 mm 和 8500 mm、4200 mm。外墙厚 370 mm，内墙厚为 240 mm，⑤～⑦轴、⑮～⑰轴为梯间墙厚为 370 mm，图中涂黑的部分为柱子，其规格不同。

(1)框支柱

框支柱 KZZ1 从基础顶面至 2.920 m 处，截面尺寸为 400 mm×400 mm，主筋为 4 ⏀22 螺纹钢，箍筋间距为⏀10@100 mm，构造筋为 4 ⏀22 螺纹钢。

框支柱 KZZ2 从基础顶面至 2.920 m 处，截面尺寸为 400 mm×400 mm，主筋为 4 ⏀22 螺纹钢，箍筋间距为⏀10@100 mm，构造筋为 6 ⏀22 螺纹钢。

框支柱 KZZ3 从基础顶面至 2.920 m 处，截面尺寸为 450 mm×450 mm，主筋为 4 ⏀22 螺纹钢，箍筋间距为⏀10@100 mm，构造筋为 8 ⏀22 螺纹钢。

(2)构造柱

构造柱 GZ2 从基础顶面至 2.920 m 处，截面尺寸为 250 mm×240 mm，主筋为 4 ⏀14 螺纹钢，箍筋为⏀8@200 mm。

构造柱 GZ3 从基础顶面至 2.920 m 处，截面尺寸为 370 mm×370 mm，主筋为 4⌀16 螺纹钢，箍筋为⌀8@200 mm。

构造柱 GZ4 从基础顶面至 2.920 m 处，截面尺寸为 240 mm×240 mm，主筋为 4⌀14 螺纹钢，箍筋为⌀8@200 mm。

构造柱 GZ5 从基础顶面至 2.920 m 处，截面尺寸为 240 mm×370 mm，主筋为 6⌀14 螺纹钢，箍筋为⌀8@200 mm。

[**例 12.18**]某住宅楼标准层墙、柱、阳台定位图，如附录图 A.13 所示。

该图比例为 1:100，图中横向定位轴线有①～㉑轴，纵向定位轴线有Ⓐ～Ⓓ轴，进深在①～②、⑩～⑪、⑪～⑫、⑳～㉑轴为 8500 mm 和 4200 mm 两种；其他轴间进深为 6900 mm 和 5800 mm 两种。外墙厚 370 mm，内墙厚为 240 mm，⑤～⑦轴⑮～⑰为梯间墙厚为 370 mm，图中涂黑的部分为柱子，其规格不同。

(1)构造柱

构造柱 GZ1 截面尺寸为 240 mm×240 mm，在(2.92～5.92)m 标高时，主筋为 4⌀14 螺纹钢，箍筋为⌀6@200 mm，在(5.92～18.00)m 标高时，主筋为 4⌀12 螺纹钢，箍筋为⌀6@200 mm。

构造柱 GZ2 截面尺寸为 250 mm×240 mm，在(2.92～5.92)m 标高时，主筋为 4⌀14 螺纹钢，箍筋为⌀6@200 mm，在(5.92～18.00)m 标高时，主筋为 4 根⌀12 螺纹钢，箍筋为⌀6@200 mm。

构造柱 GZ3 截面尺寸为 370 mm×370 mm，在(2.92～5.92)m 标高时，主筋为 4⌀16 螺纹钢，箍筋为⌀8@200 mm，在(5.92～18.00)m 标高时，主筋为 4⌀14 螺纹钢，箍筋为⌀8@200 mm。

(2)现浇柱

现浇柱 Z1 截面尺寸为 370 mm×370 mm，在(2.92～18.00)m 标高时，截面角筋主筋为 4⌀16 螺纹钢，箍筋为⌀8@200 mm，柱截面 h 边一侧中部筋 1⌀16 螺纹钢，柱截面 b 边一侧中部筋 1⌀16 螺纹钢。

现浇柱 Z2 截面尺寸为 480 mm×370 mm，在(2.92～18.00)m 标高时，截面角筋主筋为 4⌀16 螺纹钢，箍筋为⌀8@200 mm，柱截面 h 边一侧中部筋 1⌀16 螺纹钢，柱截面 b 边一侧中部筋 2⌀16 螺纹钢，箍筋为⌀8@200 mm。

现浇柱 Z3 截面尺寸为⌀240 mm×240 mm，在(2.92～18.00)m 标高时，截面角筋主筋为 4⌀14 螺纹钢，箍筋为⌀6@200 mm。

现浇柱 Z4 截面尺寸为 360 mm×370 mm，在(2.92～18.00)m 标高时，截面角筋主筋为 4⌀16 螺纹钢，箍筋为⌀8@200 mm，柱截面 h 边一侧中部筋 1⌀16 螺纹钢，柱截面 b 边一侧中部筋 1⌀16 螺纹钢。

(3)阳台定位轴线

有②～⑤、⑦～⑩、⑫～⑮、⑰～⑳、③～⑨、⑬～⑲轴。

(4)圈梁

2～5 层用于 370 墙上的 QL 其断面尺寸为 370 mm×180 mm，纵向 8 根⌀12 螺纹钢，箍筋为⌀6@200 mm，用于 240 墙上的 QL 其断面尺寸为 240 mm×180 mm，纵向 6⌀12 螺纹钢，箍筋为⌀6@200 mm。

6 层用于 370 内墙上的 QL 其断面尺寸为 370 mm×240 mm，纵向 8⌀12 螺纹钢，箍筋为⌀6@200 mm，用于 240 内墙上的 QL 其断面尺寸为 240 mm×240 mm，纵向 6⌀12 螺纹钢，箍筋为⌀6@200 mm；

6 层用于 370 外墙上的 QL 其断面尺寸为 370 mm×740 mm，纵向 8⌀12 螺纹钢，箍筋为⌀6@200 mm，用于 240 墙上的 QL 其断面尺寸为 240 mm×180 mm，纵向 12⌀16 螺纹钢，其中角筋 4⌀16 螺纹钢，箍筋为⌀8@150 mm，QL 的 b 边一侧 2⌀16 螺纹钢；QL 的 h 边一侧 2⌀16 螺纹钢，箍筋为⌀8@300 mm。

12.5.3 一层顶板结构布置图

[**例 12.19**]某住宅楼一层顶板结构布置图如附录图 A.14 所示。

该图比例为 1:100，该顶板层为现浇混凝土楼板，开间、进深尺寸详见图纸。

①号钢筋为③～⑨轴与Ⓐ～Ⓑ轴、⑭～⑳轴与Ⓐ～Ⓑ轴、㉔～㉚轴与Ⓐ～Ⓑ轴的板下双向受力钢筋，Ⅰ级钢直径为 10 mm，@120 mm。

②号钢筋为负弯矩筋，Ⅰ级钢直径为 10 mm，@200 mm，筋长 2300 mm。

③号钢筋为负弯矩筋，Ⅰ级钢直径为 8 mm，@200 mm，筋长 1800 mm。
④号钢筋为负弯矩筋，Ⅰ级钢直径为 8 mm，@200 mm，筋长 2400 mm。
⑤号钢筋为负弯矩筋，Ⅱ级钢直径为 14 mm，@200 mm，筋长 3700 mm。
⑥号钢筋为负弯矩筋，Ⅱ级钢直径为 12 mm，@200 mm，筋长 3200 mm。
⑦号钢筋为雨篷架立筋，Ⅱ级钢直径为 14 mm，@200 mm，水平长度为 1550 mm。
⑧号钢筋为阳台架立筋，Ⅱ级钢直径为 14 mm，@80 mm。

12.5.4 二～五层顶板配筋图

[例 12.20]某住宅楼二～五层顶板结构配筋图如附录图 A.15 所示。

该图比例为 1:100，开间、进深尺寸详见图纸。
①号为受力筋，Ⅰ级钢直径为 8 mm，@130 mm。
②号为受力筋，Ⅰ级钢直径为 8 mm，@100 mm。
③号为受力筋，Ⅰ级钢直径为 10 mm，@100 mm。
④号为受力筋，Ⅰ级钢直径为 8 mm，@150 mm。
⑤号为受力筋，Ⅰ级钢直径为 8 mm，@180 mm。
⑥号为负弯矩筋，Ⅰ级钢直径为 8 mm，@200 mm，筋长 900 mm。
⑦号为阳台架立筋，Ⅱ级钢直径为 12 mm，@100 mm，水平长度为 3700 mm。
⑧号为负弯矩筋，Ⅱ级钢直径为 12 mm，@150 mm，长度为 2800 mm。
⑨号为负弯矩筋，Ⅰ级钢直径为 8 mm，@200 mm，长度为 750 mm。
⑩号为负弯矩筋，Ⅰ级钢直径为 10 mm，@130 mm，长度为 2100 mm。
⑪号为负弯矩筋，Ⅰ级钢直径为 10 mm，@150 mm，长度为 1800 mm。
⑫号为负弯矩筋，Ⅰ级钢直径为 10 mm，@130 mm，长度为 1800 mm。
⑬号为负弯矩筋，Ⅰ级钢直径为 10 mm，@150 mm，长度为 3800 mm。
⑭号为负弯矩筋，Ⅰ级钢直径为 10 mm，@120 mm，长度为 2400 mm。
⑮号为负弯矩筋，Ⅰ级钢直径为 8 mm，@200 mm，长度为 1250 mm。
⑯号为负弯矩筋，Ⅱ级钢直径为 12 mm，@120 mm，长度为 2400 mm。
⑰号为负弯矩筋，Ⅱ级钢直径为 12 mm，@100 mm，长度为 2400 mm。

12.6 楼梯结构施工图的识读

12.6.1 楼梯结构平面图的形成

用一个假想的水平剖切平面，站在楼层平台上的上行楼梯段中水平剖开，移去剖切平面及其以上部分，将剩余的部分梯段向水平面做正投影，所得到的图形就称为梯间结构平面图。实际上，梯间结构平面图就是建筑物的结构平面图中楼梯间部分的局部放大图，绘图常用比例为 1:50。

12.6.2 楼梯结构平面图的图示内容

楼梯结构图主要表示楼梯类型、尺寸、休息平台板配筋和结构标高等，它包括楼梯结构平面图、楼梯结构剖面图和楼梯构件详图。

12.6.3 楼梯结构平面图的图线要求

楼梯结构平面图采用 1:50 的比例绘制。墙、柱轮廓线用粗实线绘制，现浇板中配置的钢筋用粗实线绘制，遮住的梯梁用细实线绘制，其他可见轮廓线用细实线绘制。楼梯结构平面图要标出梯间的定位轴线和编号，并注两道尺寸和标高，梯间平面图中应用剖切符号注出梯间剖切位置和编号。

12.6.4 楼梯结构平面图与剖面图阅读实例

[**例 12.21**]某已建成住宅楼楼梯配筋图如附录图 A.16 所示。

设计说明：楼梯栏杆、扶手见建筑图；采用 C20 混凝土，HPB235(ф)，HRB335(⊈)。

梯间的开间为 2700 mm，进深为 6400 mm，层高为 3000 mm，楼层平台标高分别为 0.05 m、2.950 m、5.950 m、8.950 m、11.950 m、14.950 m，中间平台标高分别为 1.850 m、4.450 m、7.450 m、10.450 m、13.450 m，为板式楼梯。

1. 楼梯段板

TB1：踏步的尺寸为 280 mm × 163.6 mm，梯板的水平投影长度为 10 × 280 = 2800 mm，平台板（入口处）宽为 1580 mm，楼层平台（PTB4）宽为 1650 mm，梯梁宽为 240 mm，高为 400 mm，梯板厚为 150 mm，受力筋⊈16螺纹钢筋@100 mm，分布筋为ф6@250 mm，附加构造筋为⊈16@100 mm。

TB2：踏步的尺寸为 280 mm × 157.1 mm，梯板的水平投影长度为 6 × 280 = 1680 mm，中间平台板宽为 2350 mm，楼层平台（PTB3）宽为 2000 mm，梯梁宽为 240 mm，高为 400 mm，梯板厚为 150 mm，受力筋⊈16 螺纹钢筋@100 mm，分布筋为ф8@250 mm，附加构造筋⊈16@100 mm。

TB3：踏步的尺寸为 280 mm × 166.7 mm，梯板的水平投影长度为 8 × 280 = 2240 mm，中间平台板（PTB1）宽为 1790 mm，楼层平台（PTB2）宽为 2000 mm，梯梁宽为 240 mm，高为 400 mm，梯板厚为 150 mm，受力筋⊈16螺纹钢筋@100 mm，分布筋为ф6@250 mm，附加构造筋为⊈16@100 mm。

TB4：踏步的尺寸为 280 mm × 166.7 mm，梯板的水平投影长度为 8 × 280 = 2240 mm，中间平台板（PTB1）宽为 1790 mm，楼层平台（PTB2）宽为 2000 mm，梯梁宽为 240 mm，高为 400 mm，梯板厚为 150 mm，受力筋⊈16螺纹钢筋@110 mm，分布筋为ф6@250 mm，附加构造筋为⊈12@110 mm。

2. 平台板

现浇平台板上的①号受力筋为ф8@130 mm；②号分布筋ф8@150 mm；③号构造筋为ф8@150 mm；④号构造筋为ф8@150 mm。

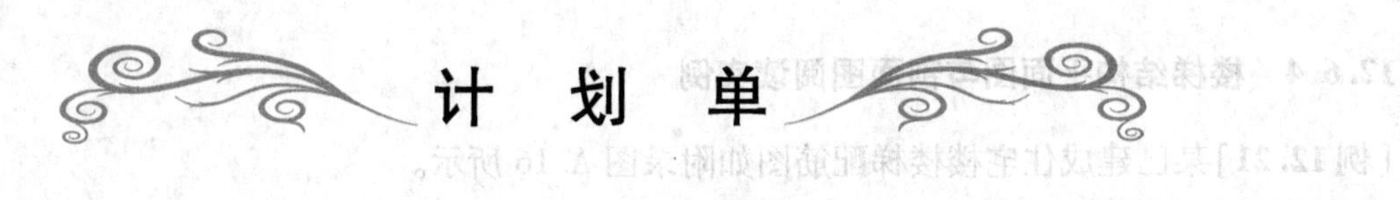

计 划 单

学习领域	土木工程构造与识图		
学习情境	工程施工图的识读	学　　时	36
工作任务	结构施工图的识读	学　　时	12
计划方式	小组讨论、团结协作共同制订计划		
序　　号	实施步骤		使用资源
1			
2			
3			
4			
5			
6			
7			
8			
制订计划说明	（写出制订计划中人员为完成任务的主要建议或可以借鉴的建议、需要解释的某一方面）		

计划评价	班　　级		第　　组	组长签字	
	教师签字			日　　期	
	评语：				

决 策 单

<table>
<tr><td>学习领域</td><td colspan="5">土木工程构造与识图</td></tr>
<tr><td>学习情境</td><td colspan="3">工程施工图的识读</td><td>学 时</td><td>36</td></tr>
<tr><td>工作任务</td><td colspan="3">结构施工图的识读</td><td>学 时</td><td>12</td></tr>
<tr><td colspan="6">方 案 讨 论</td></tr>
<tr><td rowspan="11">方案对比</td><td>组号</td><td>方案合理性</td><td>实施可操作性</td><td>实施难度</td><td>综合评价</td></tr>
<tr><td>1</td><td></td><td></td><td></td><td></td></tr>
<tr><td>2</td><td></td><td></td><td></td><td></td></tr>
<tr><td>3</td><td></td><td></td><td></td><td></td></tr>
<tr><td>4</td><td></td><td></td><td></td><td></td></tr>
<tr><td>5</td><td></td><td></td><td></td><td></td></tr>
<tr><td>6</td><td></td><td></td><td></td><td></td></tr>
<tr><td>7</td><td></td><td></td><td></td><td></td></tr>
<tr><td>8</td><td></td><td></td><td></td><td></td></tr>
<tr><td>9</td><td></td><td></td><td></td><td></td></tr>
<tr><td>10</td><td></td><td></td><td></td><td></td></tr>
<tr><td>方案评价</td><td colspan="5">评语：</td></tr>
</table>

班　　级		**组长签字**		**教师签字**		**年 月 日**

实 施 单

<table>
<tr><td>学习领域</td><td colspan="3">土木工程构造与识图</td></tr>
<tr><td>学习情境</td><td>工程施工图的识读</td><td>学 时</td><td>36</td></tr>
<tr><td>工作任务</td><td>结构施工图的识读</td><td>学 时</td><td>12</td></tr>
<tr><td>实施方式</td><td colspan="3">小组成员合作，动手实践</td></tr>
<tr><td>序 号</td><td>实 施 步 骤</td><td colspan="2">使 用 资 源</td></tr>
<tr><td>1</td><td></td><td colspan="2"></td></tr>
<tr><td>2</td><td></td><td colspan="2"></td></tr>
<tr><td>3</td><td></td><td colspan="2"></td></tr>
<tr><td>4</td><td></td><td colspan="2"></td></tr>
<tr><td>5</td><td></td><td colspan="2"></td></tr>
<tr><td>6</td><td></td><td colspan="2"></td></tr>
<tr><td>7</td><td></td><td colspan="2"></td></tr>
<tr><td>8</td><td></td><td colspan="2"></td></tr>
<tr><td colspan="4">实施说明：</td></tr>
</table>

<table>
<tr><td>班 级</td><td></td><td>第 组</td><td>组长签字</td><td></td></tr>
<tr><td>教师签字</td><td colspan="2"></td><td>日 期</td><td></td></tr>
<tr><td>评 语</td><td colspan="4"></td></tr>
</table>

作　业　单

<table>
<tr><td>学习领域</td><td colspan="4">土木工程构造与识图</td></tr>
<tr><td>学习情境</td><td colspan="2">工程施工图的识读</td><td>学　时</td><td>36</td></tr>
<tr><td>工作任务</td><td colspan="2">结构施工图的识读</td><td>学　时</td><td>12</td></tr>
<tr><td>作业方式</td><td colspan="4">资料查询，现场操作</td></tr>
<tr><td colspan="5">识读本工作任务中结构施工图的设计说明、基础图、梁板布置图、构件详图及平法识图的实例，总结归纳读图方法，掌握读图的技巧。</td></tr>
<tr><td colspan="5"></td></tr>
<tr><td>班　级</td><td></td><td>第　组</td><td>组长签字</td><td></td></tr>
<tr><td>教师签字</td><td colspan="2"></td><td>日　期</td><td></td></tr>
<tr><td>教师评分</td><td colspan="4"></td></tr>
</table>

检 查 单

<table>
<tr><td>学习领域</td><td colspan="6">土木工程构造与识图</td></tr>
<tr><td>学习情境</td><td colspan="3">工程施工图的识读</td><td>学　　时</td><td colspan="2">36</td></tr>
<tr><td>工作任务</td><td colspan="3">结构施工图的识读</td><td>学　　时</td><td colspan="2">12</td></tr>
<tr><td>序　　号</td><td colspan="2">检查项目</td><td>检查标准</td><td>学生自查</td><td colspan="2">教师检查</td></tr>
<tr><td>1</td><td colspan="2"></td><td></td><td></td><td colspan="2"></td></tr>
<tr><td>2</td><td colspan="2"></td><td></td><td></td><td colspan="2"></td></tr>
<tr><td>3</td><td colspan="2"></td><td></td><td></td><td colspan="2"></td></tr>
<tr><td>4</td><td colspan="2"></td><td></td><td></td><td colspan="2"></td></tr>
<tr><td>5</td><td colspan="2"></td><td></td><td></td><td colspan="2"></td></tr>
<tr><td>6</td><td colspan="2"></td><td></td><td></td><td colspan="2"></td></tr>
<tr><td>7</td><td colspan="2"></td><td></td><td></td><td colspan="2"></td></tr>
<tr><td>8</td><td colspan="2"></td><td></td><td></td><td colspan="2"></td></tr>
<tr><td>9</td><td colspan="2"></td><td></td><td></td><td colspan="2"></td></tr>
<tr><td>10</td><td colspan="2"></td><td></td><td></td><td colspan="2"></td></tr>
<tr><td rowspan="3">检查评价</td><td>班　　级</td><td colspan="2"></td><td>第　　组</td><td>组长签字</td><td></td></tr>
<tr><td>教师签字</td><td colspan="2"></td><td>日　　期</td><td colspan="2"></td></tr>
<tr><td colspan="6">评语：</td></tr>
</table>

评 价 单

学习领域	土木工程构造与识图				
学习情境	工程施工图的识读			学 时	36
工作任务	建筑施工图的识读			学 时	12
评价类别	项 目	子项目	个人评价	组内自评	教师评价
专业能力	资讯(10%)	搜集信息(5%)			
		引导问题回答(5%)			
	计划(5%)				
	实施(20%)				
	检查(10%)				
	过程(5%)				
	结果(10%)				
社会能力	团结协作(10%)				
	敬业精神(10%)				
方法能力	计划能力(10%)				
	决策能力(10%)				

评价评语	班 级		姓 名		学号		总 评	
	教师签字		第 组	组长签字			日 期	

教学反馈表(课后进行)

学习领域	土木工程构造与识图			
学习情境	工程施工图的识读	工作任务	结构施工图的识读	
学　　时	0.5			
序　　号	调 查 内 容	是	否	理由陈述
1	你是否喜欢这种上课方式?			
2	与传统教学方式比较你认为哪种方式学到的知识更适用?			
3	针对每个工作任务你是否学会如何进行资讯?			
4	你对于计划和决策感到困难吗?			
5	你认为本工作任务对你将来的工作有帮助吗?			
6	通过任务的学习,你学会结构施工图的识读了吗?在今后的实习或顶岗实习过程中遇到结构施工图的识读常见问题你可以解决吗?			
7	通过几天来的工作和学习,你对自己的表现是否满意?			
8	你对小组成员之间的合作是否满意?			
9	你认为本学习情境还应学习哪些方面的内容?(请在下面空白处填写)			

你的意见对改进教学非常重要,请写出你的建议和意见:

被调查人信息

专　　业	年　　级	班　　级	姓　　名	日　　期

参考文献

[1]牟明．建筑工程制图与识图[M]．北京:清华大学出版社,2005.
[2]马光红,吴舒深,伍培．建筑制图与识图[M]．北京:中国电力出版社,2004.
[3]王强,张小平．建筑工程制图与识图[M]．北京:机械工业出版社,2003.
[4]赵研．建筑识图与构造[M]．北京:中国建筑工业出版社, 2004.
[5]钟立国,张锐．建筑工程制图[M]．北京:清华大学出版社,2005.
[6]孙玉红．房屋建筑构造[M]．北京:机械工业出版社, 2007.
[7]孙殿臣．民用建筑构造[M]．北京:机械工业出版社, 2005.
[8]魏松,林淑芸．建筑识图与构造[M]．北京:机械工业出版社, 2009.
[9]郑忱．房屋建筑学[M]．北京:中央广播电视大学出版社, 2002.
[10]崔艳秋,吕树俭．《房屋建筑学》[M]．北京:中国电力出版社,2008.
[11]赵西平．房屋建筑学[M]．北京:中国建筑工业出版社, 2006.
[12]李必瑜．房屋建筑学[M]．武汉:武汉理工大学出版社, 2007.
[13]刘培琴．建筑概论[M]．北京:机械工业出版社, 2006.
[14]赵研．房屋建筑学[M]．北京:高等教育出版社, 2005.
[15]建筑设计资料集编委会．建筑设计资料集 1、8[M]．北京:中国建筑工业出版社,1994.
[16]中国建筑标准设计研究所．房屋建筑制图统一标准:GB/T 50001—2010[S]．北京:中国建筑工业出版社, 2010.
[17]中国建筑标准设计研究所．总图制图标准:GB/T 50103—2010[S]．北京:中国建筑工业出版社, 2010.
[18]中国建筑标准设计研究所．建筑制图标准:GB/T 50104—2010[S]．北京:中国建筑工业出版社, 2010.
[19]中国建筑标准设计研究所．建筑结构制图标准:GB/T 50105—2010[S]．北京:中国建筑工业出版社,2010.
[20]中国建筑科学研究院．建筑抗震设计规范:附条文说明:GB 50011—2010[S]．北京:中国建筑工业出版社,2010.
[21]公安部天津消防研究所．建筑设计防火规范:GB 50016—2014 [S]．北京:中国计划出版社,2014.
[22]中国建筑东北设计研究院．GB 50003—2011《砌体结构设计规范》[S]．北京:中国计划出版社,2011.
[23]建设部科技发展促进中心．外墙外保温工程技术规程:JGJ 144—2004[S]．北京:中国建筑工业出版社,2005.
[24]中国建筑科学研究院．塑钢门窗工程技术规程:JGJ 103—2008[S]．北京:中国建筑工业出版社, 2008.
[25]黑龙江省工程建设质量监督管理协会．黑龙江省建筑工程施工质量验收标准．第二册、第三册 DB 23/1206—2008 [S]．哈尔滨:哈尔滨地图出版社,2003.
[26]黑龙江省建筑业协会．黑龙江省建筑节能工程施工质量验收标准:DB 23/1206—2008[S]．哈尔滨: 东北林业大学出版社,2007.
[27]山西省建筑工程(集团)总公司．屋面工程技术规范:GB 50345—2012 [S]．北京:中国建筑工业出版社, 2012.
[28]山西省建筑工程(集团)总公司．屋面工程质量验收规范:GB 50207—2012 [S]．北京:中国建筑工业出版社,2012.
[29]中国建筑科学研究院．混凝土结构设计规范:GB 50010—2010[S]．北京:中国建筑工业出版社,2010.
[30]总参工程兵科研三所．地下工程防水技术规范:GB 50108—2008 [S]．北京:中国计划出版社,2008.
[31]中国建筑技术研究院．住宅设计规范:GB 50096—2011[S]．北京:中国计划出版社,2011.
[32]中国建筑科学研究院．民用建筑热工设计规范:GB 50176—1993[S]．北京:中国标准出版社,1993.
[33]陕西省住房和城乡建设厅．砌体结构工程施工质量验收规范:GB 50203—2011[S]．北京:中国建筑工业出版社, 2011 .

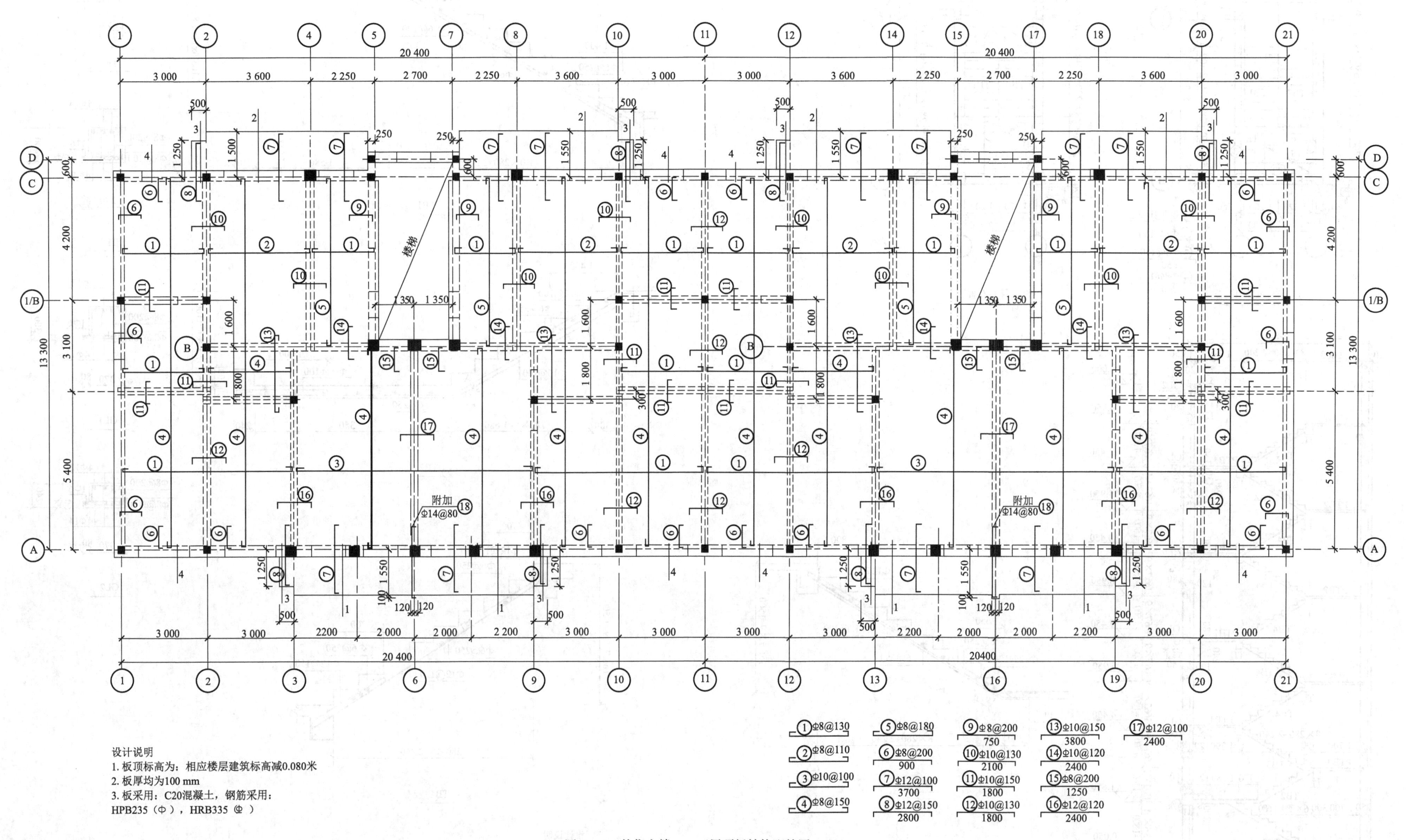

图 A. 15　某住宅楼二～五层顶板结构配筋图 1∶100

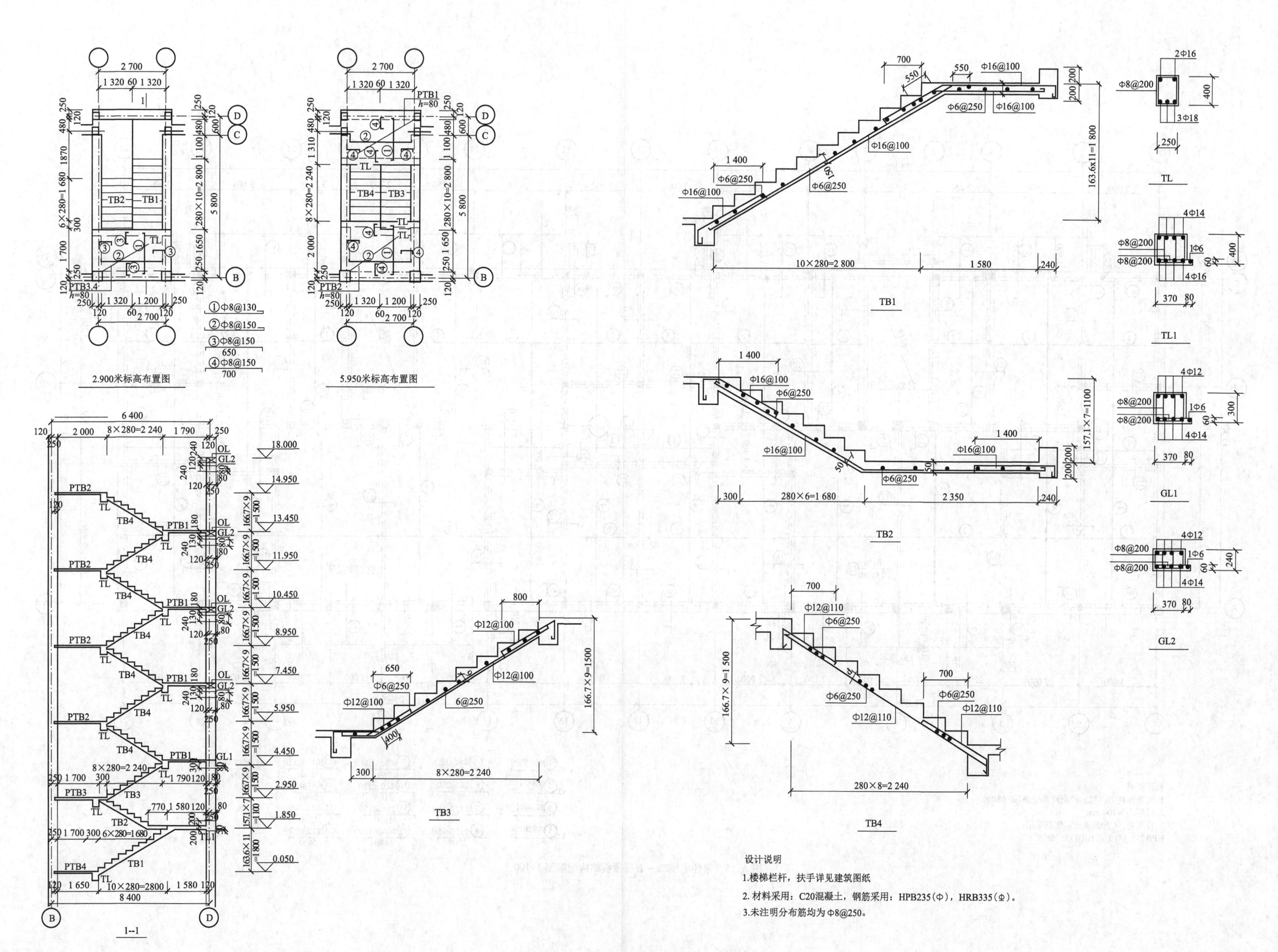

图 A.16 某住宅楼楼梯配筋图 1:100

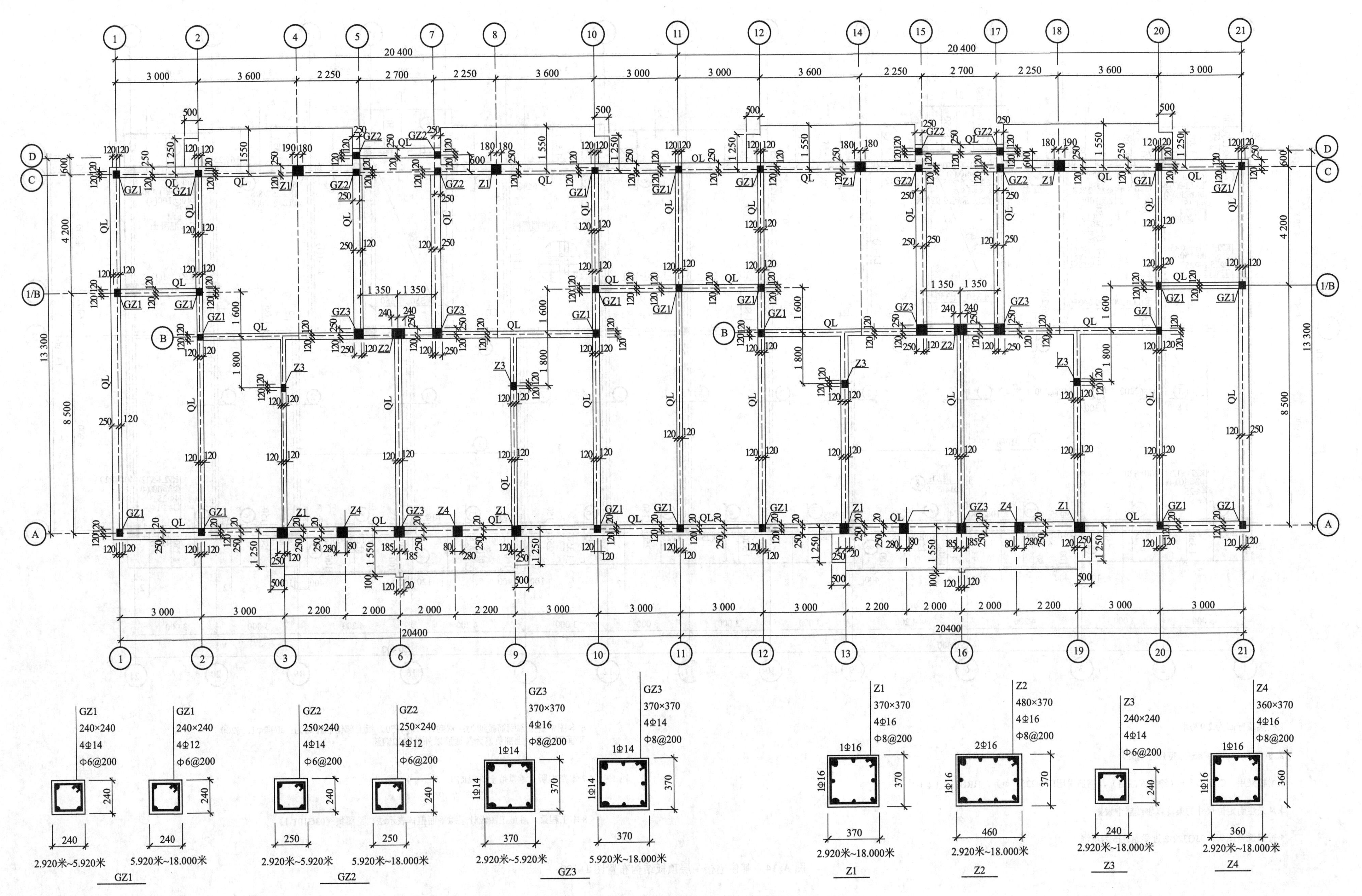

图 A.13 某住宅楼标准层墙、柱、阳台定位图 1:100

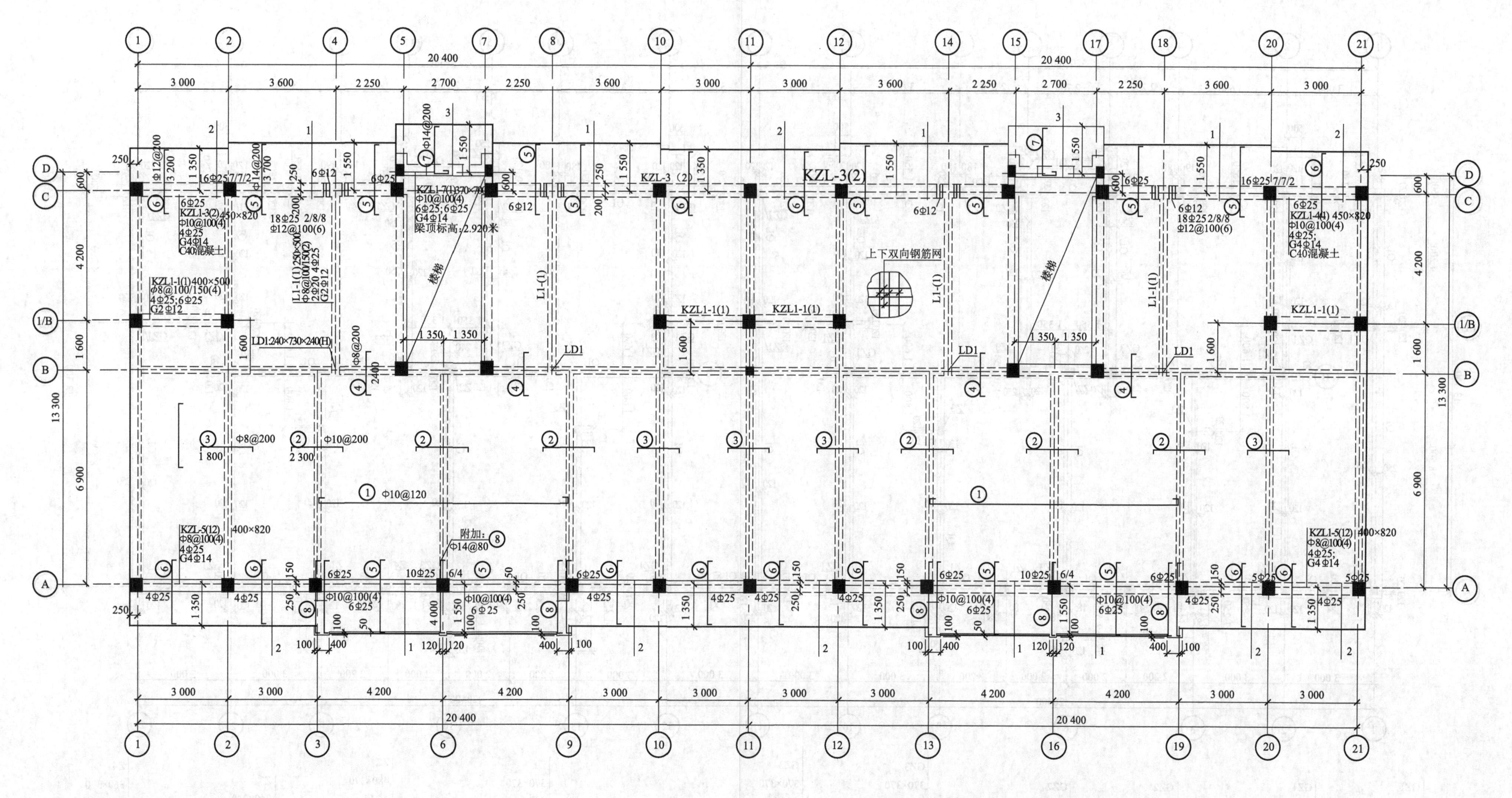

1.板梁顶标高为:2.920米.

2. 板厚均为：120 mm(除特殊标明处)

3.梁板采用：C30混凝土（除特殊注明），钢筋采用HPB235（Φ），HRB335（Φ）

4.凡未注明定位尺寸的梁均以轴线居中设置

5.过梁选自图集：03G322-2.过梁遇柱改为现浇

6.本图中板下部钢筋拉通为：双向：Φ10@150，板上部钢筋拉通为：双向Φ12@200
平面图中所示上部负筋为拉通筋以外的附加钢筋

7.本图中所有承重墙上均设KZL

8.本工程梁，柱施工图设计采用平面整体表示法，见图集《03G101-1》

图 A.14　某住宅楼一层顶板结构布置图 1∶100

条形基础表

条基剖面号	类型	基础尺寸				基础配筋		JQL编号	备注
		A	B	H1	H	①	②		
1—1	Ⅰ	2 200	490	250	500	Φ14@130		JQL1	
2—2	Ⅰ	2 800	490	250	550	Φ14@100		JQL1	A>2.5米，受力钢筋长度取0.9 *L*并交错布置
3—3	Ⅰ	2 700	490	250	550	Φ14@110		JQL1	A>2.5米，受力钢筋长度取0.9 *L*并交错布置
4—4	Ⅰ	2 600	490	250	550	Φ14@120		JQL1	A>2.5米，受力钢筋长度取0.9 *L*并交错布置
5—5	Ⅳ	2 400	600	250	500	Φ14@130		JQL1	
6—6	Ⅳ	1 800	600	250	450	Φ12@110		JQL1	
7—7	Ⅳ	3 400	600	250	600	Φ16@120		JQL1	A>2.5米，受力钢筋长度取0.9 *L*并交错布置
8—8	Ⅱ	2 000	370	250	500	Φ14@130		JQL1	
9—9	Ⅱ	2 200	370	250	500	Φ14@120		JQL1	
10—10	Ⅱ	2 600	370	250	550	Φ14@100		JQL1	A>2.5米，受力钢筋长度取0.9 *L*并交错布置
11—11	Ⅳ	1 600	500	250	450	Φ12@110		JQL1	
12—12	Ⅱ	800	370	350	350	Φ12@130		JQL1	
13—13	Ⅲ	3 600	550	250	700	Φ16@120		JQL1	A>2.5米，受力钢筋长度取0.9 *L*并交错布置

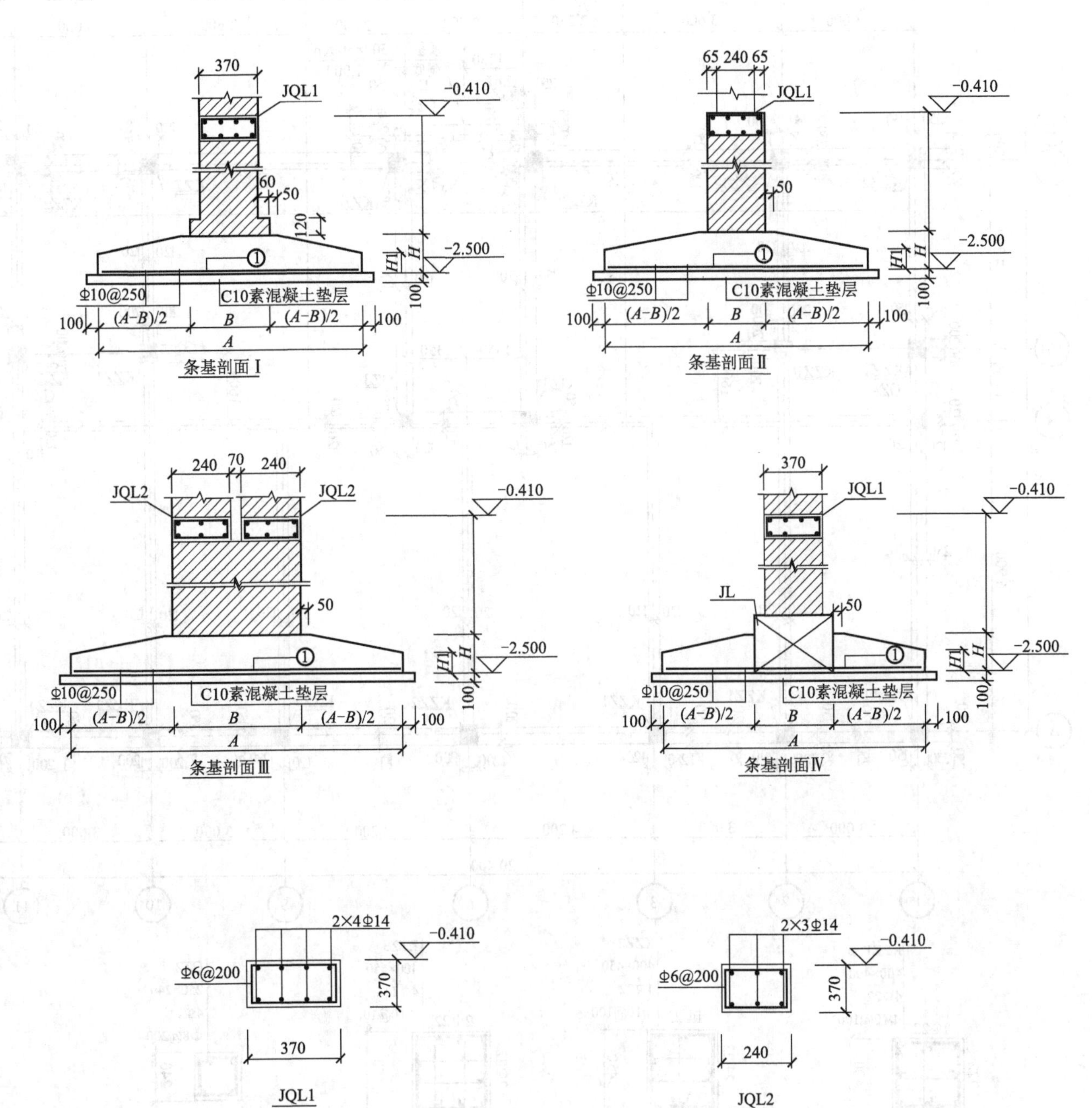

图 A.11 某住宅楼条形基础表及基础详图 1:20

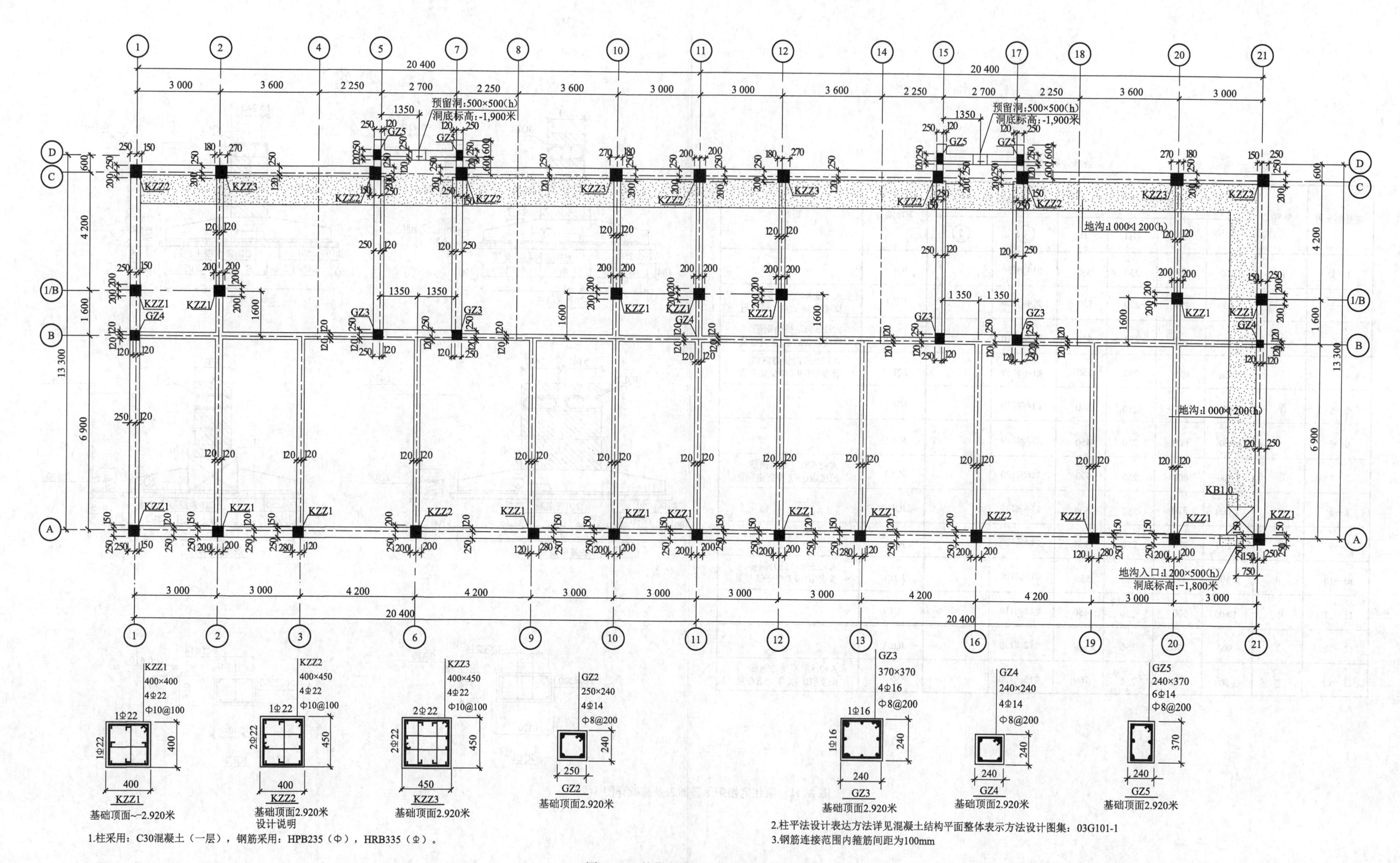

图 A.12 某住宅楼一层墙、柱定位图 1:100

白色外墙涂料
红色彩钢保温板屋面
白色外墙面砖
深棕色外墙面砖
白色外墙面砖
白色外墙面砖
白色外墙面砖
深棕色外墙面砖
深棕色外墙面砖
深棕色外墙面砖
深棕色外墙面砖

20.900
2 400
18.500
500
18.000
3 000
15.000
3 000
12.000
3 000
9.000
3 000
6.000
3 000
3.000
3 300
-0.300
150
-0.450

1
21

图 A.7 ①轴-㉑轴立面图 1:100

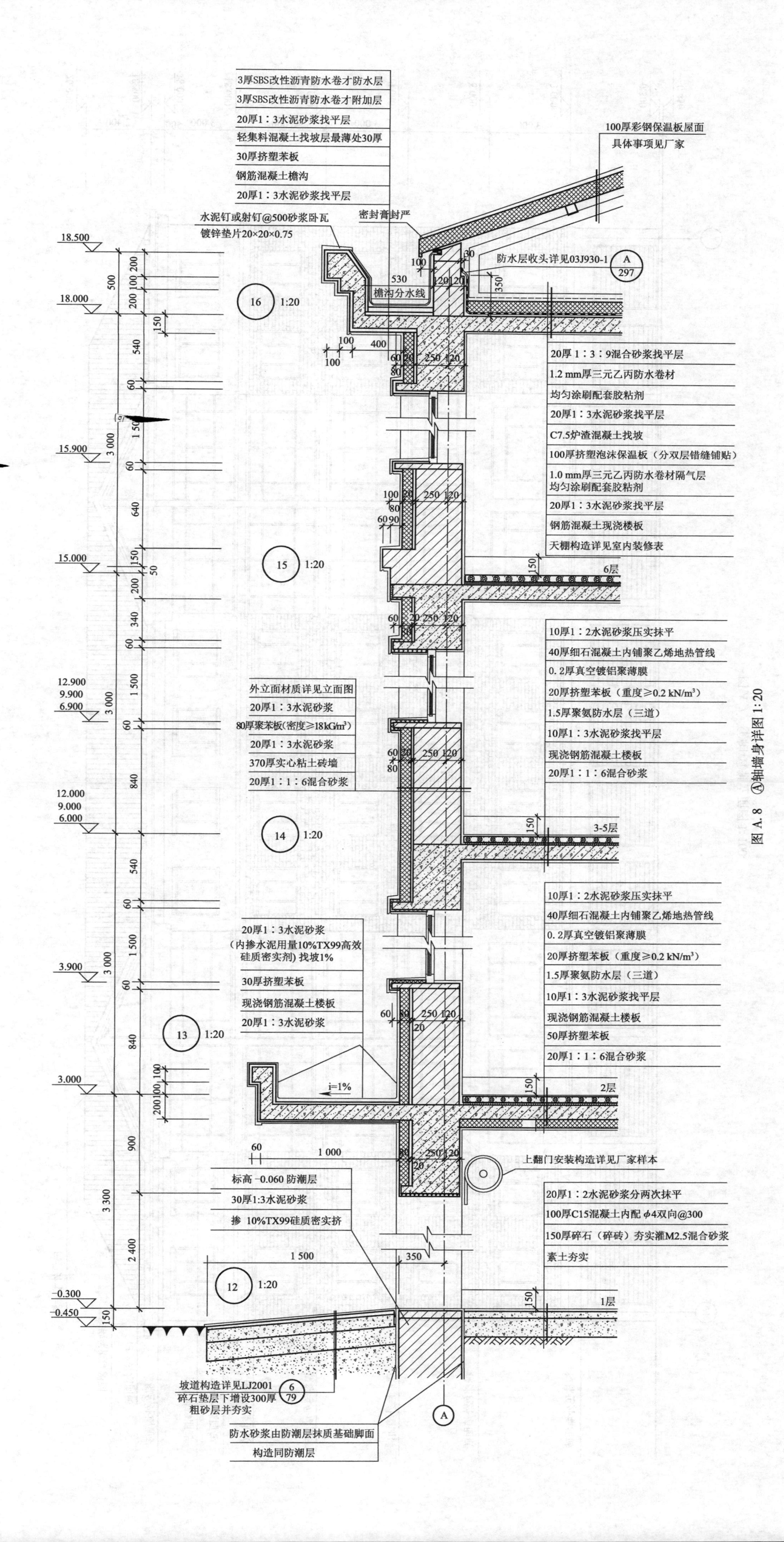

图 A.8　Ⓐ轴墙身详图 1:20

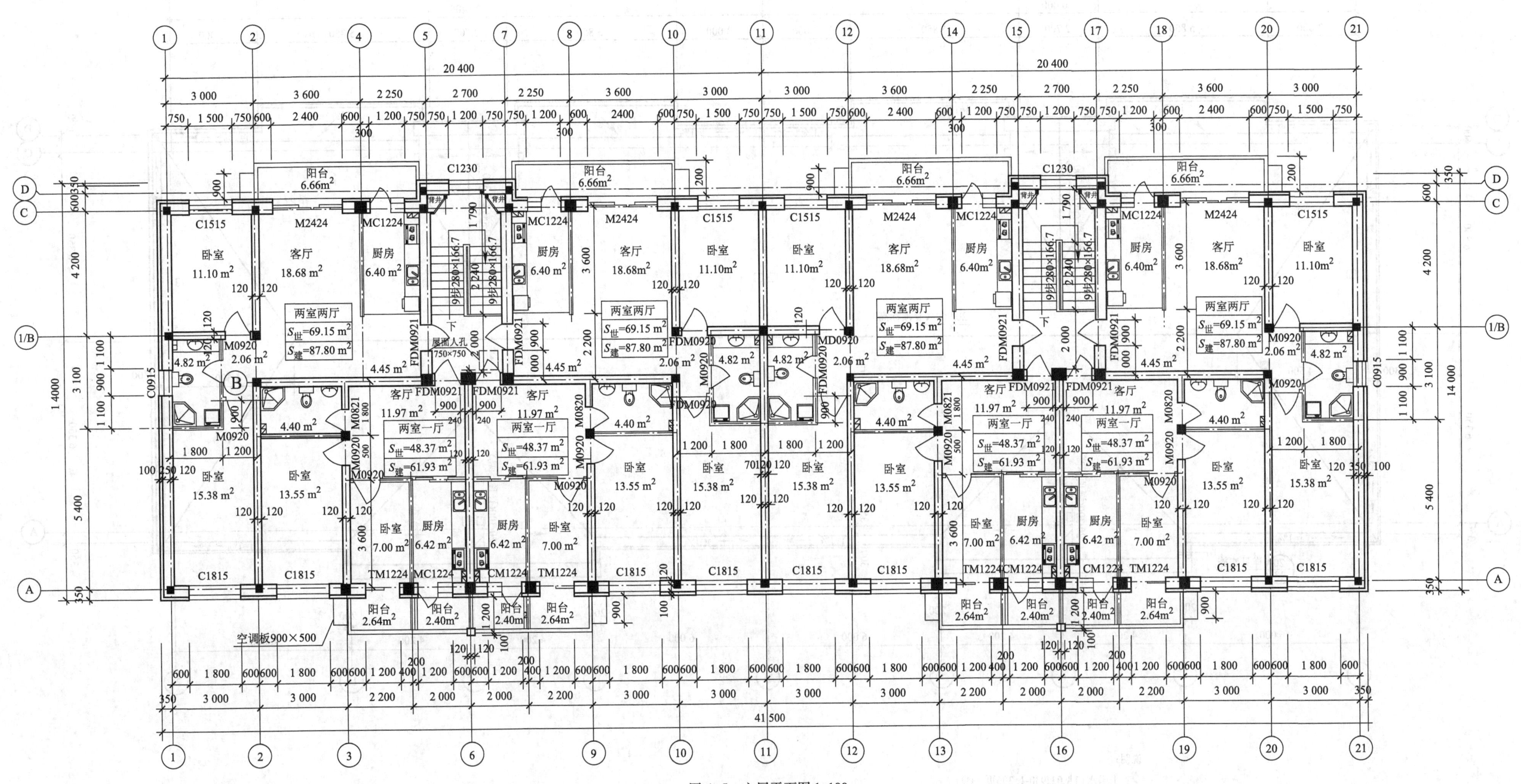

图 A.5　六层平面图 1:100

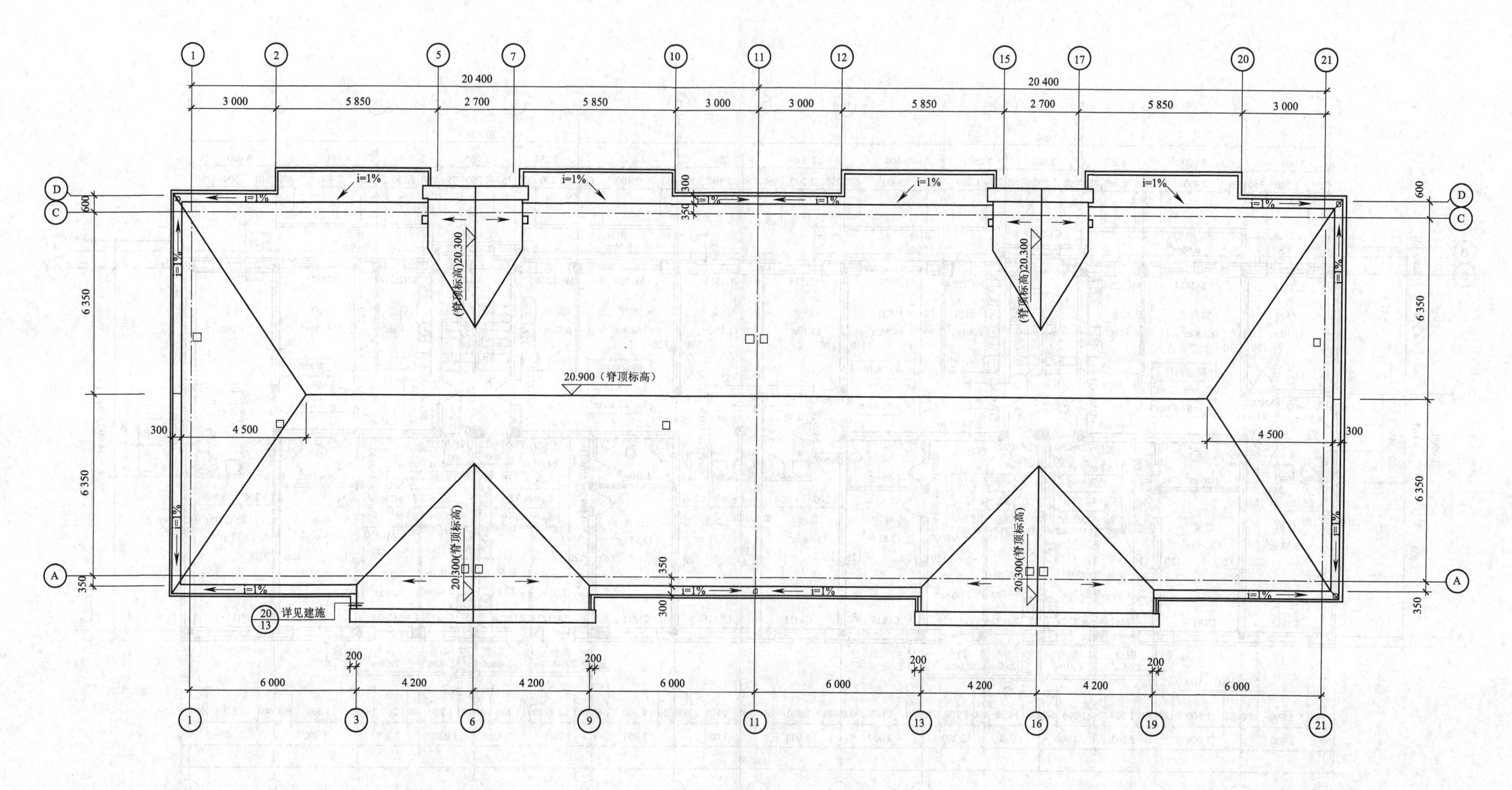

说明：

1.雨水口见03J930-1, 306页，①

2.出屋面风帽见03J930-1, 408, ②

图 A.6 屋顶平面图 1∶100

附 录 A

建 筑 设 计 说 明

一 设计依据

1. 审批部门的批件.

2. 依据建设单位提供的设计委托任务书和建筑方案图.

3. 地质报告.

4.《建筑设计防火规范》GB 50016—2006.

5.《住宅建筑设计规范》GB 50096—1999（2003年版）.

6.《民用建筑设计通知》GB 50352—2005.

7.《民用建筑节能设计标准（采暖居住部分）》JGJ26-95.

8. 依据《建筑灭火器配置设计规格》GBJ140-90（1997年版）

9. 依据《城市居住区规划设计规范》CB50180.

二 工程概述

本工程为某住宅楼，工程位于南京路与和平街交汇处，具体位置详见总图，该工程一层为车库，二至六层为住宅.

三 设计标高

1.本工程车库地面标高-0.300，室内外高差150 mm.

±0.000为绝对标高：99.60 m.

2. 本图纸中标注除标高和总平面以米为单位外，其余标注均以毫米为单位

四 建筑类别及耐火等级

1. 建筑类别：二类.

2. 耐火等级：二级.

3. 使用年限：50年.

五 建筑防火分区

1. 主体每层设置为一个防火分区.

2. 每个分区面积均不大于 2 500 m².

六 结构形式及墙体构造

1. 结构形式：一层为框架，二至六层为砖混结构.

2. 抗震烈度：六度.

3. 外围护墙为370实心黏土砖墙外贴80厚挤塑泡沫板.

4. 内隔墙为240厚（局部为370厚）实心黏土砖墙和100厚（局部为200厚）陶粒混凝土砌块墙.

5. 平面图中未加粗墙体均为100厚陶粒混凝土墙体.

6. 陶粒混凝土砌块为无砂页岩陶粒空心砌块，容重小于7.5 kN/m³.

七 安全疏散

1.住宅公用楼梯梯段最小净宽1 200 mm.

2.住宅户内楼梯宽度800 mm.

八 建筑外部及内部装修

1. 外墙面饰面为外墙面砖和外墙涂料，颜色详见立面图.

2. 屋面为彩钢保温板.

3. 住宅部分为地热供暖系统，屋内不设暖气包.

4. 内装修详见室内装修表.

5. 窗台板均用户自理.

板内配置Φ6钢筋纵向间距100通长，横向间距200.

九 楼梯

1. 楼梯间地面及踢脚均为大理石面层，构造详见室内装修表.

2. 楼梯间栏杆为铁艺栏杆，扶手为木扶手，样式见03J930-1　P411①④

3. 住宅室内楼梯栏杆及扶手均由二次装修处理.

十 屋面构造

1. 屋面面层为蓝灰色水泥瓦.

2. 屋面保温层采用100厚挤塑保温泡沫板（分两层错铺）.

3. 隔气层选用卷材隔气层.

4. 屋面详细构造详见屋顶平面图及相关详图.

十一 防水防潮处理

1. 卫生间，厨房地面铺防滑地砖，0.5%找坡坡向地漏，墙面贴磁砖至吊顶.

2. 墙身防潮层为 30 厚防水砂浆掺 10%TX99 高效硅质密实剂.

3. 墙身防潮层共设置标高为-0.060.

4. 卫生间，厨房及阳台地面均低于其他地面 20 mm.

十二 防腐工程

1. 凡金属构件及外露铁皮均涂刷樟丹防腐漆两遍并刷灰色铅油罩面.

2. 凡木构件均刷沥青两道防腐.

十三 门窗工程

1. 本工程普通采光窗为无色中空玻璃白色塑钢窗（单框三玻）.

2. 所有门窗均选用有资质的正规厂家的成品.

3. 门窗形式及材质详见门窗统计表及门窗大样图.

4. 所有门窗下料前均须现场核实洞口尺寸.

5. 室内除入户门和防火门外，均只设洞口不设门，本图纸只示意门的开启方向.

十四 建筑设备

1. 卫生洁具均用户自理.

2. 各种设备暗装表箱，背面铺贴30厚挤塑保温泡沫板.

3. 各种设备箱预留孔洞须与相应专业图纸仔细核对后方可施工.

十五 节能设计

1. 本建筑物体型系数：$S=A/V=3\ 646.62/12\ 465.11=0.29$

2. 本建筑物窗墙比：南向 $A_c/A_q=0.41$ 北向 $A_c/A_q=0.41$

3. 经计算：

南向应选用传热系数不大于2.5的窗

北向应选用传热系数不大于2.5的窗

东西向应选用传热系数不大于2.5的窗

混凝土外露部位贴20厚挤塑苯板.

4. 本计算结果符合《居住建筑节能设计标准》的要求.

十六 其他

1. 各专业图纸应互相配合施工，以免错漏空缺.

2　施工过程中如有于图纸不符之处和设计不详之处，请与设计院协商解决

3. 本图纸待图纸审查部门审查通过后方可施工.

图 A.1　某单位住宅楼建筑设计说明

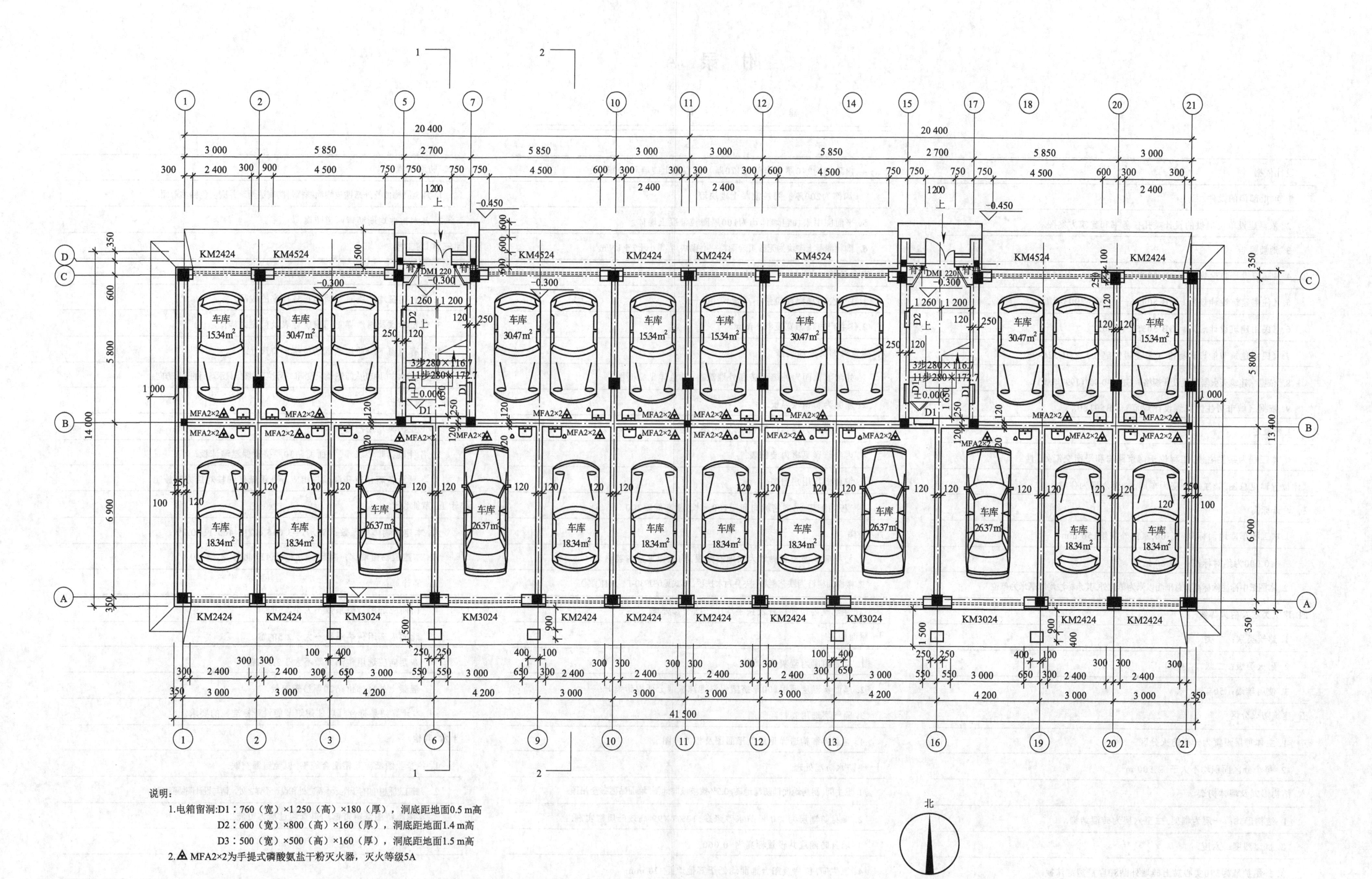

说明：

1.电箱留洞:D1：760（宽）×1 250（高）×180（厚），洞底距地面0.5 m高

D2：600（宽）×800（高）×160（厚），洞底距地面1.4 m高

D3：500（宽）×500（高）×160（厚），洞底距地面1.5 m高

2.▲ MFA2×2为手提式磷酸氨盐干粉灭火器，灭火等级5A

图 A.2　底层平面图 1:100

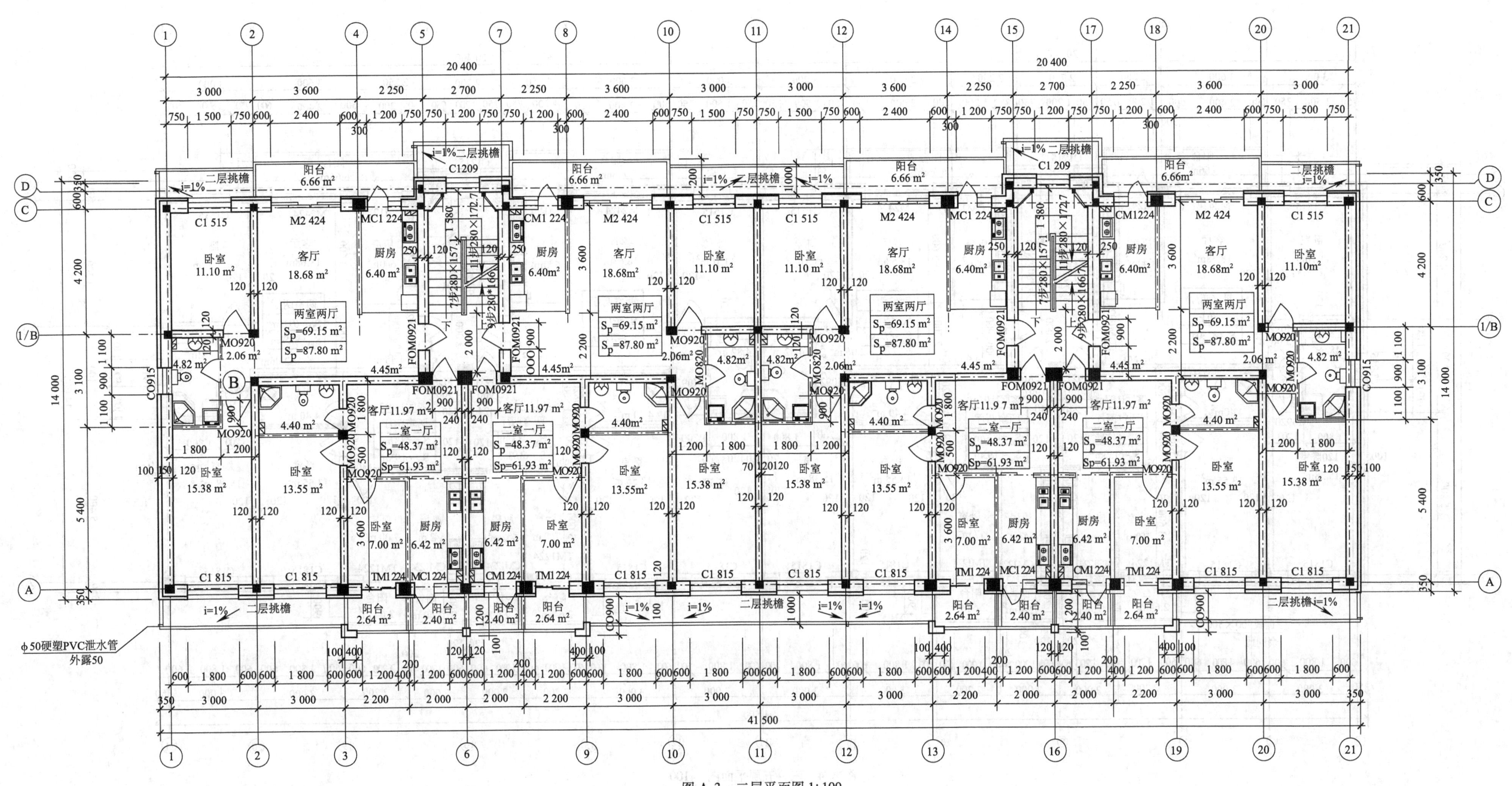

图 A.3　二层平面图 1:100

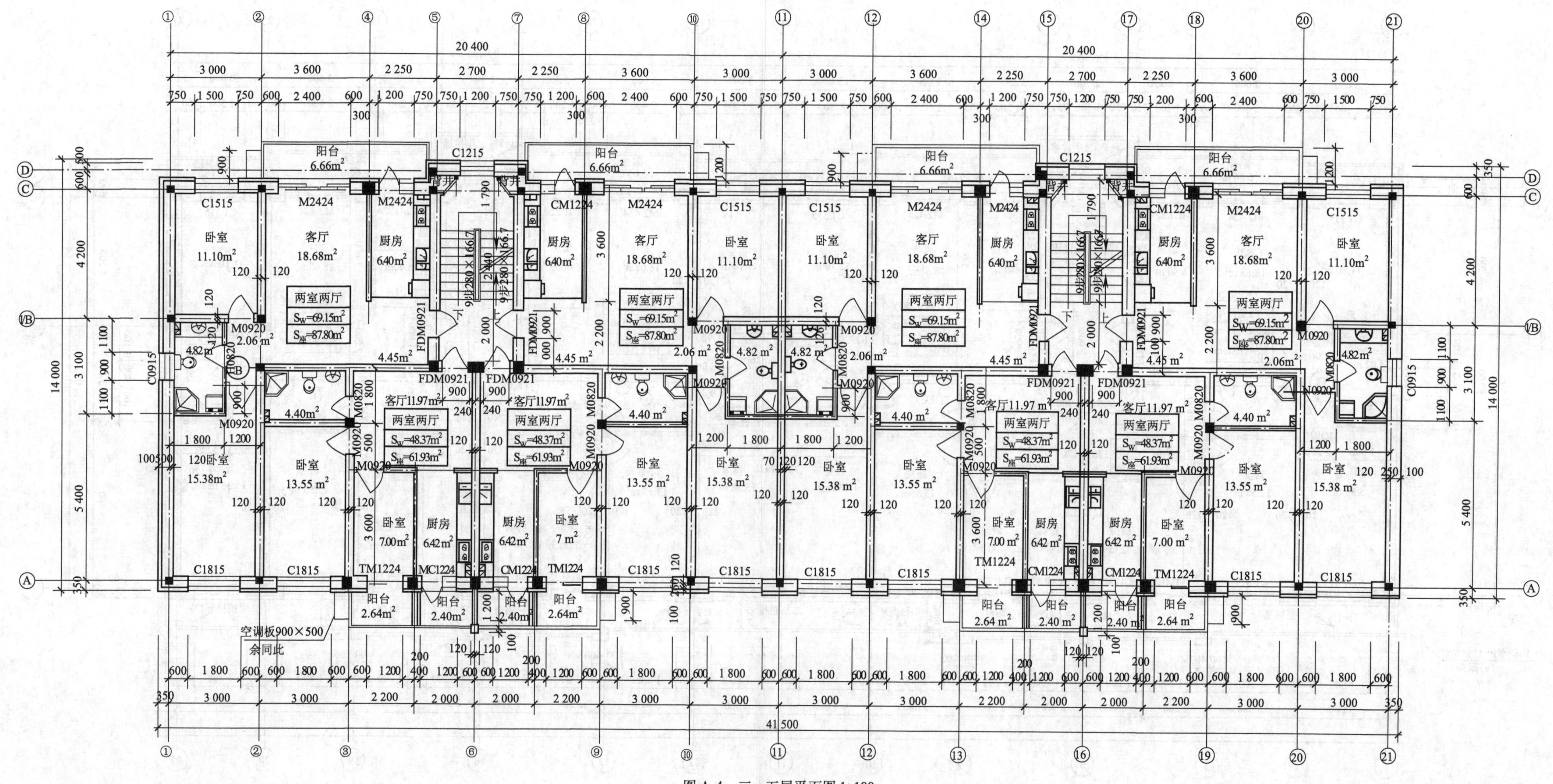

图 A.4　三～五层平面图 1:100